Quality Control of
Occupational Health Surveillance

# 职业健康监护质量控制

杨爱初　瞿红鹰　主编

·广州·

**版权所有　翻印必究**

#### 图书在版编目（CIP）数据

职业健康监护质量控制/杨爱初，瞿红鹰主编 . —广州：中山大学出版社，2021.6
ISBN 978 - 7 - 306 - 07212 - 2

Ⅰ. ①职… Ⅱ. ①杨… ②瞿… Ⅲ. ①劳动保护—劳动管理—中国　②劳动卫生—卫生管理—中国　Ⅳ. ①X92　②R13

中国版本图书馆 CIP 数据核字（2021）第 088535 号

ZHIYE JIANKANG JIANHU ZHILIANG KONGZHI

| | |
|---|---|
| 出 版 人： | 王天琪 |
| 策划编辑： | 鲁佳慧 |
| 责任编辑： | 谢贞静 |
| 封面设计： | 曾　斌 |
| 责任校对： | 吴茜雅 |
| 责任技编： | 何雅涛 |
| 出版发行： | 中山大学出版社 |
| 电　　话： | 编辑部 020 - 84110283，84113349，84111997，84110779，84110776 |
| | 发行部 020 - 84111998，84111981，84111160 |
| 地　　址： | 广州市新港西路 135 号 |
| 邮　　编： | 510275　传　真：020 - 84036565 |
| 网　　址： | http：//www.zsup.com.cn |
| | E - mail：zdcbs@ mail.sysu.edu.cn |
| 印 刷 者： | 佛山市浩文彩色印刷有限公司 |
| 规　　格： | 787mm×1092mm　1/16　25.25 印张　630 千字 |
| 版次印次： | 2021 年 6 月第 1 版　2021 年 6 月第 1 次印刷 |
| 定　　价： | 68.00 元 |

如发现本书因印装质量影响阅读，请与出版社发行部联系调换

# 本书编委会

**主　编**　杨爱初　瞿红鹰
**副主编**　夏丽华　刘移民
**编　委**（排名不分先后）
　　　　　黄伟欣　郭集军　王　恰　温翠菊
　　　　　阙冰玲　曾飞飞　肖吕武　周　浩
　　　　　陈　馥　刘志东　王　建　张保原
　　　　　吴子俊　冯文艇　张　璟　薛来俊
　　　　　符传东

# 编写单位及成员

广东省职业病防治院：瞿红鹰　夏丽华　杨爱初　温翠菊
　　　　　　　　　　黄伟欣　郭集军　王　恰　阙冰玲
　　　　　　　　　　曾飞飞
广州市职业病防治院：刘移民　肖吕武　周　浩
佛山市职业病防治所：陈　馥
惠州市职业病防治院：刘志东　王　建
江门市职业病防治所：张保原　吴东芝
深圳市职业病防治院：吴子俊　冯文艇　黄红英　杜建伟
　　　　　　　　　　马纪英　张英彪　池　毅　张方方
珠海市慢性病防治中心：张　璟
清远市职业病防治院：薛来俊　邓小懂　徐广军
广东省工伤康复医院：符传东　冯　清　林丹茵　丘晓玲

# 前 言

《中华人民共和国职业病防治法》规定，对从事接触职业病危害因素作业的劳动者，用人单位应当组织劳动者进行上岗前、在岗期间和离岗时的职业健康检查。职业健康监护既是做好二级预防、保护劳动者健康的重要措施，也是职业卫生服务的重要内容。

我国在改革开放以后，随着工农业飞速发展，职业危害的种类和接触人群均持续增加，职业健康检查的压力日益突出。而广东省作为我国人口和工业大省，职业健康监护任务更加繁重和复杂。为满足职业病临床实际工作的需求，进一步规范和提高职业健康检查的质量和水平，特编写本书。

本书由具有丰富职业病临床一线工作经验的专家共同撰写，他们一直处于临床和科研的第一线，学术造诣深厚，实操经验丰富。本书编写的原则，重基本理论，重实践操作，立足理论联系实际，结合广东省职业健康检查现状，体现质量控制的要求。在编写本书时，作者们十分重视理论联系实际，注重引入新理论、新知识、新技术、新方法、新经验、新法规等，凡书中涉及的法律法规、技术标准、行业规范，全部采用最新颁布的版本。

为保证本书的编写质量，编委会多次组织专家分别对书稿内容进行认真仔细的评审，初稿完成后又组织同行专家对书稿进行研讨，数易其稿，经反复推敲定稿后才最终进入出版流程。

本书由9家职业健康检查机构的技术骨干参与编写，对GBZ 188—2014《职业健康监护技术规范》和GBZ 98—2020《放射工作人员健康要求及监护规范》中列出的职业病危害因素和其他常见的职业病危害因素共99种，就其各自的质量控制要点进行分类编写。本书具有较强的科学指导性和实操性，因此，从事职业健康监护的一线医护人员、基层职业健康管理人员、职业健康管理监督的执法人员、企业职业卫生管理人员等，可将本书作为参考用书。

职业卫生是一个不断发展、进步的学科，尽管我们的编审者夙兴夜寐、尽心竭力，但由于职业健康检查所涉及的临床知识日新月异、各行业领域所包括的职业危害因素千变万化，因此，本书依然会存在缺点和不足，难免挂一漏万。恳请读者在本书的使用过程中给我们多提宝贵意见。希望本书在编者和读者的共同努力下，通过实践操作，获得进一步的完善和提高。

广东省职业健康协会对本书的出版提供了经费资助，广东省职业病防治院和广东省职业健康检查质量控制中心对本书的编写工作给予了有力的技术支撑，谨此一并致谢！同时，也感谢参与编写的各位同仁及单位！

杨爱初

2021年2月8日

于广东省职业病防治院

# CONTENTS 目录

铅及其无机化合物作业职业健康监护质量控制要点 …………………………… 1
四乙基铅作业职业健康监护质量控制要点 ……………………………………… 7
汞及其无机化合物作业职业健康监护质量控制要点 …………………………… 11
锰及其无机化合物作业职业健康监护质量控制要点 …………………………… 16
铍及其无机化合物作业职业健康监护质量控制要点 …………………………… 20
镉及其无机化合物作业职业健康监护质量控制要点 …………………………… 24
铬及其无机化合物作业职业健康监护质量控制要点 …………………………… 30
氧化锌作业职业健康监护质量控制要点 ………………………………………… 34
砷作业职业健康监护质量控制要点 ……………………………………………… 38
砷化氢作业职业健康监护质量控制要点 ………………………………………… 43
磷及其无机化合物作业职业健康监护质量控制要点 …………………………… 47
磷化氢作业职业健康监护质量控制要点 ………………………………………… 53
钡化合物作业职业健康监护质量控制要点 ……………………………………… 56
钒及其无机化合物作业职业健康监护质量控制要点 …………………………… 61
三烷基锡作业职业健康监护质量控制要点 ……………………………………… 64
铊及其无机化合物作业职业健康监护质量控制要点 …………………………… 69
羰基镍作业职业健康监护质量控制要点 ………………………………………… 75
氟及其无机化合物作业职业健康监护质量控制要点 …………………………… 80
苯作业职业健康监护质量控制要点 ……………………………………………… 86
二硫化碳作业职业健康监护质量控制要点 ……………………………………… 97
四氯化碳作业职业健康监护质量控制要点 ……………………………………… 101
甲醇作业职业健康监护质量控制要点 …………………………………………… 104
汽油作业职业健康监护质量控制要点 …………………………………………… 108
溴甲烷作业职业健康监护质量控制要点 ………………………………………… 112
1,2-二氯乙烷作业职业健康监护质量控制要点 ………………………………… 115

正己烷作业职业健康监护质量控制要点 …………………………………… 118
苯的氨基与硝基化合物作业职业健康监护质量控制要点 …………………… 122
三硝基甲苯作业职业健康监护质量控制要点 ………………………………… 126
联苯胺作业职业健康监护质量控制要点 ……………………………………… 129
氯气作业职业健康监护质量控制要点 ………………………………………… 132
二氧化硫作业职业健康监护质量控制要点 …………………………………… 137
氮氧化物作业职业健康监护质量控制要点 …………………………………… 141
氨作业职业健康监护质量控制要点 …………………………………………… 146
光气作业职业健康监护质量控制要点 ………………………………………… 151
甲醛作业职业健康监护质量控制要点 ………………………………………… 155
一甲胺作业职业健康监护质量控制要点 ……………………………………… 160
一氧化碳作业职业健康监护质量控制要点 …………………………………… 164
硫化氢作业职业健康监护质量控制要点 ……………………………………… 168
氯乙烯作业职业健康监护质量控制要点 ……………………………………… 172
三氯乙烯作业职业健康监护质量控制要点 …………………………………… 175
氯丙烯作业职业健康监护质量控制要点 ……………………………………… 179
氯丁二烯作业职业健康监护质量控制要点 …………………………………… 182
有机氟作业职业健康监护质量控制要点 ……………………………………… 186
二异氰酸甲苯酯作业职业健康监护质量控制要点 …………………………… 190
二甲基甲酰胺作业职业健康监护质量控制要点 ……………………………… 195
氰及腈类化合物作业职业健康监护质量控制要点 …………………………… 200
酚作业职业健康监护质量控制要点 …………………………………………… 204
五氯酚作业职业健康监护质量控制要点 ……………………………………… 208
氯甲醚作业职业健康监护质量控制要点 ……………………………………… 212
丙烯酰胺作业职业健康监护质量控制要点 …………………………………… 215
偏二甲基肼职业健康监护质量控制要点 ……………………………………… 219
硫酸二甲酯作业职业健康监护质量控制要点 ………………………………… 223
有机磷作业职业健康监护质量控制要点 ……………………………………… 227
氨基甲酸酯类作业职业健康监护质量控制要点 ……………………………… 231
拟除虫菊酯类作业职业健康监护质量控制要点 ……………………………… 235
酸雾或酸酐作业职业健康监护质量控制要点 ………………………………… 239
致喘物作业职业健康监护质量控制要点 ……………………………………… 243

| 焦炉逸散物作业职业健康监护质量控制要点 | 248 |
| --- | --- |
| 甲苯作业职业健康监护质量控制要点 | 251 |
| 溴丙烷(1-溴丙烷或丙基溴)职业健康监护质量控制要点 | 255 |
| 碘甲烷作业职业健康监护质量控制要点 | 259 |
| 环氧乙烷作业职业健康监护质量控制要点 | 264 |
| 氯乙酸作业职业健康监护质量控制要点 | 268 |
| 铟及其化合物作业职业健康监护质量控制要点 | 271 |
| 煤焦油、煤焦油沥青、石油沥青作业职业健康监护质量控制要点 | 275 |
| β-萘胺作业职业健康监护质量控制要点 | 278 |
| 其他化学物作业职业健康监护质量控制要点（通则） | 282 |
| 粉尘作业职业健康监护质量控制要点 | 285 |
| 噪声作业职业健康监护质量控制要点 | 309 |
| 手传振动作业职业健康监护质量控制要点 | 314 |
| 高温作业职业健康监护质量控制要点 | 319 |
| 高气压作业职业健康监护质量控制要点 | 323 |
| 激光作业职业健康监护质量控制要点 | 327 |
| 微波作业职业健康监护质量控制要点 | 331 |
| 低温作业职业健康监护质量控制要点 | 334 |
| 紫外线作业职业健康监护质量控制要点 | 337 |
| 生物因素作业职业健康监护质量控制要点 | 340 |
| 电工作业职业健康监护质量控制要点 | 346 |
| 高处作业职业健康监护质量控制要点 | 350 |
| 压力容器作业职业健康监护质量控制要点 | 353 |
| 职业机动车驾驶作业职业健康监护质量控制要点 | 357 |
| 视屏作业职业健康监护质量控制要点 | 361 |
| 高原作业职业健康监护质量控制要点 | 364 |
| 航空作业职业健康监护质量控制要点 | 369 |
| 刮研作业职业健康监护质量控制要点 | 375 |
| 内照射作业职业健康监护质量控制要点 | 379 |
| 外照射作业职业健康监护质量控制要点 | 387 |

# 铅及其无机化合物作业职业健康监护质量控制要点

## 一、组织机构

设置与铅及其无机化合物作业职业健康检查相关的科室，合理设置各科室岗位及数量，包括体格检查室（内科常规、神经系统检查）、心电图检查室、临床化验室（生物标本检验）、放射科［配备计算机 X 射线摄影（computed radiography，CR）/数字 X 射线摄影（digital radiography，DR）摄片机］、理化实验室（配备有石墨炉原子吸收分光光度计、电感耦合等离子体质谱仪、原子荧光光度计，可进行生物材料样本测定）等。

## 二、人员

（1）包含体格检查、心电图检查、放射诊断等类别的执业医师、技师、护士等医疗卫生技术人员，主检医师至少有 1 名具备职业性化学中毒职业病诊断医师资格，备案有效人员需要第一注册执业点。

（2）检验人员具备相应的专业技术任职资格，经培训能够熟练掌握血铅或尿铅样品采集、储存、运输、预处理及检测分析技术；应熟知检验技术程序性文件，并能严格执行检测全过程质量保证规程；应熟练掌握生物检测指标、职业接触生物限值及其检测结果评价等方面的知识和技术。

## 三、仪器设备

（1）配备满足并符合与备案铅及其无机化合物作业职业健康检查的类别和项目相适应的听诊器、血压计、身高测量仪、磅秤、叩诊锤、血细胞分析仪、尿液分析仪、生化分析仪、电子天平、心电图仪、糖化血红蛋白分析仪、肌电图仪或/和诱发电位仪、原子吸收分光光度计（具石墨炉、背景校正装置和铅空心阴极灯）或电感耦合等离子体质谱仪或原子荧光光度计等仪器设备。

（2）有关仪器设备的种类、数量、性能、量程、精确度等技术指标应满足工作需要，国家要求计量认证或校准的，需要符合计量认证或校准的要求，并有措施保证检测系统的完整性和有效性，使之满足检测方法的要求。应对血细胞分析仪、原子吸收分光光度计等仪器设备进行定期计量、检定和校准，并张贴标识；不属于强制检定的，应有相应校验方法并定期自校。应定期进行维护保养及计量、检定和校验，同时记录设备状态。

（3）编制使用设备操作规程。仪器设备操作规程的结构、格式及详细程度应当适合于检验检测人员使用的需要。合格的设备操作规程应满足以下几点：①能指导经培训的检验检测人员按操作规程进行实际操作，防止误操作。②文字表达应准确、简明、通俗易懂、逻辑严谨，避免产生不易或不同理解的可能。③操作规程应与相关检验检测标准相协调。④操作规程中的图样、表格、数值、公式及其他技术内容应正确无误。⑤操作规程中的术语、符号应统一，与有关标准相一致，同一术语应表达同一概念。⑥规程中的编号一般采用阿拉伯数字。⑦规程中的层次的划分，一般不超过4层。

（4）体检分类项目及设备见表1。

表1　体检分类项目及设备

| 名称 | 类别 | 检查项目 | 设备配置 |
|---|---|---|---|
| 铅及其无机化合物 | 上岗前 | 体格检查必检项目：1）内科常规检查；2）神经系统常规检查 | 体格检查必备设备：1）内科常规检查用听诊器、血压计、身高测量仪、磅秤；2）神经系统常规检查用叩诊锤 |
| | | 实验室和其他检查必检项目：血常规、尿常规、肝功能、空腹血糖、心电图、胸部X射线摄片、血铅或尿铅 | 必检项目必备设备：血细胞分析仪、尿液分析仪、生化分析仪、电子天平、心电图仪、CR/DR摄片机、血铅或尿铅设备。<br>尿铅测定：1）石墨炉原子吸收光谱法设备，原子吸收分光光度计（具石墨炉、背景校正装置和铅空心阴极灯）；2）电感耦合等离子体质谱法设备，电感耦合等离子体质谱仪。<br>血铅测定：1）石墨炉原子吸收光谱法设备，原子吸收分光光度计（具石墨炉、背景校正装置和铅空心阴极灯）；2）电感耦合等离子体质谱法设备，电感耦合等离子体质谱仪；3）原子荧光光谱法设备，原子荧光光度计 |
| | | 复检项目：空腹血糖异常或有周围神经损害表现者可选择糖化血红蛋白、神经-肌电图 | 复检项目必备设备：糖化血红蛋白分析仪或生化分析仪、肌电图仪和/或诱发电位仪 |
| | 在岗期间 | 体格检查必检项目：1）内科常规检查：重点检查消化系统和贫血的体征；2）神经系统常规检查 | 体格检查必备设备：1）内科常规检查用听诊器、血压计、身高测量仪、磅秤；2）神经系统常规检查用叩诊锤 |
| | | 实验室和其他检查必检项目：血常规、尿常规、心电图、空腹血糖、血铅和/或尿铅 | 必检项目必备设备：血细胞分析仪、尿液分析仪、生化分析仪、电子天平、心电图仪、血铅或尿铅设备。<br>尿铅测定：1）石墨炉原子吸收光谱法设备，原子吸收分光光度计（具石墨炉、背景校正装置和铅空心阴极灯）；2）电感耦合等离子体质谱法设备，电感耦合等离子体质谱仪。<br>血铅测定：1）石墨炉原子吸收光谱法设备，原子吸收分光光度计（具石墨炉、背景校正装置和铅空心阴极灯）；2）电感耦合等离子体质谱法设备，电感耦合等离子体质谱仪；3）原子荧光光谱法设备，原子荧光光度计 |

续上表

| 名称 | 类别 | 检查项目 | 设备配置 |
|---|---|---|---|
| 铅及其无机化合物 | 在岗期间 | 复检项目：血铅≥600 μg/L 或尿铅≥120 μg/L 者可选择尿 δ-氨基-γ-酮戊酸（δ-ALA）、血液锌原卟啉（zinc protoporphyrin, ZPP）；空腹血糖异常或有周围神经损害表现者可选择糖化血红蛋白、神经-肌电图 | 复检项目必备设备：血铅或尿铅设备、生化分析仪或可见光分光光度计、血液锌原卟啉（ZPP）仪、糖化血红蛋白分析仪、肌电图仪或/和诱发电位仪 |
| | 离岗时 | 同在岗期间 | 体格检查必备设备：1）内科常规检查用听诊器、血压计、身高测量仪、磅秤；2）神经系统常规检查用叩诊锤 |
| | | | 必检项目必备设备：血细胞分析仪、尿液分析仪、生化分析仪、电子天平、心电图仪、血铅或尿铅设备。尿铅测定：1）石墨炉原子吸收光谱法设备，原子吸收分光光度计（具石墨炉、背景校正装置和铅空心阴极灯）；2）电感耦合等离子体质谱法设备，电感耦合等离子体质谱仪。血铅测定：1）石墨炉原子吸收光谱法设备，原子吸收分光光度计（具石墨炉、背景校正装置和铅空心阴极灯）；2）电感耦合等离子体质谱法设备，电感耦合等离子体质谱仪；3）原子荧光光谱法设备，原子荧光光度计 |
| | | | 复检项目必备设备：血铅或尿铅设备、生化分析仪或可见光分光光度计、血液锌原卟啉（ZPP）仪、糖化血红蛋白分析仪、肌电图仪和/或诱发电位仪 |

1987 年 5 月 28 日，国家计量局发布的《中华人民共和国强制检定的工作计量器具检定管理办法》第十六条规定，血压计、血细胞分析仪、心电图仪、原子吸收分光光度计等属于强制检定的工作计量器具。

## 四、工作场所

（1）工作场所布局合理，采光良好。体检场所应在醒目位置公示体检功能区布局和体检基本流程，引导标识应准确清晰。

（2）体格检查室、神经系统检查室等操作室布局合理，每个独立的检查室使用面积不小于 6 m²。

（3）实验室应干净、整洁，无铅污染源，具备独立的样品处理间。理化实验室应取得检验检测机构资质认定证书，许可项目参数包含血铅或尿铅；实验室布局要符合 GB/T 22576.1—2018《医学实验室　质量和能力的要求　第 1 部分：通用要求》及 RB/T 214—2017《检验检测机构资质认定能力评价　检验检测机构通用要求》中的场地环境、设备设施的相关规定。

## 五、质量管理文书

（1）建立铅及其无机化合物作业职业健康检查质量管理规程，进行全过程质量管理并持续有效运行，实现质量管理工作的规范化、标准化。

（2）建立铅及其无机化合物作业人员职业健康检查作业指导书。

（3）工作场所张贴采（抽）血须知及注意事项并事先告知。

（4）建立采（抽）血消毒管理制度，按2016年1月19日国家卫生和计划生育委员会修订的《消毒管理办法》的规定，各种注射、穿刺、采血器具应当"一人一用一灭菌"。

（5）存铅及其无机化合物作业相关职业卫生标准、《职业健康检查管理办法》、GBZ 37—2015《职业性慢性铅中毒的诊断》、GBZ 188—2014《职业健康监护技术规范》等文件备查。

## 六、能力考核与培训

（1）建立和保持技术人员培训制度，制订并落实各类人员教育和培训计划。

（2）质量负责人和技术负责人需要每2年进行1次职业健康检查法律法规知识培训并考核合格。

（3）体格检查医师具备内科常规、神经系统损害情况的检查能力，按照相关临床操作规范进行。

（4）主检医师掌握 GBZ 37—2015《职业性慢性铅中毒的诊断》和铅及其无机化合物职业健康监护技术规范，对铅及其无机化合物所致疑似职业病、职业禁忌证判断准确。职业性化学中毒诊断医师需要每2年参加复训并考核合格。

（5）质量控制能力考核内容为现场铅及其无机化合物作业目标疾病判断能力的考核。对每年完成30%备案化学因素类项目的职业健康检查机构进行现场技术考核。每个单位抽取经专家集体给出结果的职业禁忌证、疑似职业病的个体体检报告进行考核，由考核人员判断结论符合率。

（6）个体结论符合率考核：职业健康信息化系统每年1次抽备案单位个体体检报告80份，加上体检单位提供的疑似职业病报告10份、职业禁忌证报告10份，总计对100份体检报告进行专家评分。

## 七、体检过程管理

（一）体检对象确定

铅及其无机化合物作业人员，即从事铅、铅合金、铅化合物或铅混存物的烧结、还原、熔融、铸造、冷热加工、再生、物理化学处理和储运作业的人员，包括从事含铅设备内部作业和铅作业场所的清扫作业的人员，均须进行职业健康检查。

（二）健康检查周期

**在岗期间职业健康检查**

（1）血铅 400~600 μg/L，或尿铅 70~120 μg/L，每3个月复查血铅或尿铅1次；

（2）血铅<400 μg/L，或尿铅<70 μg/L，每年体检1次。

（三）结果判断及处理意见

**1. 上岗前职业健康检查**

发现中度以上贫血或周围神经病或卟啉病者属于有职业禁忌证人员，建议不宜从事接触铅及其无机化合物岗位作业。

**2. 在岗期间职业健康检查**

1）发现中度以上贫血或周围神经病或卟啉病者，排除职业因素导致，属于有职业禁忌证人员，建议不宜从事接触铅及其无机化合物岗位作业。

2）无铅中毒的临床表现，但具有下列表现之一者：尿铅≥0.34 μmol/L（0.07 mg/L、70 μg/L）或0.48 mol/24 h（0.1 mg/24 h、100 μg/24 h）；血铅≥1.9 μmol/L（0.4 mg/L、400 μg/L）。

（1）建议暂时脱离接触铅及其无机化合物岗位作业，进行诊断性驱铅试验。

（2）至少3个月复查1次血铅或尿铅。

3）有铅中毒的临床表现，如腹部隐痛、乏力、周围神经病变，甚至腹绞痛、贫血，而尿铅<0.34 μmol/L（0.07 mg/L、70 μg/L）或0.48 μmol/24 h（0.1 mg/24 h、100 μg/24 h）；血铅<1.9 μmol/L（0.4 mg/L、400 μg/L）。

（1）建议暂时脱离接触铅及其无机化合物作业，进行诊断性驱铅试验；

（2）驱铅试验不超标的，无相应的临床表现的，可继续原工作，3～6个月复查1次血铅或尿铅。

4）有铅中毒的临床表现，如腹部隐痛、乏力、周围神经病变，甚至腹绞痛、贫血等，血铅≥2.9 μmol/L（0.6 mg/L、600 μg/L）或尿铅≥0.58 μmol/L（0.12 mg/L、120 μg/L），考虑疑似职业性慢性铅中毒，建议脱离铅及其无机化合物作业，到职业病诊断机构进行诊断。

**3. 离岗时职业健康检查**

（1）有铅中毒的临床表现，如腹部隐痛、乏力、周围神经病变、腹绞痛、贫血等，而尿铅<0.34 μmol/L（0.07 mg/L、70 μg/L）或0.48 μmol/24 h（0.1 mg/24 h、100 μg/24 h），血铅<1.9 μmol/L（0.4 mg/L、400 μg/L），建议进行诊断性驱铅试验。

（2）无铅中毒的临床表现，但具有下列表现之一者：尿铅≥0.34 μmol/L（0.07 mg/L、70 μg/L）或0.48 μmol/24 h（0.1 mg/24 h、100 μg/24 h），血铅≥1.9 μmol/L（0.4 mg/L、400 μg/L），建议复查血铅或尿铅并进行诊断性驱铅试验。

（3）有铅中毒的临床表现，如腹部隐痛、乏力、周围神经病变，甚至腹绞痛、贫血等，血铅≥2.9 μmol/L（0.6 mg/L、600 μg/L）或尿铅≥0.58 μmol/L（0.12 mg/L、120 μg/L），考虑疑似职业性慢性铅中毒，建议脱离铅及其无机化合物作业，到职业病诊断机构进行诊断。

# 八、生物材料中铅检测质量控制

生物材料中铅检测的设备要符合标准要求，定期检定、比对；人员、仪器、试剂、实验室等基本条件，血、尿样品的采集、储存和运输、检测，以及质量控制需依据

GBZ 37—2015《职业性慢性铅中毒的诊断》中"附件 B"的规定要求。

（1）实验室要求：应干净、整洁、无铅污染源，具备独立的样品处理间。样品处理最好在 10 万级洁净实验室或 B2 级生物安全柜中操作。

（2）生物材料样品采集要求：血液样品采集应遵循杜绝铅污染的原则。采样地点应远离铅作业环境，采血房间应清洁无尘，不得用电风扇降温。被采样者脱去作业场所的工作衣帽后进入采样间，用流动水清洁手、臂并经稀硝酸、酒精擦拭采血部位后，由熟练的操作者采集双份血液样品各 2 mL 注入经检测合格的带帽聚乙烯抗凝管，充分溶解抗凝剂后放置待测。采集尿样时，受检者最好在留样前洗澡，无条件者，在脱去工作衣帽后流水清洁手、脸及相关部位。在专门清洁房间留取 50 mL 以上中段尿样。尿液采集后应当及时进行肌酐测定或比重测定，肌酐质量浓度小于 0.3 g/L 或大于 3 g/L 的尿样及比重小于 1.010 或大于 1.030 的尿样均应弃去并重新采集。在每批样品采集时，应当至少带两套空白对照用品与容器。尿液样品应当密闭、低温储存和运输（见"镉及其无机化合物作业职业健康监护质量控制要点"中尿肌酐的测定的相关内容）。

（3）检查人员要求：有责任心，培训合格，操作严格按照有关标准、规范执行。检验检测人员应具备相应的专业技术任职资格，经培训能够熟练掌握相关生物材料样品采集、储存、运输、预处理及检测分析技术；应熟知检验检测技术程序性文件，并能严格执行检验检测全过程质量保证规程；应熟练掌握生物检测指标、职业接触生物限值及其检验检测结果评价等方面的知识和技术。

（4）生物材料样品的储存和运输：血液和尿液样品应当密闭、冷冻储存和运输，2 周内检测完毕。门诊样品不得超过 48 h。

（5）血铅检测：参照 GBZ/T 316.1—2018《血中铅的测定 第 1 部分：石墨炉原子吸收光谱法》、GBZ/T 316.2—2018《血中铅的测定 第 2 部分：电感耦合等离子体质谱法》、GBZ/T 316.3—2018《血中铅的测定 第 3 部分：原子荧光光谱法》进行测定。尿铅检测：参照 GBZ/T 303—2018《尿中铅的测定 石墨炉原子吸收光谱法》及 GBZ/T 308—2018《尿中多种金属同时测定 电感耦合等离子体质谱法》进行测定。

（6）生物材料（血铅、尿铅）样品的检测及质量控制应符合 GBZ 37—2015《职业性慢性铅中毒的诊断》中"附件 B 7.4"的要求。

## 九、档案管理

（1）用人单位工作场所铅及其无机化合物监测资料。

（2）职业健康检查信息表（含铅及其无机化合物接触史、既往病史、个人防护情况）。

（3）劳动者个人血铅、尿铅检测资料。

（4）历年职业健康检查表（应保持资料的完整性、连续性、准确性）。

（5）职业病诊疗等有关个人健康资料。

（6）职业健康监督执法资料。

（7）与用人单位签订的职业健康检查合同或协议、个体体检单位介绍信等其他资料。

（薛来俊　邓小懂）

# 四乙基铅作业职业健康监护质量控制要点

## 一、组织机构

设置与四乙基铅作业职业健康检查相关的科室，合理设置各科室岗位及数量，包括内科（体格检查、神经系统检查）、心电图检查室、临床化验室（生物材料标本检验）、眼科、放射科（配备CR/DR摄片机）、理化实验室（配备有石墨炉原子吸收分光光度计或电感耦合等离子体质谱仪或原子荧光光度计进行生物材料样本测定）等。

## 二、人员

（1）包含体格检查、心电图检查、眼科等类别的执业医师、技师、护士等医疗卫生技术人员，主检医师至少有1名具备职业性化学中毒职业病诊断医师资格，备案有效人员需要第一注册执业点。

（2）检验人员具备相应的专业技术任职资格，经培训能够熟练掌握血铅或尿铅样品采集、储存、运输、预处理及检测分析技术；应熟知检验技术程序性文件，并能严格执行检测全过程质量保证规程；应熟练掌握生物检测指标、职业接触生物限值及其检测结果评价等方面的知识和技术。

## 三、仪器设备

（1）配备满足并符合与备案四乙基铅作业职业健康检查的类别和项目相适应的听诊器、血压计、身高测量仪、磅秤、叩诊锤、视力灯、眼底镜、裂隙灯、血细胞分析仪、尿液分析仪、生化分析仪、心电图仪、CR/DR摄片机、脑电图仪、电子计算机断层扫描（computed tomography，CT）或磁共振成像（magnetic resonance imaging，MRI）、原子吸收分光光度计（具石墨炉、背景校正装置和铅空心阴极灯）或电感耦合等离子体质谱仪或原子荧光光度计等仪器设备。

（2）有关仪器设备的种类、数量、性能、量程、精确度等技术指标应满足工作需要，国家要求计量认证或校准的，需要符合计量认证或校准的要求，并有措施保证检测系统的完整性和有效性，使之满足检测方法的要求。应对血细胞分析仪、原子吸收分光光度计等仪器设备进行定期计量、检定和校准，并张贴标识；不属于强制检定的，应有相应校验方法并定期自校。应定期进行维护保养及计量、检定和校验，同时记录设备状态。

（3）编制使用设备操作规程参照"铅及其无机化合物作业职业健康监护质量控制要点"相应内容。

（4）体检分类项目及设备见表1。

表 1 体检分类项目及设备

| 名称 | 类别 | 检查项目 | 设备配置 |
|---|---|---|---|
| 四乙基铅 | 上岗前 | 体格检查必检项目：1) 内科常规检查；2) 神经系统常规检查 | 体格检查必备设备：1) 内科常规检查用听诊器、血压计、身高测量仪、磅秤；2) 神经系统常规检查用叩诊锤 |
| | | 实验室和其他检查必检项目：血常规、尿常规、肝功能、心电图、胸部X射线摄片 | 必检项目必备设备：血细胞分析仪、尿液分析仪、生化分析仪、心电图仪、CR/DR摄片机 |
| | 在岗期间 | 推荐性，同上岗前 | 推荐体检项目设备配备：1) 内科常规检查用听诊器、血压计、身高测量仪、磅秤；2) 神经系统常规检查用叩诊锤 |
| | | | 推荐项目设备配备：血细胞分析仪、尿液分析仪、生化分析仪、心电图仪、CR/DR摄片机 |
| | 应急 | 体格检查必检项目：1) 内科常规检查，注意体温、血压、脉搏测量；2) 神经系统常规检查，注意有无病理反射；3) 眼底检查 | 体格检查必备设备：1) 内科常规检查用听诊器、血压计、身高测量仪、磅秤；2) 神经系统常规检查用叩诊锤；3) 眼科检查用视力灯、眼底镜、裂隙灯 |
| | | 实验室和其他检查必检项目：血常规、尿常规、肝功能、肾功能、心电图 | 必检项目必备设备：血细胞分析仪、尿液分析仪、生化分析仪、心电图仪 |
| | | 选检项目：脑电图、血铅或尿铅、头颅CT或MRI | 选检项目设备配备：脑电图仪、CT或MRI、血铅或尿铅设备。<br>尿铅测定：1) 石墨炉原子吸收光谱法设备，原子吸收分光光度计（具石墨炉、背景校正装置和铅空心阴极灯）；2) 电感耦合等离子体质谱法设备，电感耦合等离子体质谱仪。<br>血铅测定：1) 石墨炉原子吸收光谱法设备，原子吸收分光光度计（具石墨炉、背景校正装置和铅空心阴极灯）；2) 电感耦合等离子体质谱法设备，电感耦合等离子体质谱仪；3) 原子荧光光谱法设备，原子荧光光度计 |

1987年5月28日，国家计量局发布的《中华人民共和国强制检定的工作计量器具检定管理办法》第十六条规定，血压计、血细胞分析仪、心电图仪、原子吸收分光光度计等属于强制检定的工作计量器具。

## 四、工作场所

（1）工作场所布局合理，采光良好。体检场所应在醒目位置公示体检功能区布局和体检基本流程，引导标识应准确清晰。

（2）体格检查室、神经系统检查室等操作室布局合理，每个独立的检查室使用面积不小于 6 $m^2$。

（3）实验室应干净、整洁，无铅污染源，具备独立的样品处理间。理化实验室应取得检验检测机构资质认定证书，许可项目参数包含血铅或尿铅；实验室布局要符合 GB/T 22576.1—2018《医学实验室 质量和能力的要求 第 1 部分：通用要求》及 RB/T 214—2017《检验检测机构资质认定能力评价 检验检测机构通用要求》中的场地环境、设备设施的相关规定。

## 五、质量管理文书

（1）建立四乙基铅作业职业健康检查质量管理规程，进行全过程质量管理并持续有效运行，实现质量管理工作的规范化、标准化。

（2）建立四乙基铅作业人员职业健康检查作业指导书。

（3）工作场所张贴采（抽）血须知及注意事项并事先告知。

（4）建立采（抽）血消毒管理制度，按 2016 年 1 月 19 日国家卫生和计划生育委员会修订的《消毒管理办法》的规定，各种注射、穿刺、采血器具应当"一人一用一灭菌"。

（5）存四乙基铅作业相关职业卫生标准、《职业健康检查管理办法》、GBZ 36—2015《职业性急性四乙基铅中毒的诊断》、GBZ 188—2014《职业健康监护技术规范》等文件备查。

## 六、能力考核与培训

（1）建立和保持技术人员培训制度，制订并落实各类人员教育和培训计划。

（2）质量负责人和技术负责人需要每 2 年 1 次进行 1 次职业健康检查法律法规知识培训并考核合格。

（3）体格检查医师具备内科常规、神经系统常规损害情况的检查能力，按照相关临床操作规范进行。

（4）主检医师掌握 GBZ 36—2015《职业性急性四乙基铅中毒的诊断》、GBZ 76—2002《职业性急性化学物中毒性神经系统疾病诊断标准》、GBZ/T 228—2010《职业性急性化学物中毒后遗症诊断标准》及四乙基铅职业健康监护技术规范，对四乙基铅所致职业禁忌证判断准确。职业性化学中毒诊断医师需要每 2 年参加复训并考核合格。

（5）质量控制能力考核内容为现场四乙基铅作业目标疾病判断能力的考核。对每年完成 30% 备案化学因素类项目的职业健康检查机构进行现场技术考核。每个单位抽取经专家集体给出结果的职业禁忌证的个体体检报告进行考核，由考核人员判断结论符合率。

（6）个体结论符合率考核：职业健康信息化系统每年 1 次抽备案单位个体体检报告 80 份，加上体检单位提供的职业禁忌证报告 20 份，总计对 100 份体检报告进行专家评分。

## 七、体检过程管理

### （一）体检对象确定

四乙基铅作业人员，即从事制造四乙基铅，配制乙基液（约含四乙基铅 5%）、乙基汽油（含四乙基铅 1.3%~3.3%），保管、运输四乙基汽油及进入储油罐内清洗或维修等作业的人员，均须进行职业健康检查。

### （二）健康检查周期

**1. 在岗期间职业健康检查**

至少每 3 年体检 1 次。

**2. 应急职业健康检查**

发生急性四乙基铅中毒事件者，用人单位所有接触四乙基铅的作业人员均须及时体检。

### （三）结果判断及处理意见

**1. 上岗前职业健康检查**

发现中枢神经系统器质性疾病、精神障碍性疾病者，属于有职业禁忌证人员，建议不宜从事接触四乙基铅岗位作业。

**2. 在岗期间职业健康检查**

发现中枢神经系统器质性疾病、精神障碍性疾病者，属于有职业禁忌证人员，建议不宜从事接触四乙基铅岗位作业，脱离原工作岗位。

**3. 应急健康检查**

对出现以中枢神经系统急性损害为主的临床表现者，考虑疑似职业性急性四乙基铅中毒，建议其脱离四乙基铅作业，到急诊就诊并到职业病诊断机构进行诊断。

## 八、生物材料中铅检测质量控制

生物材料中铅检测的设备要符合标准要求，定期检定、比对；人员、仪器、试剂、实验室等基本条件，血、尿样品的采集、储存和运输、检测，以及质量控制须依据标准 GBZ 37—2015《职业性慢性铅中毒的诊断》中"附件 B"的规定要求。

（1）实验室要求：应干净、整洁，无铅污染源，具备独立的样品处理间。样品处理最好在 10 万级洁净实验室或 B2 级生物安全柜中操作。

（2）生物材料样品采集要求：血液样品采集应遵循杜绝铅污染的原则。采样地点应远离铅作业环境，采血房间应清洁无尘，不得用电风扇降温。被采样者脱去作业场所的工作衣帽后进入采样间，用流动水清洁手、臂并经稀硝酸、酒精擦拭采血部位后，由熟练的操作者采集双份血液样品各 2 mL 注入经检测合格的带帽聚乙烯抗凝管，充分溶解抗凝剂后放置待测。采集尿样时，受检者最好在留样前洗澡，无条件者，在脱去工作衣帽后流水清洁手、脸及相关部位。在专门清洁房间留取 50 mL 以上中段尿样。

（3）血铅测定：参照 GBZ/T 316.1—2018《血中铅的测定 第1部分：石墨炉原子吸收光谱法》、GBZ/T 316.2—2018《血中铅的测定 第2部分：电感耦合等离子体质谱法》、GBZ/T 316.3—2018《血中铅的测定 第3部分：原子荧光光谱法》进行测定。尿铅检测：参照 GBZ/T 303—2018《尿中铅的测定 石墨炉原子吸收光谱法》及 GBZ/T 308—2018《尿中多种金属同时测定 电感耦合等离子体质谱法》进行测定。

（4）检查人员要求：有责任心，培训合格，操作严格按照有关标准、规范执行。检验检测人员应具备相应的专业技术任职资格，经培训能够熟练掌握相关生物材料样品采集、储存、运输、预处理及检测分析技术；应熟知检验检测技术程序性文件，并能严格执行检验检测全过程质量保证规程；应熟练掌握生物检测指标、职业接触生物限值及其检验检测结果评价等方面的知识和技术。

（5）生物材料样品的储存和运输：血液和尿液样品应当密闭、冷冻储存和运输，2周内检测完毕。门诊样品不得超过 48 h。

（6）生物材料（血铅、尿铅）样品的检测及质量控制应符合 GBZ 37—2015《职业性慢性铅中毒的诊断》中"附件 B 7.4"的要求。

## 九、档案管理

（1）用人单位工作场所四乙基铅监测资料。
（2）职业健康检查信息表（含四乙基铅接触史、既往病史、个人防护情况）。
（3）劳动者个人血铅、尿铅检测资料。
（4）历年职业健康检查表（应保持资料的完整性、连续性、准确性）。
（5）职业病诊疗等有关个人健康资料。
（6）职业健康监督执法资料。
（7）与用人单位签订的职业健康检查合同或协议，个体体检单位介绍信等其他资料。

（薛来俊 邓小懂）

# 汞及其无机化合物作业职业健康监护质量控制要点

## 一、组织机构

设置与汞及其无机化合物作业职业健康检查相关的科室，合理设置各科室岗位及数量，包括体格检查室（内科常规、口腔科常规、神经系统检查）、心电图检查室、临床化验室（生物材料标本检验）、放射科（配备 CR/DR 摄片机）、理化实验室（配备有原子吸收分光光度计，可进行生物材料样本测定）等。

## 二、人员

(1) 包含体格检查、心电图检查、口腔科检查等类别的执业医师、技师、护士等医疗卫生技术人员，主检医师至少有1名具备职业性化学中毒职业病诊断医师资格，备案有效人员需要第一注册执业点。

(2) 检验人员具备相应的专业技术任职资格，经培训能够熟练掌握尿汞样品采集、储存、运输、预处理及检测分析技术；应熟知检测技术程序性文件，并能严格执行检测全过程质量保证规程；应熟练掌握生物检测指标、职业接触生物限值及其检测结果评价等方面的知识和技术。

## 三、仪器设备

(1) 配备满足并符合与备案汞及其无机化合物职业健康检查的类别和项目相适应的听诊器、血压计、身高测量仪、磅秤、口腔科常规检查器械、叩诊锤、血细胞分析仪、尿液分析仪、生化分析仪、心电图仪、CR/DR摄片机、原子吸收分光光度计（具氢化物发生装置）或原子荧光光度计、冷原子吸收测汞仪、酶标仪等仪器设备。

(2) 有关仪器设备的种类、数量、性能、量程、精确度等技术指标应满足工作需要，国家要求计量认证或校准的，需要符合计量认证或校准的要求，并有措施保证检测系统的完整性和有效性，使之满足检测方法的要求。应对血细胞分析仪、原子吸收分光光度计等仪器设备进行定期计量、检定和校准，并张贴标识；不属于强制检定的，应有相应校验方法并定期自校。应定期进行维护保养及计量、检定和校验，同时记录设备状态。

(3) 编制使用设备操作规程参照"铅及其无机化合物作业职业健康监护质量控制要点"相应内容。

(4) 体检分类项目及设备见表1。

表1 体检分类项目及设备

| 名称 | 类别 | 检查项目 | 设备配置 |
| --- | --- | --- | --- |
| 汞及其无机化合物 | 上岗前 | 体格检查必检项目：1) 内科常规检查；2) 口腔科常规检查，重点检查口腔黏膜、牙龈；3) 神经系统常规检查，注意有无震颤（眼睑、舌、手指震颤） | 体格检查必备设备：1) 内科常规检查用听诊器、血压计、身高测量仪、磅秤；2) 口腔科常规检查器械；3) 神经系统常规检查用叩诊锤 |
| | | 实验室和其他检查必检项目：血常规、尿常规、肝功能、肾功能、心电图、胸部X射线摄片 | 必检项目必备设备：血细胞分析仪、尿液分析仪、生化分析仪、心电图仪、CR/DR摄片机 |
| | 在岗期间 | 体格检查必检项目：1) 内科常规检查；2) 神经系统常规检查，注意有无震颤（眼睑、舌、手指震颤）；3) 口腔科常规检查，重点检查口腔及牙龈炎症 | 体格检查必备设备：1) 内科常规检查用听诊器、血压计、身高测量仪、磅秤；2) 神经系统常规检查用叩诊锤；3) 口腔科常规检查器械 |

续上表

| 名称 | 类别 | 检查项目 | 设备配置 |
|---|---|---|---|
| 汞及其无机化合物 | 在岗期间 | 实验室和其他检查必检项目：血常规、尿常规、肾功能、心电图、尿汞、尿 β2-微球蛋白或 α1-微球蛋白或尿视黄醇结合蛋白 | 必检项目必备设备：血细胞分析计、尿液分析仪、心电图仪、生化分析仪。<br>尿汞测定设备：原子吸收分光光度计（具氢化物发生装置）或原子荧光光度计、冷原子吸收测汞仪、酶标仪 |
| | 离岗时 | 同在岗期间 | 同在岗期间 |
| | 应急 | 体格检查必检项目：1）内科常规检查；2）神经系统常规检查，注意有无病理反射；3）口腔科常规检查，重点检查口腔黏膜、牙龈；4）眼底检查 | 体格检查必备设备：1）内科常规检查用听诊器、血压计、身高测量仪、磅秤；2）神经系统常规检查用叩诊锤；3）口腔科常规检查器械；4）眼底检查用视力灯、眼底镜、裂隙灯 |
| | | 实验室和其他检查必检项目：血常规、尿常规、肾功能、心电图、胸部 X 射线摄片、血氧饱和度、尿汞 | 必检项目必备设备：血细胞分析仪、尿液分析仪、生化分析仪、心电图仪、CR/DR 摄片机、血氧饱和度测定仪或血气分析仪。<br>尿汞测定设备：原子吸收分光光度计（具氢化物发生装置）或原子荧光光度计、冷原子吸收测汞仪、酶标仪 |
| | | 选检项目：尿 β2-微球蛋白、尿蛋白定量、脑电图、头颅 CT 或 MRI | 选检项目设备配备：生化分析仪、脑电图仪、CT 或 MRI 仪 |

1987 年 5 月 28 日，国家计量局发布的《中华人民共和国强制检定的工作计量器具检定管理办法》第十六条规定，血压计、血细胞分析仪、心电图仪、原子吸收分光光度计等属于强制检定的工作计量器具。

## 四、工作场所

（1）工作场所布局合理，采光良好。体检场所应在醒目位置公示体检功能区布局和体检基本流程，引导标识应准确清晰。

（2）体格检查室、神经系统检查室等操作室布局合理，每个独立的检查室使用面积不小于 6 m²。

（3）实验室应干净、整洁，无汞污染源，具备独立的样品处理间。理化实验室应取得检验检测机构资质认定证书，许可项目参数包含尿汞；实验室布局要符合 GB/T 22576.1—2018《医学实验室　质量和能力的要求　第 1 部分：通用要求》及 RB/T 214—2017《检验检测机构资质认定能力评价　检验检测机构通用要求》中的场地环境、设备设施的相关规定。

## 五、质量管理文书

（1）建立汞及其无机化合物作业职业健康检查质量管理规程，进行全过程质量管理并持续有效运行，实现质量管理工作的规范化、标准化。

（2）建立汞及其无机化合物作业人员职业健康检查作业指导书。

（3）工作场所张贴采（抽）血须知及注意事项并事先告知。

（4）建立采（抽）血消毒管理制度，按2016年1月19日国家卫生和计划生育委员会修订的《消毒管理办法》的规定，各种注射、穿刺、采血器具应当"一人一用一灭菌"。

（5）存汞及其无机化合物作业相关职业卫生标准、汞及其无机化合物中毒相关诊断标准、《职业健康检查管理办法》、GBZ 188—2014《职业健康监护技术规范》等文件备查。

## 六、能力考核与培训

（1）建立和保持技术人员培训制度，制订并落实各类人员教育和培训计划。

（2）质量负责人和技术负责人需要每2年进行1次职业健康检查法律法规知识培训并考核合格。

（3）体格检查医师具备内科、口腔科、神经系统常规检查及共济运动等损害情况的检查能力，按照相关临床操作规范进行。

（4）主检医师掌握 GBZ 86—2007《职业性汞中毒诊断标准》及汞及其无机化合物职业健康监护技术规范，对汞及其无机化合物所致职业禁忌证、疑似职业病判断准确。职业性化学中毒诊断医师需要每2年参加复训并考核合格。

（5）质量控制能力考核内容为现场汞及其无机化合物作业目标疾病判断能力的考核。对每年完成30%备案化学因素类项目的职业健康检查机构进行现场技术考核。每个单位抽取经专家集体给出结果的职业禁忌证、疑似职业病的个体体检报告进行考核，由考核人员判断结论符合率。

（6）个体结论符合率考核：职业健康信息化系统每年1次抽备案单位个体体检报告80份，加上体检单位提供的职业禁忌证、疑似职业病报告各10份，总计对100份体检报告进行专家评分。

## 七、体检过程管理

（一）体检对象确定

汞及其无机化合物作业人员，即从事汞矿开采和冶炼，电器仪表制造和维修，烧碱和氯气的化工生产，用汞作阴极电解食盐，含汞药物、农药及试剂的生产，金银等贵金属用汞提取，雷管起爆剂的军工生产制造，原子能工业汞铊反应堆冷却剂制造，补牙制镜等作业的人员，均须进行职业健康检查。

（二）健康检查周期

**1. 在岗期间职业健康检查**

（1）作业场所有毒作业分级Ⅱ级及以上：每年1次；

（2）作业场所有毒作业分级Ⅰ级：每2年1次。

**2. 应急职业健康检查**

发生急性汞及其无机化合物中毒事件者，用人单位所有接触汞及其无机化合物作业人员及时体检。

（三）结果判断及处理意见

**1. 上岗前职业健康检查**

发现中枢神经系统器质性疾病、精神疾病、慢性肾脏疾病、尿汞增高者，属于有职业禁忌证，建议不宜从事接触汞及其无机化合物岗位作业。

**2. 在岗期间、离岗时职业健康检查**

（1）无汞中毒的临床表现，尿汞大于生物接触限值 20 μmol/mol 肌酐（35 μg/g 肌酐）者，建议暂时脱离接触汞及其无机化合物岗位，进行驱汞试验。

（2）有汞中毒的临床表现，如震颤、口腔炎、兴奋、尿蛋白阳性等，无论尿汞是否增高，均考虑疑似职业性慢性汞中毒，建议脱离汞及其无机化合物作业，到职业病诊断机构进行职业病诊断。

## 八、尿汞检测质量控制

尿汞检测的设备要符合标准要求，尿样检测及结果判断需依据标准 GBZ 89—2007《职业性汞中毒诊断标准》中"附件 A"的规定要求。

（1）实验室要求：应干净、整洁、无汞污染源，具备独立的样品处理间。

（2）尿样采集与测定：用具盖聚乙烯塑料瓶收集尿样，混匀后，按 WS/T 97—1996《尿中肌酐分光光度测定方法》标准测定尿肌酐（见"镉及其无机化合物作业职业健康监护质量控制要点"中相应内容）。样品在室温下尽快运输和测定，样品置于 4 ℃冰箱中可保存 14 d。

（3）尿汞测定：采用原子荧光光谱测定方法，参照 WS/T 25—1996《尿中汞的冷原子吸收光谱测定方法》进行测定。

（4）检查人员要求：有责任心，培训合格，操作严格按照有关标准、规范执行。检验检测人员应具备相应的专业技术任职资格，经培训能够熟练掌握相关生物材料样品采集、储存、运输、预处理及检测分析技术；应熟知检验检测技术程序性文件，并能严格执行检验检测全过程质量保证规程；应熟练掌握生物检测指标、职业接触生物限值及其检验检测结果评价等方面的知识和技术。

## 九、档案管理

（1）用人单位工作场所汞及其无机化合物监测资料。

（2）职业健康检查信息表（含汞及其无机化合物接触史、既往病史、个人防护情况）。

（3）劳动者个人尿汞检测资料。

（4）历年职业健康检查表（应保持资料的完整性、连续性、准确性）。

（5）职业病诊疗等有关个人健康资料。

（6）职业健康监督执法资料。

（7）与用人单位签订的职业健康检查合同或协议、个体体检单位介绍信等其他资料。

（薛来俊　邓小懂）

# 锰及其无机化合物作业职业健康监护质量控制要点

## 一、组织机构

设置与锰及其无机化合物作业职业健康检查相关的科室，合理设置各科室岗位及数量，包括体格检查室（内科常规检查，神经系统常规检查）、心电图检查室、临床化验室（生物材料标本检验）、放射科（配备CR/DR摄片机）等。

## 二、人员

（1）包含体格检查、心电图检查、放射诊断等类别的执业医师、技师、护士等医疗卫生技术人员，主检医师至少有1名具备职业性化学中毒职业病诊断医师资格，备案有效人员需要第一注册执业点。

（2）检验人员具备相应的专业技术任职资格，经培训能够熟练掌握生物材料样品采集、储存、运输、预处理及检测分析技术；应熟知检测技术程序性文件，并能严格执行检测全过程质量保证规程。

## 三、仪器设备

（1）配备满足并符合与备案锰及其无机化合物职业健康检查的类别和项目相适应的听诊器、血压计、身高测量仪、磅秤、叩诊锤、血细胞分析仪、尿液分析仪、生化分析仪、心电图仪、CR/DR摄片机等仪器设备。

（2）有关仪器设备的种类、数量、性能、量程、精确度等技术指标应满足工作需要，国家要求计量认证或校准的，需要符合计量认证或校准要求，并有措施保证检测系统的完整性和有效性，使之满足检测方法的要求。应对血细胞分析仪、生化分析仪等仪器设备进行定期计量、检定和校准，并张贴标识；不属于强制检定的，应有相应校验方法并定期自校。应定期进行维护保养及计量、检定和校验，同时记录设备状态。

（3）编制使用设备操作规程，参照"铅及其无机化合物作业职业健康监护质量控制要点"相应内容。

（4）体检分类项目及设备见表1。

表1 体检分类项目及设备

| 名称 | 类别 | 检查项目 | 设备配置 |
| --- | --- | --- | --- |
| 锰及其无机化合物 | 上岗前 | 体格检查必检项目：1）内科常规检查；2）神经系统常规检查 | 体格检查必备设备：1）内科常规检查用听诊器、血压计、身高测量仪、磅秤；2）神经系统常规检查用叩诊锤 |

续上表

| 名称 | 类别 | 检查项目 | 设备配置 |
|---|---|---|---|
| 锰及其无机化合物 | 上岗前 | 实验室和其他检查必检项目：血常规、尿常规、肝功能、心电图、胸部X射线摄片 | 必检项目必备设备：血细胞分析仪、尿液分析仪、生化分析仪、心电图仪、CR/DR摄片机 |
| | 在岗期间 | 体格检查必检项目：1）内科常规检查；2）神经系统常规检查，注意肌力的变化和共济失调、病理反射等 | 体格检查必备设备：1）内科常规检查用听诊器、血压计、身高测量仪、磅秤；2）神经系统常规检查用叩诊锤 |
| | | 实验室和其他检查必检项目：血常规、尿常规、肝功能 | 必检项目必备设备：血细胞分析仪、尿液分析仪、生化分析仪 |
| | 离岗时 | 同在岗期间 | 体格检查必备设备：1）内科常规检查用听诊器、血压计、身高测量仪、磅秤；2）神经系统常规检查用叩诊锤 |

1987年5月28日，国家计量局发布的《中华人民共和国强制检定的工作计量器具检定管理办法》第十六条规定，血压计、血细胞分析仪、心电图仪等属于强制检定的工作计量器具。

## 四、工作场所

（1）工作场所布局合理，采光良好。体检场所应在醒目位置公示体检功能区布局和体检基本流程，引导标识应准确清晰。

（2）体格检查室、心电图检查室等操作室布局合理，每个独立的检查室使用面积不小于6 m²。

（3）实验室应干净、整洁，无锰污染源，具备独立的样品处理间。实验室布局要符合GB/T 22576.1—2018《医学实验室　质量和能力的要求　第1部分：通用要求》及RB/T 214—2017《检验检测机构资质认定能力评价　检验检测机构通用要求》中的场地环境、设备设施的相关规定。

## 五、质量管理文书

（1）建立锰及其无机化合物作业职业健康检查质量管理规程，进行全过程质量管理并持续有效运行，实现质量管理工作的规范化、标准化。

（2）建立锰及其无机化合物作业人员职业健康检查作业指导书。

（3）工作场所张贴采（抽）血、尿液留样须知及注意事项并事先告知。

（4）建立采（抽）血消毒管理制度，按2016年1月19日国家卫生和计划生育委员会修订的《消毒管理办法》的规定，各种注射、穿刺、采血器具应当"一人一用一灭菌"。

（5）存锰及其无机化合物作业相关职业卫生标准、锰及其无机化合物中毒相关诊断标准、《职业健康检查管理办法》、GBZ 188—2014《职业健康监护技术规范》等文件备查。

## 六、能力考核与培训

（1）建立和保持技术人员培训制度，制订并落实各类人员教育和培训计划。

（2）质量负责人和技术负责人需要每 2 年进行 1 次职业健康检查法律法规知识培训并考核合格。

（3）体格检查医师具备内科常规、神经系统（尤其是肌张力、肌力）损害情况的检查能力，按照相关临床操作规范进行。

（4）主检医师掌握 GBZ 3—2006《职业性慢性锰中毒诊断标准》及锰及其无机化合物职业健康监护技术规范，对锰及其无机化合物所致职业禁忌证、疑似职业病判断准确。职业性化学中毒诊断医师需要每 2 年参加复训并考核合格。

（5）质量控制能力考核内容为现场锰及其无机化合物作业目标疾病判断能力的考核。对每年完成 30% 备案化学因素类项目的职业健康检查机构进行现场技术考核。每个单位抽取经专家集体给出结果的职业禁忌证、疑似职业病的个体体检报告进行考核，由考核人员判断结论符合率。

（6）个体结论符合率考核：职业健康信息化系统每年 1 次抽备案单位个体体检报告 80 份，加上体检单位提供的职业禁忌证报告、疑似职业病报告各 10 份，总计对 100 份体检报告进行专家评分。

## 七、体检过程管理

（一）体检对象确定

锰及其无机化合物作业人员，即从事锰矿石采掘、运输和加工，冶金工业中的锰铁制造，干电池制造，焊条制造，橡胶工业中的脱色剂、陶瓷工业中的着色剂制造，航空、航海的机器制造中的锰合金制造，以及用作肥料、消毒、漂白、燃料等的锰化合物制造的作业人员，均须进行职业健康检查。

（二）健康检查周期

**1. 在岗期间健康检查**

每年 1 次。

**2. 离岗后健康检查（推荐性）**

接触锰及其无机化合物工龄在 10 年（含 10 年）以下者，随访 6 年；接触锰及其无机化合物工龄超过 10 年者，随访 12 年，检查周期均为每 3 年 1 次。若接触锰及其无机化合物工龄少于 5 年，且劳动者工作场所空气中锰浓度符合国家卫生标准，可以不随访。

（三）评价要点参考意见

肌张力检查分级标准：

**1. 被动活动（PROM）肌张力分级标准**

Ⅰ级（轻度）：在 PROM 的前 1/4 时，即肌肉处于最长位置时出现阻力。

Ⅱ级（中度）：在 PROM 的 1/2 时出现阻力。

Ⅲ级（重度）：在 PROM 的后 1/4 时，即肌肉处于最短位置时出现阻力。

### 2. 改良的 Ashworth 分级标准

0级：正常肌张力。

1级：肌张力略微增加，受累部分被动屈伸时，在关节活动范围之末时呈现最小的阻力，或出现突然卡住和突然释放。

$1^+$级：肌张力轻度增加，在关节活动后 50% 范围内出现突然卡住，然后在关节活动范围后 50% 均呈现最小阻力。

2级：肌张力较明显地增加，通过被动关节活动范围的大部分时，肌张力均较明显地增加，但受累部分仍能较容易地被移动。

3级：肌张力严重增加，被动活动困难。

4级：僵直，受累部分被动屈伸时呈现僵直状态，不能活动。

## （四）结果判断及处理意见

### 1. 上岗前职业健康检查

发现中枢神经系统疾病或精神疾病和（或）尿锰增高者，属于有职业禁忌证人员，不宜从事接触锰及其无机化合物岗位作业。

### 2. 在岗期间职业健康检查

（1）无锰中毒的临床表现、尿锰超过职业接触限值者，建议工作中加强防护，改善工作环境。

（2）有锰中毒的临床表现、疑似职业性慢性锰中毒者，建议脱离接触锰及其无机化合物作业，到职业病诊断机构进行职业病诊断。

### 3. 离岗时职业健康检查

（1）无锰中毒的临床表现、尿锰超过职业接触限值者，建议 1 个月后复查。

（2）有锰中毒的临床表现、疑似职业性慢性锰中毒者，建议到职业病诊断机构进行职业病诊断。

# 八、实验室质量控制

（1）实验室要求：应干净、整洁，无锰污染源，具备独立的样品处理间。

（2）实验室操作有质量控制制度、常规质控记录、质控考核或室间比对记录，以及检验报告管理程序。

（3）建立岗位责任制及标准化的操作流程，试剂要按标准化流程进行标定、校正滴定，试剂误差控制在允许范围内。

（4）建立仪器校正制度，定期检定校准。

（5）检查人员要求：有责任心，培训合格，操作严格按照有关标准、规范执行。检验检测人员应具备相应的专业技术任职资格，经培训能够熟练掌握相关生物材料样品采集、储存、运输、预处理及检测分析技术；应熟知检验检测技术程序性文件，并能严格执行检验检测全过程质量保证规程；应熟练掌握生物检测指标、职业接触生物限值及其检验检测结果评价等方面的知识和技术。

## 九、档案管理

（1）用人单位工作场所锰及其无机化合物监测资料。

（2）职业健康检查信息表（含锰及其无机化合物接触史、既往病史、个人防护情况）。

（3）劳动者个人尿锰检测资料。

（4）历年职业健康检查表（应保持资料的完整性、连续性、准确性）。

（5）职业病诊疗等有关个人健康资料。

（6）职业健康监督执法资料。

（7）与用人单位签订的职业健康检查合同或协议、个体体检单位介绍信等其他资料。

（薛来俊　邓小愷）

# 铍及其无机化合物作业职业健康监护质量控制要点

## 一、组织机构

设置与铍及其无机化合物作业职业健康检查相关的科室，合理设置各科室岗位及数量，包括体格检查室（内科常规检查，皮肤科常规检查）、心电图检查室、肺功能检测室、临床化验室（生物材料标本检验）、放射科（配备CR/DR摄片机）、理化实验室（配备有原子吸收分光光度计）等。

## 二、人员

（1）包含体格检查、心电图检查、肺功能检查、放射诊断等类别的执业医师、技师、护士等医疗卫生技术人员，主检医师至少有1名具备职业性化学中毒职业病诊断医师资格，备案有效人员需要第一注册执业点。

（2）检验人员具备相应的专业技术任职资格，经培训能够熟练掌握尿铍样品采集、储存、运输、预处理及检测分析技术；应熟知检测技术程序性文件，并能严格执行检测全过程质量保证规程；应熟练掌握生物检测指标、职业接触生物限值及其检测结果评价等方面的知识和技术。

## 三、仪器设备

（1）配备满足并符合与备案铍及其无机化合物职业健康检查的类别和项目相适应的听诊器、血压计、身高测量仪、磅秤、肺功能仪、血细胞分析仪、尿液自动分析仪、生化分析仪、心电图仪、CR/DR摄片机、血氧饱和度测定仪或血气分析仪、B超仪、原子吸收分光光度计（具石墨炉、背景校正装置和铍空心阴极灯）等仪器设备。

（2）有关仪器设备的种类、数量、性能、量程、精确度等技术指标应满足工作需要，国家要求计量认证或校准的，需要符合计量认证或校准的要求，并有措施保证检测系统的完整性和有效性，使之满足检测方法的要求。应对血细胞分析仪、生化分析仪、原子吸收分光光度计等仪器设备进行定期计量、检定和校准，并张贴标识；不属于强制检定的，应有相应校验方法并定期自校。应定期进行维护保养及计量、检定和校验，同时记录设备状态。

（3）编制使用设备操作规程参照"铅及其无机化合物作业职业健康监护质量控制要点"相应内容。

（4）体检分类项目及设备见表1。

表1 体检分类项目及设备

| 名称 | 类别 | 检查项目 | 设备配置 |
|---|---|---|---|
| 铍及其无机化合物 | 上岗前 | 体格检查必检项目：1）内科常规检查；2）皮肤科常规检查 | 体格检查必备设备：内科常规检查用听诊器、血压计、身高测量仪、磅秤 |
| | | 实验室和其他检查必检项目：血常规、尿常规、肝功能、心电图、胸部X射线摄片、肺功能 | 必检项目必备设备：血细胞分析仪、尿液分析仪、生化分析仪、心电图仪、CR/DR摄片机、肺功能仪 |
| | 在岗期间 | 体格检查必检项目：1）内科常规检查；2）皮肤科常规检查 | 体格检查必备设备：内科常规检查用听诊器、血压计、身高测量仪、磅秤 |
| | | 实验室和其他检查必检项目：血常规、尿常规、肝功能、心电图、肺功能、胸部X射线摄片 | 必检项目必备设备：血细胞分析仪、尿液分析仪、生化分析仪、心电图仪、肺功能仪、CR/DR摄片机 |
| | 离岗时 | 同在岗期间 | 体格检查必备设备：内科常规检查用听诊器、血压计、身高测量仪、磅秤 |
| | | | 必检项目必备设备：血细胞分析仪、尿液分析仪、生化分析仪、心电图仪、肺功能仪、CR/DR摄片机 |
| | 应急 | 体格检查必检项目：内科常规检查 | 体格检查必备设备：内科常规检查用听诊器、血压计、身高测量仪、磅秤 |
| | | 实验室和其他检查必检项目：血常规、尿常规、肝功能、心电图、胸部X射线摄片、血氧饱和度 | 必检项目必备设备：血细胞分析仪、尿液自动分析仪、生化分析仪、心电图仪、CR/DR摄片机、血氧饱和度测定仪或血气分析仪 |
| | | 选检项目：血气分析、肝脾B超、尿铍 | 选检项目设备配备：血气分析仪、B超仪。尿铍测定设备：原子吸收分光光度计（具石墨炉、背景校正装置和铍空心阴极灯） |

1987年5月28日，国家计量局发布的《中华人民共和国强制检定的工作计量器具检定管理办法》第十六条规定，血压计、血细胞分析仪、心电图仪、原子吸收分光光度计等属于强制检定的工作计量器具。

## 四、工作场所

（1）工作场所布局合理，采光良好。体检场所应在醒目位置公示体检功能区布局和体检基本流程，引导标识应准确清晰。

（2）体格检查室、肺功能检测室、心电图检查室等操作室布局合理，每个独立的检查室使用面积不小于 6 $m^2$。

（3）实验室应干净、整洁，无铍污染源，具备独立的样品处理间。理化实验室应取得检验检测机构资质认定证书，许可项目参数包含尿铍；实验室布局要符合 GB/T 22576.1—2018《医学实验室　质量和能力的要求　第 1 部分：通用要求》及 RB/T 214—2017《检验检测机构资质认定能力评价　检验检测机构通用要求》中的场地环境、设备设施的相关规定。

## 五、质量管理文书

（1）建立铍及其无机化合物作业职业健康检查质量管理规程，进行全过程质量管理并持续有效运行，实现质量管理工作的规范化、标准化。

（2）建立铍及其无机化合物作业人员职业健康检查作业指导书。

（3）工作场所张贴采（抽）血、尿液留样须知及注意事项并事先告知。

（4）建立采（抽）血消毒管理制度，按 2016 年 1 月 19 日国家卫生和计划生育委员会修订的《消毒管理办法》的规定，各种注射、穿刺、采血器具应当"一人一用一灭菌"。

（5）建立铍及其无机化合物作业相关职业卫生标准、《职业健康检查管理办法》、GBZ 67—2015《职业性铍病的诊断》、GBZ 188—2014《职业健康监护技术规范》等文件备查。

## 六、能力考核与培训

（1）建立和保持技术人员培训制度，制订并落实各类人员教育和培训计划。

（2）质量负责人和技术负责人需要每 2 年进行 1 次职业健康检查法律法规知识培训并考核合格。

（3）体格检查医师具备内科、皮肤科损害情况的检查能力，按照相关临床操作规范进行。

（4）主检医师掌握 GBZ 67—2015《职业性铍病的诊断》、GBZ 62—2002《职业性皮肤溃疡诊断标准》（职业性铍溃疡）、GBZ 20—2019《职业性接触性皮炎的诊断》（职业性铍接触性皮炎）等标准和铍及其无机化合物职业健康监护相关技术规范，对铍及其无机化合物所致职业禁忌证、疑似职业病判断准确。职业性化学中毒诊断医师需要每 2 年参加复训并考核合格。

（5）质量控制能力考核内容为现场铍及其无机化合物作业目标疾病判断能力的考

核。对每年完成30%备案化学因素类项目的职业健康检查机构进行现场技术考核。每个单位抽取经专家集体给出结果的职业禁忌证、疑似职业病的个体体检报告进行考核，由考核人员判断结论符合率。

（6）个体结论符合率考核：职业健康信息化系统每年1次抽备案单位个体体检报告80份，加上体检单位提供的职业禁忌证、疑似职业病报告各10份，总计100份体检表，对其进行专家评分。

## 七、体检过程管理

（一）体检对象确定

铍及其无机化合物作业人员，即在原子能、卫星、导弹、航天、航空及电子等科技领域，接触以铍合金（铍铜、铍铝和铍铁等）及铍的化合物（氟化铍、氧化铍、氢氧化铍、硫酸铍、硝酸铍和氯化铍等）为主的作业人员，均须进行职业健康检查。

（二）健康检查周期

1. **在岗期间健康检查**

每年1次。

2. **应急职业健康检查**

发生急性铍及其无机化合物中毒事件者，用人单位所有接触铍及其无机化合物作业人员均须及时体检。

3. **离岗后健康检查（推荐性）**

随访10年，每2年检查1次。

（三）结果判断及处理意见

1. **上岗前职业健康检查**

发现活动性肺结核、慢性阻塞性肺病、支气管哮喘、慢性间质性肺病、慢性皮肤溃疡者，属于有职业禁忌证人员，建议不宜从事接触铍及其无机化合物的岗位作业。

2. **在岗期间职业健康检查**

（1）发现活动性肺结核、慢性阻塞性肺病、支气管哮喘、慢性间质性肺病、慢性皮肤溃疡者，属于有职业禁忌证人员，建议不宜在接触铍及其无机化合物的岗位作业，应脱离接触铍及无机化合物的岗位。

（2）对出现胸闷、咳嗽、气短等呼吸系统症状，X射线胸片符合肺肉芽肿及轻度肺间质纤维化改变，铍皮炎、铍溃疡者，均考虑疑似职业性铍病，建议脱离接触铍及其无机化合物作业，到职业病诊断机构进行职业病诊断。

3. **离岗时职业健康检查**

对发现职业性慢性铍病、接触性皮炎、溃疡病、间质性肺病等疾病者，考虑疑似职业性铍病，建议到职业病诊断机构进行职业病诊断。

## 八、生物材料样品检测质量控制

（1）实验室要求：应干净、整洁，无铍污染源，具备独立的样品处理间。

（2）生物材料样品的采集与保存：用塑料瓶收集一次晨尿，混匀后，尽快测量比重。取 20 mL 尿放入 50 mL 塑料瓶中，加 20 mL 基体改进剂，混匀，可在室温下运输；4 ℃条件下至少可保存 2 周。分析前要将尿样彻底摇匀。

（3）尿铍测定：参照 WS/T 46—1996《尿中铍的石墨炉原子吸收光谱测定方法》进行测定。

（4）检查人员要求：有责任心，培训合格，操作严格按照有关标准、规范执行。检验检测人员应具备相应的专业技术任职资格，经培训能够熟练掌握相关生物材料样品采集、储存、运输、预处理及检测分析技术；应熟知检验检测技术程序性文件，并能严格执行检验检测全过程质量保证规程；应熟练掌握生物检测指标、职业接触生物限值及其检验检测结果评价等方面的知识和技术。

## 九、档案管理

（1）用人单位工作场所铍及其无机化合物监测资料。

（2）职业健康检查信息表（含铍及其无机化合物接触史、既往病史、个人防护情况）。

（3）劳动者个人尿铍检测资料。

（4）历年职业健康检查表（应保持资料的完整性、连续性、准确性）。

（5）职业病诊疗等有关个人健康资料。

（6）职业健康监督执法资料。

（7）与用人单位签订的职业健康检查合同或协议、个体体检单位介绍信等其他资料。

（薛来俊　邓小懂）

# 镉及其无机化合物作业职业健康监护质量控制要点

## 一、组织机构

设置与镉及其无机化合物作业职业健康检查相关的科室，合理设置各科室岗位及数量，包括体格检查室（内科常规检查）、心电图检查室、临床化验室（生物材料标本检验）、放射科（配备 CR/DR 摄片机）、超声检查室、骨密度检查室、理化实验室（配备有原子吸收分光光度计、电感耦合等离子体质谱仪，可进行生物材料样本测定）等。

## 二、人员

（1）包含体格检查、心电图检查等类别的执业医师、技师、护士等医疗卫生技人员，主检医师至少有 1 名具备职业性化学中毒职业病诊断医师资格，备案有效人员需要第一注册执业点。

（2）检验人员具备相应的专业技术任职资格，经培训能够熟练掌握尿镉样品采集、储存、运输、预处理及检测分析技术；应熟知尿镉、尿 $\beta_2$ - 微球蛋白和视黄醇结合蛋白的测定易受尿液稀释度的影响，熟悉尿肌酐校正等知识与检测技术。

（3）放射工作人员除具备相应的技术要求外，需掌握骨密度仪的测量方法与诊断要求，熟悉骨质疏松诊断标准。

## 三、仪器设备

（1）配备满足并符合与备案镉及其无机化合物职业健康检查的类别和项目相适应的血压计、听诊器、叩诊锤、血细胞分析仪、尿液分析仪、生化分析仪、心电图仪、酶标仪、洗板机、B 超仪、骨密度仪、CR/DR 摄片机、尿镉测量设备、原子吸收分光光度计（具石墨炉、背景校正装置和镉空心阴极灯）或电感耦合等离子体质谱仪等仪器设备。

（2）有关仪器设备的种类、数量、性能、量程、精确度等技术指标应满足工作需要，国家要求计量认证或校准的，需要符合计量认证或校准的要求，并有措施保证检测系统的完整性和有效性，使之满足检测方法的要求。应对血细胞分析仪、生化分析仪、骨密度仪等仪器设备进行定期计量、检定和校准，并张贴标识；不属于强制检定的，应有相应校验方法并定期自校。应定期进行维护保养及计量、检定和校验，同时记录设备状态。

（3）编制使用设备操作规程，参照"铅及其无机化合物作业职业健康监护质量控制要点"相应内容。

（4）体检分类项目及设备见表 1。

表 1　体检分类项目及设备

| 名称 | 类别 | 检查项目 | 设备配置 |
| --- | --- | --- | --- |
| 镉及其无机化合物 | 上岗前 | 体格检查必检项目：内科常规检查 | 体格检查必备设备：内科常规检查用听诊器、血压计、身高测量仪、磅秤 |
| | | 实验室和其他检查必检项目：血常规、尿常规、肝功能、肾功能、心电图、尿镉、肝肾 B 超、胸部 X 射线摄片 | 必检项目必备设备：血细胞分析仪、尿液分析仪、生化分析仪、心电图仪、酶标仪、洗板机、B 超仪、CR/DR 摄片机、尿镉设备。<br>尿镉测定：1）石墨炉原子吸收光谱法设备，原子吸收分光光度计（具石墨炉、背景校正装置和镉空心阴极灯）；2）电感耦合等离子体质谱法设备，电感耦合等离子体质谱仪 |

续上表

| 名称 | 类别 | 检查项目 | 设备配置 |
|---|---|---|---|
| 镉及其无机化合物 | 在岗期间 | 体格检查必检项目：内科常规检查 | 体格检查必备设备：内科常规检查用听诊器、血压计、身高测量仪、磅秤 |
| | | 实验室和其他检查必检项目：血常规、尿常规、肾功能、尿镉、尿$\beta_2$-微球蛋白、尿视黄醇结合蛋白、肝肾B超、骨密度（DXA法） | 必检项目必备设备：血细胞分析仪、尿液分析仪、生化分析仪、酶标仪、B超仪、骨密度仪、尿镉设备。<br>尿镉测定：1）石墨炉原子吸收光谱法设备，原子吸收分光光度计（具石墨炉、背景校正装置和镉空心阴极灯）；2）电感耦合等离子体质谱法设备，电感耦合等离子体质谱仪 |
| | 离岗时 | | 体格检查必备设备：内科常规检查用听诊器、血压计、身高测量仪、磅秤 |
| | | 同在岗期间 | 必检项目必备设备：血细胞分析仪、尿液分析仪、生化分析仪、酶标仪、B超仪、骨密度仪、尿镉设备。<br>尿镉测定：1）石墨炉原子吸收光谱法设备，原子吸收分光光度计（具石墨炉、背景校正装置和镉空心阴极灯）；2）电感耦合等离子体质谱法设备，电感耦合等离子体质谱仪 |
| | 应急 | 体格检查必检项目：内科常规检查，重点检查呼吸系统 | 体格检查必备设备：内科常规检查用听诊器、血压计、身高测量仪、磅秤 |
| | | 实验室和其他检查必检项目：血常规、尿常规、肝功能、心电图、肾功能、血氧饱和度、胸部X射线摄片、血镉 | 必检项目必备设备：血细胞分析仪、尿液分析仪、心电图仪、生化分析仪、血氧饱和度测定仪或血气分析仪、CR/DR摄片机、酶标仪、血镉设备。<br>血镉测定：1）石墨炉原子吸收光谱法设备，原子吸收分光光度计（具石墨炉、背景校正装置和镉空心阴极灯）；2）电感耦合等离子体质谱法设备，电感耦合等离子体质谱仪 |
| | | 选检项目：肺功能、血气分析 | 选检项目设备配备：肺功能仪、血气分析仪 |

1987年5月28日，国家计量局发布的《中华人民共和国强制检定的工作计量器具检定管理办法》第十六条规定，血压计、血细胞分析仪、心电图仪、原子吸收分光光度计等属于强制检定的工作计量器具。

## 四、工作场所

（1）工作场所布局合理，采光良好。体检场所应在醒目位置公示体检功能区布局和体检基本流程，引导标识应准确清晰。

（2）体格检查室、骨密度测定室、B 超检查室等操作室布局合理，每个独立的检查室使用面积不小于 6 m²。

（3）实验室应干净、整洁，无镉污染源，具备独立的样品处理间。理化实验室应取得检验检测机构资质认定证书，许可项目参数包含尿镉；实验室布局要符合 GB/T 22576.1—2018《医学实验室　质量和能力的要求　第 1 部分：通用要求》及 RB/T 214—2017《检验检测机构资质认定能力评价　检验检测机构通用要求》中的场地环境、设备设施的相关规定。

## 五、质量管理文书

（1）建立镉及其无机化合物作业职业健康检查质量管理规程，进行全过程质量管理并持续有效运行，实现质量管理工作的规范化、标准化。

（2）建立镉及其无机化合物作业人员职业健康检查作业指导书。

（3）工作场所张贴采（抽）血、尿液留样须知和注意事项并事先告知。

（4）建立采（抽）血消毒管理制度，按 2016 年 1 月 19 日国家卫生和计划生育委员会修订的《消毒管理办法》的规定，各种注射、穿刺、采血器具应当"一人一用一灭菌"。

（5）存镉及其无机化合物作业职业卫生标准、镉及其无机化合物中毒诊断标准、《职业健康检查管理办法》、GBZ 188—2014《职业健康监护技术规范》等文件备查。

## 六、能力考核与培训

（1）建立和保持技术人员培训制度，制订并落实各类人员教育和培训计划。

（2）质量负责人和技术负责人需要每 2 年进行 1 次职业健康检查法律法规知识培训并考核合格。

（3）体格检查医师具备内科常规（心血管、肾脏、呼吸、运动系统等）损害情况的检查能力，按照相关临床操作规范进行。

（4）主检医师掌握 GBZ 17—2015《职业性镉中毒的诊断》和镉及其无机化合物职业健康监护技术规范，对镉及其无机化合物所致职业禁忌证、疑似职业病判断准确。职业性化学中毒诊断医师需要每 2 年参加复训并考核合格。

（5）质量控制能力考核内容为现场镉及其无机化合物作业目标疾病判断能力的考核。对每年完成 30% 备案化学因素类项目的职业健康检查机构进行现场技术考核。每个单位抽取经专家集体给出结果的职业禁忌证、疑似职业病的个体体检报告进行考核，由考核人员判断结论符合率。

（6）个体结论符合率考核：职业健康信息化系统每年 1 次抽备案单位个体体检报告 80 份，加上体检单位提供的职业禁忌证、疑似职业病报告各 10 份，总计对 100 份体检报告进行专家评分。

## 七、体检过程管理

### （一）体检对象确定

镉及其无机化合物作业人员，即从事金属镉及含镉合金冶炼、焊接，镍镉电池制造，颜料制造，金属表层镀镉，以及以核反应堆的镉棒或覆盖镉的石墨棒作为中子吸收剂等的生产过程中接触镉及其化合物作业的人员，均须进行职业健康检查。

### （二）健康检查周期

**1. 在岗期间职业健康检查**

每年1次。

**2. 应急职业健康检查**

发生急性镉及其无机化合物中毒事件者，用人单位所有接触镉及其无机化合物作业人员均须及时体检。

### （三）评价参考意见

（1）尿镉主要与体内镉负荷量及肾镉浓度有关，可用作职业性镉接触和镉吸收的生物标志物。血镉主要反映近期镉接触量，血镉增高在急性镉中毒时作为过量接触镉的佐证。尿 $\beta_2$-微球蛋白、视黄醇结合蛋白等低分子量蛋白排出增多是慢性镉中毒肾脏损害的诊断起点。

（2）当血镉、尿镉同时超过职业接触生物限值时，表示工人有过量接触和过高的机体负荷量。血镉浓度大于45 nmol/L、尿镉浓度小于5 nmol/L，提示工人近期有过量接触。尿镉浓度小于5 nmol/L、血镉浓度小于45 nmol/L，则主要见于既往有过量接触，但近期已减少接触或脱离接触的工人。肾脏疾病和严重贫血可分别影响血镉、尿镉的测定结果。长期吸烟可能影响血镉浓度，评价时应注意上述因素的影响。

### （四）结果判断及处理意见

**1. 上岗前职业健康检查**

发现慢性肾脏疾病或骨质疏松症者，属于有职业禁忌证人员，建议不宜从事接触镉及其无机化合物的岗位作业。

**2. 在岗期间职业健康检查**

（1）无镉中毒的临床表现，而血镉或尿镉增高者，建议暂时脱离接触镉及其无机化合物作业并复查尿镉。

（2）有镉中毒的临床表现和（或）血镉、尿镉增高者，属于疑似职业性慢性镉中毒人员，建议脱离接触镉及其无机化合物作业，到职业病诊断机构进行职业病诊断。

**3. 离岗时职业健康检查**

（1）无镉中毒的临床表现，但有尿镉增高者，建议1个月后复查。

（2）有镉中毒的临床表现，伴有或不伴有尿镉增高者，属于疑似职业性慢性镉中毒人员，建议到职业病诊断机构进行职业病诊断。

## 八、生物材料样品检测质量控制

血镉、尿镉的检测设备要符合标准要求，样品检测及结果判断需依据标准 GBZ

17—2015《职业性镉中毒的诊断》中"附件 A"的规定要求。

（1）实验室要求：应干净、整洁，无镉污染源，具备独立的样品处理间。

（2）尿样采集与测定：用具盖聚乙烯塑料瓶收集尿样，混匀后，按 WS/T 97—1996《尿中肌酐分光光度测定方法》标准测定尿肌酐。样品在室温下尽快运输和测定，样品置于4 ℃冰箱中可保存 14 d。

（3）尿镉测定参照 GBZ/T 307.1—2018《尿中镉的测定 第 1 部分：石墨炉原子吸收光谱法》、GBZ/T 307.2—2018《尿中镉的测定 第 2 部分：电感耦合等离子体质谱法》进行测定；血镉测定参照 GBZ/T 317.1—2018《血中镉的测定 第 1 部分：石墨炉原子吸收光谱法》、GBZ/T 317.2—2018《血中镉的测定 第 2 部分：电感耦合等离子体质谱法》进行测定。

（4）尿肌酐测定：尿镉、尿 $\beta_2$-微球蛋白和视黄醇结合蛋白测定易受尿液稀释度的影响，故上述尿中被测物的浓度均须用尿肌酐（见 WS/T 97—1996《尿中肌酐分光光度测定方法》）校正。对肌酐浓度小于 0.3 g/L 或大于 3.0 g/L 的尿样应重新留取尿样检测。测定方法：参照 WS/T 97—1996《尿中肌酐分光光度测定方法》进行测定。测定时，反应温度、苦味酸纯度及其浓度、氢氧化钠浓度均对测定值有影响。反应温度必须控制在 30 ℃ 以下，最小取样量为 50 μL，方法批内精密度范围为 0.8%～4.6%（肌酐浓度为 0.4～2.8 g/L），批间精密度范围为 2.0%～4.5%（肌酐浓度为 0.6～3.9 g/L），方法加标回收率范围为 97.0%～102.3%（肌酐加标浓度为 0.4～1.1 g/L）。也可参照 WS/T 98—1996《尿中肌酐的反相高效液相色谱测定方法》进行测定。以基线噪音 3 倍计，方法最低检出限 0.1 μg/mL，线性范围 0～10 μg/mL，当肌酐浓度为 400～800 μg/mL 时，加标回收率为 93.0%～97.0%，相对标准偏差为 1.6%～5.7%。

（5）检查人员要求：有责任心，培训合格，操作严格按照有关标准、规范执行。检验检测人员应具备相应的专业技术任职资格，经培训能够熟练掌握相关生物材料样品采集、储存、运输、预处理及检测分析技术；应熟知检验检测技术程序性文件，并能严格执行检验检测全过程质量保证规程；应熟练掌握生物检测指标、职业接触生物限值及其检验检测结果评价等方面的知识和技术。

## 九、档案管理

（1）用人单位工作场所镉及其无机化合物监测资料。

（2）职业健康检查信息表（含镉及其无机化合物接触史、既往病史、个人防护情况）。

（3）劳动者个人尿镉和（或）血镉检测资料。

（4）历年职业健康检查表（应保持资料的完整性、连续性、准确性）。

（5）职业病诊疗等有关个人健康资料。

（6）职业健康监督执法资料。

（7）与用人单位签订的职业健康检查合同或协议、个体体检单位介绍信等其他资料。

（薛来俊　卢建国）

# 铬及其无机化合物作业职业健康监护质量控制要点

## 一、组织机构

设置与铬及其无机化合物作业职业健康检查相关的科室，合理设置各科室岗位及数量，包括体格检查室（内科常规检查，鼻及咽部常规检查，皮肤科常规检查）、心电图检查室、肺功能检测室、临床化验室（生物材料标本检验）、放射科（配备CR/DR摄片机）、理化实验室（配备有原子吸收分光光度计、电感耦合等离子体质谱仪，可进行生物材料样本测定）等。

## 二、人员

（1）包含体格检查、心电图检查、放射诊断等类别的执业医师、技师、护士等医疗卫生技术人员，主检医师至少有1名具备职业性化学中毒职业病诊断医师资格，备案有效人员需要第一注册执业点。

（2）检验人员具备相应的专业技术任职资格，经培训能够熟练掌握尿铬样品采集、储存、运输、预处理及检测分析技术；应熟知检测技术程序性文件，并能严格执行检测全过程质量保证规程；应熟练掌握生物检测指标、职业接触生物限值及其检测结果评价等方面的知识和技术。

## 三、仪器设备

（1）配备满足并符合与备案铬及其无机化合物作业职业健康检查的类别和项目相适应的听诊器、血压计、身高测量仪、磅秤、额镜或额眼灯、咽喉镜、血细胞分析仪、尿液分析仪、生化分析仪、肺功能仪、CR/DR摄片机、尿铬设备、原子吸收分光光度计（具石墨炉原子化器、背景校正装置，附铬空心阴极灯）或电感耦合等离子体质谱仪等仪器设备。

（2）有关仪器设备的种类、数量、性能、量程、精确度等技术指标应满足工作需要，国家要求计量认证或校准的，需要符合计量认证或校准的要求，并有措施保证检测系统的完整性和有效性，使之满足检测方法的要求。应对血细胞分析仪、生化分析仪、原子吸收分光光度计等仪器设备进行定期计量、检定和校准，并张贴标识；不属于强制检定的，应有相应校验方法并定期自校。应定期进行维护保养及计量、检定和校验，同时记录设备状态。

（3）编制使用设备操作规程参照"铅及其无机化合物作业职业健康监护质量控制要点"相应内容。

（4）体检分类项目及设备见表1。

表1 体检分类项目及设备

| 名称 | 类别 | 检查项目 | 设备配置 |
|---|---|---|---|
| 铬及其无机化合物 | 上岗前 | 体格检查必检项目：1）内科常规检查；2）鼻及咽部常规检查；3）皮肤科常规检查 | 体格检查必备设备：1）内科常规检查用听诊器、血压计、身高测量仪、磅秤；2）鼻及咽部常规检查用额镜或额眼灯、咽喉镜 |
| | | 实验室和其他检查必检项目：血常规、尿常规、肝功能、心电图、胸部X射线摄片 | 必检项目必备设备：血细胞分析仪、尿液分析仪、生化分析仪、心电图仪、CR/DR摄片机 |
| | 在岗期间 | 体格检查必检项目：1）内科常规检查；2）鼻及咽部常规检查；3）皮肤科常规检查 | 体格检查必备设备：1）内科常规检查用听诊器、血压计、身高测量仪、磅秤；2）鼻及咽部常规检查用额镜或额眼灯、咽喉镜 |
| | | 实验室和其他检查必检项目：血常规、肺功能、胸部X射线摄片、尿铬 | 必检项目必备设备：血细胞分析仪、肺功能仪、CR/DR摄片机、尿铬设备。尿铬测定：1）石墨炉原子吸收光谱法设备，原子吸收分光光度计（具石墨炉原子化器、背景校正装置，附铬空心阴极灯）；2）电感耦合等离子体质谱法设备，电感耦合等离子体质谱仪 |
| | 离岗时 | 同在岗期间 | 同在岗期间 |

1987年5月28日，国家计量局发布的《中华人民共和国强制检定的工作计量器具检定管理办法》第十六条规定，血压计、血细胞分析仪、心电图仪、原子吸收分光光度计等属于强制检定的工作计量器具。

## 四、工作场所

（1）工作场所布局合理，采光良好。体检场所应在醒目位置公示体检功能区布局和体检基本流程，引导标识应准确清晰。

（2）体格检查室、肺功能检测室、心电图检查室等操作室布局合理，每个独立的检查室使用面积不小于6 m$^2$。

（3）实验室应干净、整洁，无铬污染源，具备独立的样品处理间。理化实验室应取得检验检测机构资质认定证书，许可项目参数包含血铬和（或）尿铬；实验室布局要符合GB/T 22576.1—2018《医学实验室 质量和能力的要求 第1部分：通用要求》及RB/T 214—2017《检验检测机构资质认定能力评价 检验检测机构通用要求》中的场地环境、设备设施的相关规定。

## 五、质量管理文书

（1）建立铬及其无机化合物作业职业健康检查质量管理规程，进行全过程质量管理并持续有效运行，实现质量管理工作的规范化、标准化。

（2）建立铬及其无机化合物作业人员职业健康检查作业指导书。

（3）工作场所张贴采（抽）血、尿液留样须知及注意事项并事先告知。

（4）建立采（抽）血消毒管理制度，按 2016 年 1 月 19 日国家卫生和计划生育委员会修订的《消毒管理办法》的规定，各种注射、穿刺、采血器具应当"一人一用一灭菌"。

（5）存铬及其无机化合物作业相关职业卫生标准、铬及其无机化合物中毒相关诊断标准、《职业健康检查管理办法》、GBZ 188—2014《职业健康监护技术规范》等文件备查。

## 六、能力考核与培训

（1）建立和保持技术人员培训制度，制订并落实各类人员教育和培训计划。

（2）质量负责人和技术负责人需要每 2 年进行 1 次职业健康检查法律法规知识培训并考核合格。

（3）体格检查医师具备内科、皮肤科、鼻及咽部损害情况的检查能力，按照相关临床操作规范进行。

（4）主检医师掌握 GBZ 12—2014《职业性铬鼻病的诊断》、GBZ 62—2002《职业性皮肤溃疡诊断标准》（职业性铬溃疡）、GBZ 20—2019《职业性接触性皮炎的诊断》（职业性铬所致皮炎）、GBZ 94—2017《职业性肿瘤的诊断》（六价铬化合物所致肺癌）等标准和铬及其无机化合物职业健康监护技术规范，对铬及其无机化合物所致职业禁忌证、疑似职业病判断准确。职业性化学中毒诊断医师需要每 2 年参加复训并考核合格。

（5）质量控制能力考核内容为现场铬及其无机化合物作业目标疾病判断能力的考核。对每年完成 30% 备案化学因素类项目的职业健康检查机构进行现场技术考核。每个单位抽取经专家集体给出结果的职业禁忌证、疑似职业病的个体体检报告进行考核，由考核人员判断结论符合率。

（6）个体结论符合率考核：职业健康信息化系统每年 1 次抽备案单位个体体检报告 80 份，加上体检单位提供的职业禁忌证、疑似职业病报告各 10 份，总计对 100 份体检报告进行专家评分。

## 七、体检过程管理

（一）体检对象确定

铬及其无机化合物作业人员，即在工业上接触铬及其无机化合物，主要是铬矿石和铬冶炼时的粉尘和烟雾，电镀时吸入铬酸雾和接触铬酐、铬酸、铬酸盐及重铬酸盐等六价铬化合物的作业人员，均须进行职业健康检查。

（二）健康检查周期

**1. 在岗期间健康检查**

每年 1 次。

**2. 离岗后健康检查（推荐性）**

随访 10 年，每 2 年检查 1 次。

## （三）评价参考意见

（1）人体六价铬还原成三价铬后，主要经尿排出。尿铬的清除分为三相，第一相、第二相和第三相的半减期分别为 7 h、15～30 d 和 3～5 年。长期稳定接触铬盐的工人，在接触期间和接触后第 1 h 铬排出较快，以后减慢。长期接触铬的老工人其肾铬清除率要高于新工人。因此，相对较高的尿铬浓度可以反映更有效的清除过程，而不一定是中毒严重的表现。

（2）尿铬含量的检测受许多因素的影响，如受尿铬的生物半衰期的影响，其个体间和个体内尿铬的变异很大；也受食物、吸烟、运动等混杂因素的影响。尿铬主要反映机体总铬的代谢。除职业接触六价铬化合物外，还包括来自膳食和环境中的三价铬。

（3）有学者提出了可溶性铬盐接触尿铬生物限值，建议为 65.1 μmol/mol 肌酐（30 μg/g 肌酐）。

## （四）结果判断及处理意见

### 1. 上岗前职业健康检查

发现慢性皮肤溃疡、萎缩性鼻炎者，属职业禁忌证，建议不宜从事接触铬及其无机化合物的岗位作业。

### 2. 在岗期间职业健康检查

（1）有慢性皮肤溃疡、萎缩性鼻炎者，属于职业禁忌证，不宜在接触铬及其无机化合物的岗位作业。

（2）有铬鼻病、肺癌、铬皮炎等疾病者，考虑疑似职业性铬中毒，建议脱离接触铬及其无机化合物作业，到职业病诊断机构进行职业病诊断。

### 3. 离岗时职业健康检查

对发现铬鼻病、肺癌、铬皮炎等疾病者，考虑疑似职业性铬中毒，建议到职业病诊断机构进行职业病诊断。

## 八、生物材料样品检测质量控制

（1）实验室要求：应干净、整洁，无铬污染源，具备独立的样品处理间。

（2）生物材料样品的采集与保存：以石墨炉原子吸收光谱法采集铬接触工人工作周末的班末尿样 50 mL 以上，尽快测量肌酐后，取 9.0 mL 尿样于 10 mL 具塞塑料管中，加 1.0 mL 保存液，混匀，冷藏运输。按 GBZ/T 295—2017《职业人群生物监测方法》要求采集铬接触工人静脉血 2.0 mL 以上，立即摇匀，冷藏运输。按 WS/T 97—1996《尿中肌酐分光光度测定方法》标准测定尿肌酐（见"铬及其无机化合物作业职业健康监护质量控制要点"相应内容）。样品在室温下尽快运输和测定，样品 4 ℃条件下可保存 2 周，−20 ℃条件下可保存 2 个月。电感耦合等离子体质谱法依据 GBZ/T 295—2017《职业人群生物监测方法》进行尿样采集，用具塞聚乙烯塑料瓶收集接触者或中毒患者的尿样，混匀后，尽快测定尿肌酐或比重，每 100 mL 尿样中加入 1 mL 硝酸，之后于常温下尽快运输，2～6 ℃条件下至少可保存 14 d。

（3）尿铬测定和血铬测定：参照 GBZ/T 306—2018《尿中铬的测定　石墨炉原子吸收光谱法》、GBZ/T 308—2018《尿中多种金属同时测定　电感耦合等离子体质谱法》进行尿铬测定。参照 GBZ/T 315—2018《血中铬的测定　石墨炉原子吸收光谱法》进行血铬测定。

（4）检查人员要求：有责任心，培训合格，操作严格按照有关标准、规范执行。检验检测人员应具备相应的专业技术任职资格，经培训能够熟练掌握相关生物材料样品采集、储存、运输、预处理及检测分析技术；应熟知检验检测技术程序性文件，并能严格执行检验检测全过程质量保证规程；应熟练掌握生物检测指标、职业接触生物限值及其检验检测结果评价等方面的知识和技术。

## 九、档案管理

（1）用人单位工作场所铬及其无机化合物监测资料。

（2）职业健康检查信息表（含铬及其无机化合物接触史、既往病史、个人防护情况）。

（3）劳动者个人尿铬和（或）血铬检测资料。

（4）历年职业健康检查表（应保持资料的完整性、连续性、准确性）。

（5）职业病诊疗等有关个人健康资料。

（6）职业健康监督执法资料。

（7）与用人单位签订的职业健康检查合同或协议、个体体检单位介绍信等其他资料。

（薛来俊　卢建国）

# 氧化锌作业职业健康监护质量控制要点

## 一、组织机构

设置与氧化锌作业职业健康检查相关的科室，合理设置各科室岗位及数量，包括体格检查室（内科常规检查）、心电图检查室、临床化验室（生物标本检验）、放射科（配备 CR/DR 摄片机）等。

## 二、人员

（1）包含体格检查、心电图检查、放射诊断等类别的执业医师、技师、护士等医疗卫生技术人员，主检医师至少有 1 名具备职业性化学中毒职业病诊断医师资格，备案有效人员需要第一注册执业点。

（2）检验人员具备相应的专业技术任职资格，经培训能够熟练掌握血液样品采集、储存、运输及检测分析技术；应熟知检测技术程序性文件，并能严格执行检测全过程质量保证规程；应熟练掌握生物检测指标及其检测结果评价等方面的知识和技术。

## 三、仪器设备

（1）配备满足并符合与备案氧化锌职业健康检查的类别和项目相适应的听诊器、血压计、身高测量仪、磅秤、血细胞分析仪、尿液分析仪、生化分析仪、心电图仪、CR/DR摄片机、CT仪等仪器设备。

（2）有关仪器设备的种类、数量、性能、量程、精确度等技术指标应满足工作需要，国家要求计量认证或校准的，需要符合计量认证或校准的要求，并有措施保证检测系统的完整性和有效性，使之满足检测方法的要求。应对血压计、血细胞分析仪等仪器设备进行定期计量、检定和校准，并张贴标识；不属于强制检定的，应有相应校验方法并定期自校。应定期进行维护保养及计量、检定和校验，同时记录设备状态。

（3）编制使用设备操作规程，参照"铅及其无机化合物作业职业健康监护质量控制要点"相应内容。

（4）体检分类项目及设备见表1。

表1 体检分类项目及设备

| 名称 | 类别 | 检查项目 | 设备配置 |
| --- | --- | --- | --- |
| 氧化锌 | 上岗前 | 体格检查必检项目：内科常规检查 | 体格检查必备设备：内科常规检查用听诊器、血压计、身高测量仪、磅秤 |
| | | 实验室和其他检查必检项目：血常规、尿常规、肝功能、心电图、胸部X射线摄片 | 必检项目必备设备：血细胞分析仪、尿液分析仪、生化分析仪、心电图仪、CR/DR摄片机 |
| | 在岗期间 | 推荐性，同上岗前 | 推荐体检项目设备配备：内科常规检查用听诊器、血压计、身高测量仪、磅秤 |
| | | | 推荐项目设备配备：血细胞分析仪、尿液分析仪、生化分析仪、心电图仪、CR/DR摄片机 |
| | 应急 | 体格检查必检项目：内科常规检查 | 体格检查必备设备：内科常规检查用听诊器、血压计、身高测量仪、磅秤 |
| | | 实验室和其他检查必检项目：血常规、尿常规、心电图、胸部X射线摄片 | 必检项目必备设备：血细胞分析仪、尿液分析仪、心电图仪、CR/DR摄片机 |
| | | 选检项目：胸部CT | 选检项目设备配备：CT仪 |

1987年5月28日，国家计量局发布的《中华人民共和国强制检定的工作计量器具检定管理办法》第十六条规定，血压计、血细胞分析仪、心电图仪等属于强制检定的工作计量器具。

## 四、工作场所

（1）工作场所布局合理，采光良好。体检场所应在醒目位置公示体检功能区布局和体检基本流程，引导标识应准确清晰。

（2）体格检查室、心电图检查室等操作室布局合理，每个独立的检查室使用面积不小于6 m$^2$。

（3）实验室应干净、整洁，无污染源，具备独立的样品处理间。

## 五、质量管理文书

（1）建立氧化锌作业职业健康检查质量管理规程，进行全过程质量管理并持续有效运行，实现质量管理工作的规范化、标准化。

（2）建立氧化锌作业人员职业健康检查作业指导书。

（3）工作场所张贴采（抽）血须知及注意事项并事先告知。

（4）建立采（抽）血消毒管理制度，按2016年1月19日国家卫生和计划生育委员会修订的《消毒管理办法》的规定，各种注射、穿刺、采血器具应当"一人一用一灭菌"。

（5）存氧化锌作业相关职业卫生标准、《职业健康检查管理办法》、GBZ 48—2002《金属烟热诊断标准》、GBZ 188—2014《职业健康监护技术规范》等文件备查。

## 六、能力考核与培训

（1）建立和保持技术人员培训制度，制订并落实各类人员教育和培训计划。

（2）质量负责人和技术负责人需要每2年进行1次职业健康检查法律法规知识培训并考核合格。

（3）体格检查医师具备内科常规检查的能力，按照相关临床操作规范进行。

（4）主检医师掌握GBZ 48—2002《金属烟热诊断标准》及氧化锌职业健康监护技术规范，对氧化锌所致急性职业病及氧化锌作业职业禁忌证判断准确。职业性化学中毒诊断医师需要每2年参加复训并考核合格。

（5）质量控制能力考核内容为现场氧化锌作业目标疾病判断能力的考核。对每年完成30%备案化学因素类项目的职业健康检查机构进行现场技术考核。每个单位抽取经专家集体给出结果的职业禁忌证的个体体检报告进行考核，由考核人员判断结论符合率。

（6）个体结论符合率考核：职业健康信息化系统每年1次抽备案单位个体体检报告80份，加上体检单位提供的疑似职业禁忌证报告20份，总计对100份体检报告进行专家评分。

## 七、体检过程管理

**（一）体检对象确定**

氧化锌作业人员，即从事锌冶炼、锌合金铸造、锌白制造，以及镀锌、喷锌、锌焊等锌作业人员，均须进行职业健康检查。

**（二）健康检查周期**

在岗期间职业健康检查：每 3 年 1 次。

**（三）结果判断及处理意见**

**1. 上岗前、在岗期间职业健康检查**

发现甲状腺功能亢进者，属于有职业禁忌证人员，建议不宜从事接触氧化锌的岗位作业。

**2. 应急职业健康检查**

对出现数小时内骤起发病，特殊的体温变化及血白细胞数增多者，考虑疑似职业性金属烟热，建议脱离氧化锌作业，急诊就诊并到职业病诊断机构进行诊断。

## 八、生物材料检测质量控制

生物材料（血、尿）样品检测的设备条件要符合以下标准要求：

（1）实验室要求：应干净、整洁，无污染源，具备独立的样品处理间。

（2）人员、仪器、试剂、实验室等基本条件及血、尿样品的采集、储存和运输、前处理、检验程序的选择、验证、确认及质量控制需依据标准 GB/T 22576.1—2018《医学实验室质量和能力的要求》的规定要求。

（3）检查人员要求：有责任心，培训合格，操作严格按照有关标准、规范执行。检验检测人员应具备相应的专业技术任职资格，经培训能够熟练掌握相关生物材料样品采集、储存、运输、预处理及检测分析技术；应熟知检验检测技术程序性文件，并能严格执行检验检测全过程质量保证规程；应熟练掌握生物检测指标、职业接触生物限值及其检验检测结果评价等方面的知识和技术。

## 九、档案管理

（1）用人单位工作场所氧化锌监测资料。

（2）职业健康检查信息表（含氧化锌接触史、既往病史、个人防护情况）。

（3）历年职业健康检查表（应保持资料的完整性、连续性、准确性）。

（4）职业病诊疗等有关个人健康资料。

（5）职业健康监督执法资料。

（6）与用人单位签订的职业健康检查合同或协议、个体体检单位介绍信等其他资料。

（薛来俊　卢建国）

# 砷作业职业健康监护质量控制要点

## 一、组织机构

设置与砷作业职业健康检查相关的科室，合理设置各科室岗位及数量，包括体格检查室（内科常规检查、神经系统常规检查）、皮肤科常规检查室、心电图检查室、超声室、临床化验室（生物材料标本检验）、放射科（配备 CR/DR 摄片机）、理化实验室（配备有原子吸收分光光度计、原子荧光光度计，可进行生物材料样本测定）等。

## 二、人员

（1）包含体格检查、心电图检查、放射诊断等类别的执业医师、技师、护士等医疗卫生技术人员，主检医师至少有 1 名具备职业性化学中毒职业病诊断医师资格，备案有效人员需要第一注册执业点。

（2）检验人员具备相应的专业技术任职资格，经培训能够熟练掌握尿砷或发砷样品采集、储存、运输、预处理及检测分析技术；应熟知检测技术程序性文件，并能严格执行检测全过程质量保证规程；应熟练掌握生物检验指标、职业接触生物限值及其检测结果评价等方面的知识和技术。

## 三、仪器设备

（1）配备满足并符合与备案砷作业职业健康检查的类别和项目相适应的血压计、听诊器、磅秤、叩诊锤、血细胞分析仪、尿液分析仪、心电图仪、B超仪、生化分析仪、CR/DR 摄片机、原子吸收分光光度计（具氢化物发生装置）或原子荧光光度计等仪器设备。

（2）有关仪器设备的种类、数量、性能、量程、精确度等技术指标应满足工作需要，国家要求计量认证或校准的，需要符合计量认证或校准的要求，并有措施保证检测系统的完整性和有效性，使之满足检测方法的要求。应对血细胞分析仪、生化分析仪、原子吸收分光光度计等仪器设备进行定期计量、检定和校准，并张贴标识；不属于强制检定的，应有相应校验方法并定期自校。应定期进行维护保养及计量、检定和校验，同时记录设备状态。

（3）编制使用设备操作规程。参照"铅及其无机化合物作业职业健康监护质量控制要点"相应内容。

（4）体检分类项目及设备见表1。

表1 体检分类项目及设备

| 名称 | 类别 | 检查项目 | 设备配置 |
|---|---|---|---|
| 砷 | 上岗前 | 体格检查必检项目：1）内科常规检查，重点检查消化系统，如肝脏大小、硬度、肝区叩痛等；2）神经系统常规检查及肌力、共济运动检查；3）皮肤科检查，重点检查皮疹、皮炎、皮肤过度角化、皮肤色素沉着、色素脱失斑、溃疡 | 体格检查必备设备：1）内科常规检查用听诊器、血压计、身高测量仪、磅秤；2）神经系统常规检查用叩诊锤 |
| | | 实验室和其他检查必检项目：血常规、尿常规、肝功能、空腹血糖、尿砷、心电图、肝脾B超、胸部X射线摄片 | 必检项目必备设备：血细胞分析仪、尿液分析仪、生化分析仪、心电图仪、B超仪、DR摄片机。尿砷测定设备：原子吸收分光光度计（具氢化物发生装置）或原子荧光光度计 |
| | | 复检项目：空腹血糖异常或有周围神经损害表现者可选择糖化血红蛋白、神经-肌电图 | 复检项目必备设备：糖化血红蛋白分析仪或生化分析仪、肌电图仪或诱发电位仪 |
| | 在岗期间 | 体格检查必检项目：1）内科常规检查；2）神经系统常规检查；3）皮肤科检查，重点检查躯干部及四肢有无弥漫的黑色或棕褐色的色素沉着和色素脱失斑，指、趾甲Mees纹，手、足掌皮肤过度角化及脱屑等 | 体格检查必备设备：1）内科常规检查用听诊器、血压计、身高测量仪、磅秤；2）神经系统常规检查用叩诊锤 |
| | | 实验室和其他检查必检项目：血常规、尿常规、肝功能、空腹血糖、心电图、尿砷或发砷、肝脾B超、胸部X射线摄片 | 必检项目必备设备：血细胞分析仪、尿液分析仪、生化分析仪、心电图仪、B超仪、DR摄片机。尿砷或发砷测定设备：原子吸收分光光度计（具氢化物发生装置）或原子荧光光度计 |
| | | 复检项目：空腹血糖异常或有周围神经损害表现者可选择糖化血红蛋白、神经-肌电图 | 复检项目必备设备：糖化血红蛋白分析仪或生化分析仪、肌电图仪或诱发电位仪 |
| | 离岗时 | 同在岗期间 | 同在岗期间 |

续上表

| 名称 | 类别 | 检查项目 | 设备配置 |
|---|---|---|---|
| 砷 | 应急健康检查 | 体格检查：1）内科常规检查；2）眼科常规检查；3）神经系统常规检查；4）皮肤科检查 | 体格检查必备设备：1）内科常规检查用听诊器、血压计、身高测量仪、磅秤；2）神经系统常规检查用叩诊锤 |
| | | 实验室和其他检查必检项目：血常规、尿常规、肝功能、心电图、胸部X射线摄片、尿砷 | 必检项目必备设备：血细胞分析仪、尿液分析仪、生化分析仪、心电图仪、DR摄片机。尿砷测定设备：原子吸收分光光度计（具氢化物发生装置）或原子荧光光度计 |
| | 离岗后健康检查（推荐性） | 同在岗期间 | 同在岗期间 |

1987年5月28日，国家计量局发布的《中华人民共和国强制检定的工作计量器具检定管理办法》第十六条规定，血压计、血细胞分析仪、心电图仪、原子吸收分光光度计等属于强制检定的工作计量器具。

## 四、工作场所

（1）工作场所布局合理，采光良好。体检场所应在醒目位置公示体检功能区布局和体检基本流程，引导标识应准确清晰。

（2）体格检查室、心电图检查室等操作室布局合理，每个独立的检查室使用面积不小于6 $m^2$。

（3）实验室应干净、整洁，无砷污染源，具备独立的样品处理间。理化实验室应取得检验检测机构资质认定证书，许可项目参数包含尿砷或发砷；实验室布局要符合GB/T 22576.1—2018《医学实验室　质量和能力的要求　第1部分：通用要求》及RB/T 214—2017《检验检测机构资质认定能力评价　检验检测机构通用要求》中的场地环境、设备设施的相关规定。

## 五、质量管理文书

（1）建立砷作业职业健康检查质量管理规程，进行全过程质量管理并持续有效运行，实现质量管理工作的规范化、标准化。

（2）建立砷作业人员职业健康检查作业指导书。

（3）工作场所张贴采（抽）血、尿液留样须知及注意事项并事先告知。

（4）建立采（抽）血消毒管理制度，按2016年1月19日国家卫生和计划生育委员会修订的《消毒管理办法》的规定，各种注射、穿刺、采血器具应当"一人一用一灭菌"。

（5）存砷作业相关职业卫生标准、《职业健康检查管理办法》、GBZ 83—2013《职业性砷中毒的诊断》、GBZ 188—2014《职业健康监护技术规范》等文件备查。

## 六、能力考核与培训

（1）建立和保持技术人员培训制度，制订并落实各类人员教育和培训计划。

（2）质量负责人和技术负责人需要每2年进行1次职业健康检查法律法规知识培训并考核合格。

（3）体格检查医师具备内科常规、神经系统常规、皮肤损害情况等的检查能力，按照相关临床操作规范进行。

（4）主检医师掌握 GBZ 83—2013《职业性砷中毒的诊断》、GBZ 94—2017《职业性肿瘤的诊断》［砷及其化合物所致肺癌（或皮肤癌）］标准及砷作业职业健康监护技术规范，对砷作业所致职业禁忌证、疑似职业病判断准确。化学中毒职业病诊断医师需要每2年参加复训并考核合格。

（5）质量控制能力考核内容为现场砷作业目标疾病判断能力的考核。对每年完成30%备案化学因素类项目的职业健康检查机构进行现场技术考核。每个单位抽取经专家集体给出结果的职业禁忌证、疑似职业病的个体体检报告进行考核，由考核人员判断结论符合率。

（6）个体结论符合率考核：职业健康信息化系统每年1次抽备案单位个体体检报告80份，加上体检单位提供的职业禁忌证、疑似职业病报告各10份，总计对100份体检报告进行专家评分。

## 七、体检过程管理

（一）体检对象确定

砷作业人员，即从事含砷矿石、砷与铅、铜等金属合金焙烧，以及半导体材料、木材防腐剂、防锈剂、除草剂、氧化脱色剂制造等行业的作业人员，均须进行职业健康检查。

（二）健康检查周期

**1. 在岗期间健康检查**

（1）肝功能检查：每半年1次。

（2）作业场所有毒作业分级Ⅱ级及以上：每年1次。

（3）作业场所有毒作业分级Ⅰ级：每2年1次。

**2. 离岗后健康检查（推荐性）**

接触砷工龄在10年（含10年）以下者，随访9年；接触砷工龄在10年以上者，随访21年，随访周期为每3年1次。若接触砷工龄<5年，且接触浓度符合国家职业卫生标准者，可以不随访。

**3. 应急职业健康检查**

发生急性砷中毒事件者，用人单位所有接触砷作业人员均须及时体检。

### （三）评价参考意见

（1）砷的排泄主要在肾脏，且排泄速度相当缓慢，故尿砷被认为是反映近期砷暴露的敏感指标。通常砷代谢在人的尿液中分布为10%～15%的无机砷、10%～15%单甲基砷酸和60%～80%二甲基砷酸。

（2）砷进入血液后，大部分以较高的速率从血浆中被清除，血砷的生物半衰期为60 h，因而血砷仅是监测短期接触水平的指标。

（3）发砷、指（趾）甲砷常用于生活中毒检测，不推荐作为职业健康检查查体项目。

（4）由于环境污染、饮食、饮水、生活习惯和砷的检测方法及质控等因素影响，不同人群血砷、尿砷、发砷的水平会有所不同，在解释砷是否超标时应考虑以上因素的影响。

### （四）结果判断及处理意见

**1. 上岗前职业健康检查**

发现周围神经病、慢性严重的皮肤病、慢性肝病和（或）尿砷异常属于职业禁忌证，不宜从事接触砷的岗位作业。

**2. 在岗期间职业健康检查**

（1）无砷中毒的临床表现、尿砷超过接触限值者，建议暂时脱离接触砷岗位作业，进行驱砷试验。

（2）有砷职业接触史、有砷中毒的临床表现者，考虑属于疑似职业性慢性砷中毒人员，建议脱离接触砷作业，到职业病诊断机构进行职业病诊断。

**3. 离岗时职业健康检查**

（1）无砷中毒的临床表现、尿砷超过接触限值者，建议进行驱砷试验或1个月后复查尿砷。

（2）有砷中毒的临床表现者，考虑属于疑似职业性慢性砷中毒人员，建议到职业病诊断机构进行职业病诊断。

## 八、生物材料样品检测质量控制

（1）实验室要求：应干净、整洁，无砷污染源，具备独立的样品处理间。

（2）生物材料样品的采集与保存：①氢化物发生-火焰原子吸收光谱测定方法。用聚乙烯塑料瓶收集班后尿，混匀后，尽快测定比重。取20 mL尿，放入50 mL塑料瓶，可在室温下尽快运输，于4 ℃下可保存2周。分析前需将尿样彻底摇匀。②氢化物发生原子荧光法。用聚乙烯塑料瓶收集尿液，混匀后，尽快测定相对密度。取25 mL尿液，放入50 mL聚乙烯塑料瓶中，可在室温下（或放于4 ℃冰盒中保存）尽快运输，于-18 ℃下保存。分析前需将尿样复溶后彻底摇匀。

（3）尿砷测定：参照WS/T 29—1996《尿中砷的氢化物发生-火焰原子吸收光谱测定方法》或WS/T 474—2015《尿中砷的测定 氢化物发生原子荧光法》进行测定。

（4）检查人员要求：有责任心，培训合格，操作严格按照相关标准、规范执行。检验检测人员应具备相应的专业技术任职资格，经培训能够熟练掌握相关生物材料样品采集、储存、运输、预处理及检测分析技术；应熟知检验检测技术程序性文件，并能严格执行检验检测全过程质量保证规程；应熟练掌握生物检测指标、职业接触生物限值及其检验检测结果评价等方面的知识和技术。

## 九、档案管理

（1）用人单位工作场所砷监测资料。
（2）职业健康检查信息表（含砷接触史、既往病史、个人防护情况）。
（3）劳动者个人尿砷和（或）发砷检测资料。
（4）历年职业健康检查表（应保持资料的完整性、连续性、准确性）。
（5）职业病诊疗等有关个人健康资料，疑似职业病、职业禁忌证报告。
（6）职业健康监督执法资料。
（7）与用人单位签订的职业健康检查合同或协议、个体体检单位介绍信等其他资料。

（薛来俊　徐广军）

# 砷化氢作业职业健康监护质量控制要点

## 一、组织机构

设置与砷化氢作业职业健康检查相关的科室，合理设置各科室岗位及数量，包括体格检查室（内科常规检查）、眼科检查室、心电图检查室、超声室、临床化验室（生物材料标本检验）、放射科（配备 DR 摄片机）、理化实验室（配备原子吸收分光光度计、原子荧光光度计，可进行生物材料样本测定）等。

## 二、人员

（1）包含体格检查、心电图检查、放射诊断等类别的执业医师、技师、护士等医疗卫生技术人员，主检医师至少有 1 名具备化学中毒职业病诊断医师资格，备案有效人员需要第一注册执业点。
（2）检验人员应具备相应的专业技术任职资格，经培训能够熟练掌握尿砷或血砷样品采集、储存、运输、预处理及检测分析技术；应熟知检验技术程序性文件，并能严格执行检测全过程质量保证规程；应熟练掌握生物检测指标、职业接触生物限值及其检测结果评价等方面的知识和技术。

## 三、仪器设备

（1）配备满足并符合与备案砷化氢作业职业健康检查的类别和项目相适应的听诊

器、血压计、身高测量仪、磅秤、视力表、色觉图谱、血细胞分析仪、尿液分析仪、心电图仪、DR 摄片机、显微镜、电解质分析仪、全自动生化分析仪（需有离子电极模块）、可见光分光光度计、B 超仪、原子吸收分光光度计或原子荧光光度计等仪器设备。

（2）有关仪器设备的种类、数量、性能、量程、精确度等技术指标应满足工作需要，国家要求计量认证或校准的，需要符合计量认证或校准的要求，并有措施保证检测系统的完整性和有效性，使之满足检测方法的要求。应对血细胞分析仪、生化分析仪、原子吸收分光光度计等仪器设备进行定期计量、检定和校准，并张贴标识；不属于强制检定的，应有相应校验方法并定期自校。应定期进行维护保养及计量、检定和校验，同时记录设备状态。

（3）编制使用设备操作规程，参照"砷作业职业健康监护质量控制要点"相应内容。

（4）体检分类项目及设备见表 1。

表 1　体检分类项目及设备

| 名称 | 类别 | 检查项目 | 设备配置 |
|---|---|---|---|
| 砷化氢（砷化三氢） | 上岗前 | 体格检查必检项目：内科常规检查 | 体格检查必备设备：内科常规检查用听诊器、血压计、身高测量仪、磅秤 |
| | | 实验室和其他检查必检项目：血常规、尿常规、肝功能、肾功能、血清葡萄糖-6-磷酸脱氢酶缺乏症筛查试验（高铁血红蛋白还原试验等）、心电图、胸部 X 射线摄片 | 必检项目必备设备：血细胞分析仪、尿液分析仪、生化分析仪或可见光分光光度计、心电图仪、DR 摄片机 |
| | 在岗期间 | 推荐性，同上岗前 | 推荐性，同上岗前 |
| | 应急 | 体格检查必检项目：1）内科常规检查；2）眼科常规检查 | 体格检查必备设备：1）内科常规检查用听诊器、血压计、身高测量仪、磅秤；2）眼科常规检查用视力表、色觉图谱 |
| | | 实验室和其他检查必检项目：血常规、尿常规、肝功能、心电图、网织红细胞、血钾、肾功能、血浆或尿游离血红蛋白 | 必检项目必备设备：血细胞分析仪、尿液分析仪、生化分析仪、心电图仪、显微镜、电解质分析仪或全自动生化分析仪（需有离子电极模块）、可见光分光光度计 |
| | | 选检项目：肝肾 B 超、尿砷或血砷 | 选检项目设备配备：B 超仪。尿砷或血砷测定设备：原子吸收分光光度计（具氢化物发生装置）或原子荧光光度计 |

1987年5月28日,国家计量局发布的《中华人民共和国强制检定的工作计量器具检定管理办法》第十六条规定,血压计、血细胞分析仪、心电图仪、原子吸收分光光度计等属于强制检定的工作计量器具。

## 四、工作场所

(1) 工作场所布局合理,采光良好。体检场所应在醒目位置公示体检功能区布局和体检基本流程,引导标识应准确清晰。

(2) 体格检查室、心电图检查室等操作室布局合理,每个独立的检查室使用面积不小于 6 $m^2$。

(3) 实验室应干净、整洁,无砷化氢污染源,具备独立的样品处理间。理化实验室应取得检验检测机构资质认定证书,许可项目参数包含尿砷或发砷;实验室布局要符合 GB/T 22576.1—2018《医学实验室 质量和能力的要求 第1部分:通用要求》及 RB/T 214—2017《检验检测机构资质认定能力评价 检验检测机构通用要求》中的场地环境、设备设施的相关规定。

## 五、质量管理文书

(1) 建立砷化氢作业职业健康检查质量管理规程,进行全过程质量管理并持续有效运行,实现质量管理工作的规范化、标准化。

(2) 建立砷化氢作业人员职业健康检查作业指导书。

(3) 工作场所张贴采(抽)血、尿液留样须知及注意事项并事先告知。

(4) 建立采(抽)血消毒管理制度,按2016年1月19日国家卫生和计划生育委员会修订的《消毒管理办法》的规定,各种注射、穿刺、采血器具应当"一人一用一灭菌"。

(5) 存砷化氢作业职业卫生标准、《职业健康检查管理办法》、GBZ 44—2016《职业性急性砷化氢中毒的诊断》、GBZ 188—2014《职业健康监护技术规范》等文件备查。

## 六、能力考核与培训

(1) 建立和保持技术人员培训制度,制订并落实各类人员教育和培训计划。

(2) 质量负责人和技术负责人需要每2年进行1次职业健康检查法律法规知识培训并考核合格。

(3) 体格检查医师具备内科常规、神经系统常规、皮肤损害情况等的检查能力,按照相关临床操作规范进行。

(4) 主检医师掌握 GBZ 44—2016《职业性急性砷化氢中毒的诊断》、GBZ 59—2010《职业性中毒性肝病诊断标准》、GBZ 75—2010《职业性急性化学物中毒性血液系统疾病诊断标准》、GBZ 79—2013《职业性急性中毒性肾病的诊断》及 GBZ 188—2014《职业健康监护技术规范》,对砷化氢所致职业禁忌证、疑似职业病判断准确。化学中毒职业病诊断医师需要每2年参加复训并考核合格。

(5) 质量控制能力考核内容为现场砷化氢作业目标疾病判断能力的考核。对每年完成30%备案化学因素类项目的职业健康检查机构进行现场技术考核。每个单位抽取

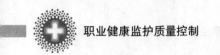

经专家集体给出结果的职业禁忌证个体体检报告进行考核,由考核人员判断结论符合率。

(6) 个体结论符合率考核:职业健康信息化系统每年 1 次抽备案单位个体体检报告 80 份,加上体检单位提供的职业禁忌证、疑似职业病报告共 20 份,总计对 100 份体检报告进行专家评分。

## 七、体检过程管理

(一) 体检对象确定

砷化氢作业人员,即从事冶炼、加工、储存含砷矿石,生产和使用乙炔合成染料,氰化法提炼金银及用水浇熄炽热含砷矿物的炉渣等作业的人员,均须进行职业健康检查。

(二) 健康检查周期

**1. 在岗期间健康检查**

每 3 年 1 次。

**2. 应急职业健康检查**

若发生急性砷化氢中毒事件,用人单位所有接触砷化氢作业人员均须及时体检。

(三) 评价参考意见

(1) 出现急性血管内溶血为主的临床表现时,血液净化疗法指征选择依据符合 GBZ 44—2016《职业性急性砷化氢中毒的诊断》中"附录 A"的规定要求。

(2) 在慢性中毒性肝病的判断中,把"3 个月以上肝脏毒物接触史,且病程需 3 个月以上"作为先决条件。并且常规肝功能试验、B 型超声声像异常程度分级及肝性脑病分级依据符合 GBZ 59—2010《职业性中毒性肝病诊断标准》中"附录 A"的规定要求。

(3) 在出现急性肾脏损伤为主的临床表现时,评价依据符合 GBZ 79—2013《职业性急性中毒性肾病的诊断》中"附录 A"的规定要求。

(四) 结果判断及处理意见

**上岗前、在岗期间职业健康检查**

发现慢性肾脏疾病、血清葡萄糖-6-磷酸脱氢酶缺乏症者,属于有职业禁忌证人员,不宜从事接触砷化氢的岗位作业。

## 八、生物材料样品检测质量控制

(1) 实验室要求:应干净、整洁,无砷化氢污染源,具备独立的样品处理间。

(2) 生物材料样品的采集与保存:①氢化物发生火焰原子吸收光谱测定方法。用塑料瓶收集班后尿,混匀后,尽快测定比重。取 20 mL 尿,放入 50 mL 塑料瓶中,可在室温尽快运输,于 4 ℃下可保存 2 周。分析前须将尿样彻底摇匀。②氢化物发生原子荧光法。用聚乙烯塑料瓶收集尿液,混匀后,尽快测定相对密度。取 25 mL 尿液,放入 50 mL 聚乙烯塑料瓶中,可在室温下(或放于 4 ℃冰盒中保存)尽快运输,于 -18 ℃下保存。分析前须将尿样复溶后彻底摇匀。

（3）尿砷测定：参照WS/T 29—1996《尿中砷的氢化物发生－火焰原子吸收光谱测定方法》或WS/T 474—2015《尿中砷的测定 氢化物发生原子荧光法》进行测定。

（4）检查人员要求：有责任心，培训合格，操作严格按照有关标准、规范执行。检验检测人员应具备相应的专业技术任职资格，经培训能够熟练掌握相关生物材料样品采集、储存、运输、预处理及检测分析技术；应熟知检验检测技术程序性文件，并能严格执行检验检测全过程质量保证规程；应熟练掌握生物检测指标、职业接触生物限值及其检验检测结果评价等方面的知识和技术。

## 九、档案管理

（1）用人单位工作场所砷化氢监测资料。

（2）职业健康检查信息表（含砷化氢接触史、既往病史、个人防护情况）。

（3）劳动者个人尿砷和（或）血砷检测资料。

（4）历年职业健康检查表（应保持资料的完整性、连续性、准确性）。

（5）职业病诊疗等有关个人健康资料，疑似职业病、职业禁忌证报告。

（6）职业健康监督执法资料。

（7）与用人单位签订的职业健康检查合同或协议、个体体检单位介绍信等其他资料。

（薛来俊　徐广军）

# 磷及其无机化合物作业职业健康监护质量控制要点

## 一、组织机构

备案接触含磷及其无机化合物的职业健康检查。合理设置各科室岗位及数量，包括内科（体格检查）、口腔科、心电图检查室、B超检查室、放射科、皮肤科、临床化验室等。

## 二、人员

（1）包含内科、影像学、心电图、口腔科、眼科、皮肤科等类别的执业医师、技师、护士等医疗卫生技术人员。

（2）要求：经省职业健康监护技术规范培训并考核合格后上岗。

（3）至少有1名具备职业性化学中毒职业病诊断医师资格的主检医师，备案有效人员需要第一注册执业点。

### 三、仪器设备

（1）配备满足并符合与备案磷及其无机化合物作业职业健康检查的类别和项目相适应的仪器设备。

（2）有关仪器设备的种类、数量、性能、量程、精确度等技术指标应满足工作需要，国家要求计量认证或校准的，需要符合计量认证或校准的要求；不属于强制检定的，应有相应校验方法并定期自校。应定期进行维护保养及计量、检定和校验，同时记录设备状态。

（3）对所使用的设备编制操作规程。

（4）体检分类项目及设备见表1。

表1 体检分类项目及设备

| 名称 | 类别 | 检查项目 | 设备配置 |
| --- | --- | --- | --- |
| 磷及其无机化合物 | 上岗前 | 体格检查必检项目：1）内科常规检查；2）口腔科常规检查，重点检查牙周、牙体 | 体格检查必备设备：1）内科常规检查用听诊器、血压计、身高测量仪、磅秤；2）口腔科常规检查器械 |
| | | 实验室和其他检查必检项目：血常规、尿常规、肝功能、肾功能、心电图、肝肾B超、下颌骨X射线左右侧位片、胸部X射线摄片 | 必检项目必备设备：血细胞分析仪、尿液分析仪、生化分析仪、心电图仪、B超仪、口内牙片机、DR摄片机 |
| | 在岗期间 | 体格检查必检项目：1）内科常规检查；2）口腔科常规检查，重点检查牙周、牙体 | 体格检查必备设备：1）内科常规检查用听诊器、血压计、身高测量仪、磅秤；2）口腔科常规检查器械 |
| | | 实验室和其他检查必检项目：血常规、尿常规、肝功能、肾功能、心电图、肝肾B超、下颌骨X射线左右侧位片 | 必检项目必备设备：血细胞分析仪、尿液分析仪、生化分析仪、心电图仪、B超仪、口内牙片机 |
| | 离岗时 | 同在岗期间 | 同在岗期间 |
| | 应急 | 体格检查必检项目：1）内科常规检查；2）皮肤科常规检查；3）眼科常规检查 | 体格检查必备设备：1）内科常规检查用听诊器、血压计、身高测量仪、磅秤；2）眼科常规检查用视力表、色觉图谱 |
| | | 实验室和其他检查必检项目：血常规、尿常规、肝功能、肾功能、心电图、肝肾B超 | 必检项目必备设备：血细胞分析仪、尿液分析仪、生化分析仪、心电图仪、B超仪 |
| | | 选检项目：血无机磷、血总钙和离子钙 | 选检项目设备配备设备：生化分析仪、血气分析仪。离子钙检测设备：原子吸收分光光度计（带火焰）、电解质分析仪 |

## 四、工作场所

参考《职业健康检查管理办法》的基本要求。

## 五、质量管理文书

（1）建立磷及其无机化合物作业职业健康检查质量管理规程，进行全过程质量管理并持续有效运行，实现质量管理工作的规范化、标准化。

（2）建立磷及其化合物作业人员职业健康检查作业指导书。

（3）建立科室管理制度及测试结果质量控制规范。

（4）存 GBZ 81—2002《职业性磷中毒诊断标准》、GBZ 188—2014《职业健康监护技术规范》等文件备查。

## 六、能力考核与培训

（1）建立和保持技术人员培训制度，制订并落实各类人员教育和培训计划。

（2）质量负责人和技术负责人需要每 2 年 1 次进行职业健康检查法律法规知识培训并考核合格。

（3）临床检查医师及实验室工作人员应按照相关临床及实验室操作规范进行。

（4）主检医师掌握 GBZ 81—2002《职业性磷中毒诊断标准》及 GBZ 188—2014《职业健康监护技术规范》（磷及其无机化合物作业部分），并获得化学中毒职业病诊断医师资质，对磷及其无机化合物所致疑似职业病、职业禁忌证判断准确。诊断医师需要每 2 年参加复训并考核合格。

## 七、体检过程管理

（一）体检对象确定

通过对作业岗位的现场检测资料、物料分析明确作业场所含有职业病危害因素——磷及其无机化合物的作业人员。职业健康检查周期为每年 1 次。

（二）下列情况需进行复查

1. 上岗前体检

（1）口腔科检查发现牙齿异常，需进一步确认是否有牙本质病变（不包括龋齿）。

（2）下颌骨 X 射线左右侧位片提示异常病变。

（3）肝功能异常。

（4）肾功能异常。

2. 在岗期间体检

（1）长期密切接触磷蒸气或含黄磷粉尘后，出现牙周萎缩、牙周袋加深、牙松动等，下颌骨 X 射线可见两侧齿槽嵴轻度吸收，呈水平状。

（2）肝功能异常。

（3）肾功能异常。

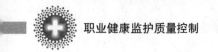

### 3. 离岗时体检

长期密切接触磷蒸气或含黄磷粉尘后，出现牙周萎缩、牙周袋加深、牙松动等，下颌骨 X 射线可见两侧齿槽嵴轻度吸收，呈水平状。

### （三）疑似职业性磷中毒判断

#### 1. 急性磷中毒

根据短时期内吸入大量黄磷蒸气或黄磷灼伤的职业史，以及有以肝、肾损害为主，重度中毒时出现意识障碍等的临床表现，在综合分析并排除其他病因所致的类似疾病后，方可诊断为急性磷中毒。

（1）急性磷中毒时肝功能常规检查项目可参照 GBZ 59—2010《职业性中毒性肝病诊断标准》进行检测。

（2）急性磷中毒时肾功能检测项目可用尿素氮、血浆肌酐、尿钠及尿量测定等。

（3）急性磷中毒时血磷可升高、血钙可降低，但由于测定结果受其他因素的影响，故不列为分级指标。

#### 2. 慢性磷中毒

根据长期密切接触黄磷蒸气或含黄磷粉尘的职业史，有以进行性牙周组织、牙体及下颌骨损害为主的临床表现，也可有肝、肾损害，结合现场劳动卫生学资料等综合分析，排除其他病因所引起的类似疾病后，方可诊断为慢性磷中毒。

（1）观察对象：长期密切接触磷蒸气或含黄磷粉尘后，出现牙周萎缩、牙周袋加深、牙松动等，下颌骨 X 射线可见两侧齿槽嵴轻度吸收，呈水平状。

（2）对于慢性磷中毒，目前尚缺乏敏感、特异的诊断指标，不能仅凭一次检查即做出诊断，必须进行动态观察与治疗，以提供接触黄磷后牙齿、颌骨及肝脏逐年变化的完整、全面临床资料，自身对照，结合职业史、车间空气中黄磷浓度测定结果，进行综合分析，并做好鉴别诊断，方可明确诊断；在有口腔病的基础上出现肝脏损害者可按 GBZ 59—2010《职业性中毒性肝病诊断标准》相关条文处理。

（3）慢性磷中毒的牙周、牙体及下颌骨病变，好发生于双侧后牙，常为多颗牙齿，往往两侧对称，以下颌骨为多，经 1 年以上治疗仍进行性加重，并常伴有呼吸道黏膜刺激症状及消化系统症状，此可与非职业性口腔疾病相鉴别，因非职业性口腔疾病多为单牙或双牙发病，且部位不固定、不对称，亦很少有其他系统症状相伴随。

（4）根据国内外资料，慢性磷中毒时可有肝、肾损害，因病例很少，故暂不以肝、肾损害作为诊断分级标准。肝、肾损害虽少见，但不能忽视，因此，对黄磷生产者进行体检时应注意全身健康情况，有条件者应做好健康监护工作。

（5）慢性轻度中毒性肝病肝功能试验：谷丙转氨酶（alanine aminotransferase，ALT）、谷草转氨酶（aspartate transaminase，AST）等常无异常，血清胆汁酸测定、靛青绿试验（ICG）较为敏感。肾功能试验可用尿常规、尿蛋白定量及尿钠测定等，可根据临床情况选择观察项目。

#### 3. 磷的 4 种同素异形体

磷有 4 种同异形体，即黄磷（又称白磷）、赤磷（又称红磷）、紫磷、黑磷，其中黄磷毒性最大，其余毒性很小，如制品不纯，含有黄磷时，有引起磷中毒的可能，因此，在诊断后应加括号将含有黄磷的同素异形体的名称注明，以区别纯黄磷引起的中毒。

## 八、质量控制

磷及其化合物急性中毒主要造成机体肝功能和肾功能异常，常见效应检验指标主要有肝功能检查、血清总胆汁酸测定、肾功能检查及电解质测定等。

### （一）肝功能检查

肝功能检查主要包括蛋白类、胆红素和肝细胞产生的酶类的检测。磷及其化合物中毒会损害肝脏，导致肝细胞脂肪变性和坏死，血清中 ALT、AST 及胆红素有不同程度升高。

肝功能检查是肝脏损伤的常规检查，无特异性，是急性磷中毒的一个效应指标，在职业性磷中毒中作为急性磷中毒的诊断分级标准。

### （二）血清总胆汁酸测定

总胆汁酸（total bile acid，TBA）包括胆酸（cholic acid，CA）、鹅脱氧胆酸（chenodesoxycholic acid，CDCA）和代谢产生的脱氧胆酸（deoxycholic acid，DCA），还有少量石胆酸（lithocholic acid，LCA）和微量熊脱氧胆酸（ursodeoxycholic acid，UDCA），其在肝脏内合成，与甘氨酸或牛磺酸结合成为结合型胆汁酸，分泌入胆囊，随胆汁至肠道后，在肠道内细菌作用下被水解成游离型胆汁酸，有 97% 被肠道重新吸收后回到肝脏。

健康人血液中胆汁酸含量极微，当肝细胞损害或肝内、外阻塞时，胆汁酸代谢出现异常，血清总胆汁酸水平会升高。

#### 1. 原理

标本中的胆汁酸被 $3\alpha$ - 羟基类固醇脱氢酶（3α-hydroxysteroid dehydrogenase，$3\alpha$-HSDH）及 $\beta$ - 硫代烟酰胺腺嘌呤二核苷酸氧化型（thionicotinamide adenine dinucleotide oxidized form，Thio-NAD）特异性地氧化，生成 3 - 酮类固醇以及 $\beta$ - 硫代烟酰胺腺嘌呤二核苷酸还原型（Thionicotinamide reduced nicotinamide adenine dinudeotide，Thio-NADH）。而生成的 3 - 酮类固醇在 $3\alpha$-HSDH 和 Thio-NADH 作用下，又生成胆汁酸及 Thio-NAD。通过上述循环，血清中微量胆汁酸得到了放大。Thio-NADH 也同比扩增。通过测定 Thio-NADH 在 405 nm 波长时特异性吸光度变化，计算得到标本中总胆汁酸含量。

#### 2. 采样及保存

空腹新鲜血清。血清中胆汁酸在 2～8 ℃可稳定 7 天，-20 ℃可以稳定 3 个月。

#### 3. 检测仪器

生化分析仪。

#### 4. 检测方法

不同生化分析仪的分析参数不完全相同，严格按照仪器说明书和试剂说明书操作。

#### 5. 参考区间

正常人 0～6.71 μmol/L，>10.00 μmol/L 有临床意义。

**6. 质量控制**

参照仪器说明书按规定周期进行校准，并选取高、低浓度质控品各 1 支进行室内质量控制。记录结果并画 LJ 质控图，质量控制方法参照 GB/T 20468—2006《临床实验室定量测定室内质量控制指南》。

**7. 临床意义**

磷中毒时致肝细胞脂质过氧化，线粒体和微粒体损伤，抑制胆汁酸代谢，血清胆汁酸会明显升高。

血清总胆汁酸测定在磷中毒肝损伤检查中未列入诊断分级标准，亦无特异性，可作为肝功能检查的一个补充项目。

### （三）肾功能检查

肾功能检查主要包括尿常规，血清中尿素、肌酐和尿中小分子蛋白的测定。

磷及其化合物中毒会致肾小球和肾小管上皮细胞变性，引起肾损伤。尿中出现蛋白和红细胞，并可见管型。

肾损伤也是职业性急性磷中毒的诊断分级标准之一，但肾功能检查并无特异性，因此肾功能检查异常时，还要通过询问病史、临床表现及其他实验室检验进行鉴别诊断。

### （四）电解质测定

电解质测定包括血清钾、钠、氯、钙、磷、镁等的测定。磷及其化合物中毒会致钙泵失调，从而引起血磷升高、血钙下降。

由于电解质测定受其他因素的影响较多，职业性急性磷中毒并未将其列入诊断分级标准。电解质测定虽无特异性，但可作为监测病情和指导疗效的效应指标。

### （五）其他检测方法

有研究报道，磷中毒时，全血胆碱酯酶含量、琥珀酸脱氢酶和葡萄糖 – 6 – 磷酸脱氢酶（glucose-6-phosphate dehydrogenase，G-6PD）活性下降，但未列入诊断分级标准中，可作为效应指标观察病情。

## 九、档案管理

（1）作业场所现场磷及其无机化合物监测资料。

（2）与用人单位签订的职业健康检查委托协议。

（3）职业健康检查信息表（含磷及其无机化合物接触史，消化系统、肾脏病史，个人防护情况）。

（4）历年疑似职业病、职业禁忌证报告。

（5）历年职业健康检查表（应保持资料的完整性、连续性、准确性）。

（6）职业健康监督执法资料。

（刘志东　王建）

# 磷化氢作业职业健康监护质量控制要点

## 一、组织机构

备案接触磷化氢的职业健康检查。设置内科（体格检查）、心电图检查室、B超检查室、放射科、临床检验实验室，合理设置各科室岗位及数量。

## 二、人员

（1）包含内科、影像科、心电图等类别的执业医师、技师、护士等医疗卫生技术人员。

（2）要求：经省职业健康监护技术规范培训并考核合格后上岗。

（3）至少有1名具备职业性化学中毒职业病诊断医师资格的主检医师，备案有效人员需要第一注册执业点。

## 三、仪器设备

（1）配备满足并符合与备案磷化氢作业职业健康检查的类别和项目相适应的仪器设备。

（2）有关仪器设备的种类、数量、性能、量程、精确度等技术指标应满足工作需要，国家要求计量认证或校准的，需要符合计量认证或校准的要求；不属于强制检定的，应有相应校验方法并定期自校。应定期进行维护保养及计量、检定和校验，同时记录设备状态。

（3）对所使用的设备编制操作规程。

（4）体检分类项目及设备见表1。

表1 体检分类项目及设备

| 名称 | 类别 | 检查项目 | 设备配置 |
| --- | --- | --- | --- |
| 磷化氢 | 上岗前 | 体格检查必检项目：1）内科常规检查；2）神经系统常规检查 | 体格检查必备设备：1）内科常规检查用听诊器、血压计、身高测量仪、磅秤；2）神经系统常规检查用叩诊锤 |
| | | 实验室和其他检查必检项目：血常规、尿常规、肝功能、心电图、胸部X射线摄片 | 必检项目必备设备：血细胞分析仪、尿液分析仪、生化分析仪、心电图仪、DR摄片机 |
| | 在岗期间 | 推荐性，同上岗前 | 推荐性，同上岗前 |

续上表

| 名称 | 类别 | 检查项目 | 设备配置 |
|---|---|---|---|
| 磷化氢 | 应急 | 体格检查必检项目：1）内科常规检查；2）神经系统常规检查，注意有无病理反射；3）眼科常规检查及眼底检查 | 体格检查必备设备：1）内科常规检查用听诊器、血压计、身高测量仪、磅秤；2）神经系统常规检查用叩诊锤；3）眼科常规检查及眼底检查用视力灯、眼底镜、裂隙灯、视力表、色觉图谱 |
| | | 实验室和其他检查必检项目：血常规、尿常规、肝功能、肾功能、心电图、血氧饱和度、肝脾B超、胸部X射线摄片 | 必检项目必备设备：血细胞分析仪、尿液分析仪、生化分析仪、心电图仪、血氧饱和度测定仪或血气分析仪、B超仪、CR/DR摄片机 |
| | | 选检项目：血气分析、脑电图、头颅CT或MRI | 选检项目设备配备：血气分析仪、脑电图仪、CT或MRI仪 |

## 四、工作场所

参考《职业健康检查管理办法》的基本要求。

## 五、质量管理文书

（1）建立磷化氢作业职业健康检查质量管理规程，进行全过程质量管理并持续有效运行，实现质量管理工作的规范化、标准化。

（2）建立磷化氢作业人员职业健康检查作业指导书。

（3）建立科室管理制度及测试结果质量控制规范。

（4）存 GBZ 11—2002《职业性急性磷化氢中毒的诊断标准》、GBZ 188—2014《职业健康监护技术规范》等文件备查。

## 六、能力考核与培训

（1）建立和保持技术人员培训制度，制订并落实各类人员教育和培训计划。

（2）质量负责人和技术负责人需要每 2 年进行 1 次职业健康检查法律法规知识培训并考核合格。

（3）临床检查医师及实验室工作人员应按照相关临床和实验室操作规范进行。

（4）主检医师掌握 GBZ 11—2002《职业性急性磷化氢中毒的诊断标准》及 GBZ 188—2014《职业健康监护技术规范》（磷化氢作业部分），并获得化学中毒职业病诊断医师资质，对磷化氢所致疑似职业病、职业禁忌证的判断准确。诊断医师需要每 2 年参加复训并考核合格。

## 七、体检过程管理

### （一）体检对象确定

在作业岗位的现场检测资料、分析物料明确作业场所含有职业病危害因素——磷化氢的人员。职业健康检查周期为每年 1 次。

### （二）下列情况需进行复查

**1. 上岗前体检**

（1）神经系统常规检查发现异常。

（2）内科常规及胸部 X 射线摄片发现呼吸系统功能异常。

**2. 在岗期间体检**

（1）神经系统常规检查发现异常。

（2）内科常规及胸部 X 射线摄片发现呼吸系统功能异常。

### （三）疑似职业性急性磷化氢中毒判断

根据短期吸入磷化氢气体的职业史，出现以中枢神经系统、呼吸系统损害为主的临床表现，结合胸部影像学检查，参考现场职业卫生学调查资料，综合分析，并排除其他病因所致类似疾病后，方可诊断。

在发生职业中毒事故时，事后测得的工作场所空气中低水平磷化氢的结果往往不能反映中毒当时实际接触水平，但对明确病因能提供一定的参考价值。

## 八、质量控制

**1. 硝酸银试验**

国外有报道硝酸银试验对胃液及呼出气体中磷化氢检出的阳性率分别为 100% 和 50%。胃液试验方法为：抽取胃液 5 mL 并加入 15 mL 水，置入一烧瓶，将浸有硝酸银（0.1 mol/L）的滤纸置于瓶口，将烧瓶加热到 50 ℃，15～20 min，滤纸干后，如胃液中有磷化氢，即使是微量，浸有硝酸银的滤纸也会变黑。呼吸试验方法原理同上，但易出现假阴性。

**2. 生物样本磷化氢检测**

磷化氢溶于水生成氢磷酸，在弱碱性体液中以磷化钠形式短暂存在。

有报道用顶空气相色谱法（HS-GC）对死者血液及肺组织中的磷化氢进行检测。该方法是在生物样品中加入锌粉和硫酸后，将磷化钠还原，用 HS-GC/磷检测器（HS-GC/FPD-P）进行磷化氢定性、定量检测。亦有报道用 HS-GC/氮磷检测器（HS-GC/NPD）测定磷化氢中毒死亡患者的血液和各器官组织中磷化氢浓度。

**3. 血清心肌酶及心电图**

血清心肌酶测定可有肌酸激酶（creatine kinase, CK）、乳酸脱氢酶（lactate dehydrogenase, LDH）升高。心电图异常改变主要有 ST 段降低或抬高、T 波低平或倒置，几乎可出现各种类型的心律失常和传导阻滞。因此，对急性磷化氢中毒患者，应早期监测心肌酶谱，同时动态监测心电图。口服中毒者其心电图及心肌酶异常率大于吸入中毒者。

### 4. 肝功能、肾功能

肝功能、肾功能异常率亦较高,且与病情严重程度成正相关,口服中毒者较吸入中毒者其肝肾损害发生率高且严重。

### 5. 胸部 X 射线检查

胸部 X 射线检查可见两侧肺纹理增粗、增多、紊乱或边缘模糊呈网状阴影,或散在片状阴影,或大片状、云雾状阴影或相互融合成斑片状阴影;分别符合气管 - 支气管炎、急性支气管肺炎、间质性肺水肿或肺泡性肺水肿征象。

### 6. 其他

有报道称,在中毒病例中出现血磷升高、血糖升高、血钾降低或升高、血清胆碱酯酶活力降低,以及红细胞内出现海因小体(Heinz body)。血氧饱和度($SaO_2$)下降,动脉血气分析示低氧血症。

## 九、档案管理

(1) 作业场所现场磷化氢监测资料。

(2) 与用人单位签订职业健康检查委托协议。

(3) 职业健康检查信息表(含磷化氢接触史、中枢神经系统、呼吸系统病史,个人防护情况)。

(4) 历年疑似职业病、职业禁忌证报告。

(5) 历年职业健康检查表(应保持资料的完整性、连续性、准确性)。

(6) 职业健康监督执法资料。

(刘志东　王建)

# 钡化合物作业职业健康监护质量控制要点

## 一、组织机构

备案接触钡化合物的职业健康检查。设置内科(体格检查)、心电图检查室、B超检查室、临床检验实验室,合理设置各科室岗位及数量。

## 二、人员

(1) 包含内科、影像科、心电图等类别的执业医师、技师、护士等医疗卫生技术人员。

(2) 要求:经省职业健康监护技术规范培训并考核合格后上岗。

(3) 至少有 1 名具备职业性化学中毒职业病诊断医师资格的主检医师,备案有效人员需要第一注册执业点。

## 三、仪器设备

(1) 配备满足并符合与备案钡化合物作业职业健康检查的类别和项目相适应的仪器设备。

(2) 有关仪器设备的种类、数量、性能、量程、精确度等技术指标应满足工作需要,国家要求计量认证或校准的,需要符合计量认证或校准的要求;不属于强制检定的,应有相应校验方法并定期自校。应定期进行维护保养及计量、检定和校验,同时记录设备状态。

(3) 对所使用的设备编制操作规程。

(4) 体检分类项目及设备见表 1。

表 1 体检分类项目及设备

| 名称 | 类别 | 检查项目 | 设备配置 |
| --- | --- | --- | --- |
| 钡化合物 | 上岗前 | 体格检查必检项目:1)内科常规检查;2)神经系统常规检查 | 体格检查必备设备:1)内科常规检查用听诊器、血压计、身高测量仪、磅秤;2)神经系统常规检查用叩诊锤 |
| | | 实验室和其他检查必检项目:血常规、尿常规、肝功能、血钾、心电图、胸部 X 射线摄片 | 必检项目必备设备:血细胞分析仪、尿液分析仪、电解质分析仪或全自动生化分析仪(需有离子电极模块)、心电图仪、DR 摄片机 |
| | 在岗期间 | 推荐性,同上岗前 | 推荐性,同上岗前 |
| | 应急 | 体格检查必检项目:1)内科常规检查,重点检查心脏;2)神经系统常规检查 | 体格检查必备设备:1)内科常规检查用听诊器、血压计、身高测量仪、磅秤;2)神经系统常规检查用叩诊锤 |
| | | 实验室和其他检查必检项目:血常规、尿常规、心电图、心肌酶谱、肌钙蛋白 T(TnT)检测设备、血钾 | 必检项目必备设备:血细胞分析仪、尿液分析仪、心电图仪、电解质分析仪或全自动生化分析仪(需有离子电极模块)。肌钙蛋白 T(TnT)检测设备:肌钙蛋白 T 测定仪 |

## 四、工作场所

参考《职业健康检查管理办法》的基本要求。

## 五、质量管理文书

(1) 建立钡化合物作业职业健康检查质量管理规程,进行全过程质量管理并持续有效运行,实验质量管理工作的规范化、标准化。

(2) 建立钡化合物作业人员职业健康检查作业指导书。

(3) 建立科室管理制度及测试结果质量控制规范。

(4) 存 GBZ 63—2017《职业性急性钡及其化合物中毒的诊断》、GBZ 188—2014《职业健康监护技术规范》等文件备查。

## 六、能力考核与培训

(1) 建立和保持技术人员培训制度，制订并落实各类人员教育和培训计划。

(2) 质量负责人和技术负责人需要每 2 年进行 1 次职业健康检查法律法规知识培训并考核合格。

(3) 临床检查医师及实验室工作人员应按照相关临床和实验室操作规范进行。

(4) 主检医师掌握 GBZ 63—2017《职业性急性钡及其化合物中毒的诊断》及 GBZ 188—2014《职业健康监护技术规范》（钡化合物作业部分），并获得化学中毒职业病诊断医师资质，对钡化合物所致疑似职业病、职业禁忌证的判断准确。诊断医师需要每 2 年参加复训并考核合格。

## 七、体检过程管理

（一）体检对象确定

其作业岗位的现场检测资料、分析物料明确作业场所含有职业病危害因素——钡化合物的人员。职业健康检查周期为每年 1 次。

（二）下列情况需进行复查

**1. 上岗前体检**

(1) 钾代谢障碍。

(2) 异常心电图表现。

(3) 肌力下降（见 GBZ 76—2002《职业性急性化学物中毒性神经系统疾病诊断标准》）。

**2. 在岗期间体检**

(1) 低钾血症。

(2) 异常心电图表现：中毒性心律失常（见 GBZ 74—2009《职业性急性化学物中毒性心脏病诊断标准》）、低钾心电图改变。

(3) 肌力下降（见 GBZ 76—2002《职业性急性化学物中毒性神经系统疾病诊断标准》）。

**3. 应急体检**

(1) 低钾血症、心肌酶谱异常、肌钙蛋白 T（TnT）水平异常。

(2) 异常心电图表现：中毒性心律失常（见 GBZ 74—2009《职业性急性化学物中毒性心脏病诊断标准》）、低钾心电图改变。

(3) 肌力下降（见 GBZ 76—2002《职业性急性化学物中毒性神经系统疾病诊断标准》）。

（三）疑似职业性钡化合物中毒判断

**1. 急性中毒**

根据短期内吸入或经受损皮肤吸收大量可溶性钡化合物的职业接触史，出现以胃肠道刺激症状、低钾血症、肌肉麻痹、心律失常为主的临床表现，结合心电图、血清钾的检查结果，参考工作场所职业卫生学资料，综合分析，排除其他原因所致类似疾病后，方可诊断。

急性钡化合物中毒的潜伏期与其溶解度有关，潜伏期为十余分钟至两天，多为数十分钟至数小时。早期表现为头晕、头痛、咽干、恶心、呕吐、腹痛、腹泻，以及唇、舌、颜面、肢体麻木，全身无力，心慌，胸闷。而后症状不断加重，可出现耳鸣、复视及进行性肌肉麻痹，初有下肢肌力减退，逐渐向上肢、躯干、颈部、面部肌肉及舌肌、膈肌、心肌发展。患者肌力和肌张力均明显减退，不能站立、无法持物，严重者进展为完全性弛缓性四肢瘫痪，头部和四肢不能活动、语言障碍、心律失常、血压先升高而后下降，最终可因呼吸肌麻痹和心律失常死亡，但如抢救成功，一般不留后遗症。口服可溶性钡化合物者消化道症状明显；吸入可溶性钡化合物烟尘者可出现咽干、咽痛、咳嗽、胸闷、气短等呼吸道症状。

实验室检查可见血清钾降低，严重者呈进行性下降，最低可达 2 mmol/L 以下；心电图明显异常，可见 ST 段下移、T 波低平、双相或倒置、QT 间期延长、T-U 融合或明显 U 波等低钾的表现，同时可见多种心律失常表现，如频发室性、结性或多源性期前收缩，房颤或室颤，心房或心室扑动等，亦可见各种传导阻滞（房室、束支、室内等）；血钡、尿钡升高。

2. 慢性中毒

多因长期接触可溶性钡化合物的粉尘所致。主要表现为结膜炎及上呼吸道刺激症状，可以出现钙、磷代谢异常和副交感神经功能障碍，部分工人可出现心脏传导功能障碍、高血压、脱发等。有报道，一组制作塑料产品的化工厂工人，接触原料中含有硬脂酸钡，工作 4～12 个月，出现不同程度全身或局部的肌肉无力、肌肉酸痛，神经系统症状，低钾血症；另有报道，长期服食含有氯化钡的井盐者常发生血钾降低、口周麻木、四肢无力等症状。

3. 长期吸入不溶性钡粉尘

长期吸入不溶性钡粉尘可引起"钡粉尘肺沉着病"，亦称"钡尘肺"（barytosis），X 射线胸片显示两肺出现细小致密结节状阴影，直径 1～3 mm，以中、下肺野多见。一般无自觉症状或症状轻微，亦无明显的呼吸功能损害，为钡尘沉积所致，脱离接触后有些结节阴影可自行消退；钡粉尘肺沉着病易并发慢性肺炎和支气管炎。

## 八、质量控制

（1）急性钡化合物中毒实质是指可溶性钡化合物中毒。

（2）低钾血症是急性钡化合物中毒的病理基础，可致相应的心电图异常表现：①中毒性心律失常（见 GBZ 74—2009《职业性急性化学物中毒性心脏病诊断标准》）；②低钾心电图改变，见 U 波增高（大于 0.1 mV），与 T 波融合成为"双峰 T 波"，与既往心电图比较，出现 ST 段压低、T 波改变（波振幅减小、双相、倒置）、U 波增高、T-U 融合、G-T 间期延长、QRS 波波幅增宽。接触反应中"心电图未见异常发现"是指低钾血症对应的这两类心电图未见异常表现。

（3）肌力下降应与低钾性周期性麻痹、肉毒杆菌毒素中毒、重症肌无力、进行性肌营养不良、周围神经病、急性多发性神经根炎（Guillain-Barre）等疾病鉴别；恶心、呕吐、腹绞痛等胃肠道症状应与食物中毒鉴别；低钾血症应详细询问患者摄食情况、出汗情况、胃肠道症状、排尿及夜尿情况、利尿剂使用情况，并与代谢性碱中毒、家族性周期性麻痹、原发性醛固酮增多症等疾病鉴别；心律失常应与洋地黄中毒、器质性心脏病等疾病鉴别。

（4）及时纠正低钾血症是抢救急性钡化合物中毒的关键。补钾药物包括：①氯化钾，最常用者含钾约 13.4 mmol/g；②枸橼酸钾、醋酸钾，分别含钾约 9 mmol/g、10 mmol/g；③谷氨酸钾，含钾约 4.5 mmol/g；④L-门冬氨酸钾镁，含钾、镁分别约 3.0 mmol/10 mL、3.5 mmol/10 mL。轻度低钾血症口服或鼻饲补钾，以氯化钾为首选，常用剂量为 60~100 mmol/d；危重患者可经静脉补钾，补钾浓度 20~40 mmol/L，速度不超过 10~20 mmol/h；出现危及生命的低钾血症，可以通过中心静脉并且微量泵进行更高浓度（每 100 mL 溶液中最高含钾 40 mmol）和更高速度（最高达每小时 40 mmol）补钾，但必须严密监测血清钾、肌张力及进行心电监护。病情缓解后，减慢补钾速度或改为口服。部分病例就诊时血清钾浓度正常，但病情可能迅速恶化，因此仍需积极补钾。缺镁时单纯补钾常不能奏效，应注意同时补镁，常用 L-门冬氨酸钾镁，补镁对 QT 间期延长发生尖端扭转型室性心动过速有较好终止作用。

（5）低血钾导致的恶性心律失常和呼吸肌麻痹是急性钡化合物中毒的主要死亡原因，表现为突发心跳或呼吸骤停，多于病程中出现。呼吸肌麻痹需要密切观察血气分析，一旦发生呼吸衰竭甚至呼吸骤停，需立即插管机械通气，必要时气管切开。

（6）迅速大量补钾治疗后，部分病例病情仍持续性恶化，可考虑血液净化治疗，建议使用高浓度钾离子的透析液。

（7）当硫化钡中毒时，除钡离子的毒性作用外，在环境中尚可产生硫化氢，从而引起相应的中毒症状，在诊断治疗时应加以注意。

（8）关于血清钡测定。该项检查虽属特异性，但目前尚不能普及，而且中毒后的临床发展规律与血清钡变化尚不明确，故未列入诊断标准。但该项检查可作为近期过量接触的指标，临床工作中可积极监测血清钡浓度。我国目前对血清钡的检测方法、血清钡正常值范围尚无统一标准，有学者推荐铬酸钡比色法、石墨炉原子吸收光谱法（GFAAS）或电感耦合等离子体质谱法（ICP-MS）对钡元素进行定量分析，但仍需进一步积累数据。

（9）钡及其化合物粉尘肺沉着病。"金属及其化合物粉尘肺沉着病"已列入我国职业病名单中，可依据 GBZ 292—2017《职业性金属及其化合物粉尘（锡、铁、锑、钡及其化合物等）肺沉着病的诊断》做出诊断。

## 九、档案管理

（1）作业场所现场钡化合物监测资料。

（2）与用人单位签订的职业健康检查委托协议。

（3）职业健康检查信息表（重点记录短期内有无较大量可溶性钡化合物的职业接触史，有无乏力、咽干、恶心、胸闷、心悸、腹痛、腹泻等症状，有无周期性瘫痪等钾代谢障碍疾病，以及个人防护情况）。

（4）历年疑似职业病、职业禁忌证报告。

（5）历年职业健康检查表（应保持资料的完整性、连续性、准确性）。

（6）职业健康监督执法资料。

（刘志东　王建）

# 钒及其无机化合物作业职业健康监护质量控制要点

## 一、组织机构

备案接触钒及其无机化合物的职业健康检查。设置内科（体格检查）、心电图检查室、B超检查室、放射科、临床检验实验室，合理设置各科室岗位及数量。

## 二、人员

（1）包含内科、影像科、心电图等类别的执业医师、技师、护士等医疗卫生技术人员。

（2）要求：经省职业健康监护技术规范培训并考核合格后上岗。

（3）至少有1名具备职业性化学中毒职业病诊断医师资格的主检医师，备案有效人员需要第一注册执业点。

## 三、仪器设备

（1）配备满足并符合与备案钒及其无机化合物作业职业健康检查的类别和项目相适应的仪器设备。

（2）有关仪器设备的种类、数量、性能、量程、精确度等技术指标应满足工作需要，国家要求计量认证或校准的，需要符合计量认证或校准的要求；不属于强制检定的，应有相应校验方法并定期自校。应定期进行维护保养及计量、检定和校验，同时记录设备状态。

（3）对所使用的设备编制操作规程。

（4）体检分类项目及设备见表1。

表1　体检分类项目及设备

| 名称 | 类别 | 检查项目 | 设备配置 |
| --- | --- | --- | --- |
| 钒及其无机化合物 | 上岗前 | 体格检查必检项目：内科常规检查，重点检查呼吸系统 | 体格检查必备设备：内科常规检查用听诊器、血压计、身高测量仪、磅秤 |
| | | 实验室和其他检查必检项目：血常规、尿常规、肝功能、心电图、胸部X射线摄片、肺功能 | 必检项目必备设备：血细胞分析仪、尿液分析仪、生化分析仪、心电图仪、DR摄片机、肺功能仪 |
| | 在岗期间 | 推荐性，同上岗前 | 推荐体检项目设备配备：内科常规检查用听诊器、血压计、身高测量仪、磅秤 |
| | | | 推荐项目设备配备：血细胞分析仪、尿液分析仪、生化分析仪、心电图仪、DR摄片机、肺功能仪 |

续上表

| 名称 | 类别 | 检查项目 | 设备配置 |
|---|---|---|---|
| 钒及其无机化合物 | 应急 | 体格检查必检项目：1）内科常规检查；2）鼻及咽部常规检查；3）眼科常规检查；4）皮肤科常规检查 | 体格检查必备设备：1）内科常规检查用听诊器、血压计、身高测量仪、磅秤；2）鼻及咽部常规检查用额镜或额眼灯、咽喉镜等；3）眼科常规检查用视力表、色觉图谱 |
| | | 实验室和其他检查必检项目：血常规、尿常规、心电图、血氧饱和度、胸部X射线摄片 | 必检项目必备设备：血细胞分析仪、尿液分析仪、心电图仪、血氧饱和度测定仪或血气分析仪、DR摄片机 |
| | | 选检项目：肺功能、血气分析 | 选检项目设备配备：肺功能仪、血气分析仪 |

## 四、工作场所

参考《职业健康检查管理办法》的基本要求。

## 五、质量管理文书

（1）建立钒及其无机化合物作业职业健康检查质量管理规程，进行全过程质量管理并持续有效运行，实现质量管理工作的规范化、标准化。

（2）建立钒及其无机化合物作业人员职业健康检查作业指导书。

（3）建立科室管理制度及测试结果质量控制规范。

（4）存 GBZ 47—2016《职业性急性钒中毒的诊断》、GBZ 188—2014《职业健康监护技术规范》等文件备查。

## 六、能力考核与培训

（1）建立和保持技术人员培训制度，制订并落实各类人员教育和培训计划。

（2）质量负责人和技术负责人需要每2年进行1次职业健康检查法律法规知识培训并考核合格。

（3）临床检查医师及实验室工作人员应按照相关临床和实验室操作规范进行。

（4）主检医师掌握 GBZ 47—2016《职业性急性钒中毒的诊断》及 GBZ 188—2014《职业健康监护技术规范》（钒及其无机化合物作业部分），并获得化学中毒职业病诊断医师资质，对钒及其无机化合物所致疑似职业病、职业禁忌证的判断准确。诊断医师需要每2年参加复训并考核合格。

## 七、体检过程管理

### （一）体检对象确定

在作业岗位的现场检测资料、分析物料以明确工作场所含有职业病危害因素——钒及其无机化合物的人员。职业健康检查周期为每年1次。

## （二）下列情况需进行复查

### 1. 上岗前体检
（1）肺功能检查提示阻塞性通气障碍。
（2）急性气管、支气管炎或支气管周围炎。
（3）支气管肺炎。

### 2. 在岗期间体检
（1）肺功能检查提示阻塞性通气障碍。
（2）急性气管、支气管炎或支气管周围炎。
（3）支气管肺炎。

### 3. 应急体检
（1）急性气管、支气管炎或支气管周围炎。
（2）支气管肺炎。
（3）接触性皮肤刺激症状。
（4）眼部刺激症状。

## （三）疑似职业性急性钒中毒的判断

根据短期内接触较大量的钒及其无机化合物的职业史，眼与呼吸系统损害为主的临床表现、胸部 X 射线表现，参考现场劳动卫生学调查结果，综合分析，并排除其他病因所致类似疾病后，方可诊断。

（1）短期内接触高浓度钒及其无机化合物，一般指接触时间从十几分钟到几小时不等。但由于受钒及其无机化合物的理化性质、环境浓度及个体差异等因素的影响，有时急性中毒的潜伏期可达 2~3 天。

（2）刺激反应仅为一过性反应，一般不超过 24 h，不属于急性中毒范畴。急性钒中毒的诊断起点为急性支气管炎或支气管周围炎。

（3）急性钒中毒必须具备呼吸系统损害的症状和体征，但不一定和胸部 X 射线表现平行。实际工作中不能因临床表现典型，但缺乏 X 射线改变而否认诊断，应根据具体情况综合分析后做出诊断。

（4）"绿舌"在部分接触钒的工人及急性中毒患者中出现，其本身并无毒理学意义，且与中毒程度无关，但颜色深浅在一定程度上与接触钒浓度有关，因此可作为职业接触钒很有价值的客观体征。

（5）急性钒中毒应与上呼吸道感染、流行性感冒、喘息性支气管炎或其他刺激性气体中毒等进行鉴别。尿钒是较为敏感的生物学接触指标，在接触史不明确时可作为诊断或鉴别诊断的参考。但尿钒浓度与中毒程度并不平行，因而不能作为诊断指标。

（6）急性钒中毒常同时伴皮肤瘙痒、烧灼感，以及皮疹、湿疹样皮炎等皮肤损害。钒酸盐对皮肤和眼具有明确腐蚀性，可引起化学性皮肤灼伤或化学性眼灼伤。其诊断与处理可参照 GBZ 51—2009《职业性化学性皮肤灼伤诊断标准》或 GBZ 54—2017《职业性化学性眼灼伤的诊断》。

（7）尚无有关急性钒中毒致化学性肺水肿、急性呼吸窘迫综合征及其他严重继发症的报道，如一旦发现可按 GBZ 73—2009《职业性急性化学物中毒性呼吸系统疾病诊断标准》处理。

## 八、质量控制

### 1. 尿钒

钒主要经肾脏排泄，短期接触高浓度钒及其无机化合物即可引起尿钒增高，然而大量流行病学调查资料证实，许多未发生中毒的作业工人，其尿钒也明显高于对照组，而且检测结果受环境浓度、接触时间、劳动防护等因素影响，波动范围较大。由此提示，尿钒虽是较敏感的钒及其无机化合物的生物学接触指标，在接触史不明确时可为诊断、鉴别诊断提供重要依据，但尿钒排泄较快，仅可反映钒的近期接触情况，且与中毒程度不平行，因而不能将其用作中毒诊断指标。

### 2. 血钒

由于没有规范的测定方法，且各种测定方法敏感度不同，血钒检测结果相差悬殊，因此，也难用作生物学监测指标。

## 九、档案管理

（1）作业场所现场钒及其无机化合物监测资料。

（2）与用人单位签订的职业健康检查委托协议。

（3）职业健康检查信息表（含钒及其无机化合物烟尘接触史，呼吸系统病史，个人防护情况，重点询问呼吸系统症状及皮肤、眼部刺激症状）。

（4）历年疑似职业病、职业禁忌证报告。

（5）历年职业健康检查表（应保持资料的完整性、连续性、准确性）。

（6）职业健康监督执法资料。

（刘志东　王建）

# 三烷基锡作业职业健康监护质量控制要点

## 一、组织机构

备案接触三烷基锡的职业健康检查。设置内科（体格检查）、心电图检查室、B超检查室、放射科、实验室，合理设置各科室岗位及数量。

## 二、人员

（1）包含内科、影像科、心电图等类别的执业医师、技师、护士等医疗卫生技术人员。

（2）要求：经省职业健康监护技术规范培训并考核合格后上岗。

（3）至少有 1 名具备职业性化学中毒职业病诊断医师资格的主检医师，备案有效人员需要第一注册执业点。

## 三、仪器设备

（1）配备满足并符合与备案三烷基锡作业职业健康检查的类别和项目相适应的仪器设备。

（2）有关仪器设备的种类、数量、性能、量程、精确度等技术指标应满足工作需要，国家要求计量认证或校准的，需要符合计量认证或校准的要求；不属于强制检定的，应有相应校验方法并定期自校。应定期进行维护保养及计量、检定和校验，同时记录设备状态。

（3）对所使用的设备编制操作规程。

（4）体检分类项目及设备见表1。

表1 体检分类项目及设备

| 名称 | 类别 | 检查项目 | 设备配置 |
| --- | --- | --- | --- |
| 三烷基锡 | 上岗前 | 体格检查必检项目：1）内科常规检查；2）皮肤科常规检查；3）神经系统常规检查 | 体格检查必备设备：1）内科常规检查用听诊器、血压计、身高测量仪、磅秤；2）神经系统常规检查用叩诊锤 |
| | | 实验室和其他检查必检项目：血常规、尿常规、肝功能、血钾、心电图、胸部X射线摄片 | 必检项目必备设备：血细胞分析仪、尿液分析仪、生化分析仪、电解质分析仪或全自动生化仪（需有离子电极模块）、心电图仪、DR摄片机 |
| | 在岗期间 | 推荐性，同上岗前 | 推荐性，同上岗前 |
| | 应急 | 体格检查必检项目：1）内科常规检查；2）神经系统常规检查，注意有无病理反射；3）眼底检查 | 体格检查必备设备：1）内科常规检查用听诊器、血压计、身高测量仪、磅秤；2）神经系统常规检查用叩诊锤；3）眼底检查用视力灯、眼底镜、裂隙灯 |
| | | 实验室和其他检查必检项目：血常规、尿常规、肝功能、心电图、血钾、肝脾B超、尿锡 | 必检项目必备设备：血细胞分析仪、尿液分析仪、生化分析仪、心电图仪、电解质分析仪或全自动生化分析仪（需有离子电极模块）、B超仪。尿锡测定：电感耦合等离子体质谱仪或原子荧光光度计 |
| | | 选检项目：头颅CT或MRI、脑电图 | 选检项目设备配备：CT或MRI仪、脑电图仪 |

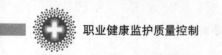

## 四、工作场所

参考《职业健康检查管理办法》的基本要求。

## 五、质量管理文书

（1）建立三烷基锡作业职业健康检查质量管理规程，进行全过程质量管理并持续有效运行，实现质量管理工作的规范化、标准化。

（2）建立三烷基锡作业人员职业健康检查作业指导书。

（3）建立科室管理制度及测试结果质量控制规范。

（4）存 GBZ 26—2007《职业性急性三烷基锡中毒诊断标准》、GBZ 188—2014《职业健康监护技术规范》等文件备查。

## 六、能力考核与培训

（1）建立和保持技术人员培训制度，制订并落实各类人员教育和培训计划。

（2）质量负责人和技术负责人需要每 2 年进行 1 次职业健康检查法律法规知识培训并考核合格。

（3）临床检查医师及实验室工作人员应按照相关临床和实验室操作规范进行。

（4）主检医师掌握 GBZ 26—2007《职业性急性三烷基锡中毒诊断标准》及 GBZ 188—2014《职业健康监护技术规范》（三烷基锡作业部分），并获得化学中毒职业病诊断医师资质，对三烷基锡所致疑似职业病、职业禁忌证判断准确。诊断医师需要每 2 年参加复训并考核合格。

## 七、体检过程管理

（一）体检对象确定

在作业岗位的现场检测资料、分析物料以明确作业场所含有职业病危害因素——三烷基锡的人员。职业健康检查周期为每年 1 次。

（二）下列情况需进行复查

1. 上岗前体检

（1）钾代谢障碍。

（2）情感障碍。

（3）神经精神病样症状。

2. 在岗期间体检

（1）钾代谢障碍。

（2）情感障碍。

（3）神经精神病样症状。

3. 应急体检

（1）钾代谢障碍。

(2) 情感障碍。
(3) 神经精神病样症状。

（三）疑似职业性三烷基锡中毒判断

根据短期内接触较大量三烷基锡化合物的职业史，出现以中枢神经系统损害为主的临床表现，结合有关实验室检查结果，参考现场职业卫生学调查资料，进行综合分析，排除其他病因所致类似疾病后，方可诊断。

(1) 急性三烷基锡中毒潜伏期与接触剂量有关，意外事故所致者，其潜伏期一般为数小时至 6 d。

(2) 经历较长潜伏期后出现中毒性脑病是急性三烷基锡中毒的共同特点，但不同种类的三烷基锡损伤中枢神经系统的部位及病理改变不尽相同，其临床表现也有所差异。此处以三甲基锡和三乙基锡中毒为重点，分别列出其诊断及分级标准。三甲基锡主要影响边缘系统，重者可累及小脑，其诊断分级主要依据精神障碍的发生和程度，并结合继发性癫痫发作、小脑损害的情况进行综合判定。三乙基锡则具髓鞘毒性，毒病理特点为弥漫性脑水肿，其诊断分级主要依据脑水肿引起的意识障碍程度及颅内压增高情况进行综合判定。三丁基锡化合物中毒的临床表现类似三乙基锡中毒。四烷基锡化合物（四乙基锡、四丁基锡）可在肝内转化为三乙基锡，故均可参照急性锡中毒诊断标准。

(3) 国内报道大部分急性三烷基锡中毒患者出现血清钾降低，但血清钾降低的程度与病情严重程度并不平行。部分患者可出现不同程度的肌力下降及早期低血钾心电图表现。低血钾常为难治性的，除静脉补钾外，可适当提高口服补钾量，常在 2 周以后逐渐恢复正常，少数病例早期无临床症状，仅表现为血清钾降低，故将仅有血清钾降低而无临床表现者列为接触反应，以免漏诊。

(4) 急性三甲基锡中毒癫痫性发作可表现为不同类型，根据发作部位、是否伴有意识障碍及发作持续时间，进行诊断分级。多见有单纯部分性发作者，每天可有多次发作，一般不影响日常生活，表现为肢体的某一部分强直或痉挛性抽搐，或身体某一部位短暂感觉异常，如触电感、针刺或麻木感，以运动性征象和体感性征象常见。患者本人或旁观者描述的发作始发表现往往是确定发作是否发端于局部的最重要线索。也有表现为复杂部分性发作者，即伴有意识障碍的部分性发作，常见意识障碍开始并出现自动症，每次发作持续几秒至几分钟，事后还有一阵混浊状态，清醒后大部分患者仅可回忆发作先兆。这类发作常使日常生活受到干扰。部分患者可表现为全身强直－阵挛性发作，甚至出现癫痫持续发作。在病程中若出现伴有意识障碍的癫痫性发作常提示病情可能恶化。

(5) 颅内高压分级是相对的，随着病变的进展或消退、全身情况的变化，颅内高压的症状和体征亦会出现改变。早期主要表现为持续性头痛、阵发性加重，有时伴恶心、呕吐，以及库欣综合征（cushing syndrome），即血压升高、脉搏下降、呼吸频率下降等。病情加重可出现剧烈头痛、频繁呕吐、视盘水肿或出血，甚至出现呼吸抑制脑疝的表现。

(6) 急性三乙基锡中毒病程中的浅反射主要指腹壁、提睾等皮肤反射，若由正常转为减弱或消失，提示病情恶化。

（7）尿锡能反映近期接触有机锡水平，可作为接触指标。但由于其与中毒严重程度无明显相关，故不能用作诊断指标。

## 八、质量控制

### 1. 尿中锡检测

有机锡中毒者的血液和尿液中锡含量多增高，但与中毒严重程度并不平行，故其仅宜用作接触指标，即便尿锡含量正常也不能排除诊断。

近年来有文献报道，三甲基锡中毒时尿中可检出三甲基锡，其高峰多在暴露4～10天时，并与临床症状具有相关性，可作为特异性诊断指标，测定方法见 GBZ/T 313.1—2018《尿中三甲基氯化锡的测定　第1部分：气相色谱法》和 GBZ/T 313.2—2018《尿中三甲基氯化锡的测定　第2部分：气相色谱-质谱法》。

### 2. 血液检查

急性三甲基锡中毒常出现血钾降低，严重者血钾可降至 2.0 mmol/L 以下，低钾血症可持续1周以上，且即便在补钾的情况下，仍可能发生低钾血症，甚至血钾恢复正常后补钾量减少或停止时，部分患者血钾又可降低，但由于尚未建立其与中毒之间的剂量-效应关系，且影响血钾浓度的因素较多，部分病例尚可见血钙下降、血镁异常、代谢性酸中毒等，且即便血钾正常亦不能否定三甲基锡中毒可能，提示血钾用作急性三甲基锡中毒的诊断指标仍缺乏充足证据，需继续深入研究，积累资料。

### 3. 脑电图检查

早期脑电图检查大多正常，病情发展可表现为弥散性或局限性异常，少数重症患者可出现 δ 波、θ 波、尖波、棘波或棘-慢复合波，脑电图异常程度与临床病情有一定相关度，有的脑电图异常者随病情好转脑电图亦恢复正常，故该项检查可用作病情严重程度和疗效的辅助判断指标。

### 4. 心电图检查

心电图改变虽无特异性，但结合失钾史对低钾血症有辅助诊断价值，有助于鉴别心律失常病因。

### 5. 头颅 CT、MRI 检查

近年有国内文献报道，急性三甲基锡中毒脑影像学改变阳性率较高，病变部位见于海马、肝胝体等边缘系统，同时可累及小脑，重症病例尚有脑白质广泛改变；但出现 MRI 改变的时间常晚于临床症状，多出现在起病1周之后。

### 6. 脑脊液检查

对临床诊断无大价值，一般不用作常规检查项目，仅部分重度三乙基锡中毒病例可见脑脊液压力增高，偶有蛋白略增高，其他指标多正常。

## 九、档案管理

（1）作业场所现场三烷基锡监测资料。

（2）与单位签订的职业健康检查委托协议。

（3）职业健康检查信息表（含三烷基锡接触史，消化系统、肾脏病史，个人防护情况）。

（4）历年疑似职业病、职业禁忌证报告。

（5）历年职业健康检查表（应保持资料的完整性、连续性、准确性）。

（6）职业健康监督执法资料。

（刘志东　王建）

# 铊及其无机化合物作业职业健康监护质量控制要点

## 一、组织机构

备案接触铊及其无机化合物的职业健康检查。设置内科（体格检查）、眼科、心电图检查室、B超检查室、放射科、实验室，合理设置各科室岗位及数量。

## 二、人员

（1）包含内科、影像科、心电图、口腔科、眼科等类别的执业医师、技师、护士等医疗卫生技术人员。

（2）要求：经省职业健康监护技术规范培训并考核合格后上岗。

（3）至少有1名具备职业性化学中毒职业病诊断医师资格的主检医师，备案有效人员需要第一注册执业点。

## 三、仪器设备

（1）配备满足并符合与备案铊及其无机化合物作业职业健康检查的类别和项目相适应的仪器设备。

（2）有关仪器设备的种类、数量、性能、量程、精确度等技术指标应满足工作需要，国家要求计量认证或校准的，需要符合计量认证或校准的要求；不属于强制检定的，应有相应校验方法并定期自校。应定期进行维护保养及计量、检定和校验，同时记录设备状态。

（3）对所使用的设备编制操作规程。

（4）体检分类项目及设备见表1。

表1　体检分类项目及设备

| 名称 | 类别 | 检查项目 | 设备配置 |
|---|---|---|---|
| 铊及其无机化合物 | 上岗前 | 体格检查必检项目：1）内科常规检查；2）神经系统常规检查；3）眼科常规检查及辨色力、眼底检查 | 体格检查必备设备：1）内科常规检查用听诊器、血压计、身高测量仪、磅秤；2）神经系统常规检查用叩诊锤；3）眼科常规检查及眼底检查用视力灯、眼底镜、裂隙灯、视力表、色觉图谱 |
| | | 实验室和其他检查必检项目：血常规、尿常规、肝功能、空腹血糖、心电图、胸部X射线摄片 | 必检项目必备设备：血细胞分析仪、尿液分析仪、生化分析仪、心电图仪、DR摄片机 |
| | | 复检项目：空腹血糖异常或有周围神经损害表现者可选择糖化血红蛋白、神经-肌电图 | 复检项目必备设备：糖化血红蛋白分析仪、生化分析仪、肌电图仪和/或诱发电位仪 |
| | 在岗期间 | 体格检查必检项目：1）内科常规检查；2）神经系统常规检查；3）眼科常规检查及辨色力、眼底检查 | 体格检查必备设备：1）内科常规检查用听诊器、血压计、身高测量仪、磅秤；2）神经系统常规检查用叩诊锤；3）眼科常规检查及眼底检查用视力灯、眼底镜、裂隙灯、视力表、色觉图谱 |
| | | 实验室和其他检查必检项目：血常规、尿常规、尿铊、空腹血糖 | 必检项目必备设备：血细胞分析仪、尿液分析仪、生化分析仪。尿铊测定：电感耦合等离子体质谱仪 |
| | | 复检项目：双眼视力下降明显者可选择测定视野，血糖异常或有周围神经损害表现者可选择糖化血红蛋白、神经-肌电图 | 复检项目必备设备：视野计、糖化血红蛋白分析仪或生化分析仪、肌电图仪或/和诱发电位仪 |
| | 离岗时 | 同在岗期间 | 体格检查必备设备：1）内科常规检查用听诊器、血压计、身高测量仪、磅秤；2）神经系统常规检查用叩诊锤；3）眼科常规检查及眼底检查用视力灯、眼底镜、裂隙灯、视力表、色觉图谱 |
| | | | 必检项目必备设备：血细胞分析仪、尿液分析仪、生化分析仪。 |
| | | | 尿铊测定设备：电感耦合等离子体质谱仪 |
| | | | 复检项目必备设备：视野计、糖化血红蛋白分析仪或生化分析仪、肌电图仪或/和诱发电位仪 |

续上表

| 名称 | 类别 | 检查项目 | 设备配置 |
|---|---|---|---|
| 铊及其无机化合物 | 应急 | 体格检查必检项目：1）内科常规检查；2）神经系统常规检查；3）皮肤科常规检查及皮肤附件检查，如胡须、腋毛、阴毛和眉毛，指、趾甲 Mees 纹 | 体格检查必备设备：1）内科常规检查用听诊器、血压计、身高测量仪、磅秤；2）神经系统常规检查用叩诊锤 |
| | | 实验室和其他检查必检项目：血常规、尿常规、肝功能、肾功能、心电图、肝脾 B 超、胸部 X 射线摄片、神经－肌电图、尿铊 | 必检项目必备设备：血细胞分析仪、尿液分析仪、生化分析仪、心电图仪、B 超仪、CR/DR 摄片机、肌电图仪和/或诱发电位仪。尿铊测定：电感耦合等离子体质谱仪 |

## 四、工作场所

参考《职业健康检查管理办法》的基本要求。

## 五、质量管理文书

（1）建立铊及其无机化合物作业职业健康检查质量管理规程，进行全过程质量管理并持续有效运行，实现质量管理工作的规范化、标准化。

（2）建立铊及其无机化合物作业人员职业健康检查作业指导书。

（3）建立科室管理制度及测试结果质量控制规范。

（4）存 GBZ 226—2010《职业性铊中毒诊断标准》、GBZ 188—2014《职业健康监护技术规范》等文件备查。

## 六、能力考核与培训

（1）建立和保持技术人员培训制度，制订并落实各类人员教育和培训计划。

（2）质量负责人和技术负责人需要每 2 年进行 1 次职业健康检查法律法规知识培训并考核合格。

（3）临床检查医师及实验室工作人员应按照相关临床和实验室操作规范进行操作。

（4）主检医师掌握 GBZ 226—2010《职业性铊中毒诊断标准》及 GBZ 188—2014《职业健康监护技术规范》（铊及其无机化合物作业部分），并获得化学中毒职业病诊断医师资质，对铊及其无机化合物所致疑似职业病、职业禁忌证判断准确。诊断医师需要每 2 年参加复训并考核合格。

## 七、体检过程管理

（一）体检对象确定

其作业岗位的现场检测资料、分析物料明确作业场所含有职业病危害因素——铊及其无机化合物的人员。职业健康检查周期为每年 1 次。

## （二）下列情况需进行复查

### 1．上岗前体检
（1）空腹血糖异常。
（2）存在周围神经系统损害表现。
（3）眼底检查异常。

### 2．在岗期间体检
（1）空腹血糖异常。
（2）存在周围神经系统损害表现。
（3）眼底检查异常。
（4）双眼视力明显下降。
（5）尿铊水平异常。

### 3．应急检查
（1）尿铊水平异常。
（2）神经-肌电图异常。
（3）存在周围神经系统损害表现。

### 4．离岗时体检
（1）空腹血糖异常。
（2）存在周围神经系统损害表现。
（3）眼底检查异常。
（4）双眼视力明显下降。
（5）尿铊水平异常。

## （三）疑似职业性铊中毒判断

根据接触铊的职业史，相应的临床表现及实验室检查结果，参考职业卫生学调查资料，进行综合分析，排除其他原因所致类似疾病后，方可诊断。

### 1．接触反应
接触反应是指短时间内接触较大量铊后出现头晕、头痛、乏力、咽部烧灼感、恶心、呕吐、腹痛等一过性症状，并有尿铊增高。接触反应不属于急性中毒，对接触反应者的动态观察有助于早期发现病情变化，早期处理。

### 2．急性铊中毒
职业性急性铊中毒并不多见。急性铊中毒有一定潜伏期，其长短与接触量有关；口服铊化合物中毒的潜伏期为12～24 h，口服剂量较大时，发病相对迅速。铊盐的成人致死剂量为0.2～1.0 g，研究结果表明，其对成人的最小致死量约为12 mg/kg，而5.0～7.5 mg/kg即可引起儿童死亡。现以临床最常见的口服途径为例，简要介绍急性铊中毒的主要表现。

（1）消化道症状：经口摄入铊盐后可引起接触部位刺激，数小时后引起口周、舌部麻木，味觉丧失，食欲不振，恶心等；剂量较大时可有较明显口腔和胃肠道刺激症状，如口腔炎、阵发性腹绞痛、呕吐、腹泻，严重时可有胃肠道出血、麻痹性肠梗阻、便秘，部分病例可在数日后发生急性中毒性肝损害。

（2）神经系统症状：中毒后 3～5 d 出现明显神经系统症状，常在发病后 2～3 周达到极期，之后逐渐恢复，但病情较重者恢复常不完全。下肢特别是足部痛觉过敏是铊中毒周围神经系统异常的突出表现，患者常诉有双下肢酸胀麻木、蚁走感，足趾和足跟烧灼样痛，轻触皮肤即感疼痛难忍，严重时甚至床单触及皮肤即会引起剧烈疼痛；双足踏地时疼痛剧烈，以致不能站立和行走，此症状称为"烧灼足综合征"；疼痛可逐渐向上延伸，累及躯干，当肋间肌、膈肌疼痛和麻痹时可出现胸闷、呼吸困难，甚至可因呼吸肌麻痹而致死亡。运动障碍出现较晚，初为双下肢发沉、无力，严重时出现肢体瘫痪、肌肉萎缩；踝反射早期即见减弱或消失。

脑神经也常受累，表现为睑下垂、眼肌麻痹、视力减退、视神经萎缩、周围性面瘫、构音障碍、吞咽困难等；特别是双侧迷走神经麻痹时可引起心动过速，甚至严重的心脏功能障碍。

铊还可以引起中枢神经系统和自主神经损伤，轻者表现为头痛、睡眠障碍、焦虑不安、心律失常、血压升高、发热、多汗、流涎、尿潴留等，重者可引起急性中毒性脑病和中毒性精神病，出现惊厥、昏迷、呼吸麻痹、精神失常、幻觉、痴呆等。危重者可因中毒性脑水肿、呼吸衰竭导致死亡。

诊断时需注意除格林－巴利综合征、肉毒杆菌毒素中毒及其他毒物外的原因导致的中毒性周围神经病。

（3）脏器损伤：部分病例可发生心、肺、肝、肾等脏器损害。如铊对心肌和窦房结的直接毒作用可引起心肌损伤、心动过缓及血压下降；广泛的肺泡损伤导致肺水肿，甚至急性呼吸窘迫综合征。其他可见肝大、血清转氨酶升高、蛋白尿、血尿等。肝、肾损伤程度大多较轻，但严重中毒者仍可导致急性肾小管坏死、急性肾功能衰竭。

（4）皮肤毛发：脱发是本病最具特征性表现之一，多于中毒后 1～3 周出现，先为头发成片脱落，轻抹即随之而下，2～3 周可脱光，且伴胡须、眉毛、腋毛、阴毛脱落；但脱毛后 1 周左右又可再生，2～3 个月可完全恢复。

中毒后 3～4 周，可见指（趾）甲变脆，根部出现宽度为 2～3 mm 的白色横纹，颇似急性砷中毒时出现的米氏纹，亦为急性铊中毒的特征性表现。

皮肤亦见干燥、脱屑，并可出现皮疹、痤疮、色素沉着，手掌、足底可见角化过度。

上述体征对早期诊断意义不大，但对隐匿接触发生中毒的病例有重要提示意义，结合尿铊增高，可作为确诊铊中毒的有力佐证。

（5）眼：可出现视野缩小、视力降低、球后视神经炎、中心暗点或旁中心暗点等。有报告指出急性铊中毒大约有 25% 患者有视神经受损，反复多次中毒者的视神经几乎全部受累。

急性重度铊中毒若未得到及时救治，可遗留神经或精神方面后遗症，如失眠、记忆力下降、视觉障碍、下肢轻瘫、震颤、共济失调、精神异常等；儿童可有精神发育迟钝、智力障碍、精神病等。

### 3. 慢性铊中毒

慢性铊中毒发生于职业性铊接触者，多数程度较轻；环境性铊中毒主要见于长期食用受污染的粮食、蔬菜、禽类或饮水的人群。慢性铊中毒起病多较隐匿，病情较为轻缓，进展缓慢，重者仍可致残，可累及大多数脑神经，以迷走神经、视神经损伤最为常见。其主要为类神经症表现，如头痛、头晕、耳鸣、嗜睡、失眠、多梦、记忆力减退、易激动，可有食欲不振、恶心、腹痛、腹泻、头皮灼热发痒、毛发脱落、心悸等；还可出现肢体麻木、疼痛、肌力减退、感觉和运动障碍，重者出现远端肌肉萎缩，影响运动功能。迷走神经与舌咽神经有共同的起始核，常同时受累，损伤时表现为声音嘶哑、吞咽困难、饮水呛咳及咽反射消失、咳嗽无力及心动过速等。

视神经病及视网膜病也是铊中毒的临床表现之一，早期主要表现为双眼视力下降且难以矫正、周边视野缺损、中心暗点或旁中心暗点、视网膜水肿渗出等，严重者可出现视神经萎缩。由于起病隐匿，最初仅为视力下降而不为患者所注意，故应密切观察，对铊作业工人尤应定期进行视力及视野检查。

有人对1960—1962年发生于贵州滥木厂汞铊矿区附近病程长达4～27年的30例慢性铊中毒病例进行了随访，结果发现，所有患者早期都有过短期、大面积脱发史及不同程度的视力损害，40.0%患者有周围神经病症状，完全丧失劳动力者占26.7%，其他还有性格改变、言语迟钝及消瘦、乏力、多梦等症状。

由上可见，脱发、晶状体及眼底-视神经损害、周围神经病表现是慢性铊中毒的重要临床表现，对诊断具有提示意义。

**4. 急性中毒性心、肝、肺、肾及脑损害**

其诊断及分级标准分别按GBZ 74—2009《职业性急性化学物中毒性心脏病诊断标准》、GBZ 59—2010《职业性中毒性肝病诊断标准》、GBZ 73—2009《职业性急性化学物中毒性呼吸系统疾病诊断标准》、GBZ 79—2013《职业性急性中毒性肾病的诊断》及GBZ 76—2002《职业性急性化学物中毒性神经系统疾病诊断标准》执行。肌力分级标准按GBZ 76—2002《职业性急性化学物中毒性神经系统疾病诊断标准》执行。

## 八、质量控制

**1. 血铊**

由于铊在血中的半衰期甚短，一次接触后4 h即达到峰值，4～5 d后明显下降，至5～7 d摄入量的99%已从血中消失，故血铊仅在急性接触后短期内进行检测方有参考价值，对慢性接触的应用价值相对更差。

正常人血铊多低于2 μg/L（<9.78 nmol/L），超过40 μg/L（19 nmol/L）提示有急性铊中毒可能，症状明显者血铊水平多在100 μg/L（0.49 μmol/L）以上。

**2. 尿铊**

正常人尿铊多在5 μg/L（0.024 5 μmol/L，原子吸收光谱法）以下。有研究认为，当尿铊超过100 μg/24 h（0.49 μmol/24 h）提示有过量急性铊接触；临床症状明显者其尿铊多在200 μg/24 h（0.98 μmol/24 h）以上。故多数学者认为，急性铊中毒的尿铊诊断值下限定为200 μg/24 h（0.98 μmol/24 h）较为合适；严重铊中毒者尿铊可达10 mg/24 h。

但对职业与环境性铊接触人群，尿铊在20 μg/L以下者多无中毒临床症状，故认为其生物接触限值以20 μg/L较为合适。有关慢性铊中毒尿铊的诊断下限值，目前仍有争论，且资料甚少，故目前主张以其生物接触限值为诊断起点，而以临床表现作为诊断分级依据。

尿铊具体测定方法见 GBZ/T 308—2018《尿中多种金属同时测定 电感耦合等离子体质谱法》。依据 GBZ/T 295—2017《职业人群生物监测方法 总则》进行尿样采集，用具塞聚乙烯塑料瓶收集接触者或中毒患者的尿样，混匀后，尽快测定尿肌酐或尿比重，每 100 mL 尿样中加入 1 mL 硝酸，常温下尽快运输，2～6 ℃下至少可保存 14 d。

3．神经－肌电图检查包括神经传导速度（NCV）和肌电图（EMG）

神经传导速度（nerve conduction，NCV）主要用于周围神经病的诊断和鉴别诊断，有助于区分是轴索受损还是髓鞘脱失；肌电图（electromyogram，EMG）主要用于神经源性和肌源性损害的诊断和鉴别，诊断时两者多联合应用，并可用于随访病变的恢复情况。铊中毒周围神经病以轴索损害为主，NCV 检查可见运动神经和感觉神经动作电位波幅降低，伴有脱髓鞘病变时传导速度可明显减慢；轴索退行性变后 2～3 周，EMG 可出现纤颤波、正锐波等改变。检查方法及判断标准按 GBZ 76—2002《职业性急性化学物中毒性神经系统疾病诊断标准》执行。

## 九、档案管理

（1）作业场所现场铊及其无机化合物监测资料。

（2）与用人单位签订的职业健康检查委托协议。

（3）职业健康检查信息表（含铊及其无机化合物接触史，消化系统、肾脏病史，个人防护情况）。

（4）历年疑似职业病、职业禁忌证报告。

（5）历年职业健康检查表（应保持资料的完整性、连续性、准确性）。

（6）职业健康监督执法资料。

（刘志东、王建）

# 羰基镍作业职业健康监护质量控制要点

## 一、组织机构

备案接触羰基镍的职业健康检查。设置内科（体格检查）、肺功能检查室、心电图检查室、B 超检查室、皮肤科、放射科、临床检验实验室，合理设置各科室岗位及数量。

## 二、人员

（1）包含内科、影像科、心电图、皮肤科等类别的执业医师、技师、护士等医疗卫生技术人员。

(2) 要求：经省职业健康监护技术规范培训并考核合格后上岗。

(3) 至少有1名具备职业性化学中毒职业病诊断医师资格的主检医师，备案有效人员需要第一注册执业点。

## 三、仪器设备

(1) 配备满足并符合与备案羰基镍作业职业健康检查的类别和项目相适应的仪器设备。

(2) 有关仪器设备的种类、数量、性能、量程、精确度等技术指标应满足工作需要，国家要求计量认证或校准的，需要符合计量认证或校准的要求，不属于强制检定的，应有相应校验方法并定期自校。应定期进行维护保养及计量、检定和校验，同时记录设备状态。

(3) 对所使用的设备编制操作规程。

(4) 体检分类项目及设备见表1。

表1 体检分类项目及设备

| 名称 | 类别 | 检查项目 | 设备配置 |
| --- | --- | --- | --- |
| 羰基镍 | 上岗前 | 体格检查必检项目：1）内科常规检查；2）皮肤科常规检查 | 体格检查必备设备：内科常规检查用听诊器、血压计、身高测量仪、磅秤 |
| | | 实验室和其他检查必检项目：血常规、尿常规、肝功能、心电图、胸部X射线摄片、肺功能 | 必检项目必备设备：血细胞分析仪、尿液分析仪、生化分析仪、心电图仪、DR摄片机、肺功能仪 |
| | 在岗期间 | 推荐性，同上岗前 | 推荐性，同上岗前 |
| | 应急 | 体格检查必检项目：内科常规检查，重点检查呼吸系统 | 体格检查必备设备：内科常规检查用听诊器、血压计、身高测量仪、磅秤 |
| | | 实验室和其他检查必检项目：血常规、尿常规、心电图、血氧饱和度、胸部X射线摄片 | 必检项目必备设备：血细胞分析仪、尿液分析仪、心电图仪、血氧饱和度测定仪或血气分析仪、CR/DR摄片机 |
| | | 选检项目：肺功能、胸部CT、血气分析、血镍或尿镍 | 选检项目设备配备：肺功能仪、CT仪、血气分析仪。血镍或尿镍测定设备：原子吸收分光光度计（具有石墨炉、背景校正装置和镍空心阴极灯）或电感耦合等离子体质谱仪 |

## 四、工作场所

工作场所的基本要求参考《职业健康检查管理办法》。

## 五、质量管理文书

（1）建立羰基镍作业职业健康检查质量管理规程，进行全过程质量管理并持续有效运行，实现质量管理工作的规范化、标准化。

（2）建立羰基镍作业人员职业健康检查作业指导书。

（3）建立科室管理制度及测试结果控制规范。

（4）存 GBZ 28—2010《职业性羰基镍中毒诊断标准》、GBZ 188—2014《职业健康监护技术规范》等文件备查。

## 六、能力考核与培训

（1）建立和保持技术人员培训制度，制订并落实各类人员教育和培训计划。

（2）质量负责人和技术负责人需要每 2 年进行 1 次职业健康检查法律法规知识培训并考核合格。

（3）临床检查医师及实验室工作人员应按照相关临床操作规范进行。

（4）主检医师掌握 GBZ 28—2010《职业性羰基镍中毒诊断标准》及 GBZ 188—2014《职业健康监护技术规范》（羰基镍作业部分），并获得化学中毒职业病诊断医师资质，对羰基镍所致疑似职业病、职业禁忌证判断准确。诊断医师需要每 2 年参加复训并考核合格。

## 七、体检过程管理

（一）体检对象确定

作业岗位的现场检测资料、分析物料已明确作业场所含有职业病危害因素——羰基镍的人员。职业健康检查周期为每年 1 次。

（二）下列情况需进行复查

**1. 上岗前体检**

（1）肺功能检查提示阻塞性通气障碍。

（2）胸部 X 射线表现异常。

**2. 在岗期间体检**

（1）肺功能检查提示阻塞性通气障碍。

（2）胸部 X 射线表现异常。

**3. 应急体检**

（1）肺功能检查提示阻塞性通气障碍。

（2）胸部 X 射线表现异常。

（三）疑似职业性羰基镍中毒判断

根据短期内接触大量羰基镍的职业史，出现以急性呼吸系统损害为主的临床表现及胸部X射线表现，结合血气分析，参考现场职业卫生学调查及血镍和（或）尿镍测定结果，综合分析，排除其他病因所致类似疾病后，方可诊断。

（1）接触反应是接触羰基镍后出现的一过性反应，多在脱离接触后1～3 d内恢复，不属于急性中毒范围，但凡有碳基镍接触反应者，应进行严密的临床观察，观察时间为48～72 h。

（2）诊断分级主要是根据呼吸系统损害的程度而定，故以呼吸系统的症状、体征及胸部X射线为主要诊断指标。

（3）及时测定血镍、尿镍有助于判断接触者有无过量羰基镍接触，急性羰基镍中毒时其水平高于当地正常参考值。尿镍、血镍的测定应采用石墨炉原子吸收光谱测定方法按WS/T 44—1996《尿中镍的石墨炉原子吸收光谱测定方法》和GBZ/T 314—2018《血中镍的测定 石墨炉原子吸收光谱法》执行。

（4）血气分析有助于了解机体缺氧程度，但正确判断病情还需结合临床表现及动态监测资料（如胸部X射线与CT检查、心电图、肝及肾功能检测等）综合分析。

（5）重度急性中毒常因缺氧而致心电图、肝功能、肾功能的改变。这些改变往往出现在明显的呼吸系统损害之后，可随缺氧的纠正而恢复。

（6）重度低氧血症为氧合指数（$PaO_2/FiO$）<300，急性呼吸窘迫综合征（acute respiratory distress syndrome，ARDS）的诊断按GBZ 73—2002《职业性急性化学物中毒性呼吸系统疾病》执行。

## 八、质量控制

### 1. 尿中镍的石墨炉原子吸收光谱测定方法

（1）适用范围：本法最低检测浓度为1.4 μg/L。本标准适用于接触镍的工人尿中镍的测定。

（2）原理：尿样经盐酸酸化后，直接注入石墨炉中，通过干燥、灰化除掉大部分尿基体成分，记录原子化时基态镍原子吸收232.0 nm特征谱线的强度，同时以背景校正器扣除背景吸收。以标准曲线法或标准加入法定量。

（3）采样、运输和保存：用聚乙烯瓶收集一次晨尿，尽快测定尿比重，每100 mL尿加入1 mL盐酸溶液（7.5 mol/L），混匀。在常温下运输。于4 ℃冰箱中可保存2周。

（4）本法最低检测浓度为1.4 μg/L（空白值的3倍标准差）；线性范围为0～200 μg/L。精密度（$CV$）为1.0%～8.0%（32.9～146.5 μg/L，$n=6$）。准确度：接触者尿样加标回收率为98.5%～115.3%（尿镍浓度12.9～56.5 μg/L，加标量20～90 μg/L，$n=6$）。

（5）市售的各种规格的盐酸常含相当量的镍，使用前应按样品测定条件检查，必要时蒸馏后再用。

（6）测定晨尿：若采班前或班后尿时，工人要脱离现场，换下工作服，洗净手，然后再排尿，以防止外来污染。

（7）使用本法时，应根据所用仪器的性能选择最佳石墨炉工作程序，使灰化电流（温度）尽可能大，以便除掉绝大部分尿的基体成分，而镍又无损失。本法提供的仪器操作条件可供参考。

(8) 石墨管易老化，测试的灵敏度会逐渐降低，因此，必须在样品分析的同时制备标准曲线，并使用同一支石墨管。

(9) 血镍浓度为 25 μg/L 时，50 μg/L 的铬、钒、钼，1 mg/L 的铊、钴，2 mg/L 的铜对测定均不产生干扰。

(10) 质控样如使用标准尿样或加标的模拟尿时，可考察准确度和精密度。如使用接触者尿或加标的正常尿时，可考察精密度。但人尿不宜久存，模拟尿只含人尿的大部分成分。

**2. 血中镍的石墨炉原子吸收光谱测定方法**

1) 本标准适用于职业接触人员中血镍的测定。

2) 原理：血液样品用 0.1% Triton X-100 溶液稀释后，在 232.0 nm 波长下，用石墨炉原子吸收光谱法测定。

3) 样品采集、运输和保存：用肝素钠抗凝采血管采集接触镍工人的血样 2 mL，室温或冷藏运输。样品冷藏于 4 ℃下保存，最多能保存 7 d。如不具备冷藏条件，室温下保存，最多能保存 3 d。

4) 样品处理和测定。

(1) 样品处理。将血样由冰箱中取出，恢复至室温。将血样彻底振摇均匀后，用稀释液稀释 10 倍，混匀，供测定用。

(2) 样品空白。取肝素钠采血管，加 1 mL 水，使肝素钠溶解，混匀；取 100 μL 该肝素钠溶液，用稀释液稀释 10 倍，混匀，供测定用。

(3) 样品测定。用测定校准系列溶液的操作条件测定处理后样品和空白样品，由工作曲线或回归方程得出血样和空白样品中镍的对应浓度值，再把它们相减，得到处理后血样中镍的浓度。或者把血样的吸光度减去空白样品的吸光度后，除以回归方程的斜率，得到处理后血样中镍的浓度。在测定前后及每测定 10～30 个样品后，须确定一次质控样。

5) 本法检出限值为 1.13 μg/L；最低检出浓度为 11.3 μg/L（按稀释 10 倍计）；定量下限为 3.76 μg/L；最低定量浓度为 37.6 μg/L（按稀释 10 倍计）；工作曲线的线性范围为 1.13～160 μg/L；相对标准偏差为 -1.2 %～4.3%；血样加标回收率为 98.5 %～108.0%。

6) 器材清洗：玻璃和塑料器皿均用 10% 硝酸溶液浸泡 12 h 左右，冲洗干净，避尘晾干后备用。

7) 采样要求：对于接触可溶性镍盐的工人，应采集班后血，此时代表一个工作日的接触情况。采样前工人应脱离接触现场，脱掉工作服，清洗手、脸和采样部位后，在清洁、无污染的场所进行采样。依次用 0.5% 硝酸和去离子水彻底擦洗采样部位后再消毒采血，以防外来污染。采血后，应轻轻振摇，使血液与抗凝剂充分混匀，但应避免强力振摇。样品采集人员必须熟练掌握样品采集、运输及保存的知识和技术。

8) 血镍浓度为 457 μg/L 时，1 000 μg/mL 的钠、钾、钙、镁、铜、锰、铬、铅、锌、砷、镉、锆，500 μg/mL 的铁、钴，100 μg/mL 的锂、锑、锶、钡、铋、磷、钒、钼、钨对测定均不产生干扰。

9) 如血镍浓度超出测定范围，可增加稀释倍数，但工作曲线中正常人血亦应为相同的稀释倍数。

10）检测过程的质量控制应按照 GBZ/T 295—2017《职业人群生物监测方法 总则》的要求进行。

## 九、档案管理

（1）作业场所现场羰基镍监测资料。

（2）个人剂量检测资料。

（3）职业健康检查信息表（含羰基镍接触史，消化系统、肾脏病史，个人防护情况）。

（4）历年血常规检查结果。

（5）历年职业健康检查表（应保持资料的完整性、连续性、准确性）。

（6）职业健康监督执法资料。

（刘志东　王建）

# 氟及其无机化合物作业职业健康监护质量控制要点

## 一、组织机构

备案接触氟及其无机化合物的职业健康检查。设置内科（体格检查）、口腔科、心电图检查室、B超检查室、放射科、临床检验实验室，合理设置各科室岗位及数量。

## 二、人员

（1）包含内科、影像科、心电图、口腔科等类别的执业医师、技师、护士等医疗卫生技术人员。

（2）要求：经职业健康检查法律法规知识培训并考核合格后上岗，每2年复训1次。

（3）至少有1名具备职业性化学中毒职业病诊断医师资格的主检医师，备案有效人员需要第一注册执业点。

## 三、仪器设备

（1）配备满足并符合与备案氟及其无机化合物作业职业健康检查的类别和项目相适应的仪器设备。

（2）有关仪器设备的种类、数量、性能、量程、精确度等技术指标应满足工作需要，国家要求计量认证或校准的，需要符合计量认证或校准的要求；不属于强制检定的，应有相应校验方法并定期自校。应定期进行维护保养及计量、检定和校验，同时记录设备状态。

（3）对所使用的设备编制操作规程。

（4）体检分类项目及设备见表1。

表1 体检分类项目及设备

| 名称 | 类别 | 检查项目 | 设备配置 |
| --- | --- | --- | --- |
| 氟及其无机化合物 | 上岗前 | 体格检查必检项目：1）内科常规检查；2）口腔科常规检查；3）骨科检查，主要是骨关节检查 | 体格检查必备设备：1）内科常规检查用听诊器、血压计、身高测量仪、磅秤；2）口腔科常规检查用器械 |
| | | 实验室和其他检查必检项目：血常规、尿常规、肝功能、心电图、骨密度双能X射线吸收测定（dualenergy X-ray absorptiometry，DXA）、骨盆正位X射线摄片、胸部X射线摄片 | 必检项目必备设备：血细胞分析仪、尿液分析仪、生化分析仪、心电图仪、骨密度仪、CR/DR摄片机 |
| | 在岗期间 | 体格检查必检项目：1）内科常规检查；2）口腔科常规检查；3）骨科检查，主要是骨关节检查 | 体格检查必备设备：1）内科常规检查用听诊器、血压计、身高测量仪、磅秤；2）口腔科常规检查用器械 |
| | | 实验室和其他检查必检项目：血常规、骨盆正位X射线摄片、一侧桡、尺骨或一侧胫、腓骨正位片、尿氟、骨密度（DXA法） | 必检项目必备设备：血细胞分析仪、CR/DR摄片机、骨密度仪。尿氟测定设备：氟离子选择性电极、参比电极、酸度计或离子色谱仪 |
| | 离岗时 | 同在岗期间 | 同在岗期间 |
| | 应急 | 体格检查必检项目：1）内科常规检查，重点检查呼吸系统；2）鼻及咽部常规检查，必要时咽喉镜检查；3）皮肤科常规检查 | 体格检查必备设备：1）内科常规检查用听诊器、血压计、身高测量仪、磅秤；2）鼻及咽部常规检查用额镜或额眼灯、咽喉镜 |
| | | 实验室和其他检查必检项目：血常规、尿常规、心电图、心肌酶谱、肌钙蛋白T（TnT）、血氟、血总钙和离子钙、血氧饱和度、胸部X射线摄片 | 必检项目必备设备：血细胞分析仪、尿液分析仪、心电图仪、生化分析仪、血氧饱和度测定仪或血气分析仪、CR/DR摄片机。血氟测定设备：电感耦合等离子体质谱仪。肌钙蛋白T（TnT）测定设备：肌钙蛋白T测定仪。离子钙测定设备：原子吸收分光光度计（带火焰）、电解质分析仪 |
| | | 选检项目：肺功能、胸部CT、血气分析 | 选检项目设备配备：肺功能仪、CT仪、血气分析仪 |

## 四、工作场所

参考《职业健康检查管理办法》的基本要求。

## 五、质量管理文书

（1）建立氟及其无机化合物作业职业健康检查质量管理规程，进行全过程质量管理并持续有效运行，实现质量管理工作的规范化、标准化。

（2）制备职业健康检查基本信息表。

（3）建立科室管理制度及测试结果质量控制规范。

（4）存 GBZ 5—2016《职业性氟及其无机化合物中毒的诊断》、WS/T 89—2015《尿中氟化物测定 离子选择电极法》GBZ 188—2014《职业健康监护技术规范》等文件备查。

## 六、能力考核与培训

（1）建立和保持技术人员培训制度，制订并落实各类人员教育和培训计划。

（2）质量负责人和技术负责人需要每 2 年进行 1 次职业健康检查法律法规知识培训并考核合格。

（3）临床检查医师及实验室工作人员应按照相关临床操作规范进行。

（4）氟及其无机化合物检查主检医师掌握 GBZ 5—2016《职业性氟及其无机化合物中毒的诊断》及 GBZ 188—2014《职业健康监护技术规范》（氟及其无机化合物作业部分），并获得职业性化学中毒诊断资质，对氟及其无机化合物所致疑似职业病、职业禁忌证判断准确。诊断医师需要每 2 年参加复训并考核合格。

## 七、体检过程管理

（一）体检对象确定

作业岗位的现场检测资料、分析物料已明确作业场所含有职业病危害因素——氟及其无机化合物的人员。职业健康检查周期为每年 1 次。

（二）下列情况需进行复查

**1. 上岗前体检**

（1）关节检查异常。

（2）骨密度增高。

（3）X 射线摄片提示异常。

（4）主诉腰背、四肢疼痛。

**2. 在岗期间体检**

（1）尿氟水平异常。

（2）骨密度增高。

（3）X 射线摄片提示异常。

**3. 应急体检**

（1）心肌酶谱异常。

(2) 肌钙蛋白 T（TnT）水平异常。

(3) 血氟水平异常。

(4) 血总钙和离子钙水平异常。

(5) 血氧饱和度异常。

(6) 鼻咽常规检查异常。

(7) 心电图异常。

(8) X 射线摄片提示异常。

（三）疑似职业性氟及其无机化合物中毒判断

1）急性中毒：根据短期内接触较高浓度氟及其无机化合物的职业史，以呼吸系统急性损害及症状性低钙血症为主要临床表现，结合实验室血（尿）氟及血钙等检查结果，参考作业现场职业卫生资料，排除其他原因所致类似疾病后，综合分析，方可诊断。

2）慢性中毒：根据 5 年及以上密切接触氟及其无机化合物的职业史，以骨骼系统损害为主的临床表现，结合实验室血（尿）氟检查结果，参考作业现场职业卫生资料，排除其他原因所致类似疾病后，综合分析，方可诊断。

3）致职业性急性氟及其无机化合物中毒的最常见氟化物为氟化氢和氢氟酸，其次还有氟气、三氟化硼、四氟化硅、氟硅酸、二氟化氧、三氟化氮、五氟化硫、六氟化硫、十氟化硫和六氟化铀等。

4）氟主要经皮肤黏膜及呼吸道侵入人体，导致中毒，不同侵入途径所致氟中毒的临床表现不尽相同。

（1）单纯呼吸道吸入中毒。大多数因吸入氟化氢或氢氟酸酸雾所致，临床表现以呼吸系统急性损害为主。吸入后即刻出现咳嗽、咽痛、气急等刺激症状。重症者咯大量泡沫痰，双肺可闻及湿啰音，胸部 X 射线影像表现为支气管炎、化学性肺炎或肺水肿，严重者可出现急性呼吸窘迫综合征。

（2）单纯灼伤皮肤吸收中毒。大多由氢氟酸灼伤所致，临床表现以低钙血症所致的心血管系统急性损害为主。部分可出现反复抽搐。轻症者可在伤后 48 h 出现心肌酶活性指标增高或肌钙蛋白阳性；心电图主要显示 QT 间期延长及 ST-T 异常改变。重症者因氟离子的直接细胞毒作用及低钙血症，心电图显示 T 波低平及传导阻滞、频繁早搏，严重时出现室速、室颤等心律失常，或出现癫痫样抽搐，甚至猝死。

（3）灼伤皮肤吸收合并吸入中毒。大多见于氢氟酸浓度 >40% 时所致的灼伤及存在面颈部灼伤者。病情程度往往严重，猝死率高，即使小面积（<3%）Ⅱ~Ⅲ度灼伤也可导致死亡。当灼伤同时出现刺激性咳嗽、声嘶、呼吸困难等症状时，需考虑合并有吸入损伤，宜警惕病情严重。

（4）急性无机氟中毒猝死的主要原因为喉水肿窒息或心源性猝死。

（5）急性无机氟中毒可致急性喉水肿，表现为咳嗽、吸入性呼吸困难、声音嘶哑、失音等。轻者在脱离接触后逐渐缓解；重者可发生窒息，发绀为窒息前兆，三凹征提示病情严重。喉水肿分度详见 GBZ 73—2002《职业性急性化学物中毒性呼吸系统疾病》。

(6) 低钙血症是指血清蛋白浓度正常时，血钙值低于 2.2 mol/L。症状性低钙血症主要有肌痉挛，早期指（趾）麻木，较重时导致喉、腕足、支气管等痉挛，四肢抽搐等神经、肌肉兴奋性升高的临床表现，及心血管系统出现传导阻滞、心动过速，严重时出现低钙血症危象，表现为室速、室颤等心律失常及癫痫样抽搐，甚至发生猝死。心电图典型表现为 QT 间期和 ST 段明显延长伴或不伴心律失常等。血钙值水平与病情严重程度可不完全一致，而与血钙下降速度有关。血钙下降程度与速度又取决于纠正低钙血症的快慢。常存在实验室检查有明显低钙，临床却无中毒症状的现象。

(7) 尿氟增高是反映在岗劳动者过量接触氟的重要指标，但尿氟水平与急性氟中毒的病情严重程度不完全平行，是辅助诊断指标，有助于鉴别诊断（尿中氟的测定方法见 WS/T 30—1996《尿中氟的离子选择电极测定方法》）。

## 八、关键技术质量控制

### 1. 尿氟检测

氟离子吸收进入血液循环后，迅速与体内钙离子结合，从尿中排出。尿氟升高可表明体内含氟量增高。对 94 例急性氟中毒的尿氟检测资料分析得出，高于正常值范围（168 $\mu$mol/L）共 44 例，异常值范围为 181.5～39 942.0 $\mu$mol/L。其中无中毒症状的尿氟值大多在 181.5～1 267.9 $\mu$mol/L，其中轻度中毒 1 710～1 731 $\mu$mol/L，中度中毒 2 118.5～4 467 $\mu$mol/L，重度中毒 5 386.6～39 942.0 $\mu$mol/L。尿氟值与中毒程度不成比例，不能作为诊断分级指标，尿氟增高有助于鉴别诊断。尿氟因受食物、饮水、饮茶内的氟及其他因素影响，尿氟正常值以当地正常值上限为准。

### 2. 血氟检测

早期检测血氟对防治氟中毒具有重要临床价值。实验研究表明，氢氟酸灼伤后 0.5 h 血氟浓度迅速上升，1.0 h 后可达损伤前血氟值的 107 倍，而高血氟引起的血钙降低速度比较缓慢，在伤后 8.0 h 或 12.0 h 降至最低值，得出血氟上升峰值与血钙下降的低谷值并非同一时间出现，前者早于后者 7.0～11.0 h，血氟变化急剧，幅度大，血钙变化相对平稳，提示氟离子穿过组织能力强，进入血液循环迅速，而与钙离子结合的过程相对缓慢。综上得出，血氟浓度的变化比血钙浓度变化更敏感，更能早期反映急性氟中毒的病情严重程度。若在尚未出现明显低钙血症的高氟期，就进行恰当的补钙及对创面进行合理处理，即可避免或减轻氟中毒引起的致死性低钙血症。

### 3. 血钙检测

低钙血症是导致急性氟中毒病情加重的重要病因，是急性氟中毒的特异性指标。随着血钙进行性下降，病情也迅速变化，随着补钙后低钙的纠正，病情也很快好转，因此，动态检测血钙，是判断急性氟中毒病情的重要依据，但不能依据血钙值作为诊断分级指标。

低钙血症的症状与血钙降低的程度不完全一致，而与血钙下降速度有关，血钙下降程度与速度又取决于纠正低钙血症快慢。另外，临床常存在实验室检查虽有明显低钙，而无中毒症状，即无症状性低钙血症。不同侵入途径的急性氟中毒低血钙发生率不同，皮肤吸收合并吸入中毒的低血钙发生率最高，此类患者往往病情严重，死亡率高。单纯性灼伤皮肤吸收中毒者的低血钙发生率次之，单纯性吸入中毒者的低血钙发生率最低，且低血钙大多发生于重度中毒者。

**4. 心肌酶活性检测及心电图检查**

氢氟酸进入机体后会争夺体内的功能钙，造成致命性低钙血症，影响心脏功能，甚至危及生命，对此，国内外已形成共识。

国内实验研究并经临床实践证实，氢氟酸灼伤后，各项心肌酶含量均有明显增高，伤后 1 h 即增高，增高峰值在伤后 48 h 内，以磷酸肌酸激酶（creative phospho kinase，CPK）增幅最大。光镜、电镜观察下证实心肌纤维及心肌细胞呈现变性、坏死、出血、细胞水肿、线粒体肿胀等严重的病理形态学变化。表明急性氟中毒早期心肌就可受到损伤，心肌酶含量反映灼伤后心肌损害程度。

心电图异常改变主要表现有 QT 间期延长、ST-T 波改变，严重者可出现心律失常，如室性心动过速、顺发室性期前收缩，甚至心室颤动，突发心源性猝死。因此，对急性氟中毒患者，应早期监测心肌酶谱，同时动态监测心电图。

**5. 胸部 X 射线摄片**

短期内吸入高浓度氟化氢或氢氟酸酸雾后胸部 X 射线摄片征象可见两侧肺纹理增粗、增多、紊乱或边缘模糊呈网状阴影，或散在呈片状阴影，或大片状、云雾状或相互融合成斑片状阴影，其分别符合气管 - 支气管炎、急性支气管肺炎、间质性肺水肿、肺泡性肺水肿征象。

**6. 尿中氟的离子选择电极测定方法**

（1）适用范围：本标准适用于测定人或动物尿样中无机氟化物含量。

（2）原理：氟化镧单晶对氟离子有选择性，在氟电极的氟化镧单晶膜两侧的不同浓度氟化物溶液之间存在电位差，通常称为膜电位。膜电位的大小与溶液中氟离子活度有关，在一定活度范围内，氟电极与甘汞电极组成的一对电化学电池的电动势和氟离子活度的对数呈线性关系，可测定尿中氟离子浓度。

（3）采样：采集晨尿或随机一次尿样 20~30 mL，于清洁干燥的聚乙烯瓶中，若不能及时分析，冷藏保存于冰箱中，2 周内完成测定。

（4）精密度：17 个实验室，每个实验室平行测定含氟量为 0.36 mg/L 的尿样 6 次，实验室内相对标准偏差为 0.6%~5.9%，实验室间相对标准偏差为 6.4%；测定含氟量为 3.81 mg/L 的尿样，实验室内相对标准偏差为 0.4%~4.1%，实验室间相对标准偏差为 5.4%。

（5）准确度：同一实验室对含氟 0.36 mg/L 的尿样进行加标回收实验，4 次平行测定的回收率平均值为 97.3%，范围为 96.5%~98.0%；含氟 3.81 mg/L 的尿样加标回收实验，4 次平行测定的回收率平均值为 99.7%，范围为 98.9%~100.5%。

（6）检测下限：定量检测下限值为 0.1 mg/L。

## 九、档案管理

（1）作业场所现场氟及其无机化合物监测资料。
（2）个人剂量检测资料。
（3）职业健康检查信息表（含氟及其无机化合物接触史，消化系统、肾脏病史，个人防护情况）。
（4）历年血常规检查结果。
（5）历年职业健康检查表（应保持资料的完整性、连续性、准确性）。
（6）职业健康监督执法资料。

（刘志东　王建）

# 苯作业职业健康监护质量控制要点

## 一、组织机构

备案接触苯的职业健康检查。设置内科（体格检查）、心电图检查室、B超检查室、放射科、实验室，合理设置各科室岗位及数量。

## 二、人员

（1）包含体格检查医师、影像学执业医师、心电图检查医师等类别的执业医师、技师、护士等医疗卫生技术人员。
（2）要求：经职业健康检查法律法规知识培训并考核合格后上岗。
（3）至少有1名具备职业性化学中毒职业病诊断医师资格的主检医师及1名彩色B超检查医师，备案有效人员需要第一注册执业点。

## 三、仪器设备

（1）配备满足并符合与备案苯作业职业健康检查的类别和项目相适应的仪器设备。
（2）有关仪器设备的种类、数量、性能、量程、精确度等技术指标应满足工作需要，国家要求计量认证或校准的，需要符合计量认证或校准的要求；不属于强制检定的，应有相应校验方法并定期自校。应定期进行维护保养及计量、检定和校验，同时记录设备状态。
（3）对所使用的设备编制操作规程。
（4）体检分类项目及设备见表1。

表1 体检分类项目及设备

| 名称 | 类别 | 检查项目 | 设备配置 |
|---|---|---|---|
| 苯 | 上岗前 | 体格检查必检项目：内科常规检查 | 体格检查必备设备：内科常规检查用听诊器、血压计、身高测量仪、磅秤 |
| | | 实验室和其他检查必检项目：血常规、尿常规、肝功能、心电图、肝脾B超、胸部X射线摄片 | 必检项目必备设备：血细胞分析仪、尿液分析仪、生化分析仪、心电图仪、B超仪、CR/DR摄片机 |
| | 岗中 | 体格检查必检项目：内科常规检查 | 体格检查必备设备：内科常规检查用听诊器、血压计、身高测量仪、磅秤 |
| | | 实验室和其他检查必检项目：血常规、尿常规、肝功能、心电图、肝脾B超 | 必检项目必备设备：血细胞分析仪、尿液分析仪、生化分析仪、心电图仪、B超仪 |
| | | 复检项目：血常规异常者可选择血细胞形态及分类、骨髓穿刺细胞学检查 | 复检项目必备设备：显微镜、无菌穿刺包 |
| | 离岗 | 同岗中 | 同岗中 |
| | 应急 | 体格检查必检项目：1）内科常规检查；2）神经系统常规检查，注意有无病理反射；3）眼底检查 | 体格检查必备设备：1）内科常规检查用听诊器、血压计、身高测量仪、磅秤；2）神经系统常规检查用叩诊锤；3）眼底检查用视力灯、眼底镜、裂隙灯 |
| | | 实验室和其他检查必检项目：血常规、尿常规、肝功能、心电图、肝脾B超 | 必检项目必备设备：血细胞分析仪、尿液分析仪、生化分析仪、心电图仪、B超仪 |
| | | 选检项目：脑电图、头颅CT或MRI | 选检项目设备配备：脑电图仪、CT或MRI仪 |

## 四、工作场所

参考《职业健康检查管理办法》的基本要求。

## 五、质量管理文书

（1）建立苯作业职业健康检查质量管理规程，进行全过程质量管理并持续有效运行，实现质量管理工作的规范化、标准化。

（2）制备职业健康检查基本信息表。

（3）建立科室管理制度及测试结果质量控制规范。

（4）存 GBZ 68—2013《职业性苯中毒的诊断》、GBZ 94—2017《职业性肿瘤的诊断》、GBZ 188—2014《职业健康监护技术规范》等文件备查。

## 六、能力考核与培训

(1) 建立和保持技术人员培训制度,制订并落实各类人员教育和培训计划。

(2) 质量负责人和技术负责人需要每2年进行1次职业健康检查法律法规知识培训并考核合格。

(3) 临床检查医师及实验室工作人员应按照相关临床操作规范进行。

(4) 苯检查主检医师掌握 GBZ 68—2013《职业性苯中毒的诊断》、GBZ 94—2017《职业性肿瘤的诊断标准》及 GBZ 188—2014《职业健康监护技术规范》(苯作业部分),并获得职业性化学中毒诊断资质,对苯所致疑似职业病、职业禁忌证的判断准确。诊断医师需要每2年参加复训并考核合格。

## 七、体检过程管理

(一) 体检对象确定

作业岗位的现场检测资料、分析物料已明确作业场所含有职业健康危害因素——苯的人员。职业健康检查周期为每年1次。

(二) 下列情况需进行复查

**1. 上岗前体检**

(1) 白细胞计数低于 $4.0\times10^9\ L^{-1}$ 或中性粒细胞低于 $2.0\times10^9\ L^{-1}$。

(2) 血小板计数低于 $8.0\times10^{10}\ L^{-1}$。

(3) 造血系统疾病。

**2. 在岗期间体检**(复查时受检人员血常规异常者应每周复查1次,连续2次)

(1) 白细胞计数低于 $4.0\times10^9\ L^{-1}$ 或中性粒细胞低于 $2.0\times10^9\ L^{-1}$。

(2) 血小板计数低于 $8.0\times10^{10}\ L^{-1}$。

(3) 造血系统疾病。

**3. 离岗时体检**

(1) 白细胞计数低于 $4.0\times10^9\ L^{-1}$ 或中性粒细胞低于 $2.0\times10^9\ L^{-1}$。

(2) 血小板计数低于 $8.0\times10^{10}\ L^{-1}$。

(3) 造血系统疾病。

(三) 疑似职业性苯中毒判断

**1. 急性苯中毒**

根据短期内吸入大量苯蒸气职业史,以意识障碍为主的临床表现,结合现场职业卫生学调查,参考实验室检测指标,进行综合分析,并排除其他可引起中枢神经系统损害的疾病后,方可诊断。

急性中毒一般见于生产环境中的意外事故(如爆炸、燃烧等),或在通风不良的条件下进行苯作业而又缺乏有效的个人防护等情况;临床症状的轻重与空气中苯蒸气浓度和接触时间有关。一般可分为轻度和重度两种类型。

轻度中毒患者一般白细胞数正常或轻度增高，但数日内即恢复正常；重度中毒患者，急性期粒细胞可增高，以后可降低并有中毒性颗粒。这些血液系统改变经治疗后，短期内可逐渐恢复。此外，急性中毒时，血清转氨酶可轻度增加，尿酚明显增高。

轻度中毒患者，一般经脱离现场和对症处理，在短期内即可逐渐好转，无任何后遗症；少数病情较重的患者走路蹒跚、失眠及头昏等后遗症可持续几个星期，仅个别人可能遗留有神经衰弱等症状。

2. 慢性苯中毒

根据较长时期密切接触苯的职业史，以造血系统损害为主的临床表现，结合现场职业卫生学调查，参考实验室检测指标，进行综合分析，并排除其他原因引起的血象、骨髓象改变后，方可诊断。

慢性苯中毒的症状是逐渐发生的，中毒程度因工作环境、健康状况及对苯的敏感性等不同而有所不同，且与性别、年龄等有一定关系，故工种、工龄相同的人，中毒严重程度并不一致。

慢性苯中毒主要表现为中枢神经系统和造血系统的异常。临床常见为神经衰弱综合征，如头昏、头痛、乏力、失眠、多梦、记忆力减退等，还可有心悸、心动过速或过缓、易感冒等症状；部分患者出现刷牙时牙龈出血，月经量增多，或皮肤软组织受压后出现瘀点、瘀斑，甚至有自发性出血。

实验室检查以外周血白细胞减少最为常见，主要是中性粒细胞减少，粒细胞胞浆可出现中毒颗粒、空泡、核固缩、核溶解、核畸形及碱性磷酸酶增加等变化；血小板减少可单独出现，也可与白细胞变化共同存在，血小板形态及功能也均受影响，患者可有出血倾向。贫血往往出现稍晚，贫血除红细胞生成障碍外，还与苯中毒时骨髓无效造血及轻度溶血有关，红细胞的血红蛋白组成也可发生变化，如胎儿血红蛋白增加等；严重病例可发生再生障碍性贫血，表现为全血细胞减少。

长期接触高浓度苯，还可诱发骨髓增生异常综合征（myelodysplastic syndrome，MDS）和白血病。苯引起的白血病多为急性粒细胞性，其次为红白血病及淋巴细胞性，单核细胞性则较少。

慢性苯中毒的骨髓象，轻症大多正常，预后亦较好，典型表现为再生不良型，以粒系统变化为主，也可累及红系及巨核系统；有时虽见全血细胞减少，但骨髓可表现为局灶性增生，可见一个或数个系统增生活跃；有的尚有巨幼红细胞增生、骨髓内溶血等现象，此时应高度警惕是否属 MDS 和白血病前期表现。

在临床工作中可见部分连续作业工龄少于 3 个月的劳动者，因每日苯的接触时间长、浓度高，出现周围血一系或多系细胞计数减少，甚至表现为再生障碍性贫血，但此类再生障碍性贫血经积极治疗后，预后相对较好。这类患者发病潜伏期与典型的慢性苯中毒有所区别，在发病时间上属于亚急性，但其临床表现与慢性苯中毒相似，故更符合亚慢性苯中毒。目前尚未将此类患者从慢性苯中毒中划分出来，但应引起重视并积累相应的临床资料。

长期皮肤接触苯者，可有皮肤干燥、皲裂，皮炎及毛囊炎等。

### 3. 引起苯中毒的作业、工种

苯在生产中主要用作溶剂、稀释剂和化工原料。以苯作为溶剂或稀释剂，或以苯作为生产原料的作业、工种，均有可能发生苯中毒。

### 4. 苯中毒引起的猝死

个别接触极高浓度苯的劳动者可发生猝死，其诊断可参照 GBZ 78—2010《职业性化学源性猝死诊断标准》。

### 5. 血常规检验方法

各医疗单位的血常规检验方法不尽相同，有用显微镜直接镜检，或用自动血细胞计数仪进行检查，而本标准规定采用经静脉采血，使用自动血细胞计数仪的检验方法（见 WS/T 244—2005《血小板计数参考方法》和 WS/T 245—2005《红细胞和白细胞计数参考方法》），采用其他方法测定和分析结果时，应注意到与本标准所用方法的差异。

### 6. 周围血细胞形态学检查

目前职业健康监护体检中因采用自动血细胞计数仪进行检测，不能观察周围血细胞形态的改变。当周围血细胞计数出现异常时，应进行显微镜下形态学检查，一些患者在发生苯所致白血病或在转变为白血病前，表现为周围血白细胞计数增高。此时，还可有白细胞核象改变和形态异常，包括出现原始细胞幼稚细胞、粒细胞核大小不一、空泡变性、核变性等；当苯毒性作用累及红系时，可以出现红细胞血红蛋白形成障碍，细胞大小改变等；在出现骨髓增生异常综合征时，周围血细胞多表现为细胞大小改变，核浆比例异常等。形态学检查有助于慢性苯中毒的诊断及鉴别诊断。

### 7. 骨髓象检查

骨髓象检查有利于了解造血损害的情况，在慢性中毒患者中，对某系血细胞异常、全血细胞减少症、再生障碍性贫血、骨髓增生异常综合征、白血病的及时诊断与鉴别诊断均有很大帮助。一次骨髓涂片结果与病情不一定完全平行，对于不能明确诊断的病例，有必要做多次、多部位的骨髓穿刺或活检。

### 8. 慢性苯中毒作业工龄的界定

慢性苯中毒多见于苯接触时间超过 3 个月者。但部分患者连续作业工龄少于 3 个月，其每日苯的接触时间长、浓度高，出现周围血一系或多系血细胞计数减少，甚至表现为再生障碍性贫血，但此类再生障碍性贫血经积极治疗后，预后相对较好。这类患者发病特点与典型的慢性苯中毒有所区别，在发病时间上属于亚急性，但其临床表现与慢性苯中毒相似，这与通常亚急性中毒与急性中毒临床表现接近的普遍规律不符，诊断标准中仍将其归类于慢性苯中毒，但应重视此类患者，积累更多资料，以利今后标准的修订。

### 9. 苯所致白血病

苯所致白血病已列入 GBZ 94—2017《职业性肿瘤的诊断》，该标准规定苯所致白血病诊断累计作业工龄应为 1 年以上（含 1 年），潜伏期 1 年以上（含 1 年），在诊断"慢性重度苯中毒（白血病）"时，应按上述标准执行。

### 10. 鉴别诊断

根据短期内有大量苯蒸气吸入史，结合临床表现，急性苯中毒诊断一般并不困难；

对可疑患者可测尿酚,以资参考。临床上急性苯中毒的诊断须与其他有机溶剂引起的急性中毒相鉴别,也须与引起昏迷的其他疾患如脑血管意外、癫痫等相区别,通过病史、接触史询问,以及影像学检查,一般不难鉴别。

慢性苯中毒尚缺乏特异性的诊断指标,苯所导致的血液系统改变,从单系血细胞减少到白血病,在临床上与其他病因所致者无异,可根据生产环境空中苯蒸气浓度测定、尿酚、尿中反–反式黏糠酸(tt–MA)检测作为苯接触的依据。

## 八、血细胞分析质量控制

(一)人员

(1)实验室专业技术人员:应有明确的岗位职责,包括标本的采集与处理,样本检测,质量保证,报告的完成、审核与签发,检验结果的解释等岗位的职责和要求。

(2)形态学检查技术主管:应有专业技术培训(如进修学习、参加形态学检查培训班等)的考核记录(如合格证、学分证及岗位培训证等),其他形态学检查人员应有定期培训及考核记录。

(3)应有人员培训计划:包括但不限于培训目的、时间和内容(包括专业理论和操作技能),接受培训的人员,可供使用的参考资料等内容。

(4)应每年评估员工的工作能力:对新进员工,尤其是从事血液学形态识别的人员,在最初6个月内应至少进行2次能力评估。当职责变更时,或离岗6个月以上再上岗时,或政策、程序、技术有变更时,应对员工进行再培训和再评估。没有通过评估的人员应再次参加培训,考核合格后才可继续上岗。

(5)工作人员应对患者隐私及结果保密并签署声明。

(二)设施与环境条件

(1)实验室应具备满足工作需要的空间。

(2)如设置了不同的控制区域,应制订针对性的防护措施及合适的警告。

(3)应依据所用检测设备和实验过程对环境温度和湿度的要求,制订温度和湿度控制的要求并记录。温度失控时应有处理措施并记录。

(4)应有足够的、温度适宜的储存空间(如冰箱),用以保存临床样品和试剂,设置目标温度和允许范围,温度失控时应有处理措施。

(三)实验室设备

**1. 血液分析仪的性能验证**

新仪器使用前应进行性能验证,内容至少应包括精密度、准确度、可报告范围等,验证方法和要求见卫生行业标准(WS/T 406—2012《临床血液学检验常规项目分析质量要求》)。要求至少每年对每台血液分析仪的性能进行评审。

**2. 血液分析仪的校准要求**

依照卫生行业标准(WS/T 347—2011《血液分析仪的校准指南》)的要求实施校准;应对每一台仪器进行校准;应制订校准程序,内容包括校准物的来源、名称,校准方法和步骤，校准周期等；应对不同吸样模式（自动、手动和预稀释模式等）进行校准或比对；可使用制造商提供的配套校准物或校准实验室提供的定值新鲜血进行校准；至少每 6 个月进行 1 次校准。

3. **试剂与耗材的要求**

应提供试剂和耗材检查、接收、贮存和使用的记录。商品试剂使用记录应包括使用效期和启用日期，自配试剂记录应包括试剂名称或成分、规格、储存条件、制备或复溶日期、有效期、配制人等。

4. **电源配置**

必要时，实验室可配置不间断电源（MPS）和（或）双路电源以保证关键设备的正常工作。

5. **设备故障原因分析**

设备发生故障后，应首先分析故障原因，如设备故障可能影响其方法学性能，于故障修复后，可通过以下合适的方式进行相关的检测、验证：①对可校准的项目实施校准；②对质控物检验；③与其他仪器或方法比对；④对以前检验过的样品再检验。

（四）检验前程序

（1）所有类型的样品应有采集说明（一些由临床工作人员负责采集的样品不要求实验室准备详细的采集说明，如骨髓样品的采集；但实验室需提出相关要求，如合格样品的要求和运输条件等）。

（2）血细胞分析标本的采集应使用乙二胺四乙酸（ethylenediamine tetraacetic acid, EDTA）抗凝剂，除少数静脉取血有困难的患者（如婴儿、大面积烧伤或需频繁采血进行检查的患者）外，宜尽可能使用静脉穿刺方式采集标本；血液与抗凝剂的体积比一般为 9∶1。

（3）应根据检验项目明确列出不合格标本的类型（如有凝块、采集量不足、肉眼观察有溶血等）和处理措施。

（五）检验程序

（1）应制订血细胞分析项目的标准操作程序。

（2）应制订血细胞分析的显微镜复检标准并对复检标准进行验证；要求复检后结果的假阴性率≤5%；应用软件有助于显微镜复检的有效实施；显微镜复检应保存记录；复检涂片至少保留 2 周。

（3）应规定检测结果超出仪器线性范围时的识别和解决方法（如对血样进行适当稀释和重复检验）。

（4）当检测样本存在影响因素（如有核红细胞、红细胞凝集、疟原虫、巨型血小板等）时，对仪器检测结果可靠性的判定和纠正措施应有规定。

（5）如使用自建检测系统，应有程序评估并确认精密度、正确度、可报告范围、参考区间等分析性能符合预期用途。

（6）可由制造商或其他机构建立参考区间后，由使用相同分析系统的实验室对参考区间进行验证或评审。实验室内部有相同的分析系统（仪器型号、试剂批号以及消耗品等相同）时，可调用相同的参考区间。当临床需要时，应根据年龄和（或）性别分组建立参考区间。中国成人血细胞分析参考区间可采纳行业标准（WS/T 405—2012《血细胞分析参考区间》）。

（六）检验程序的质量保证

**1. 实验室内部质量控制要求**

（1）质控品的选择：宜使用配套质控品，使用非配套质控品时应评价其质量和适用性。

（2）质控品的浓度水平：至少使用 2 个浓度水平（正常和异常水平）的质控品。

（3）质控项目：认可的所有检测项目均应开展室内质量控制。

（4）质控频度：根据检验标本量定期实施，检测当天至少 1 次。

（5）质控图：应使用 Levey-Jennings 质控图；质控图或类似的质量控制记录应包含检测质控品的时间范围、质控图的中心线和控制界线、仪器/方法名称、质控品的名称、浓度水平、批号和有效期、试剂名称和批号、每个数据点的日期、操作人员的记录等信息。

（6）质控图中心线的确定：血细胞计数质控品的测定应在不同时段至少检测 3 天，使用 10 个以上检测结果的均值画出质控图的中心线；每个新批号的质控品在日常使用前，应通过检测确定质控品均值。制造商规定的"标准值"只能作为参考。

（7）标准差的确定：标准差的计算方法参见 GB/T 20468—2006《临床实验室定量测定室内质量控制指南》。

（8）失控判断规则：应规定质控规则，全血细胞计数至少使用 $1_{3s}$ 和 $2_{2s}$ 规则。

（9）失控报告：必要时宜包括失控情况的描述、核查方法、原因分析、纠正措施及纠正效果的评价等内容；应检查失控对之前患者样品检测结果的影响。

（10）质控数据的管理：按质控品批次或每月统计 1 次，记录至少保存 2 年。

（11）记录：实验室负责人应对每批次或每月室内质量控制记录进行审查并签字。

**2. 所开展的检验项目应参加相应的室间质评**

要求使用相同的检测系统检测质控样本与患者样本；应由从事常规检验工作的人员实施室间质评样品的检测；应有禁止与其他实验室核对上报室间质评结果的规定；应保留参加室间质评的结果和证书。实验室应对"不满意"和"不合格"的室间质评结果进行分析并采取纠正措施。实验室负责人应监控室间质量评价活动的结果，并在评价报告上签字。

**3. 对未开展室间质评检验项目的比对**

要求应通过与其他实验室（如使用相同检测方法的、使用配套系统的实验室）比对的方式，判断检验结果的可接受性，并应满足如下要求：

（1）规定比对实验室的选择原则。

（2）样品数量：至少 5 份，包括正常水平和异常水平。

（3）频率：至少每年 2 次。
（4）判定标准：应有≥80% 的结果符合要求。
当实验室间比对不可行或不适用时，实验室应制定评价检验结果与临床诊断一致性的方法，判断检验结果的可接受性。每年至少评价 2 次，并有记录。

4. 实验室内部结果比对要求

（1）检验同一项目的不同方法、不同分析系统应定期（至少 6 个月）进行结果的比对。血液分析仪等血液学检测设备，确认分析系统的有效性并确认其性能指标符合要求后，每年至少使用 20 份临床标本（含正常和异常标本）进行比对（可分批进行），结果应符合卫生行业标准（WS/T 406—2012《临床血液学检验常规项目分析质量要求》）。

（2）应定期（至少每 3 个月 1 次，每次至少 5 份临床样本）进行形态学检验人员的结果比对、考核并记录。

（3）比对记录应由实验室负责人审核并签字，记录至少保留 2 年。

（七）结果报告

（1）如收到溶血标本，宜重新采集，否则检验报告中应注明标本溶血。
（2）危急值通常用于患者血液检验的首次结果。

（八）其他

1. 检前准备

检验前 2~3 天内受检者应尽可能避免剧烈运动，禁烟酒，清淡饮食。

2. 血常规标本采集

原则上受检者应在平静、休息状态下采集肘前静脉血，注入抗凝采血管，轻晃摇匀。采集时患者取坐位或仰卧位，前臂置于桌面枕垫上或水平伸直。检查患者的肘前静脉，为使静脉血管充分暴露，可让患者握紧拳头，系上压脉带。采血人员可用示指触摸寻找合适的静脉，触摸时能感觉到静脉所在区域较周围其他组织的弹性大，一般肘臂弯曲部位或稍往下区域是比较理想的穿刺部位。如在一只手臂上找不到合适的静脉，则用同样的方法检查另一只手臂。如需从腕部、手背或脚部等处的静脉采血，最好由有经验的采血人员进行。

## 九、理化检验

苯的生物监测指标主要有尿中苯酚、尿中 S - 苯巯基尿酸（SPMA）、呼出气中苯等，实验室检测方法主要有液相色谱 - 质谱法、气相色谱法，快速检测有检气管快速测定法和光离子化检测仪测定法。

（一）尿中 S - 苯巯基尿酸的高效液相色谱 - 质谱法

（1）原理。尿中 S - 苯巯基尿酸（S phenylmercapturic acid，SPMA）经液液萃取后，经 OS 柱分离，质谱检测器检测，以 SPMA 分子离子峰的保留时间定性，峰高或峰面积定量。

（2）评价。使用高效液相色谱 - 质谱法检测尿中 SPMA 最低检出浓度可达 5 μg/L，测定接触低浓度苯的样品时应选用本法。进行样品前处理，调节尿样至 pH < 2，此时 SPMA 的提取回收率较高；使用 0.3% 甲酸流动相，SPMA 色谱峰出峰时间短，且附近没有杂质峰的干扰。以 SPMA 分子离子峰的保留时间定性，在本实验条件下，SPMA 的保留时间为 7~8 min。

（二）工作场所空气中苯的溶剂解吸——气相色谱法

（1）原理。空气中的苯用活性炭管采集，二硫化碳解吸后进样，经色谱柱分离，氢焰离子化检测器检测，以保留时间定性，以峰高或峰面积定量。

（2）评价。气相色谱法是测定苯最常用方法，方法灵敏、简便、快速。绝大多数标准检测方法都采用该法。由于气相色谱法采用保留时间定性，在实际样品分析中，要注意样品中共存物的干扰分离，选择合适的色谱柱及分离条件，必要时可更换不同极性的色谱柱或采用气相色谱-质谱联用法进行测定，避免误判。

（三）尿中酚的气相色谱测定方法——液晶柱法

（1）适用范围。本法最低检测浓度为 0.1 mg/L。本标准适用于正常人和接触苯及接触苯酚和甲酚工人尿中对、邻、间甲酚的测定。

（2）原理。尿样经加热酸解，乙醚萃取出苯酚，经液晶 PBOB 柱将苯酚及邻、间、对位甲酚分离后，用氢焰离子化检测器检测，以保留时间定性，以内标法即峰高比定量。

（3）采样、运输和保存。用聚乙烯塑料瓶收集约 50 mL 班末尿，尽快测定比重，于室温下运输，夏季运输时最好冷藏，置 4 ℃ 冰箱中存放可保存 2 周。

（4）本标准尿液中最低检测浓度为 0.1 mg/L（检测限 1.25 ng）；标准曲线线性范围 0~60 mg/L（苯酚量 0~1 000 mg）；精密度 $CV = 1.0\% ~ 3.1\%$（酚浓度为 5~40 mg/L，$n-6$）；加标回收率为 77.5%~81.0%（尿样本底浓度为 6.9~34.0 mg/L，加标量 10~40 mg/L，$n-6$）。

（5）对正常人，一般取晨尿分析，对于接触者，因其开始接触苯后尿酚浓度迅速上升，脱离接触后又很快下降，故取班末尿为宜。采集尿样时应注意防止污染。采样后测量比重，尽快运回实验室，如暂不进行分析需存放在 4 ℃ 冰箱中。

（6）本法采用酸解法处理样品，同美国 NIOSH 采用的方法一致。德国用水蒸气蒸馏法处理样品。二法相比，测得结果相同但酸解法更为简便实用。

（7）乙醚与异醚都可作萃取剂。异丙醚不与水互溶，沸点高，色谱峰窄，但价格较贵。故推荐乙醚为萃取剂，但乙醚在水中有一定溶解度，且易挥发，萃取前后的样品及接触乙醚的器皿要放在冰瓶中，并尽快进行分析。

（8）本法苯酚贮备液和标准应用液均配制在水溶液中，可于 4 ℃ 冰箱中保存备用。标准管与尿样采用相同萃取步骤和操作，可补偿因乙醚在水中有一定溶解度所引起的测定误差。

（9）亦可采用外标法定量，标准系列和样品管中都不用加内标液，直接以峰高定量。但在萃取和进样时须仔细操作。

（10）液晶柱可分离苯酚及邻、间、对位甲酚，不仅适用于接触苯者的生物监测，而且适用于接触甲苯者的生物监测。

(11) 质控样用加标的模拟尿时可考察准确度和精确度。用接触者尿或加标的正常人尿时可考察精密度。但人尿不易久存。模拟尿只含人尿中主要成分。

(四) 尿中酚的气相色谱测定方法——FFAP柱法

(1) 适用范围：本法最低检测浓度为 1.5 mg/L。本标准适用于正常人和接触苯工人尿中苯酚的测定。

(2) 原理：尿样加盐酸加热，使结合态的酚水解，乙醚萃取，经 FFAP 柱将尿中苯酚及人体正常代谢物对甲酚进行分离。用氢焰离子化检测器检测，以保留时间定性，以外标法峰高定量。

(3) 采样、运输和保存：用聚乙烯塑料瓶收集班末尿约 50 mL，尽快测定比重，于室温下运输，但夏季运输需要冷藏，$-8\ ℃$ 下可保存 1 周。

(4) 本法最低检测浓度为 1.5 mg/L（取尿样 5 mL）；标准曲线线性范围 0~50 mg/L；精密度 $CV$ 为 3.3%~5.4%（酚浓度为 15~50 μg/mL，$n-6$）；加标回收率为 82.8%~87.0%（尿样本底浓度为 25.2~116.4 mg/mL，加标量为 34.5~69.0 mg/L，$n-2$）。

(5) 一般对正常人取晨尿分析，对接触者取班末尿分析。采样时应注意防止污染。采样后须将塑料瓶盖旋紧，并尽快运输，以避免苯酚的挥发及氧化。

(6) 影响测定的因素：样品酸解后加入乙醚提取，乙醚在水中有一定的溶解度，并可能有挥发损失，所以提取后须将乙醚层定容。实验过程中，为尽量避免乙醚的挥发损失，应特别注意冷操作，凡接触乙醚的实验器具应预先在冰箱或冰壶中存放。

本法采用峰高、外标法定量，气相色谱操作条件对测定的影响较大。柱温、载气流速均影响峰高，操作时应注意保持恒定。由于使用外标法定量，进样量的准确性亦是保证本法准确度的一个重要因素。

(7) 对甲酚为人尿中的正常成分，可与被检物苯酚共存。采用 FFAP 柱在本法设定的条件下可将苯酚与对甲酚分离，分离度 1.25。

(8) 质控样用加标的模拟尿时，可考察准确度和精确度，用加标的正常人尿或接触者尿时只能考察精密度。人尿不易保存。模拟尿只含人尿的主要成分。

## 十、档案管理

(1) 作业场所现场苯监测资料。
(2) 个人剂量检测资料。
(3) 职业健康检查信息表（含苯接触史、既往造血系统疾病史、个人防护情况）。
(4) 历年血常规检查结果。
(5) 历年职业健康检查表（应保持资料的完整性、连续性、准确性）。
(6) 职业健康监督执法资料。

（刘志东　王建）

# 二硫化碳作业职业健康监护质量控制要点

## 一、组织机构

备案接触二硫化碳的职业健康检查。设置内科（体格检查）、眼科、心电图检查室、B超检查室、放射科、实验室，合理设置各科室岗位及数量。

## 二、人员

（1）包含内科、影像学、心电图、眼科等类别的执业医师、技师、护士等医疗卫生技术人员。

（2）要求：经职业健康检查法律法规知识规范培训并考核合格后上岗。

（3）至少有1名具备职业性化学中毒职业病诊断医师资格的主检医师，备案有效人员需要第一注册执业点。

## 三、仪器设备

（1）配备满足并符合与备案二硫化碳作业职业健康检查的类别和项目相适应的仪器设备。

（2）有关仪器设备的种类、数量、性能、量程、精确度等技术指标应满足工作需要，国家要求计量认证或校准的，需要符合计量认证或校准的要求；不属于强制检定的，应有相应校验方法并定期自校。应定期进行维护保养及计量、检定和校验，同时记录设备状态。

（3）对所使用的设备编制操作规程。

（4）体检分类项目及设备见表1。

表1 体检分类项目及设备

| 名称 | 类别 | 检查项目 | 设备配置 |
|---|---|---|---|
| 二硫化碳 | 上岗前 | 体格检查必检项目：1）内科常规检查；2）神经系统常规检查；3）眼科常规检查及眼底检查 | 体格检查必备设备：1）内科常规检查用听诊器、血压计、身高测量仪、磅秤；2）神经系统常规检查用叩诊锤；3）眼科常规检查及眼底检查用视力灯、眼底镜、裂隙灯、视力表、色觉图谱 |
| | | 实验室和其他检查必检项目：血常规、尿常规、肝功能、空腹血糖、心电图、胸部X射线摄片 | 必检项目必备设备：血细胞分析仪、尿液分析仪、生化分析仪、心电图仪、CR/DR摄片机 |

续上表

| 名称 | 类别 | 检查项目 | 设备配置 |
|---|---|---|---|
| 二硫化碳 | 上岗前 | 复检项目：空腹血糖异常或有周围神经损害表现者可选择糖化血红蛋白、神经-肌电图 | 复检项目必备设备：糖化血红蛋白分析仪或生化分析仪、肌电图仪和/或诱发电位仪 |
| | 在岗期间 | 体格检查必检项目：1）内科常规检查；2）神经系统常规检查；3）眼科常规检查及眼底检查 | 体格检查必备设备：1）内科常规检查用听诊器、血压计、身高测量仪、磅秤；2）神经系统常规检查用叩诊锤；3）眼科常规检查及眼底检查用视力灯、眼底镜、裂隙灯、视力表、色觉图谱 |
| | | 实验室和其他检查必检项目：血常规、尿常规、空腹血糖 | 必检项目必备设备：血细胞分析仪、尿液分析仪、生化分析仪 |
| | | 复检项目：空腹血糖异常或有周围神经损害表现者可选择糖化血红蛋白、神经-肌电图；眼底检查异常者可选择视野检查 | 复检项目必备设备：糖化血红蛋白分析仪或生化分析仪、肌电图仪或/和诱发电位仪、视野计 |
| | 离岗时 | 同在岗期间 | 同在岗期间 |

## 四、工作场所

参考《职业健康检查管理办法》的基本要求。

## 五、质量管理文书

（1）建立二硫化碳作业职业健康检查质量管理规程，进行全过程质量管理并持续有效运行，实现质量管理工作的规范化、标准化。

（2）职业健康检查基本信息表。

（3）建立科室管理制度，测试结果质量控制规范。

（4）存 GBZ 4—2002《职业性慢性二硫化碳中毒诊断标准》、GBZ 188—2016《职业健康监护技术规范》等文件备查。

## 六、能力考核与培训

（1）建立和保持技术人员培训制度，制订并落实各类人员教育和培训计划。

（2）质量负责人和技术负责人需要每2年进行1次职业健康检查法律法规知识培训并考核合格。

（3）临床检查医师及实验室工作人员应按照相关临床操作规范进行。

（4）二硫化碳检查主检医师掌握 GBZ 4—2002《职业性慢性二硫化碳中毒诊断标准》及 GBZ 188—2016《职业健康监护技术规范》（二硫化碳作业部分），并获得职业性化学中毒诊断资质,对二硫化碳所致疑似职业病、职业禁忌证的判断准确。诊断医师需要每 2 年参加复训并考核合格。

## 七、体检过程管理

（一）体检对象确定

作业岗位的现场检测资料、分析物料已明确作业场所含有职业病危害因素——二硫化碳的人员。职业健康检查周期为每年 1 次。

（二）体检进度管理

按体检工作的实施情况规范、合理安排相关工作人员。

（三）下列情况需进行复查

1. **上岗前体检**

（1）眼底检查异常。

（2）空腹血糖提高。

（3）神经系统常规检查异常。

2. **在岗期间体检**

（1）眼底检查异常。

（2）空腹血糖提高。

（3）神经系统常规检查异常。

3. **离岗时体检**

（1）眼底检查异常。

（2）空腹血糖提高。

（3）神经系统常规检查异常。

（四）疑似职业性二硫化碳中毒判断

根据长期密切接触二硫化碳的职业史,具有多发性周围神经病、神经－肌电图改变或中毒性脑病的临床表现,结合现场卫生学调查资料,并排除其他病因引起的类似疾病后,方可诊断。

（1）长期密切的职业接触史,一般是指直接接触二硫化碳作业者的工龄在 1 年以上,车间空气中二硫化碳浓度高于国家标准最高容许浓度（10 $mg/m^3$）数倍,偶尔短时出现高于 10 倍。

（2）轻度中毒的诊断起点是有肯定的周围神经损害的症状与体征,或周围神经损害表现不明显,但神经－肌电图检查显示肯定的神经源性损害（参见 GBZ 76—2002《职业性急性化学物中毒性神经系统疾病诊断标准》）。

（3）神经－肌电图检查对本病诊断有重要意义。二硫化碳中毒以周围神经轴索损害为主,因此应重点检查四肢远端肌肉的肌电图及远端神经的诱发电位。检查方法及结果见 GBZ 76—2002《职业性急性化学物中毒性神经系统疾病诊断标准》。

（4）二硫化碳对中枢神经系统的影响,早期主要表现为脑衰弱综合征（如头痛、头昏、失眠、乏力、健忘等）及自主神经功能紊乱（如心悸、多汗）。重度中毒时出现中毒性脑病，表现如小脑性共济失调、帕金森综合征、锥体束征（偏瘫、假性延髓性麻痹）；或表现为中毒性精神病，如出现易怒、抑郁、定向力障碍、幻觉、妄想，甚至可出现躁狂性或抑郁性精神病。中毒性脑病患者脑部 CT 或 MRI 可显示脑萎缩，在排除脑退行性疾病、血管性痴呆及其他原因引起的精神病后，应考虑为重度中毒。

（5）进行诊断时需要排除引起周围神经病的其他疾病，如呋喃类、异烟肼、砷、氯丙烯、丙烯酰胺、甲基正丁基酮、正己烷中毒等，以及糖尿病、感染性多发性神经炎等疾病。

（6）检查眼底需在散大瞳孔后用检眼镜观察，如发现视网膜微动脉瘤时，需要排除引起微动脉瘤的其他疾病，如糖尿病、视网膜静脉阻塞、脉络膜视网膜炎、镰刀型细胞贫血病、视网膜静脉周围炎（Eales 病）、无脉症、外层渗出性视网膜病变（Costs 病）、严重的高血压视网膜病变、贫血、慢性青光眼、遗传性视神经病（Leber 病）、视网膜母细胞瘤及某些中毒性视网膜病变。

## 八、关键技术质量控制

### 1. 尿中 TTCA 测定

2-硫代噻唑烷-4-羧酸（z-thio-thiazolidine-4-carboxylic acid，TTCA）为硫化碳经生物转化后由尿中排出的主要代谢物，其尿中含量与接触空气中的硫化碳浓度有较好的相关性，可作为反映近期接触硫化碳水平的指标。我国原卫生部和美国政府工业医师协会分别根据两国规定的空气中硫化碳的时间加权平均阈限值（threshold limit value-time weighted average，TLV-TWA），提出以班末尿中 TTCA 1.5 mmol/mol 肌酐（2.2 mg/g 肌酐）和 3.5 mmol/mol 肌酐（5 mg/g 肌酐）作为职业接触的生物限值。该生物限值可用作评价劳动者近期接触硫化碳情况的参考。

### 2. 其他检查

可进行有关器官系统的功能检查，如神经-肌电图（检查方法及结果见 GBZ 76—2002《职业性急性化学物中毒性神经系统疾病诊断标准》）、脑诱发电位、脑电图、眼底视网膜照相、血脂检测、激素水平测试、精液分析等。

## 九、档案管理

（1）作业场所现场二硫化碳监测资料。

（2）个人剂量检测资料。

（3）职业健康检查信息表（含二硫化碳接触史，神经系统、糖尿病、眼科疾病史及相关症状，个人防护情况）。

（4）历年血常规检查结果。

（5）历年职业健康检查表（应保持资料的完整性、连续性、准确性）。

（6）职业健康监督执法资料。

（刘志东　王建）

# 四氯化碳作业职业健康监护质量控制要点

## 一、组织机构

备案四氯化碳作业职业健康检查。设置与四氯化碳作业职业健康检查相关的科室，合理设置各科室岗位及数量，至少包含内科（体格检查）、心电图检查室、B超室、检验科、医学影像科（放射科）。

## 二、人员

（1）包含体格检查医师、心电图检查医师、实验室检查技师、B超医师、医学影像学医师等类别的执业医师、技师、护士等医疗卫生技术人员。

（2）至少有1名具备化学因素所致职业病诊断医师资格的主检医师，备案有效人员需要第一注册执业点。

## 三、仪器设备

（1）配备满足并符合与备案四氯化碳职业健康检查的类别和项目相适应的血细胞分析仪、尿液分析仪、生化分析仪、心电图仪、B超仪等仪器设备。

（2）有关仪器设备的种类、数量、性能、量程、精确度等技术指标应满足工作需要，国家要求计量认证或校准的，需要符合计量认证或校准要求。应对血细胞分析仪、生化分析仪、心电图仪等仪器设备进行定期计量、检定和校准，并张贴标识；不属于强制检定的，应有相应校验方法并定期自校。应定期进行维护保养及计量、检定和校验，记录设备状态。

（3）对所使用的设备编制操作规程。

（4）体检分类项目及设备见表1。

表1　体检分类项目及设备

| 名称 | 类别 | 检查项目 | 设备配置 |
| --- | --- | --- | --- |
| 四氯化碳 | 岗前 | 体格检查必检项目：内科常规检查 | 体格检查必备设备：内科常规检查用听诊器、血压计、身高测量仪、磅秤 |
| | | 实验室和其他检查必检项目：血常规、尿常规、肝功能、心电图、肝脾B超、胸部X射线摄片 | 必检项目必备设备：血细胞分析仪、尿液分析仪、生化分析仪、心电图仪、B超仪、CR/DR摄片机 |

续上表

| 名称 | 类别 | 检查项目 | 设备配置 |
| --- | --- | --- | --- |
| 四氯化碳 | 岗中 | 体格检查必检项目：内科常规检查，重点检查肝脏 | 体格检查必备设备：内科常规检查用听诊器、血压计、身高测量仪、磅秤 |
| | | 实验室和其他检查必检项目：血常规、尿常规、肝功能、心电图、肝脾B超 | 必检项目必备设备：血细胞分析仪、尿液分析仪、生化分析仪、心电图仪、B超仪 |
| | 离岗 | 同岗中 | 同岗中 |
| | 应急 | 体格检查必检项目：1）内科常规检查，注意肝脏触诊和压痛；2）神经系统常规检查；3）眼底检查 | 体格检查必备设备：1）内科常规检查用听诊器、血压计、身高测量仪、磅秤；2）神经系统常规检查用叩诊锤；3）眼底检查用视力灯、眼底镜、裂隙灯 |
| | | 实验室和其他检查必检项目：血常规、尿常规、肝功能、心电图、肾功能、肝肾B超 | 必检项目必备设备：血细胞分析仪、尿液分析仪、生化分析仪、心电图仪、B超仪 |

## 四、工作场所

（1）工作场所布局合理，采光良好。体检场所应在醒目位置公示体检功能区布局和体检基本流程，引导标识应准确清晰。

（2）内科检查、超声室、心电图室布局合理，每个独立的检查室使用面积不小于 $6 m^2$。抽血室应设独立区域，张贴采（抽）血须知及注意事项并事先告知。

（3）实验室布局要符合 GB/T 22576.1—2018《医学实验室　质量和能力的要求 第1部分：通用要求》及RB/T 214—2017《检验检测机构资质认定能力评价　检验检测机构通用要求》中的场地环境、设备设施的相关规定。

（4）开展外出职业健康检查，应当具有相应的外出职业健康检查仪器、设备，以及体检专用车辆、信息化管理系统等条件。

## 五、质量管理文书

（1）制订作业指导书，进行全过程质量管理并持续有效运行，实现质量管理工作规范化、标准化。

（2）制备职业健康检查表。

（3）建立实验室管理制度及实验室质控规范。

（4）建立采（抽）血室消毒管理制度，按2016年1月19日国家卫生和计划生育委员会修订的《消毒管理办法》的规定，各种注射、穿刺、采血器具应当"一人一用一灭菌"。

（5）存 GBZ 42—2002《职业性急性四氯化碳中毒诊断标准》、GBZ 59—2002《职业性中毒性肝病诊断标准》、GBZ 188—2014《职业健康监护技术规范》等文件备查。

## 六、能力考核与培训

（1）建立和保持技术人员培训制度，制订并落实各类人员教育和培训计划。

（2）质量负责人和技术负责人需要每 2 年进行 1 次职业健康检查法律法规知识培训并考核合格。

（3）四氯化碳检查主检医师掌握四氯化碳职业健康监护技术规范，对职业禁忌证的判断准确。诊断医师需要每 2 年参加复训并考核合格。

（4）个体结论符合率考核：职业健康信息化系统每年 1 次抽备案单位个体体检报告 80 份，加上体检单位提供的疑似职业病报告 10 份、职业禁忌证报告 10 份，总计对 100 份体检报告进行专家评分。

## 七、体检过程管理

### 1. 体检对象确定

工作场所接触四氯化碳的所有作业人员。在岗期间职业健康检查周期：肝功能，每半年 1 次；健康检查，每 3 年 1 次。

### 2. 体检进度管理

按体检工作的实施情况规范、合理安排相关工作人员。

### 3. 肝功能检查前要注意的事项

体检前一天晚餐应避免饮酒，不要进食高脂肪、高蛋白食物，晚上 9 点后不要再进食，检查当天不能吃早餐，空腹时间一般为 8~12 h。注意休息，不要过度疲劳。

肝功能检查当天早上，不能进行体育锻炼或剧烈运动，抽血化验前要安静休息 20 min。

尽量避免在静脉输液期间或在用药 4 h 内做肝功能检查，最好在做肝功能检查前 3~5 d 停药。如果患有感冒，应该在治愈后 7 d 再做检查。

### 4. 复查

下列指标异常者需复查：①肝功能异常；②肝脏影像学改变。慢性肝病者可直接判定为符合职业禁忌证。

### 5. 疑似职业性急性四氯化碳中毒的判断

短期内接触高浓度四氯化碳，出现一过性的头晕、头痛、乏力或伴有眼及上呼吸道黏膜刺激症状，除以上症状，出现下列表现之一者：

（1）步态蹒跚或轻度意识障碍；

（2）肝脏增大、压痛和轻度肝功能异常；

（3）蛋白尿，或血尿和管型尿。

## 八、质量控制

（1）上岗前、在岗期间体检应重点询问是否有消化系统疾病的症状，如乏力、肝区疼痛等，注意是否有肝功能及肝脏影像学改变。

（2）体格检查，其中肝脏检查是重点。受检者体位正确，仰卧，两膝关节屈曲，检查者立于被检查者的右侧。检查者将右手四指并拢，掌指关节伸直，与肋缘大致平行地放在被检查者右上腹部或脐右侧，估计肝下缘的下方。随被检查者呼气时，手指压向腹深部，再次吸气时，手指向前上迎触下移的肝缘。如此反复进行中手指不能离开腹壁并逐渐向肝缘滑动，直到触及肝缘或肋缘为止。

（3）肝功能检测是必检项目，是排除职业禁忌证与职业性中毒性肝病的重要指标，鉴于病毒性肝炎在我国具有较高发病率，必要时可加入病毒性肝炎血清标志物检查以兹鉴别。

## 九、档案管理

（1）作业场所现场四氯化碳监测资料。

（2）四氯化碳个人剂量检测资料。

（3）职业健康检查信息表（含四氯化碳接触史、既往异常史、个人防护情况）。

（4）历年职业健康检查表（应保持资料的完整性、连续性、准确性）。

（5）职业健康监督执法资料。

（符传东　冯清）

# 甲醇作业职业健康监护质量控制要点

## 一、组织机构

备案甲醇作业职业健康检查。设置与甲醇作业职业健康检查相关的科室，合理设置各科室岗位及数量，至少包含内科（体格检查）、心电图检查室、神经-肌电图室、医学影像科（放射科）、检验科等。

## 二、人员

（1）包含体格检查医师、眼科执业医师、心电图检查医师、实验室检验技师、B超医师、医学影像（放射）医师等类别的执业医师、技师、护士等医疗卫生技术人员。

（2）至少有1名具备化学因素所致职业病诊断医师资格的主检医师，备案有效人员需要第一注册执业点。

## 三、仪器设备

（1）配备满足并符合与备案甲醇作业职业健康检查的类别和项目相适应的血细胞分析仪、尿液分析仪、生化分析仪、心电图仪、B超仪，眼科常规检查及眼底检查用视力灯、眼底镜、裂隙灯、视力表、色觉图谱等仪器设备。

（2）有关仪器设备的种类、数量、性能、量程、精确度等技术应指标应满足工作需要，国家要求计量认证或校准的，需要符合计量认证或校准的要求。应对血细胞分析仪、生化分析仪、心电图仪、B超仪等仪器设备进行定期计量、检定和校准，并张贴标识；不属于强制检定的，应有相应校验方法并定期自校。应定期进行维护保养及计量、检定和校验，同时记录设备状态。

（3）对所使用的设备编制操作规程。

（4）体检分类项目及设备见表1。

表1　体检分类项目及设备

| 名称 | 类别 | 检查项目 | 设备配置 |
| --- | --- | --- | --- |
| 甲醇 | 岗前 | 体格检查必检项目：1）内科常规检查；2）神经系统常规检查；3）眼科常规检查及眼底检查 | 体格检查必备设备：1）内科常规检查用听诊器、血压计、身高测量仪、磅秤；2）神经系统常规检查用叩诊锤；3）眼科常规检查及眼底检查用视力灯、眼底镜、裂隙灯、视力表、色觉图谱 |
| | | 实验室和其他检查必检项目：血常规、尿常规、肝功能、心电图、肝脾B超、胸部X射线摄片 | 必检项目必备设备：血细胞分析仪、尿液分析仪、生化分析仪、心电图仪、B超仪、CR/DR摄片机 |
| | | 复检项目：眼底检查异常者可选择视野检查 | 复检项目必备设备：视野计 |
| | 在岗 | 体格检查必检项目：1）内科常规检查；2）神经系统常规检查；3）眼科常规检查及眼底检查 | 推荐体检项目设备配备：1）内科常规检查用听诊器、血压计、身高测量仪、磅秤；2）神经系统常规检查用叩诊锤；3）眼科常规检查及眼底检查用视力灯、眼底镜、裂隙灯、视力表、色觉图谱 |
| | | 实验室和其他检查必检项目：血常规、尿常规、肝功能、心电图、肝脾B超、胸部X射线摄片 | 推荐项目设备配备：血细胞分析仪、尿液分析仪、生化分析仪、心电图仪、B超仪、CR/DR摄片机 |
| | | 复检项目：眼底检查异常者可选择视野检查 | 复检项目必备设备：视野计 |

续上表

| 名称 | 类别 | 检查项目 | 设备配置 |
|---|---|---|---|
| 甲醇 | 应急 | 体格检查必检项目：1）内科常规检查；2）神经系统常规检查，注意有无病理反射；3）眼科常规检查及眼底检查 | 体格检查必备设备：1）内科常规检查用听诊器、血压计、身高测量仪、磅秤；2）神经系统常规检查用叩诊锤；3）眼科常规检查及眼底检查用视力灯、眼底镜、裂隙灯、视力表、色觉图谱 |
| | | 实验室和其他检查必检项目：血常规、尿常规、肝功能、心电图、血气分析 | 必检项目必备设备：血细胞分析仪、尿液分析仪、生化分析仪、心电图仪、血气分析仪 |
| | | 选检项目：血液甲醇或甲酸测定、尿甲醇或甲酸测定、视野检查、视觉诱发电位、头颅CT或MRI | 选检项目设备配备：视野计、肌电诱发电位仪、CT或MRI仪。血液甲醇或甲酸测定及尿甲醇或甲酸测定设备：气相色谱仪（配顶空装置）、离子色谱仪 |

## 四、工作场所

（1）工作场所布局合理，采光良好。体检场所应在醒目位置公示体检功能区布局和体检基本流程，引导标识应准确清晰。

（2）各检查科室布局合理，每个独立的检查室使用面积不小于6 $m^2$。工作场所张贴采（抽）血须知及注意事项并事先告知。

（3）实验室布局要符合GB/T 22576.1—2018《医学实验室 质量和能力的要求 第1部分：通用要求》及RB/T 214—2017《检验检测机构资质认定能力评价 检验检测机构通用要求》中的场地环境、设备设施的相关规定。

（4）裂隙灯及眼底检查需要在暗室内完成。

（5）开展外出职业健康检查的，应当具有相应的外出职业健康检查仪器、设备，以及体检专用车辆、信息化管理系统等条件。

## 五、质量管理文书

（1）建立甲醇作业职业健康检查质量管理规程，制订眼科检查作业指导书，进行全过程质量管理并持续有效运行，实现质量管理工作的规范化、标准化。

（2）建立实验室管理制度，建立实验室质控规范。

（3）建立采（抽）血室消毒管理制度，按2016年1月19日国家卫生和计划生育委员会修订的《消毒管理办法》的规定，各种注射、穿刺、采血器具应当"一人一用一灭菌"。

（4）存GBZ 53—2017《职业性急性甲醇中毒诊断标准》、GBZ 59—2010《职业性中毒性肝病诊断标准》、GBZ 71—2013《职业性急性化学物中毒的诊断 总则》、GBZ 188—2014《职业健康监护技术规范》等文件备查。

## 六、能力考核与培训

（1）建立和保持技术人员培训制度，制订并落实各类人员教育和培训计划。

（2）质量负责人和技术负责人需要每2年进行1次职业健康检查法律法规知识培训并考核合格。

（3）甲醇检查主检医师掌握甲醇职业健康监护技术规范，对职业禁忌证判断准确。诊断医师需要每2年参加复训并考核合格。

（4）个体结论符合率考核：职业健康信息化系统每年1次抽备案单位个体体检报告80份，加上体检单位提供的疑似职业病报告10份、职业禁忌证报告10份，总计对100份体检报告进行专家评分。

## 七、体检过程管理

### 1. 体检对象确定

工作场所接触甲醇的所有作业人员均须进行职业健康检查，每3年检查1次。

### 2. 体检进度管理

按体检工作的实施情况规范、合理安排相关工作人员。

### 3. 复查

上岗前、在岗期间体检，发现有视网膜及视神经病或中枢神经系统器质性疾病者，需进行复查。

### 4. 职业性急性甲醇中毒的判断

（1）观察对象：接触甲醇后，出现头晕、头痛、乏力、视力模糊等症状和眼、上呼吸道刺激症状，并于脱离接触后72 h内恢复者可列为观察对象。

（2）急性甲醇中毒：出现以下任一表现，如意识障碍，代谢性酸中毒，视盘及视网膜充血、水肿，视网膜静脉充盈，或视野检查有中心或旁中心暗点，即可诊断为急性甲醇中毒。

## 八、质量控制

1）上岗前、在岗期间体检应重点询问有关视网膜和视神经病、神经系统器质性疾病的症状，注意肝功能及肝脏影像学改变等。

2）应急性检查：甲醇接触者的职业健康监护重点是应急性检查。应急性检查应重点询问是否有短期接触甲醇作业史，以及头痛、头晕、乏力、呼吸稍促、视物模糊及眼部、上呼吸道刺激等症状，着重检查神经系统及眼底，行血气分析排查代谢性酸中毒情况。

3）眼科检查。

（1）眼科常规检查应包括远距离和外眼检查。

（2）色觉检查光线要适宜，如自然光线或日光灯光线；让受检者在距离色盲本50～70 cm处读数字或图像，要求5～10 s读出，如超过10 s读不出数字或图像，则按色盲表的说明判断为色弱或色盲；常用石原忍氏、司狄林氏、拉布金或俞自萍色盲本检查，遇到问题可互相参照。

（3）外眼、晶状体检查。在暗室中，受检者下颌搁在托架上，前额与托架上横档贴紧，双眼自然睁开平视前方；调节托架使眼裂与显微镜处于同一水平；光源投射与观察方向呈30°～50°，检查者用食指和拇指捏住上睑中外1/3交界处的边缘，嘱受检者向下看，轻轻向前下方牵拉，食指向下压迫眼睑板上缘，并与拇指配合将眼向上捻转即可将眼睑翻开，然后依次观察和记录眼睑、睫毛、结膜、泪囊、角膜、前房、虹膜、瞳孔、晶状体的情况；检查后轻轻向下牵拉上眼睑，嘱受检者往上看，即可使眼睑恢复正常位置。

（4）眼底检查。在暗室中，受检者取坐位或卧位，双眼平视，常规无须扩瞳；检查右眼时，检查者以右手持眼底镜，站在受检者右侧，以右眼观察；通过观察旋转正、负球面透镜转盘直到能看清眼底。眼底检查主要观察神经乳头、视网膜血管、黄斑区、视网膜各象限。注意观察颜色、边缘、大小、形状，视网膜有无出血、渗出物，动脉有无硬化。

## 九、档案管理

（1）作业场所现场甲醇监测资料。
（2）甲醇个体剂量检测资料。
（3）职业健康检查信息表（含甲醇接触史、既往听力异常史、个人防护情况）。
（4）历年职业健康检查表（应保持资料的完整性、连续性、准确性）。
（5）职业健康监督执法资料。

（符传东　林丹茵）

# 汽油作业职业健康监护质量控制要点

## 一、组织机构

备案汽油作业职业健康检查。设置与汽油作业职业健康检查相关的科室，合理设置各科室岗位及数量，至少包含内科（体格检查）、心电图检查室、皮肤科检查室、临床检验室等。

## 二、人员

（1）包含体格检查医师、心电图检查医师、皮肤科检查医师、实验室检查技师等类别的执业医师、技师、护士等医疗卫生技术人员。

(2) 至少有 1 名具备化学因素所致职业病诊断医师资格的主检医师,备案有效人员需要第一注册执业点。

## 三、仪器设备

(1) 配备满足并符合与备案汽油职业健康检查的类别和项目相适应的血细胞分析仪、尿液分析仪、生化分析仪、心电图仪等仪器设备。

(2) 有关仪器设备的种类、数量、性能、量程、精确度等技术指标应满足工作需要,国家要求计量认证或校准的,需要符合计量认证或校准的要求。应对血细胞分析仪、生化分析仪、心电图仪等仪器设备进行定期计量、检定和校准,并张贴标识;不属于强制检定的,应有相应校验方法并定期自校。应定期进行维护保养及计量、检定和校验,同时记录设备状态。

(3) 对所使用的设备编制操作规程。

(4) 体检分类项目及设备见表1。

表 1　体检分类项目及设备

| 名称 | 类别 | 检查项目 | 设备配置 |
| --- | --- | --- | --- |
| 汽油 | 岗前 | 体格检查必检项目:1) 内科常规检查;2) 皮肤科常规检查;3) 神经系统常规检查 | 体格检查必备设备:1) 内科常规检查用听诊器、血压计、身高测量仪、磅秤;2) 神经系统常规检查用叩诊锤 |
| | | 实验室和其他检查必检项目:血常规、尿常规、肝功能、空腹血糖、心电图、胸部 X 射线摄片 | 必检项目必备设备:血细胞分析仪、尿液分析仪、生化分析仪、心电图仪、CR/DR 摄片机 |
| | | 复检项目:空腹血糖异常或有周围神经损害表现者可选择糖化血红蛋白、神经-肌电图 | 复检项目必备设备:糖化血红蛋白分析仪或生化分析仪、肌电图仪或/和诱发电位仪 |
| | 在岗 | 同岗前 | 同岗前 |
| | 离岗 | 同岗前 | 同岗前 |
| | 应急 | 体格检查必检项目:1) 内科常规检查;2) 神经系统常规检查,注意有无病理反射;3) 眼底检查 | 体格检查必备设备:1) 内科常规检查用听诊器、血压计、身高测量仪、磅秤;2) 神经系统常规检查用叩诊锤;3) 眼底检查用视力灯、眼底镜、裂隙灯 |
| | | 实验室和其他检查必检项目:血常规、尿常规、心电图、胸部 X 射线摄片 | 必检项目必备设备:血细胞分析仪、尿液分析仪、心电图仪、CR/DR 摄片机 |
| | | 选检项目:脑电图、头颅 CT 或 MRI、胸部 CT | 选检项目设备配备:脑电图仪、CT 或核磁共振仪 |

## 四、工作场所

（1）工作场所布局合理，采光良好。体检场所应在醒目位置公示体检功能区布局和体检基本流程，引导标识应准确清晰。

（2）内科检查、心电图检查、皮肤科检查布局合理，每个独立的检查室使用面积不小于 6 $m^2$。在工作场所张贴采（抽）血须知及注意事项并事先告知。

（3）实验室布局要符合 GB/T 22576.1—2018《医学实验室　质量和能力的要求　第 1 部分：通用要求》及 RB/T 214—2017《检验检测机构资质认定能力评价　检验检测机构通用要求》中的场地环境、设备设施的相关规定。

（4）开展外出职业健康检查的，应当具有相应的外出职业健康检查仪器、设备、体检专用车辆、信息化管理系统等条件。

## 五、质量管理文书

（1）建立汽油作业职业健康检查质量管理规程，制订作业指导书，进行全过程质量管理并持续有效运行，实现质量管理工作的规范化、标准化。

（2）制备职业健康检查表。

（3）建立实验室管理制度，建立实验室质控规范。

（4）建立采（抽）血室消毒管理制度，按 2016 年 1 月 19 日国家卫生和计划生育委员会修订的《消毒管理办法》的规定，各种注射、穿刺、采血器具应当"一人一用一灭菌"。

（5）汽油所致职业病诊断检查应签知情同意书。

（6）存 GBZ 27—2002《职业性溶剂汽油中毒诊断标准》、汽油致职业性皮肤病相关诊断标准、GBZ 68—2008《职业性慢性苯中毒相关诊断标准》、职业性苯所致白血病的诊断、GBZ 188—2014《职业健康监护技术规范》等文件备查。

## 六、能力考核与培训

（1）建立和保持技术人员培训制度，制订并落实各类人员教育和培训计划。

（2）质量负责人和技术负责人需要每 2 年进行 1 次职业健康检查法律法规相关知识培训并考核合格。

（3）汽油检查主检医师掌握职业性汽油所致职业病的诊断标准及汽油中毒职业健康监护技术规范，对汽油所致疑似职业病、职业禁忌证判断准确。诊断医师需要每 2 年参加复训并考核合格。

（4）个体结论符合率考核。职业健康信息化系统每年 1 次抽备案单位个体体检报告 80 份，加上体检单位提供的疑似职业病报告 10 份、职业禁忌证报告 10 份，总计对 100 份体检报告进行专家评分。

## 七、体检过程管理

1）体检对象确定：汽油接触作业人员均须进行职业健康检查，即从事汽油生产、加工、运输、销售等工作人员和汽车维修行业人员。

2）职业健康检查周期为每年1次。

3）空腹血糖检查隔夜空腹要求至少8～10 h未进任何食物。

4）下列情况需进行复查或复检：

上岗前、在岗期间、离岗体检时发现：①严重慢性皮肤疾患；②多发性周围神经病；③白细胞计数低于$4\times10^9$/L或中性粒细胞低于$2\times10^9$/L；④血小板计数大多低于$80\times10^9$/L，需进行复查。

5）疑似职业性慢性溶剂汽油中毒判断：

在超过GBZ 2.1—2019《工作场所有害因素职业接触限值 第1部分：化学有害因素》所规定的工作场所溶剂汽油卫生限值的汽油作业人员具备以下条件之一：

（1）出现四肢远端麻木，出现手套、袜套样分布的痛、触觉减退，伴有跟腱反射减弱。

（2）神经-肌电图显示有神经源性损害。

## 八、质量控制

（1）慢性接触汽油职业健康监护的重点在于血液常规、周围神经系统检查及皮肤科检查，血液常规和周围神经系统检查相关操作要点见"苯作业职业健康监护质量控制要点"及"正己烷职业健康监护质量控制要点"相应内容。

（2）神经系统常规检查：检查受检者有无感知障碍、记忆障碍、智能障碍，有无嗜睡、昏睡、意识模糊、谵妄甚至昏迷，让受检者做指鼻试验、指指试验、跟膝胫试验等共济运动检查。如果存在肢体远端麻木、疼痛，下肢沉重感，伴有手足发凉多汗、食欲减退、体重减轻、头昏、头痛等症状，建议进行神经-肌电图检查。

（3）皮肤科检查时，要重点观察皮疹、毛囊炎、皮炎、色素沉着、皲裂、赘生物、过度角化、脱屑、水肿、皮下出血等异常体征改变。

（4）主检医师在总检时，要明确汽油暴露是否含有苯，如果含有苯，要按照苯作业职业健康监护质量控制要点章节执行。

## 九、档案管理

（1）作业场所现场汽油监测资料。

（2）汽油个体剂量检测资料。

（3）职业健康检查信息表（含汽油接触史、既往异常史、个人防护情况）。

（4）历年职业健康检查表（应保持资料的完整性、连续性、准确性）。

（5）职业健康监督执法资料。

（符传东 丘晓玲）

# 溴甲烷作业职业健康监护质量控制要点

## 一、组织机构

备案溴甲烷作业职业健康检查。设置与溴甲烷作业职业健康检查相关的科室，合理设置各科室岗位及数量，至少包含内科（体格检查）、心电图检查室、医学影像科（放射科）、检验科等。

## 二、人员

（1）包含体格检查医师、心电图检查医师、医学影像（放射）医师、放射检验技师等类别的执业医师、技师、护士等医疗卫生技术人员。

（2）至少有1名具备职业性化学中毒职业病诊断医师资格的主检医师，备案有效人员需要第一注册执业点。

## 三、仪器设备

（1）配备满足并符合与备案溴甲烷职业健康检查的类别和项目相适应的血细胞分析仪、尿液分析仪、生化分析仪、心电图仪等仪器设备。

（2）有关仪器设备的种类、数量、性能、量程、精确度等技术指标应满足工作需要，国家要求计量认证或校准的，需要符合计量认证或校准的要求。应对血细胞分析仪、生化分析仪、心电图仪等仪器设备进行定期计量、检定和校准，并张贴标识；不属于强制检定的，应有相应校验方法并定期自校。应定期进行维护保养及计量、检定和校验，同时记录设备状态。

（3）对所使用的设备编制操作规程。

（4）体检分类项目及设备见表1。

表1 体检分类项目及设备

| 名称 | 类别 | 检查项目 | 设备配置 |
| --- | --- | --- | --- |
| 溴甲烷 | 上岗前 | 体格检查必检项目：1）内科常规检查；2）神经系统常规检查 | 体格检查必备设备：1）内科常规检查用听诊器、血压计、身高测量仪、磅秤；2）神经系统常规检查用叩诊锤 |
| | | 实验室和其他检查必检项目：血常规、尿常规、肝功能、心电图、胸部X射线摄片 | 必检项目必备设备：血细胞分析仪、尿液分析仪、生化分析仪、心电图仪、CR/DR摄片机 |

续上表

| 名称 | 类别 | 检查项目 | 设备配置 |
|---|---|---|---|
| 溴甲烷 | 在岗期间 | 推荐性，同上岗前 | 推荐性，同上岗前 |
| | 应急 | 体格检查必检项目：1）内科常规检查；2）神经系统常规检查，注意有无病理反射；3）眼底检查 | 体格检查必备设备：1）内科常规检查用听诊器、血压计、身高测量仪、磅秤；2）神经系统常规检查用叩诊锤；3）眼底检查用视力灯、眼底镜、裂隙灯 |
| | | 实验室和其他检查必检项目：血常规、尿常规、心电图、肾功能、胸部X射线摄片 | 必检项目必备设备：血细胞分析仪、尿液分析仪、心电图仪、生化分析仪、CR/DR摄片机 |
| | | 选检项目：脑电图、头颅CT或MRI、血溴和尿溴 | 选检项目设备配备：脑电图仪、CT或MRI仪。血溴和尿溴测定设备：电感耦合等离子体质谱仪 |

## 四、工作场所

（1）工作场所布局合理，采光良好。体检场所应在醒目位置公示体检功能区布局和体检基本流程，引导标识应准确清晰。

（2）内科检查、神经系统检查、心电图检查布局合理，每个独立的检查室使用面积不小于 6 m²。工作场所张贴采（抽）血须知及注意事项并事先告知。

（3）实验室布局要符合 GB/T 22576.1—2018《医学实验室 质量和能力的要求 第 1 部分：通用要求》及 RB/T 214—2017《检验检测机构资质认定能力评价 检验检测机构通用要求》中的场地环境、设备设施的相关规定。

（4）开展外出职业健康检查的，应当具有相应的外出职业健康检查仪器、设备，以及体检专用车、信息化管理系统等条件。

## 五、质量管理文书

（1）建立溴甲烷职业健康检查质量管理规程，制订作业指导书，进行全过程质量管理并持续有效运行，实现质量管理工作规范化、标准化。

（2）职业健康检查表。

（3）建立实验室管理制度和实验室质控规范。

（4）建立采（抽）血室消毒管理制度，按 2016 年 1 月 19 日国家卫生和计划生育委员会修订的《消毒管理办法》的规定，各种注射、穿刺、采血器具应当"一人一用一灭菌"。

（5）存 GBZ 10—2002《职业性急性溴甲烷中毒诊断标准》、GBZ 188—2014《职业健康监护技术规范》等文件备查。

## 六、能力考核与培训

（1）建立和保持技术人员培训制度，制订并落实各类人员教育和培训计划。

（2）质量负责人和技术负责人需要每2年进行1次职业健康检查法律法规相关知识培训并考核合格。

（3）体格检查医师具备内科常规、神经系统常规及肌力、共济运动的检查能力，按照相关临床操作规范进行。

（4）溴甲烷检查主检医师掌握溴甲烷中毒职业健康监护技术规范，对职业禁忌证判断准确。化学因素诊断医师需要每2年进行复训并考核合格。

（5）个体结论符合率考核。职业健康信息化系统每年1次抽备案单位个体体检报告80份，加上体检单位提供疑似职业病报告10份、职业禁忌证报告10份，总计对100份体检报告进行专家评分。

## 七、体检过程管理

1）体检对象确定：溴甲烷接触作业人员均须进行职业健康检查。职业健康检查推荐周期为每3年1次。

2）职业禁忌证的判定：有中枢神经系统器质性疾病者。

3）疑似职业性急性溴甲烷中毒的判断：

（1）短期内接触高浓度溴甲烷，出现头晕、头痛、乏力、步态蹒跚，以及食欲不振、恶心、呕吐、咳嗽、胸闷等症状。

（2）除以上症状，还出现下列表现之一者：①轻度意识障碍；②轻度呼吸困难，肺部听到少量干、湿啰音。

## 八、质量控制

神经系统常规检查：检查受检者有无感知障碍、记忆障碍、智能障碍的表现，有无嗜睡、昏睡、意识模糊、谵妄甚至昏迷的症状，让受检者做指鼻试验、指指试验、跟膝胫试验等共济运动检查。如果有接触溴甲烷作业史，并出现头晕、头痛、乏力、步态蹒跚，以及食欲不振、恶心、呕吐、咳嗽、胸闷等症状者，应马上脱离暴露，观察48 h。

## 九、档案管理

（1）作业场所现场溴甲烷监测资料。

（2）溴甲烷个体剂量检测资料。

（3）职业健康检查信息表（含溴甲烷接触史、既往异常史、个人防护情况）。

（4）历年职业健康检查表（应保持资料的完整性、连续性、准确性）。

（5）职业健康监督执法资料。

（符传东　冯清）

# 1,2-二氯乙烷作业职业健康监护质量控制要点

## 一、组织机构

备案1,2-二氯乙烷作业职业健康检查。设置与1,2-二氯乙烷作业职业健康检查相关的科室,合理设置各科室岗位及数量,至少包含内科(体格检查)、心电图检查室、B超检查室、检验科、放射科(CR/DR摄片机)等。

## 二、人员

(1) 包含体格检查医师、心电图检查医师、医学影像(放射)医师、放射检验技师等类别的执业医师、技师、护士等医疗卫生技术人员。

(2) 理化检验人员应具备相应的专业技术任职资格,经培训能够熟练掌握血、尿中1,2-二氯乙烷样品的采集、储存、运输、预处理及检测分析技术;应熟知检测技术程序性文件,并能严格执行检测全过程质量保证规程;应熟练掌握生物检测指标、职业接触生物限值及其检测结果评价等方面的知识和技术。

(3) 至少有1名具备职业性化学中毒职业病诊断医师资格的主检医师,备案有效人员需要第一注册执业点。

## 三、仪器设备

(1) 配备满足并符合与备案1,2-二氯乙烷职业健康检查的类别和项目相适应的血细胞分析仪、尿液分析仪、生化分析仪、心电图仪、B超仪等仪器设备。

(2) 有关仪器设备的种类、数量、性能、量程、精确度等技术指标应满足工作需要,国家要求计量认证或校准的,需要符合计量认证或校准的要求。应对血细胞分析仪、生化分析仪、心电图仪、B超仪等仪器设备进行定期计量、检定和校准,并张贴标识;不属于强制检定的,应有相应校验方法并定期自校。应定期进行维护保养及计量、检定和校验,同时记录设备状态。

(3) 对所使用的设备编制操作规程。

(4) 体检分类项目及设备见表1。

表1 体检分类项目及设备

| 名称 | 类别 | 检查项目 | 设备配置 |
|---|---|---|---|
| 1,2-二氯乙烷 | 岗前 | 体格检查必检项目：1）内科常规检查；2）神经系统常规检查 | 体格检查必备设备：1）内科常规检查用听诊器、血压计、身高测量仪、磅秤；2）神经系统常规检查用叩诊锤 |
| | | 实验室和其他检查必检项目：血常规、尿常规、肝功能、心电图、肝脾B超、胸部X射线摄片 | 必检项目必备设备：血细胞分析仪、尿液分析仪、生化分析仪、心电图仪、B超仪、CR/DR摄片机 |
| | 岗中 | 推荐性，同岗前 | 推荐体检项目设备配备：1）内科常规检查用听诊器、血压计、身高测量仪、磅秤；2）神经系统常规检查用叩诊锤 |
| | | | 推荐项目设备配备：血细胞分析仪、尿液分析仪、生化分析仪、心电图仪、B超仪、CR/DR摄片机 |
| | 应急 | 体格检查必检项目：1）内科常规检查；2）神经系统常规检查；3）眼底检查 | 体格检查必备设备：1）内科常规检查用听诊器、血压计、身高测量仪、磅秤；2）神经系统常规检查用叩诊锤；3）眼底检查用视力灯、眼底镜、裂隙灯 |
| | | 实验室和其他检查必检项目：血常规、尿常规、肝功能、心电图、尿β2-微球蛋白、肝脾B超 | 必检项目必备设备：血细胞分析仪、尿液分析仪、生化分析仪、心电图仪、B超仪 |
| | | 选检项目：脑电图、头颅CT或MRI、尿1,2-二氯乙烷 | 选检项目设备配备：脑电图仪、CT或核磁共振仪。尿1,2-二氯乙烷测定设备：气相色谱仪（配顶空装置）或气相色谱质谱仪 |

## 四、工作场所

（1）工作场所布局合理，采光良好。体检场所应在醒目位置公示体检功能区布局和体检基本流程，引导标识应准确清晰。

（2）内科检查室、神经系统检查室、心电图检查室布局合理，每个独立的检查室使用面积不小于6 $m^2$。工作场所张贴采（抽）血须知及注意事项并事先告知。

（3）实验室布局要符合 GB/T 22576.1—2018《医学实验室　质量和能力的要求　第1部分：通用要求》及 RB/T 214—2017《检验检测机构资质认定能力评价　检验检测机构通用要求》中的场地环境、设备设施的相关规定。

（4）开展外出职业健康检查的，应当具有相应的外出职业健康检查仪器、设备，以及体检专用车、信息化管理系统等条件。

## 五、质量管理文书

（1）建立1,2-二氯乙烷职业健康检查质量管理规程，制订作业指导书，进行全过程质量管理并持续有效运行，实现质量管理工作的规范化、标准化。

（2）职业健康检查表。

（3）建立实验室管理制度和实验室质控规范。

（4）建立采（抽）血室消毒管理制度，按2016年1月19日国家卫生和计划生育委员会修订的《消毒管理办法》的规定，各种注射、穿刺、采血器具应当"一人一用一灭菌"。

（5）存GBZ 39—2002《职业性急性1,2-二氯乙烷中毒诊断标准》、GBZ 188—2014《职业健康监护技术规范》等文件备查。

## 六、能力考核与培训

（1）建立和保持技术人员培训制度，制订并落实各类人员教育和培训计划。

（2）质量负责人和技术负责人需要每2年进行1次职业健康检查法律法规相关知识培训并考核合格。

（3）1,2-二氯乙烷检查主检医师掌握1,2-二氯乙烷中毒职业健康监护技术规范，对职业禁忌证判断准确。化学因素诊断医师需要每2年参加复训并考核合格。

（4）个体结论符合率考核。职业健康信息化系统每年1次抽备案单位个体体检报告80份，加上体检单位提供的疑似职业病报告10份、职业禁忌证报告10份，总计对100份体检报告进行专家评分。

## 七、体检过程管理

1）体检对象确定：工作场所中接触1,2-二氯乙烷的作业人员均须进行职业健康检查，在岗体检为推荐性，每3年检查1次。

2）下列情况需进行复查或复检：上岗前、在岗体检，如发现有中枢神经系统器质性疾病或是慢性肝病者，需要进一步复查，并经专科会诊确定，列为职业禁忌证。

3）血、尿中1,2-二氯乙烷检测：体检者有1,2-二氯乙烷职业接触史，出现头痛、头晕、烦躁、乏力、恶心、呕吐、嗜睡、流泪、流涕、咳嗽等症状，可进行头颅CT或MRI检查，检测血、尿中1,2-二氯乙烷水平。脑水肿是急性1,2-二氯乙烷中毒的主要影像学特征，血、尿中1,2-二氯乙烷则是接触指标。

4）疑似职业性急性1,2-二氯乙烷中毒的判断：

（1）短期内接触高浓度1,2-二氯乙烷，出现头晕、头痛、乏力等中枢神经症状，可伴有恶心、呕吐或眼及上呼吸道刺激症状，脱离接触后短时间消失者。

（2）除以上症状，出现下列表现者：①表情淡薄、记忆力下降、行为异常、步态蹒跚；②轻度意识障碍，如意识模糊、嗜睡状态、朦胧状态（见GBZ 76—2002《职业性急性化学物中毒神经系统疾病诊断标准》）；③颅脑CT显示双侧脑白质对称性密度减低，或MRI显示双侧脑白质弥漫性异常信号。

## 八、质量控制

1）上岗前、在岗期间体检应重点询问有关中枢神经系统疾病、肝脏疾病史的相关症状，注意肝脏影像学改变等。

2）血中1,2-二氯乙烷理化检测：

（1）血中1,2-二氯乙烷检测的设备要符合标准要求，定期检定、比对；人员、仪器、试剂、实验室等基本条件，以及血、尿样品的采集、储存和运输，检测与质量控制需符合 GBZ 37—2015《职业性慢性铅中毒的诊断》中"附件B"的规定。

（2）生物样本采集、运输和保存：抗凝采血管，采血量不少于5 mL，充分摇匀，避免凝固，冷藏运输（≤4 ℃），于3 d 内检测完毕，密封存放于-8 ℃冰箱冷藏，样品保存时间不得超过7d。

（3）血中1,2-二氯乙烷检测：参照 GBZT 286—2016《血中1,2—二氯乙烷的气相色谱-质谱测定方法》进行测定。

## 九、档案管理

（1）作业场所现场1,2-二氯乙烷监测资料。

（2）1,2-二氯乙烷个体剂量检测资料。

（3）职业健康检查信息表（含1,2二氯乙烷接触史、既往异常史、个人防护情况）。

（4）历年职业健康检查表（应保持资料的完整性、连续性、准确性）。

（5）职业健康监督执法资料。

（符传东　冯清）

# 正己烷作业职业健康监护质量控制要点

## 一、组织机构

备案正己烷作业职业健康检查。设置与正己烷作业职业健康检查相关的科室，合理设置各科室岗位及数量，至少包含内科（体格检查）、心电图检查室、神经-肌电图室、医学影像科（放射科）、检验科等。

## 二、人员

（1）包含体格检查医师、心电图检查医师、检验技师等类别的执业医师、技师、护士等医疗卫生技术人员。

（2）至少有 1 名具备职业性化学中毒职业病诊断医师资格的主检医师，备案有效人员需要第一注册执业点。

## 三、仪器设备

（1）配备满足并符合与备案正己烷职业健康检查的类别和项目相适应的心电图仪、血细胞分析仪、尿液分析仪、生化分析仪、肌电图仪或/和诱发电位仪等仪器设备。

（2）有关仪器设备的种类、数量、性能、量程、精确度等技术指标应满足工作需要，国家要求计量认证或校准的，需要符合计量认证或校准的要求。应对心电图仪、血细胞分析仪、尿液分析仪、生化分析仪等仪器设备进行定期计量、检定和校准，并张贴标识；不属于强制检定的，应有相应校验方法并定期自校。应定期进行维护保养及计量、检定和校验，同时记录设备状态。

（3）对所使用的设备编制操作规程。

（4）体检分类项目及设备见表 1。

表 1 体检分类项目及设备

| 名称 | 类别 | 检查项目 | 设备配置 |
| --- | --- | --- | --- |
| 正己烷 | 上岗前 | 体格检查必检项目：1）内科常规检查；2）神经系统常规检查 | 体格检查必备设备：1）内科常规检查用听诊器、血压计、身高测量仪、磅秤；2）神经系统常规检查用叩诊锤 |
| | | 实验室和其他检查必检项目：血常规、尿常规、肝功能、空腹血糖、心电图、胸部X射线摄片 | 必检项目必备设备：血细胞分析仪、尿液分析仪、生化分析仪、心电图仪、CR/DR 摄片机 |
| | | 复检项目：空腹血糖异常或有周围神经损害表现者可选择糖化血红蛋白、神经-肌电图 | 复检项目必备设备：糖化血红蛋白分析仪或生化分析仪、肌电图仪或/和诱发电位仪 |
| | 在岗期间 | 体格检查必检项目：1）内科常规检查；2）神经系统常规检查 | 体格检查必备设备：1）内科常规检查用听诊器、血压计、身高测量仪、磅秤；2）神经系统常规检查用叩诊锤 |
| | | 实验室和其他检查必检项目：血常规、尿常规、心电图、空腹血糖 | 必检项目必备设备：血细胞分析仪、尿液分析仪、心电图仪、生化分析仪 |
| | | 复检项目：血糖异常或有周围神经损害表现者可选择糖化血红蛋白、神经-肌电图、尿 2,5-己二酮测定 | 复检项目必备设备：糖化血红蛋白分析仪或生化分析仪、肌电图仪或/和诱发电位仪。尿 2,5-己二酮测定设备：气相色谱仪或气相色谱质谱仪 |
| | 离岗 | 同在岗期间 | 同在岗期间 |

## 四、工作场所

（1）工作场所布局合理，采光良好。体检场所应在醒目位置公示体检功能区布局和体检基本流程，引导标识应准确清晰。

（2）内科检查室、神经系统检查室、心电图检查室布局合理，每个独立的检查室使用面积不小于 6 $m^2$。工作场所张贴采（抽）血须知及注意事项并事先告知。

（3）实验室布局要符合 GB/T 22576.1—2018《医学实验室　质量和能力的要求　第 1 部分：通用要求》及 RB/T 214—2017《检验检测机构资质认定能力评价　检验检测机构通用要求》中的场地环境、设备设施的相关规定。

（4）开展外出职业健康检查的，应当具有相应的外出职业健康检查仪器、设备，以及体检专用车、信息化管理系统等条件。

## 五、质量管理文书

（1）建立正己烷职业健康检查质量管理规程，制订作业指导书，进行全过程质量管理并持续有效运行，实现质量管理工作规范化、标准化。

（2）职业健康检查表。

（3）建立实验室管理制度，建立实验室质控规范。

（4）建立采（抽）血室消毒管理制度，按 2016 年 1 月 19 日国家卫生和计划生育委员会修订的《消毒管理办法》的规定，各种注射、穿刺、采血器具应当"一人一用一灭菌"。

（5）存 GBZ 84—2017《职业性慢性正己烷中毒的诊断》、正己烷职业卫生标准、GBZ 188—2014《职业健康监护技术规范》等文件备查。

## 六、能力考核与培训

（1）建立和保持技术人员培训制度，制订并落实各类人员教育和培训计划。

（2）质量负责人和技术负责人需要每 2 年进行 1 次职业健康检查法律法规相关知识培训并考核合格。

（3）体格检查医师具备内科常规、神经系统常规及肌力、共济运动的检查能力，按照相关临床操作规范进行。

（4）正己烷检查主检医师掌握 GBZ 84—2017《职业性慢性正己烷中毒的诊断》及正己烷中毒职业健康监护技术规范，对正己烷所致疑似职业病、职业禁忌证判断准确。职业性化学中毒职业病诊断医师需要每 2 年参加复训并考核合格。

（5）个体结论符合率考核：职业健康信息化系统每年 1 次抽备案单位个体体检报告 80 份，加上体检单位提供的疑似职业病报告 10 份、职业禁忌证报告 10 份，总计对 100 份体检报告进行专家评分。

## 七、体检过程管理

1）体检对象确定：接触正己烷作业人员均须进行职业健康检查，每年检查 1 次。

2）体检进度管理：按体检工作的实施情况，规范、合理安排相关工作人员。

3）下列情况需进行复查或复检：

上岗前、在岗、离岗体检时发现以下情况需进行复查：①有周围神经损害的异常体征或多发性周围神经病；②空腹血糖≥6.1 mmol/L 或餐后血糖≥11.1 mmol/L。

4）疑似正己烷中毒判断：

（1）如出现正己烷中毒的临床特点和诊断起点是以肢体远端出现对称性分布的痛觉、触觉或音叉振动觉障碍，同时伴有跟腱反射减弱；或者神经-肌电图显示有肯定的神经源性损害，职业病诊断机构应提出正己烷中毒诊断申请。

（2）职业健康监护中发现接触者有周围神经损害的早期症状而无明确的体征，或神经-肌电图仅显示可疑的神经源性损害，虽不列为中毒，但因部分接触者实为潜伏期中的慢性正己烷中毒患者，潜伏期可长达3个月，故应建议其脱离接触，并接受3个月的观察，观察期间注意可能出现的周围神经损害，若3个月观察期间无周围神经损害证据者，可排除慢性正己烷中毒。

## 八、质量控制

（1）正己烷接触职业健康检查的重点在于神经系统检查，需详细询问病史，做好视诊观察。病史在神经系统疾病的诊断中占有重要位置，应详细搜集，并着重询问糖尿病病史、神经系统疾病史及遗传病家族史等。检查有无肌肉萎缩、震颤、步态异常、共济运动失调等体征，做好周围神经系统检查，如触觉、痛觉、音叉振动觉障碍、浅反射、深反射、肌力、肌张力检查等。

神经系统常规检查：检查受检者有无感知障碍、记忆障碍、智能障碍的表现，有无嗜睡、昏睡、意识模糊、谵妄甚至昏迷的症状，让受检者做指鼻试验、指指试验、跟膝胫试验等共济运动检查。如果存在肢体远端麻木、疼痛，下肢沉重感，伴有手足发凉多汗、食欲减退、体重减轻、头昏、头痛等症状，建议调离正己烷接触作业岗位，并接受3个月的观察。

肌力是指在主动动作时所呈现的肌肉收缩力。为判断肢体瘫痪程度，常用的肌力分级标准为0～5级：

0级：肌力完全瘫痪，毫无收缩。

1级：可看到或触及肌肉轻微收缩，但不能引起肢体或关节的运动。

2级：肌肉在不受重力的影响时，可进行运动，但不能对抗重力。

3级：在和地心引力相反的方向时尚能完成其动作，但不能耐受外加的阻力。

4级：能对抗一定的阻力，但较正常人差。

5级：正常肌力。

（2）神经-肌电图检查对中毒性周围神经病的早期诊断有重要意义，检查方法及结果判断标准见 GBZ 76—2002《职业性急性化学物中毒性神经系统疾病诊断标准》中"附录B"。具体操作及注意事项见"手传振动作业职业健康监护质量控制要点"相应内容。

（3）上岗前检查应重点询问周围神经病和糖尿病病史及相关症状和神经系统症状及四肢肌力；出现自主神经症状或周围神经系统检查表现为阳性体征者应进行四肢神

经-肌电图检查。

（4）在岗期间与离岗时检查应重点询问有无肢体远端麻木、疼痛、下肢沉重感、头昏、头痛等以神经系统为主的临床症状；出现自主神经症状或周围神经系统检查表现为阳性体征者应进行四肢神经-肌电图检查。

（5）尿中2,5-己二酮是正己烷在体内的代谢产物之一，实验室和检测的设备要符合标准要求，样本检测质量控制需依据标准GBZ 37—2015《职业性慢性铅中毒的诊断》中"附件B"的规定要求。

（6）尿样的采集与保存：采用干净的尿瓶采集尿液，密闭、冷冻储存和运输，如未能及时检测，应该加入0.5 mL浓盐酸，并在4 ℃冰箱中保存。检测采用气相色谱法，在检测过程中，如果样品质量浓度超过线性范围，需用超纯水稀释至线性范围后再测定。

## 九、档案管理

（1）作业场所现场正己烷监测资料。
（2）工作场所正己烷监测资料。
（3）职业健康检查信息表（含正己烷接触史、个人防护情况等）。
（4）历年职业健康检查表（应保持资料的完整性、连续性、准确性）。
（5）职业健康监督执法资料。

（符传东　丘晓玲）

# 苯的氨基与硝基化合物作业职业健康监护质量控制要点

## 一、组织机构

备案苯的氨基与硝基化合物作业职业健康检查。设置与苯的氨基与硝基化合物作业职业健康检查相关的科室，合理设置各科室岗位及数量，至少包含内科（体格检查）、心电图检查室、实验室（检测血常规、尿常规、肝功能等）、B超室、放射科（CR/DR）等。

## 二、人员

（1）包含体格检查医师、心电图检查医师、彩色B超检查医师、检验技师等类别的执业医师、技师、护士等医疗卫生技术人员。

（2）至少有1名具备职业性化学中毒职业病诊断医师资格的主检医师，备案有效人员需要第一注册执业点。

## 三、仪器设备

（1）具有与备案苯的氨基与硝基化合物职业健康检查的类别和项目相适应的血细胞分析仪、尿液分析仪、生化分析仪、心电图仪、B超仪、CR/DR摄片机等仪器设备。

（2）有关仪器设备的种类、数量、性能、量程、精确度等技术指标应满足工作需要，国家要求计量认证或校准的，需要符合计量认证或校准的要求。应对心电图仪、B超仪、血细胞分析仪、尿液分析仪、生化分析仪等仪器设备进行定期计量、检定和校准，并张贴标识；不属于强制检定的，应有相应校验方法并定期自校。应定期进行维护保养，同时记录设备状态。

（3）对所使用的设备编制操作规程。

（4）体检分类项目及设备见表1。

表1  体检分类项目及设备

| 名称 | 类别 | 检查项目 | 设备配置 |
| --- | --- | --- | --- |
| 苯的氨基与硝基化合物 | 上岗前 | 体格检查必检项目：内科常规检查 | 体格检查必备设备：内科常规检查用听诊器、血压计、身高测量仪、磅秤 |
| | | 实验室和其他检查必检项目：血常规、尿常规、肝功能、肾功能、心电图、肝肾B超、胸部X射线摄片 | 必检项目必备设备：血细胞分析仪、尿液分析仪、生化分析仪、心电图仪、B超仪、CR/DR摄片机 |
| | 在岗期间 | 体格检查必检项目：内科常规检查 | 体格检查必备设备：内科常规检查用听诊器、血压计、身高测量仪、磅秤 |
| | | 实验室和其他检查必检项目：血常规、尿常规、肝功能、肾功能、心电图、肝肾B超 | 必检项目必备设备：血细胞分析仪、尿液分析仪、生化分析仪、心电图仪、B超仪 |
| | | 复检项目：有泌尿系统异常的临床表现或指标异常者，可选择尿脱落细胞检查（巴氏染色法或荧光素吖啶橙染色法）、膀胱B超 | 复检项目必备设备：病理检查设备及科室、B超仪 |
| | 应急 | 体格检查必检项目：1) 内科常规检查，观察有无口唇、耳郭、指（趾）甲发绀；2) 皮肤科常规检查 | 体格检查必备设备：内科常规检查用听诊器、血压计、身高测量仪、磅秤 |
| | | 实验室和其他检查必检项目：血常规、尿常规、肝功能、肾功能、心电图、高铁血红蛋白、肝肾B超 | 必检项目必备设备：血细胞分析仪、尿液分析仪、生化分析仪、心电图仪、血气分析仪、B超仪 |
| | | 选检项目：红细胞赫恩氏小体（变性珠蛋白小体）、尿对氨基酚、尿对硝基酚 | 选检项目设备配备：显微镜。尿对氨基酚、尿对硝基酚测定设备：高效液相色谱仪 |

## 四、工作场所

（1）工作场所布局合理，采光良好。体检场所应在醒目位置公示体检功能区布局和体检基本流程，引导标识应准确清晰。

（2）内科检查室、神经系统检查室、心电图检查室布局合理，每个独立的检查室使用面积不小于 6 $m^2$。工作场所张贴采（抽）血须知及注意事项并事先告知。

（3）实验室布局要符合 GB/T 22576.1—2018《医学实验室　质量和能力的要求　第1部分：通用要求》及 RB/T 214—2017《检验检测机构资质认定能力评价　检验检测机构通用要求》中的场地环境、设备设施的相关规定。

（4）开展外出职业健康检查的，应当具有相应的外出职业健康检查仪器、设备，以及体检专用车、信息化管理系统等条件。

## 五、质量管理文书

（1）建立苯的氨基与硝基化合物职业健康检查质量管理规程，制定作业指导书，进行全过程质量管理并持续有效运行，实现质量管理工作的规范化、标准化。

（2）制备职业健康检查表。

（3）建立实验室管理制度和实验室质控规范。

（4）建立采（抽）血室消毒管理制度，按 2016 年 1 月 19 日国家卫生和计划生育委员会修订的《消毒管理办法》的规定，各种注射、穿刺、采血器具应当"一人一用一灭菌"。

（5）存 GBZ 30—2015《职业性急性苯的氨基、硝基化合物中毒的诊断》、GBZ 188—2014《职业健康监护技术规范》等文件归档备查。

## 六、能力考核与培训

（1）建立和保持技术人员培训制度，制订并落实各类人员教育和培训计划。

（2）质量负责人和技术负责人需要每 2 年进行 1 次职业健康检查法律法规知识培训并考核合格。

（3）苯的氨基与硝基化合物检查主检医师掌握 GBZ 30—2015《职业性急性苯的氨基、硝基化合物中毒的诊断标准》、GBZ 59—2010《职业性中毒性肝病诊断标准》及苯的氨基与硝基化合物职业健康监护技术规范，对苯的氨基与硝基化合物所致疑似职业病、职业禁忌证判断准确。职业性化学中毒职业病诊断医师需要每 2 年参加复训并考核合格。

（4）个体结论符合率考核：职业健康信息化系统每年 1 次抽备案单位个体体检报告 80 份，加上体检单位提供的疑似职业病报告 10 份、职业禁忌证报告 10 份，总计对 100 份体检报告进行专家评分。

## 七、体检过程管理

1）体检对象确定：工作场所苯的氨基与硝基化合物接触作业人员均须进行职业健康检查，每 3 年检查 1 次。

2）复查或复检：

上岗前、在岗期间、离岗时体检：

（1）血清 ALT 超过正常值上限；

（2）肝脏超声检查异常，如肝脏回声不均匀、增粗或形态肿大等慢性肝病改变；

（3）出现乏力、食欲减退、恶心、上腹饱胀或肝区疼痛等症状；查体肝脏肿大、质软或柔韧、有压痛；

3）疑似职业性肝中毒的判断：

（1）急性中毒性肝病。在较短期内吸收较高浓度苯的氨基与硝基化合物后，肝功能试验 ALT 超过正常参考值，出现下列表现之一者，可诊断为急性中毒性肝病：

A. 有乏力、食欲不振、恶心、肝区疼痛等症状；

B. 肝脏肿大、质软、压痛，可伴有黄疸，血清总胆红素异常，B 型超声诊断为肝脏肿大。

（2）慢性中毒性肝病。有 3 个月以上的苯的氨基与硝基化合物密切接触史，出现乏力、食欲减退、恶心、上腹饱胀或肝区疼痛等症状；肝脏肿大、质软或柔韧、有压痛，慢性肝病肝功能试验异常，病程超过 3 个月。

## 八、质量控制

（1）苯的氨基与硝基化合物种类很多，多有共同的理化性质和毒理特征，但也存在一些差异，特别是急性毒性，所以体检开始前，内科检查医生要提前了解化合物的种类及其毒性，有针对性地制定体检项目。

（2）内科检查应重点询问血液病史、慢性肝病史及肝毒物接触史，有无乏力、恶心、食欲不振、上腹饱胀感、肝区疼痛等消化系统症状；体格检查应注意受检者有无巩膜、皮肤黏膜黄染，以及肝脏大小、质地，有无肝区压痛及叩击痛等。应急健康检查要重点询问短期内是否有接触高浓度苯的氨基与硝基化合物的职业接触史，查体注意口唇、耳郭、指甲有无发绀。

（3）肝功能检测是必检项目，是排除职业禁忌证与职业性中毒性肝病的重要指标，鉴于病毒性肝炎在我国具有较高发病率，必要时可加入病毒性肝炎血清标志物检查以鉴别。

（4）急性肝病中，临床检查及血清学即可明确诊断，B 超检查主要为慢性肝病的诊断依据。

（5）要求受检者体检前应禁食禁饮 8 h 以上，同时体检前一天应清淡饮食，切忌饮酒，同时保证充足睡眠。

## 九、档案管理

（1）作业场所现场苯的氨基与硝基化合物监测资料。

（2）工作场所苯的氨基与硝基化合物监测资料。

（3）职业健康检查信息表（含苯的氨基与硝基化合物接触史、肝脏疾病史、个人防护情况等）。

（4）历年职业健康检查表（应保持资料的完整性、连续性、准确性）。

（5）职业健康监督执法资料。

（符传东　林丹茵）

# 三硝基甲苯作业职业健康监护质量控制要点

## 一、组织机构

备案三硝基甲苯作业职业健康检查。设置与三硝基甲苯作业职业健康检查相关的科室，合理设置各科室岗位及数量，至少包含内科（体格检查）、眼科、心电图检查室、实验室（检测血常规、尿常规、肝功能等）、放射科、B超室等。

## 二、人员

（1）包含内科医师、眼科医师、心电图检查医师、B超检查医师、检验技师等类别的执业医师、技师、护士等医疗卫生技术人员。

（2）检验医师要求：遵守《全国临床检验操作规程》，专业规范培训，规范化操作。医学影像（放射）医师、眼科医师要求：经过专业规范培训，出具报告要求执业医师签名。

（3）至少有1名具备职业性化学中毒职业病诊断医师资格的主检医师，备案有效人员需要第一注册执业点。

## 三、仪器设备

（1）具有与备案三硝基甲苯职业健康检查的类别和项目相适应的心电图仪、B超仪、血细胞分析仪、尿液分析仪、生化分析仪、视力表、眼底镜、裂隙灯等仪器设备。

（2）有关仪器设备的种类、数量、性能、量程、精确度等技术指标应满足工作需要，国家要求计量认证或校准的，需要符合计量认证或校准的要求。应对心电图仪、B超仪、血细胞分析仪、尿液分析仪、生化分析仪等仪器设备进行定期计量、检定和校准，并张贴标识；不属于强制检定的，应有相应校验方法并定期自校。应定期进行维护保养及计量、检定和校验，同时记录设备状态。

（3）对所使用的设备编制操作规程。

（4）体检分类项目及设备见表1。

表1 体检分类项目及设备

| 名称 | 类别 | 检查项目 | 设备配置 |
| --- | --- | --- | --- |
| 三硝基甲苯 | 上岗前 | 体格检查必检项目：1）内科常规检查，重点检查肝脏；2）眼科常规检查及眼晶状体、玻璃体、眼底检查 | 体格检查必备设备：1）内科常规检查用听诊器、血压计、身高测量仪、磅秤；2）眼科常规检查及眼晶状体、玻璃体、眼底检查用视力表、眼底镜、裂隙灯、色觉图谱 |

续上表

| 名称 | 类别 | 检查项目 | 设备配置 |
|---|---|---|---|
| 三硝基甲苯 | 上岗前 | 实验室和其他检查必检项目：血常规、尿常规、肝功能、心电图、肝脾B超、胸部X射线摄片 | 必检项目必备设备：血细胞分析仪、尿液分析仪、生化分析仪、心电图仪、B超仪、CR/DR摄片机 |
| | 在岗期间 | 体格检查必检项目：1) 内科常规检查，重点检查肝脏；2) 皮肤科常规检查 | 体格检查必备设备：内科常规检查用听诊器、血压计、身高测量仪、磅秤 |
| | | 实验室和其他检查必检项目：血常规、肝功能、心电图、肝脾B超 | 必检项目必备设备：血细胞分析仪、生化分析仪、心电图仪、B超仪 |
| | 离岗时 | 同在岗期间 | 同在岗期间 |

## 四、工作场所

（1）工作场所布局合理，采光良好。体检场所应在醒目位置公示体检功能区布局和体检基本流程，引导标识应准确清晰。

（2）各检查科室布局合理，每个独立的检查室使用面积不小于 6 m²。工作场所张贴采（抽）血须知及注意事项并事先告知。

（3）实验室布局要符合 GB/T 22576.1—2018《医学实验室 质量和能力的要求 第 1 部分：通用要求》及 RB/T 214—2017《检验检测机构资质认定能力评价 检验检测机构通用要求》中的场地环境、设备设施的相关规定。

（4）裂隙灯及眼底检查需要在暗室内完成。

（5）开展外出职业健康检查的，应当具有相应的外出职业健康检查仪器、设备，以及专用车辆、信息化管理系统等条件。

## 五、质量管理文书

（1）建立三硝基甲苯职业健康检查质量管理规程，制定眼科检查作业指导书，进行全过程质量管理并持续有效运行，实现质量管理工作的规范化、标准化。

（2）建立实验室管理制度和实验室质控规范。

（3）建立采（抽）血室消毒管理制度，按 2016 年 1 月 19 日国家卫生和计划生育委员会修订的《消毒管理办法》的规定，各种注射、穿刺、采血器具应当"一人一用一灭菌"。

（4）存 GBZ 69—2011《职业性慢性三硝基甲苯中毒的诊断》、GBZ 45—2010《职业性三硝基甲苯致白内障诊断标准》、GBZ 188—2014《职业健康监护技术规范》等文件备查。

## 六、能力考核与培训

（1）建立和保持技术人员培训制度，制订并落实各类人员教育和培训计划。

（2）质量负责人和技术负责人需要每 2 年进行 1 次职业健康检查法律法规知识培训并考核合格。

（3）三硝基甲苯检查主检医师掌握 GBZ 69—2011《职业性慢性三硝基甲苯中毒的诊断》和 GBZ 45—2010《职业性三硝基甲苯致白内障诊断标准》，对三硝基甲苯所致疑似职业病、职业禁忌证判断准确。职业性化学中毒职业病诊断医师需要每 2 年参加复训并考核合格。

（4）个体结论符合率考核。职业健康信息化系统每年 1 次抽备案单位个体体检报告 80 份，加上体检单位提供疑似职业病报告 10 份、职业禁忌证报告 10 份，总计 100 份体检报告，对其进行专家评分。

## 七、体检过程管理

1）体检对象确定：接触三硝基甲苯作业人员均须进行职业健康检查。体检周期为：肝功能检查，每半年 1 次；健康检查，每年 1 次。

2）复查：

上岗前、在岗、离岗体检，有以下情形的，应该进行复查：

（1）晶状体混浊。

（2）血清 ALT 或 AST 增高，超过参考值上限。

（3）超声检查显示慢性肝病改变。

（4）出现乏力、食欲减退、恶心、厌油或肝区痛等症状；查体肝大、质地改变、有压痛或叩痛。

3）疑似职业性慢性三硝基甲苯中毒判断：

根据长期（6 个月及以上）三硝基甲苯职业接触史，出现肝脏、血液及神经系统等器官或者系统功能损害的临床表现，结合职业卫生学调查资料和实验室检查结果，综合分析，排除其他病因所致的类似疾病后，方可诊断。

4）疑似职业性三硝基甲苯白内障判断：

根据密切的三硝基甲苯职业接触史，出现以双眼晶状体混浊改变为主的临床表现，结合必要的动态观察，参考作业环境职业卫生调查，综合分析，排除其他病因所致的类似晶状体改变后，方可诊断。

## 八、质量控制

（1）三硝基甲苯职业健康监护检查应重点询问食欲不振、乏力、腹胀、肝区疼痛和视力改变等症状；内科体格检查重点检查肝脏；眼科检查包括眼科常规检查及眼晶状体、玻璃体、眼底检查。

（2）疑似职业性慢性三硝基甲苯中毒肝功能试验异常的主要依据是肝脏生化试验，常用的生化指标包括血清谷丙转氨酶（ALT）、血清谷草转氨酶（AST）、血清 γ-谷氨酰转移酶（GGT）、血清胆红素（BIL）、白蛋白（Alb）和凝血酶原时间（PT）等。肝脏生化试验检测标本最好在早晨空腹时采集，待测时间一般 ≤3 d。

（3）疑似职业性三硝基甲苯白内障判断，以裂隙灯显微镜检查和/或晶状体摄像为主要依据；裂隙灯显微镜检查法包括弥散光照明检查法和直接焦点照明检查法。而检眼镜、手电筒及手持裂隙灯弥散光照明检查法仅作为职业健康检查筛查，不能作为诊断检查方法。

## 九、档案管理

（1）作业场所现场三硝基甲苯监测资料。

（2）工作场所三硝基甲苯监测资料。

（3）职业健康检查信息表（含三硝基甲苯接触史，消化系统、眼科疾病史，个人防护情况等）。

（4）历年职业健康检查表（应保持资料的完整性、连续性、准确性）。

（5）职业健康监督执法资料。

（符传东　林丹茵）

# 联苯胺作业职业健康监护质量控制要点

## 一、组织机构

备案联苯胺作业职业健康检查。设置与联苯胺作业职业健康检查相关的科室，合理设置各科室岗位及数量，至少包含内科（体格检查）、心电图检查室、检验科（检测血常规、尿常规、肝功能等）、超声室、放射科（CR/DR）等。

## 二、人员

（1）包含内科医师、心电图检查医师、彩色B超检查医师、检验技师等类别的执业医师、技师、护士等医疗卫生技术人员。

（2）检验医师要求：遵守《全国临床检验操作规程》，专业规范培训，规范化操作。医学影像（放射）医师要求：经过专业规范培训，出具报告要求执业医师签名。

（3）至少有1名具备职业性化学中毒职业病诊断医师资格的主检医师，备案有效人员需要第一注册执业点。

## 三、仪器设备

（1）配备满足并符合与备案联苯胺职业健康检查的类别和项目相适应的血细胞分析仪、尿液分析仪、生化分析仪、心电图仪、病理检查设备、CR/DR摄片机等仪器设备。

（2）有关仪器设备的种类、数量、性能、量程、精确度等技术指标应满足工作需要，国家要求计量认证或校准的，需要符合计量认证或校准的要求。应对血细胞分析仪、尿液分析仪、生化分析仪、心电图仪、病理检查设备等仪器设备进行定期计量、检定和校准，并张贴标识；不属于强制检定的，应有相应校验方法并定期自校。应定期进行维护保养及计量、检定和校验，同时记录设备状态。

(3) 对所使用的设备编制操作规程。

(4) 体检分类项目及设备见表1。

表1 体检分类项目及设备

| 名称 | 类别 | 检查项目 | 设备配置 |
| --- | --- | --- | --- |
| 联苯胺 | 上岗前 | 体格检查必检项目：内科常规检查 | 体格检查必备设备：内科常规检查用听诊器、血压计、身高测量仪、磅秤 |
| | | 实验室和其他检查必检项目：血常规、尿常规、肝功能、心电图、尿脱落细胞检查（巴氏染色法或荧光素吖啶橙染色法）、胸部X射线摄片 | 必检项目必备设备：血细胞分析仪、尿液分析仪、生化分析仪、心电图仪、病理检查设备、CR/DR摄片机 |
| | 在岗期间 | 体格检查必检项目：内科常规检查，重点检查皮肤、腰腹部包块和膀胱触诊检查 | 体格检查必备设备：内科常规检查用听诊器、血压计、身高测量仪、磅秤 |
| | | 实验室和其他检查必检项目：血常规、尿常规、尿脱落细胞检查（巴氏染色法或荧光素吖啶橙染色法）、膀胱B超 | 必检项目必备设备：血细胞分析仪、尿液分析仪、病理检查设备、B超仪 |
| | | 复检项目：出现无痛性血尿，或尿常规、尿脱落细胞检查（巴氏染色法或荧光素吖啶橙染色法）及膀胱B超、彩超结果异常者可选择膀胱镜检查 | 复检项目必备设备：膀胱镜 |
| | 离岗时 | 同在岗期间 | 同在岗期间 |

## 四、工作场所

(1) 工作场所布局合理，采光良好。体检场所应在醒目位置公示体检功能区布局和体检基本流程，引导标识应准确清晰。

(2) 各检查科室布局合理，每个独立的检查室使用面积不小于 $6~m^2$。工作场所张贴采（抽）血须知及注意事项并事先告知。

(3) 实验室布局要符合 GB/T 22576.1—2018《医学实验室 质量和能力的要求 第1部分：通用要求》及 RB/T 214—2017《检验检测机构资质认定能力评价 检验检测机构通用要求》中的场地环境、设备设施的相关规定。

(4) 开展外出职业健康检查的，应当具有相应的外出职业健康检查仪器、设备，以及X光体检车、信息化管理系统等条件。

## 五、质量管理文书

（1）建立联苯胺职业健康检查质量管理规程，进行全过程质量管理并持续有效运行，实现质量管理工作的规范化、标准化。

（2）制备职业健康检查表。

（3）建立实验室管理制度和实验室质控规范。

（4）建立采（抽）血室消毒管理制度，按2016年1月19日国家卫生和计划生育委员会修订的《消毒管理办法》的规定，各种注射、穿刺、采血器具应当"一人一用一灭菌"。

（5）存 GBZ 94—2017《职业性肿瘤的诊断》、GBZ 188—2014《职业健康监护技术规范》等文件备查。

## 六、能力考核与培训

（1）建立和保持技术人员培训制度，制订并落实各类人员教育和培训计划。

（2）质量负责人和技术负责人需要每2年进行1次职业健康检查法律法规知识培训并考核合格。

（3）联苯胺检查主检医师掌握 GBZ 94—2017《职业性肿瘤的诊断》及 GBZ 188—2014《职业健康监护技术规范》，对联苯胺所致疑似职业病、职业禁忌证判断准确。职业性化学中毒职业病诊断医师需要每2年参加复训并考核合格。

（4）个体结论符合率考核。职业健康信息化系统每年1次抽备案单位个体体检报告80份，加上体检单位提供的疑似职业病报告10份、职业禁忌证报告10份，总计对100份体检报告进行专家评分。

## 七、体检过程管理

1）体检对象确定：接触联苯胺化合物作业人员均须进行职业健康检查，规定每年检查1次；离岗后随访10年，每2年检查1次。

2）下列情况需进行复查：

（1）有无痛性、间歇性全程肉眼血尿症状者。

（2）尿常规检查隐血阳性者。

（3）尿脱落细胞检查呈阳性者。

（4）患有急性皮炎或慢性皮炎者：急性皮炎者皮肤出现红斑、水肿、丘疹，或在水肿性红斑的基础上密布丘疹、水疱或大疱，大疱破后呈糜烂、渗液、结痂，自觉灼痛或瘙痒；慢性皮炎者皮肤呈不同程度地浸润、增厚、脱屑或皲裂。

3）疑似联苯胺所致膀胱癌判断：

（1）原发性膀胱癌诊断明确；

（2）有明确的联苯胺接触史，累计接触年限不少于1年。

（3）潜隐期不少于10年。

## 八、质量控制

联苯胺职业健康监护检查重点应询问泌尿系统病史及相关症状，如无痛性血尿等；内科检查重点应检查皮肤、腰腹部包块和膀胱触诊检查。

出现无痛性血尿，或尿常规、尿脱落细胞检查（巴氏染色法或荧光素吖啶橙染色法）、膀胱 B 超检查异常者可选择膀胱镜检查。

## 九、档案管理

（1）作业场所现场联苯胺监测资料。
（2）工作场所联苯胺监测资料。
（3）职业健康检查信息表（含联苯胺接触史、个人防护情况等）。
（4）历年职业健康检查表（应保持资料的完整性、连续性、准确性）。
（5）职业健康监督执法资料。

（符传东　丘晓玲）

# 氯气作业职业健康监护质量控制要点

## 一、组织机构

备案氯气作业职业健康检查。设置与氯气作业职业健康检查相关的科室，合理设置各科室岗位及数量，至少包含内科（体格检查）、心电图检查室、肺功能检查室、放射科、实验室（血常规、尿常规、肝功能检查）等。

## 二、人员

（1）包含内科医师、心电图检查医师、肺功能检查医师、放射科检查医师、检验技师等类别的执业医师、技师、护士等医疗卫生技术人员。

（2）检验医师要求：遵守《全国临床检验操作规程》，专业规范培训，规范化操作。医学影像（放射）医师要求：经过专业规范培训，出具报告要求执业医师签名。

（3）至少有 1 名具备职业性化学中毒职业病诊断医师资格的主检医师，备案有效人员需要第一注册执业点。

## 三、仪器设备

（1）具有与备案氯气职业健康检查的类别和项目相适应的血细胞分析仪、尿液分析仪、生化分析仪、心电图仪、CR/DR摄片机、肺功能仪等仪器设备。

（2）有关仪器设备的种类、数量、性能、量程、精确度等技术指标应满足工作需要，国家要求计量认证或校准的，需要符合计量认证或校准的要求。应对血细胞分析仪、尿液分析仪、生化分析仪、心电图仪、CR/DR摄片机、肺功能仪等仪器设备进行定期计量、检定和校准，并张贴标识；不属于强制检定的，应有相应校验方法并定期自校。应定期进行维护保养及计量、检定和校验，同时记录设备状态。

（3）对所使用的设备编制操作规程。

（4）体检分类项目及设备见表1。

表1　体检分类项目及设备

| 名称 | 类别 | 检查项目 | 设备配置 |
| --- | --- | --- | --- |
| 氯气 | 上岗前 | 体格检查必检项目：内科常规检查，重点检查呼吸系统 | 体格检查必备设备：内科常规检查用听诊器、血压计、身高测量仪、磅秤 |
| | | 实验室和其他检查必检项目：血常规、尿常规、肝功能、心电图、胸部X射线摄片、肺功能 | 必检项目必备设备：血细胞分析仪、尿液分析仪、生化分析仪、心电图仪、CR/DR摄片机、肺功能仪 |
| | 在岗期间 | 同上岗前 | 同上岗前 |
| | 离岗时 | 同上岗前 | 同上岗前 |
| | 应急 | 体格检查必检项目：1）内科常规检查，重点检查呼吸系统；2）眼科常规检查，重点检查结膜、角膜病变，必要时进行裂隙灯检查；3）鼻及咽部常规检查，必要时进行咽喉镜检查；4）皮肤科常规检查 | 体格检查必备设备：1）内科常规检查用听诊器、血压计、身高测量仪、磅秤；2）眼科常规检查用视力表、色觉图谱（必要时用裂隙灯）；3）鼻及咽部常规检查用额镜或额眼灯、咽喉镜 |
| | | 实验室和其他检查必检项目：血常规、尿常规、心电图、胸部X射线摄片、血氧饱和度 | 必检项目必备设备：血细胞分析仪、尿液分析仪、心电图仪、CR/DR摄片机、血氧饱和度测定仪或血气分析仪 |
| | | 选检项目：血气分析、胸部CT、肺功能 | 选检项目设备配备：血气分析仪、CT仪、肺功能仪 |

## 四、工作场所

（1）工作场所布局合理，采光良好。体检场所应在醒目位置公示体检功能区布局和体检基本流程，引导标识应准确清晰。

(2) 各检查科室布局合理，每个独立的检查室使用面积不小于 6 m$^2$。工作场所张贴采（抽）血须知及注意事项并事先告知。

(3) 实验室布局要符合 GB/T 22576.1—2018《医学实验室　质量和能力的要求　第 1 部分：通用要求》及 RB/T 214—2017《检验检测机构资质认定能力评价　检验检测机构通用要求》中的场地环境、设备设施的相关规定。

(4) 开展外出职业健康检查的，应当具有相应的外出职业健康检查仪器、设备，以及 X 光体检车、信息化管理系统等条件。

## 五、质量管理文书

(1) 建立氯气职业健康检查质量管理规程，进行全过程质量管理并持续有效运行，实现质量管理工作的规范化、标准化。

(2) 制备职业健康检查表。

(3) 建立实验室管理制度和实验室质控规范。

(4) 建立肺功能检查室管理制度和肺功能检查质控规范。

(5) 存 GBZ/T 237—2011《职业性刺激性化学物致慢性阻塞性肺疾病的诊断》、GBZ 188—2014《职业健康监护技术规范》等文件备查。

## 六、能力考核与培训

(1) 建立和保持技术人员培训制度，制订并落实各类人员教育和培训计划。

(2) 质量负责人和技术负责人需要每 2 年进行 1 次职业健康检查法律法规知识培训并考核合格。

(3) 氯气检查主检医师应掌握 GBZ/T 237—2011《职业性刺激性化学物致慢性阻塞性肺疾病的诊断》及 GBZ 188—2014《职业健康监护技术规范》，对氯气所致疑似职业病、职业禁忌证判断准确。职业性化学中毒职业病诊断医师需要每 2 年参加复训并考核合格。

(4) 个体结论符合率考核。职业健康信息化系统每年 1 次抽备案单位个体体检报告 80 份，加上体检单位提供的疑似职业病报告 10 份、职业禁忌证报告 10 份，总计对 100 份体检报告进行专家评分。

## 七、体检过程管理

1) 体检对象确定：工作场所氯气接触作业人员均须进行职业健康检查，规定每年检查 1 次。

2) 出现以下情况需进行复查：

(1) 慢性咳嗽、咳痰，气短或呼吸困难；肺部听诊可闻及两肺呼吸音明显增粗或减弱，有干、湿啰音等阳性体征者。

(2) 肺功能检测结果发现阻塞性、限制性或混合性通气功能障碍。

(3) X 射线胸片可显示双肺纹理明显增多、增粗、紊乱、延伸外带、弥漫性浸润阴影或见肺气肿征等异常表现。

3) 疑似职业性刺激性化学物致慢性阻塞性肺疾病的判断，应同时具备下列条件者：

（1）有长期刺激性化学物高风险职业接触史。

（2）上岗前职业健康检查没有慢性呼吸系统健康损害的临床表现。

（3）早期症状的发生、消长与工作中接触刺激性化学物密切相关。

（4）慢性咳嗽、咳痰，伴进行劳力性气短或呼吸困难。肺部听诊可闻及双肺呼吸音明显增粗，肺气肿时呼吸音减低；可闻及干、湿性啰音。

（5）X射线胸片可显示双肺纹理明显增多、增粗、紊乱、延伸外带；可见肺气肿征。

（6）不明原因的慢性咳嗽及心肺疾患。

（7）无明显长期吸烟史。

（8）肺功能出现不可逆的阻塞性通气功能障碍，使用支气管扩张剂后，1秒用力呼气末容积与用力肺活量的比值（$FEV_1/FVC$）<70%。

4）要点说明：

（1）诊断原则：在诊断职业性刺激性化学物致慢性阻塞性肺部疾病时，应主要根据长期刺激性化学物高风险职业接触史及发病与职业接触的动态关系，综合分析职业因素的致病作用，排除其他非职业因素的影响后，方可做出诊断。

（2）职业性刺激性化学物致慢性阻塞性肺部疾病是指在职业活动中长期从事刺激性化学物高风险作业而引起的以肺部化学性慢性炎性反应、继发不可逆的阻塞性通气功能障碍为特征的呼吸系统疾病。诊断主要依据为肺功能有不完全可逆的阻塞性通气功能障碍，诊断起点为使用支气管扩张剂后 $FEV_1/FVC$ <70%，并按照 $FEV_1$% 的预计值将慢性阻塞性肺疾病的严重程度分为四级。

（3）长期刺激性化学物高风险接触史是指工作中长期或反复暴露于超过氯气"刺激阈"的作业，累计工龄5年以上。

（4）由于刺激性化学物对人体的阈值无法测定，实际工作中可用下列因素综合判断作业环境刺激性化学物的值是否经常超过其刺激阈值（同时满足下述4项中的2项，可认为有"刺激性化学物高风险职业接触史"）：

A. 工作暴露是否有经常反复发作的上呼吸道及黏膜的刺激症状，且有就医记录（记载病史及临床表现、诊疗情况）；

B. 有作业环境刺激性化学物动态监测资料，或监测结果常超过国家标准；

C. 相同工作环境中具有相近暴露水平的可能有多人发病或相似的症状；

D. 生产工艺落后，非密闭作业，存在跑、冒、滴、漏现象；无通风排毒设施或通风排毒效果差；无个人防护或为无效防护。

（5）吸烟是职业性刺激性化学物导致慢性阻塞性肺部疾病的主要影响因素；长期吸烟史指吸烟5年以上。

## 八、肺功能质量控制

1）肺功能检查操作：参照"粉尘作业职业健康监护质量控制要点"中相应内容执行。

2）结果判断：检查数据可以应用于肺功能损伤分级及小气道异常分级的解释，评定有困难时可参考其他更详细的数据。

(1) 通气功能损伤分级见表2。

表2 通气功能损伤分级

| 项目 | 肺活量（VC） | 用力肺活量（FVC） | 1秒用力呼气容积（FEV1） | 最大通气量（MVV） | FEV1/FVC |
|---|---|---|---|---|---|
| 正常 | >80% | >80% | >80% | >80% | >70% |
| 轻度损伤 | 60%～79% | 60%～79% | 60%～79% | 60～79% | 55%～69% |
| 中度损伤 | 40%～59% | 40%～59% | 40%～59% | 40%～59% | 35%～54% |
| 重度损伤 | <40% | <40% | <40% | <40% | <35% |

注：VC为肺活量；FVC为用力肺活量；FEV1为1秒用力呼气容积；MVV为最大通气量；FEV1/FVC为1秒用力呼气容积与用力肺活量之比。

(2) 小气道功能异常分级见表3。

表3 小气道功能异常分级

| 项目 | 呼气峰流量（PEF） | 用力呼气流量（FEF）25%～75% | FEF 25% | FEF 50% | FEF 75% |
|---|---|---|---|---|---|
| 正常 | | >70% | | | |
| 轻度异常 | | 50%～70% | | | |
| 中度异常 | | 30%～50% | | | |
| 重度异常 | | <30% | | | |

注：PEF为呼气峰流量；FEF为用力呼气流量。

## 九、档案管理

(1) 作业场所现场氯气监测资料。

(2) 工作场所氯气监测资料。

(3) 职业健康检查信息表（含氯气接触史、个人防护情况）。

(4) 历年肺功能检查结果。

(5) 历年职业健康检查表（应保持资料的完整性、连续性、准确性）。

(6) 职业健康监督执法资料。

（符传东　林丹茵）

# 二氧化硫作业职业健康监护质量控制要点

## 一、组织机构

备案二氧化硫作业职业健康检查。设置与二氧化硫作业职业健康检查相关的科室，合理设置各科室岗位及数量，至少包含内科（体格检查）、心电图检查室、肺功能检查室、放射科、临床检验科等。

## 二、人员

（1）包含体格检查医师、耳鼻咽喉科资格执业医师、心电图检查医师、肺功能检查医师等类别的执业医师、技师、护士等医疗卫生技术人员。

（2）肺功能检查医师要求：规范培训及肺功能检查培训合格。出报告要求执业医师签名。

（3）至少有1名具备化学因素所致职业病诊断医师资格的主检医师，备案有效人员需要第一注册执业点。

## 三、仪器设备

（1）配备满足并符合与备案二氧化硫职业健康检查的类别和项目相适应的肺功能仪、耳鼻喉科常规检查器械、眼科常规检查器械等仪器设备；内科常规检查用听诊器、血压计、身高测量仪、磅秤，以及血细胞分析仪、尿液分析仪、生化分析仪、血气分析仪、心电图仪、CR/DR摄片机等仪器设备。

（2）有关仪器设备的种类、数量、性能、量程、精确度等技术指标应满足工作需要，国家要求计量认证或校准的，需要符合计量认证或校准的要求。应对肺功能仪、心电图仪等仪器设备进行定期计量、检定和校准，并张贴标识；不属于强制检定的，应有相应校验方法并定期自校。应定期进行维护保养及计量、检定和校验，同时记录设备状态。

（3）对所使用的设备编制操作规程。

（4）体检分类项目及设备见表1。

表1 体检分类项目及设备

| 名称 | 类别 | 检查项目 | 设备配置 |
| --- | --- | --- | --- |
| 二氧化硫 | 上岗前 | 体格检查必检项目：内科常规检查 | 体格检查必备设备：内科常规检查用听诊器、血压计、身高测量仪、磅秤 |
| | | 实验室和其他检查必检项目：血常规、尿常规、肝功能、心电图、肺功能、胸部X射线摄片 | 必检项目必备设备：血细胞分析仪、尿液分析仪、生化分析仪、心电图仪、肺功能仪、CR/DR摄片机 |

续上表

| 名称 | 类别 | 检查项目 | 设备配置 |
|---|---|---|---|
| 二氧化硫 | 在岗期间 | 同上岗前 | 同上岗前 |
| | 离岗时 | 同在岗期间 | 同在岗期间 |
| | 应急 | 体格检查必检项目：1）内科常规检查，重点检查呼吸系统；2）眼科常规检查，重点检查结膜、角膜病变，必要时进行裂隙灯检查；3）鼻及咽部常规检查，必要时进行咽喉镜检查；4）皮肤科常规检查 | 体格检查必备设备：1）内科常规检查用听诊器、血压计、身高测量仪、磅秤；2）眼科常规检查用视力表、色觉图谱（必要时用裂隙灯）；3）鼻及咽部常规检查用额镜或额眼灯、咽喉镜 |
| | | 实验室和其他检查必检项目：血常规、尿常规、心电图、胸部 X 射线摄片、血氧饱和度 | 必检项目必备设备：血细胞分析仪、尿液分析仪、心电图仪、CR/DR 摄片机、血氧饱和度测定仪或血气分析仪 |
| | | 选检项目：血气分析、胸部 CT、肺功能 | 选检项目设备配备：血气分析仪、CT 仪、肺功能仪 |

## 四、工作场所

（1）工作场所布局合理，采光良好。体检场所应在醒目位置公示体检功能区布局和体检基本流程，引导标识应准确清晰。

（2）体格检查室、肺功能检查室布局合理，每个独立的检查室使用面积不小于 6 $m^2$；肺功能室面积不小于 10 $m^2$。肺功能室应有良好的通风设备，最好有窗户并且能有新风流动，如果是中央管道送风的实验室，其通风量必须充足，空气过滤器滤网也应定期清洗。肺功能室内的温度、湿度应当相对恒定，环境宜安静。

（3）开展外出职业健康检查的，应当具有相应的外出职业健康检查仪器、设备，以及 DR 检查专用车辆、信息化管理系统等条件。

## 五、质量管理文书

（1）建立二氧化硫职业健康检查质量管理规程，进行全过程质量管理并持续有效运行，实现质量管理工作的规范化、标准化。

（2）制备职业健康检查表（其中包含肺功能图）。

（3）工作场所张贴测肺功能须知并事先告知。

（4）建立肺功能室管理制度，建立肺功能检查质控规范。

（5）存肺功能检查标准、GBZ/T 237—2011《职业性刺激性化学物致慢性阻塞性肺疾病的诊断》、GBZ 58—2014《职业性急性二氧化硫中毒的诊断》、GBZ 54—2017《职业性化学性眼灼伤的诊断》、GBZ 51—2009《职业性化学性皮肤灼伤诊断标准》、GBZ 2.1—2019《工作场所有害因素职业接触限值 第 1 部分：化学有害因素》、GBZ 188—2014《职业健康监护技术规范》等文件备查。

## 六、能力考核与培训

（1）建立和保持技术人员培训制度，制订并落实各类人员教育和培训计划。

（2）质量负责人和技术负责人需要每 2 年进行 1 次职业健康检查法律法规知识培训并考核合格。

（3）肺功能检查医师检测能力合格。五官科检查医师和眼科医师具备针对眼科、鼻及咽部损害情况的检查能力。皮肤科医师具备针对皮肤损害情况的检查能力。按照相关临床操作规范进行。

（4）二氧化硫检查主检医师掌握 GBZ 58—2014《职业性急性二氧化硫中毒的诊断》、GBZ 54—2017《职业性化学性眼灼伤的诊断》、GBZ 51—2009《职业性化学性皮肤灼伤诊断标准》、GBZ 188—2014《职业健康监护技术规范》，对二氧化硫所致疑似职业病、职业禁忌证判断准确。职业性化学中毒诊断医师需要每 2 年参加复训并考核合格。

（5）质量控制能力考核按省职业健康质量控制中心有关规定进行质量考核。

（6）个体结论符合率考核：职业健康信息化系统每年 1 次抽备案单位个体体检报告 80 份，加上体检单位提供的疑似职业病报告 10 份、职业禁忌证报告 10 份，总计对 100 份体检报告进行专家评分。

## 七、二氧化硫体检过程管理

体检对象确定：职业人群工作场所经作业场所职业危害检测后确定存在二氧化硫。

## 八、质量控制

（一）肺功能检查质量控制

（1）仪器的质量控制要求：肺功能仪的各组成部分应符合其技术要求，保证肺功能仪器检测的流量、容量、时间、压力等指标参数达到一定的技术质控标准。仪器的定期检定、校准是用于保障肺功能仪器测定准确的关键程序之一，包括流量和容积校正、检测气体浓度校正和压力校正等参数，应使校正后的实际测量值与理论值的误差缩小到可接受范围。

（2）检查环境要求：肺功能检查室应有良好的通风设备，室内的温度范围应在 18～24 ℃，相对湿度在 50%～70%，保持环境条件相对恒定。检查室门口可以设置演示录像供受检者观看，以便受检者根据录像提示练习呼吸动作尽快掌握检测工作要领，正确配合检查，获得可靠结果并缩短检查时间。

（3）工作人员素质要求：肺功能室工作人员应经过培训并考核合格，具备呼吸生理的基础理论知识，了解检查项目的临床意义，掌握各检查项目正确的操作步骤和质量要求。同时，应有良好的服务态度，以取得受检者的信任与配合。在指导受检者检查过程中适当运用动作、语言或配合使用动画演示来提示、鼓励受检者完成检查动作，检查过程中对受检者的努力程度及配合与否应做出迅速判断,保证检查结果的准确性。

(4) 受检者的依从性。了解肺功能检查的流程和注意事项,其中肺功能检查的禁忌证包括以下几个方面:①近3个月患心肌梗死、脑卒中、休克;②近1个月出现大咯血;③高血压(收缩压 > 160 mmHg,舒张压 > 100 mmHg);④近期有眼、耳、颅脑手术;⑤孕妇;⑥气胸、肺大泡;⑦严重甲亢;⑧癫痫发作,需用药物控制;⑨不稳定心绞痛、主动脉瘤等。存在以上情况要及时告知工作人员;耐心听取工作人员的讲解,受检者的良好配合是完成肺功能检查的必要条件,如不能配合,则大多数的肺功能检查都不能进行。检查前让受检者在旁观摩或观看视频录像等,有助于其了解检查过程和加快检查进度,提高受试者配合的质量。

(二) 内科检查质量控制

二氧化硫对呼吸道有强烈刺激作用,呼吸道是二氧化硫的靶器官,患有支气管哮喘、慢性阻塞性肺部疾病、慢性间质性肺病的劳动者应列为职业禁忌证,检查过程应结合二氧化硫的接触史,注意呼吸系统损害的临床表现,如咽痛、咳嗽、咳痰、胸闷、气促等上呼吸道刺激症状,以及胸部X射线征象。

(三) 眼科检查的质量控制

二氧化硫对眼有强烈刺激作用,眼科医师检查时要注意受检者是否出现畏光、流泪、眼痛、眼部灼热感或异物感等眼部刺激症状。

(四) 应急健康检查血气分析的质量控制

**1. 检测前的质量控制**

(1) 体检者准备:尽量使体检者处于安静、情绪稳定、呼吸稳定状态。

(2) 抗凝剂选择:国际临床化学联合会(The International Federation of Clinical Chemistry and Laboratory Medicine,IFCC)推荐针管肝素抗凝剂使用量为50 IU/mL。

(3) 采血器材:建议使用专用的预设性动脉血气采血针采集标本,其预置有固态抗凝剂,不会对样本造成稀释;针筒壁密度高,具有双重密封活塞及活塞自动排气功能,避免标本采集时混入空气。

(4) 采血部位:要选择表浅易于触及、穿刺方便、体表侧支循环较多、远离静脉和神经的动脉,常用桡动脉、肱动脉、股动脉等。

(5) 标本采集:采血前护理人员应先用肝素钠充分浸润针筒内壁,将空气和多余肝素钠排尽,防止溶血、污染和过失采样。标本采集完成后,医护人员应如实记录体检者资料,如姓名、年龄、体温、血红蛋白含量等相关信息。

(6) 标本储存与转运:标本采集后应立即送检,在尽可能短的时间内测定,如需存放,应置于4 ℃冰箱内,放置时间不超过1 h。

**2. 检测时的质量控制**

(1) 检验人员应注重定期对血气分析仪进行必要的维护和保养,做好室内质控和室间质量评价活动,用以了解仪器的运行状态。每天测定标本前先检测高、中、低浓度质控品,将原始质控记录在质控图或质控表上;遇有失控情况发生,检验人员必须及时查找失控原因并采取纠正措施。

（2）检验人员应注意核对信息，标本上机前务必充分混匀并将标本的前几滴血排出，标本检测过程中要严格执行操作规程，以防止人为因素对血气结果产生影响。

3. 分析后质量控制

（1）注意标本测量值的合理性：结合临床诊断判别仪器的可靠性，根据与以往几次测定结果比较，避免因仪器不稳定、标本质量等问题而引起的误差。

（2）加强医技合作：检验人员应经常、定期地虚心听取临床医生的意见，定期统计检验报告不正确率，分析原因并加以改进。

（五）血氧饱和度的质量控制

血氧饱和度测量主要是指通过指夹式接触而无损伤地测量人体血液中的血氧浓度、心率等。目前血氧饱和度参数计量工作不在国家强制检定的工作计量器具目录中，因此使用单位要在工作中加强对设备的维护管理，进行必要的自校准并与传统的血氧饱和度检测方法进行比较。

## 九、档案管理

（1）作业场所现场二氧化硫监测资料。

（2）职业健康检查信息表（含职业接触史、个人防护情况等）。

（3）历年职业健康检查表（应保持资料的完整性、连续性、准确性）。

（4）职业健康监督执法资料。

（冯文艇　黄红英）

# 氮氧化物作业职业健康监护质量控制要点

## 一、组织机构

备案氮氧化物作业职业健康检查。设置与氮氧化物作业职业健康检查相关的科室，合理设置各科室岗位及数量，至少包含内科（体格检查）、心电图检查室、肺功能检查室、放射科、临床检验科等。

## 二、人员

（1）包含体格检查医师、耳鼻咽喉科资格执业医师、心电图检查医师、肺功能检查医师等类别的执业医师、技师、护士等医疗卫生技术人员。

（2）肺功能检查医师要求：规范培训，肺功能检测培训合格。出报告要求执业医师签名。

（3）至少有 1 名具备化学因素所致职业病诊断医师资格的主检医师，备案有效人员需要第一注册执业点。

## 三、仪器设备

（1）配备满足并符合与备案氮氧化物职业健康检查的类别和项目相适应的肺功能仪、耳鼻喉科常规检查器械、眼科常规检查器械等仪器设备。内科常规检查用听诊器、血压计、身高测量仪、磅秤，以及血细胞分析仪、尿液分析仪、生化分析仪、血气分析仪、心电图仪、CR/DR 摄片机等仪器设备。

（2）有关仪器设备的种类、数量、性能、量程、精确度等技术指标应满足工作需要，国家要求计量认证或校准的，需要符合计量认证或校准的要求。应对肺功能仪、心电图仪等仪器设备进行定期计量、检定和校准，并张贴标识；不属于强制检定的，应有相应校验方法并定期自校。应定期进行维护保养及计量、检定和校验，同时记录设备状态。

（3）对所使用的设备编制操作规程。

（4）体检分类项目及设备见表 1。

表 1 体检分类项目及设备

| 名称 | 类别 | 检查项目 | 设备配置 |
| --- | --- | --- | --- |
| 氮氧化物 | 上岗前 | 体格检查必检项目：内科常规检查。实验室和其他检查必检项目：血常规、尿常规、肝功能、心电图、肺功能、胸部 X 射线摄片 | 体格检查必备设备：内科常规检查用听诊器、血压计、身高测量仪、磅秤<br>必检项目必备设备：血细胞分析仪、尿液分析仪、生化分析仪、心电图仪、肺功能仪、CR/DR 摄片机 |
| | 在岗期间 | 同上岗前 | 同上岗前 |
| | 离岗时 | 同上岗前 | 同上岗前 |
| | 应急 | 体格检查必检项目：1）内科常规检查，重点检查呼吸系统；2）眼科常规检查，重点检查结膜、角膜病变，必要时进行裂隙灯检查；3）鼻及咽部常规检查，必要时进行咽喉镜检查；4）皮肤科常规检查 | 体格检查必备设备：1）内科常规检查用听诊器、血压计、身高测量仪、磅秤；2）眼科常规检查用视力表、色觉图谱（必要时用裂隙灯）；3）鼻及咽部常规检查用额镜或额眼灯、咽喉镜 |
| | | 实验室和其他检查必检项目：血常规、尿常规、心电图、胸部 X 射线摄片、血氧饱和度 | 必检项目必备设备：血细胞分析仪、尿液分析仪、心电图仪、CR/DR 摄片机、血氧饱和度测定仪或血气分析仪 |
| | | 选检项目：血气分析、胸部 CT、肺功能 | 选检项目设备配备：血气分析仪、CT 仪、肺功能仪 |

## 四、工作场所

（1）工作场所布局合理，采光良好。体检场所应在醒目位置公示体检功能区布局和体检基本流程，引导标识应准确清晰。

（2）体格检查室、肺功能检查室布局合理，每个独立的检查室使用面积不小于 6 $m^2$；肺功能室面积不小于 10 $m^2$。肺功能室应有良好的通风设备，最好有窗户并且能有新风流动，如果是中央管道送风的实验室，其通风量必须充足，空气过滤器滤网也应定期清洗。肺功能室内的温、湿度应当相对恒定，环境宜安静。

（3）开展外出职业健康检查的，应当具有相应的外出职业健康检查仪器、设备，以及信息化管理系统等条件。

## 五、质量管理文书

（1）建立氮氧化物职业健康检查质量管理规程，进行全过程质量管理并持续有效运行，实现质量管理工作的规范化、标准化。

（2）制备职业健康检查表（其中包含肺功能图）。

（3）工作场所张贴测肺功能须知并事先告知。

（4）建立肺功能室管理制度，建立肺功能检查质控规范。

（5）存 GBZ/T 237—2011《职业性刺激性化学物致慢性阻塞性肺疾病的诊断》、GBZ 15—2002《职业性急性氮氧化物中毒诊断标准》、GBZ 54—2017《职业性化学性眼灼伤的诊断》、GBZ 51—2009《职业性化学性皮肤灼伤诊断标准》、GBZ 2.1—2019《工作场所有害因素职业接触限值 第 1 部分：化学有害因素》、GBZ 188—2014《职业健康监护技术规范》等文件备查。

## 六、能力考核与培训

（1）建立和保持技术人员培训制度，制订并落实各类人员教育和培训计划。

（2）质量负责人和技术负责人需要每 2 年进行 1 次职业健康检查法律法规知识培训并考核合格。

（3）肺功能检查医师检测能力合格。

（4）五官科检查医师和眼科医师具备针对眼科、鼻及咽部损害情况的检查能力。皮肤科医师具备针对皮肤损害情况的检查能力。按照相关临床操作规范进行。

（5）氮氧化物检查主检医师掌握 GBZ 15—2002《职业性急性氮氧化物中毒诊断标准》、GBZ 54—2017《职业性化学性眼灼伤》、GBZ 51—2009《职业性化学性皮肤灼伤诊断标准》及 GBZ 188—2014《职业健康监护技术规范》，对氮氧化物所致疑似职业病、职业禁忌证判断准确。职业性化学中毒诊断医师需要每 2 年参加复训并考核合格。

（6）质量控制能力考核按省职业健康质量控制中心有关规定进行质量考核。

（7）个体结论符合率考核：职业健康信息化系统每年 1 次抽备案单位个体体检报告 80 份，加上体检单位提供疑似职业病报告 10 份、职业禁忌证报告 10 份，总计对 100 份体检报告进行专家评分。

## 七、氮氧化物体检过程管理

体检对象确定：经作业场所职业危害检测后确定作业场所存在氮氧化物的职业

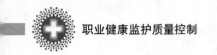

人群。

## 八、质量控制

（一）肺功能检查质量控制

（1）仪器的质量控制要求：肺功能仪的各组成部分应符合其技术要求，保证肺功能仪器检测的流量、容量、时间、压力等指标参数达到一定的技术质控标准。仪器的定期检定、校准是用于保障肺功能仪器测定准确的关键程序之一，包括流量和容积校正、检测气体浓度校正和压力校正等参数，应使校正后的实际测量值与理论值的误差缩小到可接受范围。

（2）检查环境要求：肺功能检查的实验室面积不宜过小，应有良好的通风设备，室内的温度范围应在 18～24 ℃，相对湿度 50%～70%，并保持相对恒定。检查室门口可以设置演示录像供受检者观看，以便受检者根据录像提示练习呼吸动作，尽快掌握检测工作要领，正确配合检查，获得可靠结果并缩短检查时间。

（3）工作人员素质要求：肺功能室工作人员应经过培训并考核合格，具备呼吸生理的基础理论知识，了解检查项目的临床意义，掌握各检查项目正确的操作步骤和质量要求。同时，应有良好的服务态度，以取得受检者的信任与配合。在指导受检者检查过程中适当运用动作、语言或配合使用动画演示来提示、鼓励受检者完成检查动作，检查过程中对受检者的努力程度及配合与否应做出迅速判断，保证检查结果的准确性。

（4）受检者的依从性。了解肺功能检查的流程和注意事项，其中肺功能检查的禁忌证包括以下几个方面：①近 3 个月患心肌梗死、脑卒中、休克；②近 1 个月出现大咯血；③高血压（收缩压 > 160 mmHg，舒张压 > 100 mmHg）；④近期有眼、耳、颅脑手术；⑤孕妇；⑥气胸、肺大泡；⑦严重甲亢；⑧癫痫发作，需用药物控制；⑨不稳定心绞痛、主动脉瘤等。存在以上情况要及时告知工作人员；耐心听取工作人员的讲解，受检者的良好配合是完成肺功能检查的必要条件，如不能配合，则大多数的肺功能检查都不能进行。检查前让受检者在旁观摩或观看视频录像等，有助于其了解检查过程和加快检查进度，提高受试者配合的质量。

（二）内科检查质量控制

氮氧化物对呼吸道有强烈刺激作用，呼吸道是氮氧化物的靶器官，患有支气管哮喘、慢性阻塞性肺部疾病、慢性间质性肺病的劳动者应列为职业禁忌证，检查过程应结合氮氧化物的接触史，注意呼吸系统损害的临床表现，如咽痛、咳嗽、咳痰、胸闷、气促等上呼吸道刺激症状，以及胸部 X 射线征象做出诊断。

（三）眼科检查的质量控制

氮氧化物对眼有强烈刺激作用，眼科医师检查时要注意受检者是否出现畏光、流泪、眼痛、眼部灼热感或异物感等眼部刺激症状。

（四）应急健康检查血气分析的质量控制

**1. 检测前的质量控制**

（1）体检者准备：尽量使体检者处于安静、情绪稳定、呼吸稳定状态。

（2）抗凝剂选择：国际临床化学联合会（IFCC）推荐针管肝素抗凝剂使用量为

50 IU/mL。

(3) 采血器材：建议使用专用的预设性动脉血气采血针采集标本。其预置有固态抗凝剂，不会对样本造成稀释；针筒壁密度高，具有双重密封活塞以及活塞自动排气功能，避免标本采集时混入空气。

(4) 采血部位：要选择表浅易于触及、穿刺方便、体表侧支循环较多、远离静脉和神经的动脉，常用桡动脉、肱动脉、股动脉等。

(5) 标本采集：采血前护理人员应先用肝素钠充分浸润针筒内壁，将空气和多余肝素钠排尽，防止溶血、污染和过失采样。标本采集完成后，医护人员应如实记录体检者资料，如姓名、年龄、体温、血红蛋白含量等相关信息。

(6) 标本储存与转运：标本采集后应立即送检，在尽可能短的时间内测定，如需存放，应置于4 ℃冰箱内，放置时间不超过1 h。

2. 检测时的质量控制

(1) 检验人员应注重定期对血气分析仪进行必要的维护和保养，做好室内质控和室间质量评价活动，用以了解仪器的运行状态。每天测定标本前先检测高、中、低浓度质控品，将原始质控记录在质控图或质控表上；遇有失控情况发生，检验人员必须及时查找失控原因并采取纠正措施。

(2) 检验人员应注意核对信息，标本上机前务必充分混匀并将标本的前几滴血排出，标本检测过程中要严格执行操作规程，以防止人为因素对血气结果产生影响。

3. 分析后质量控制

(1) 注意标本测量值的合理性：结合临床诊断判别仪器的可靠性，根据与以往几次测定结果比较，避免仪器因不稳定、标本质量等问题而引起的误差。

(2) 加强医技合作：检验人员应经常、定期地虚心听取临床医生的意见，定期统计检验报告不正确率，分析原因并加以改进。

(五) 血氧饱和度的质量控制

血氧饱和度测量主要是指通过指夹式接触可以无损伤地测量人体血液中的血氧浓度、心率等。目前血氧饱和度参数计量工作不在国家强制检定的工作计量器具目录中，因此使用单位要在工作中加强对设备的维护管理，进行必要的自校准并与传统的血氧饱和度检测方法进行比较。

## 九、档案管理

(1) 作业场所现场氮氧化物监测资料。
(2) 职业健康检查信息表（含职业接触史、个人防护情况等）。
(3) 历年职业健康检查表（应保持资料的完整性、连续性、准确性）。
(4) 职业健康监督执法资料。

（冯文艇　黄红英）

# 氨作业职业健康监护质量控制要点

## 一、组织机构

备案氨作业的职业健康检查。设置与氨作业职业健康检查相关的科室，合理设置各科室岗位及数量，至少包含放射科、内科（体格检查）、心电图检查室、肺功能检查室等。

## 二、人员

（1）包含体格检查医师、放射诊断资格执业医师、心电图检查医师、肺功能检查医师等类别的执业医师、技师、护士等医疗卫生技术人员。

（2）肺功能检查医师要求：规范培训，出具报告要求执业医师签名。胸部 X 射线检查医师要求：规范培训，出具报告要求执业医师签名。

（3）至少有 1 名具备职业性化学中毒职业病诊断医师资格的主检医师，备案有效人员需要第一注册执业点。

## 三、仪器设备

（1）配备满足并符合与备案氨职业健康检查的类别和项目相适应的肺功能仪。符合条件的临床检验实验室应具有血细胞分析仪、尿液分析仪、生化分析仪、血氧饱和度测定仪或血气分析仪等仪器设备。外出体检配置 DR 车。

（2）有关仪器设备的种类、数量、性能、量程、精确度等技术指标应满足工作需要，国家要求计量认证或校准的，需要符合计量认证或校准的要求。应对肺功能仪等仪器设备进行定期计量、检定和校准，并张贴标识；不属于强制检定的仪器设备，应有相应校验方法并定期自校。应定期进行维护保养及计量、检定和校验，同时记录设备状态。

（3）对所使用的设备编制操作规程。

（4）体检分类项目及设备见表 1。

表 1 体检分类项目及设备

| 名称 | 类别 | 检查项目 | 设备配置 |
| --- | --- | --- | --- |
| 氨 | 上岗前 | 体格检查必检项目：内科常规检查 | 体格检查必备设备：内科常规检查用听诊器、血压计、身高测量仪、磅秤 |
| | | 实验室和其他检查必检项目：血常规、尿常规、肝功能、心电图、胸部 X 射线摄片、肺功能 | 必检项目必备设备：血细胞分析仪、尿液分析仪、生化分析仪、心电图仪、CR/DR 摄片机、肺功能仪 |

续上表

| 名称 | 类别 | 检查项目 | 设备配置 |
|---|---|---|---|
| 氨 | 在岗期间 | 同上岗前 | 同上岗前 |
| | 离岗时 | 同上岗前 | 同上岗前 |
| | 应急 | 体格检查必检项目：1）内科常规检查，重点检查呼吸系统；2）眼科常规检查，重点检查结膜、角膜病变，必要时进行裂隙灯检查；3）鼻及咽部常规检查，必要时进行咽喉镜检查；4）皮肤科常规检查 | 体格检查必备设备：内科常规检查用听诊器、血压计、身高测量仪、磅秤；眼科常规检查用视力表、色觉图谱（必要时用裂隙灯）；鼻及咽部常规检查用额镜或额眼灯、咽喉镜 |
| | | 实验室和其他检查必检项目：血常规、尿常规、心电图、胸部X射线摄片、血氧饱和度 | 必检项目必备设备：血细胞分析仪、尿液分析仪、心电图仪、CR/DR摄片机、血氧饱和度测定仪或血气分析仪 |
| | | 选检项目：血气分析、胸部CT、肺功能 | 选检项目设备配备：血气分析仪、CT仪、肺功能仪 |

## 四、工作场所

（1）工作场所布局合理，采光良好。体检场所应在醒目位置公示体检功能区布局和体检基本流程，引导标识应准确清晰。

（2）体格检查室、肺功能检查室布局合理，每个独立的检查室使用面积不小于 6 m²；肺功能室面积不小于 10 m²。肺功能室应有良好的通风设备，最好有窗户并且能有新风流动，如果是中央管道送风的实验室，其通风量必须充足，空气过滤器滤网也应定期清洗。肺功能室内的温度、湿度应当相对恒定，环境宜安静；检查室门口应设置演示录像供受检者观看，以便受检者根据录像提示练习呼吸动作，尽快掌握检测工作要领，正确配合检查，获得可靠结果并缩短检查时间。

（3）开展外出职业健康检查的，应当具有相应的外出职业健康检查仪器、设备，以及信息化管理系统等条件。

## 五、质量管理文书

（1）建立氨职业健康检查质量管理规程，进行全过程质量管理并持续有效运行，实现质量管理工作的规范化、标准化。

（2）制备职业健康检查表（其中包含肺功能图）。

（3）建立肺功能室管理制度和肺功能检查质控规范。

（4）工作场所张贴肺功能检查须知并事先告知。

（5）存 GBZ/T 237—2011《职业性刺激性化学物致慢性阻塞性肺疾病的诊断》、GBZ 14—2015《职业性急性氨中毒的诊断》、GBZ 54—2017《职业性化学性眼灼伤的诊断》、GBZ 51—2009《职业性化学性皮肤灼伤的诊断标准》、GBZ 2.1—2019《工作场所有害因素职业接触限值 第1部分：化学有害因素》、GBZ 188—2014《职业健康监护技术规范》等文件备查。

## 六、能力考核与培训

（1）建立和保持技术人员培训制度，制订并落实各类人员教育和培训计划。

（2）质量负责人和技术负责人需要每2年进行1次职业健康检查法律法规知识培训并考核合格。

（3）肺功能检查医师检查能力合格。

（4）氨检查主检医师应掌握 GBZ/T 237—2011《职业性刺激性化学物致慢性阻塞性肺疾病的诊断》、GBZ 14—2015《职业性急性氨中毒的诊断》、GBZ 54—2017《职业性化学性眼灼伤的诊断》、GBZ 51—2009《职业性化学性皮肤灼伤诊断标准》等诊断标准及化学因素职业健康监护技术规范，对氨所致疑似职业病、职业禁忌证判断准确。职业性化学中毒职业病诊断医师需要每2年参加复训并考核合格。

（5）质量控制能力考核按广东省职业健康质量控制中心有关规定进行质量考核。

（6）个体结论符合率考核。职业健康信息化系统每年1次抽备案单位个体体检报告80份，加上体检单位提供疑似职业病报告10份、职业禁忌证报告10份，总计100份体检报告，对其进行专家评分。

## 七、氨体检过程管理

体检对象确定：经作业场所职业危害检测后确定作业场所存在氨的职业人群。

## 八、质量控制

（一）肺功能检查质量控制

（1）仪器的质量控制要求：肺功能仪的各组成部分应符合其技术要求，保证肺功能仪器检测的流量、容量、时间、压力等指标参数达到一定的技术质控标准。仪器的定期检定、校准是用于保障肺功能仪器测定准确的关键程序之一，包括流量和容积校正、检测气体浓度校正和压力校正等参数，应使校正后的实际测量值与理论值的误差缩小到可接受范围。

（2）检查环境要求：肺功能检查的实验室面积不宜过小，应有良好的通风设备，室内的温度范围应在18~24℃，相对湿度50%~70%，并保持相对恒定。

（3）工作人员素质要求。肺功能室工作人员应经过培训并考核合格，具备呼吸生理的基础理论知识，了解检查项目的临床意义，掌握各检查项目正确的操作步骤和质量要求。同时，应有良好的服务态度，以取得受检者的信任与配合。在指导受检者检查过程中适当运用动作、语言或配合使用动画演示来提示、鼓励受检者完成检查动作,检查过程中对受检者的努力程度及配合与否应做出迅速判断,保证检查结果的准确性。

(4) 受检者的依从性。了解肺功能检查的流程和注意事项,其中肺功能检查的禁忌证包括以下几个方面:①近 3 个月患心肌梗死、脑卒中、休克;②近 1 个月出现大咯血;③高血压(收缩压 > 160 mmHg,舒张压 > 100 mmHg);④近期有眼、耳、颅脑手术;⑤孕妇;⑥气胸、肺大泡;⑦严重甲亢;⑧癫痫发作,需用药物控制;⑨不稳定心绞痛、主动脉瘤等。存在以上情况要及时告知工作人员;耐心听取工作人员的讲解,受检者的良好配合是完成肺功能检查的必要条件,如不能配合,则大多数的肺功能检查都不能进行。检查前让受检者在旁观摩或观看视频录像等,有助于其了解检查过程和加快检查进度,提高受试者配合的质量。

(二) 皮肤检查质量控制

(1) 观察皮肤黏膜颜色,是否苍白、发绀、黄染、色素沉着、色素脱失等。

(2) 观察皮肤是否有皮疹,尤其是接触某些职业病危害因素所致的过敏反应。

(3) 皮下出血,可按直径大小及伴随情况分为下列几种:①瘀点,指直径小于 2 mm;②紫癜,指直径为 3～5 mm;③瘀斑,指直径大于 5 mm;④血肿,指片状出血并伴有皮肤显著隆起者。

此外,还必须注意观察皮肤黏膜的湿度、弹性、是否有脱屑、水肿等。

(三) 眼科检查质量控制

(1) 应急健康检查时应充分冲洗眼部及彻底清除化学固体物质后,再做眼部检查。

(2) 按照组织解剖顺序,依次做外眼检查。包括眼睑、结膜、结膜囊穹窿部、角膜组织。

(3) 用裂隙灯显微镜观察角膜、前房、虹膜、瞳孔及晶状体。

(4) 重点检查角膜荧光素着色部位及范围。先用荧光素钠试纸轻触睑缘,然后用裂隙灯显微镜观察角膜荧光素着色部位及范围。特别注意角膜缘荧光素着色累及范围,以提示角膜缘干细胞损伤累及范围。角膜缘荧光素着色累及范围以 12 点钟点位进行描述。

(5) 临床检查。正常完整的角膜上皮细胞层荧光素不着色,当角膜上皮细胞层损伤,损伤部位的上皮细胞缺失,角膜上皮细胞缺失部位可见荧光素着色;角膜缘是角膜的边缘部分,同样,当角膜缘损伤时,其上皮细胞缺失部位可见荧光素着色。

(四) 应急健康检查血气分析的质量控制

**1. 检测前的质量控制**

(1) 体检者准备:尽量使体检者处于安静、情绪稳定、呼吸稳定状态。

(2) 抗凝剂选择:国际临床化学联合会(IFCC)推荐针管肝素抗凝剂使用量为 50 IU/mL。

(3) 采血器材:建议使用专用的预设性动脉血气采血针采集标本。其预置有固态抗凝剂,不会对样本造成稀释;针筒壁密度高,具有双重密封活塞,活塞具有自动排气功能,可避免采集标本时混入空气。

(4) 采血部位:要选择表浅易于触及、穿刺方便、体表侧支循环较多、远离静脉和神经的动脉,常用桡动脉、肱动脉、股动脉等。

(5) 标本采集:采血前护理人员应先用肝素钠充分浸润针筒内壁,将空气和多余肝素钠排尽,防止溶血、污染和过失采样。标本采集完成后,医护人员应如实记录体检者资料,如姓名、年龄、体温、血红蛋白含量等相关信息。

(6) 标本储存与转运:标本采集后应立即送检,在尽可能短的时间内测定,如需存放,应置于 4 ℃冰箱内,放置时间不超过 1 h。

2. 检测时的质量控制

(1) 检验人员应注重定期对血气分析仪进行必要的维护和保养,做好室内质控和室间质量评价活动,用以了解仪器的运行状态。每天测定标本前先检测高、中、低浓度质控品,将原始质控记录在质控图或质控表上;遇有失控情况发生,检验人员必须及时查找失控原因并采取纠正措施。

(2) 检验人员应注意核对信息,标本上机前务必充分混匀并将标本的前几滴血排出,标本检测过程中要严格执行操作规程,以防止人为因素对血气结果产生影响。

3. 分析后质量控制

(1) 注意标本测量值的合理性:结合临床诊断判别仪器的可靠性,根据与以往几次测定结果比较,避免因仪器不稳定、标本质量等问题而引起的误差。

(2) 加强医技合作:检验人员应经常、定期地虚心听取临床医生的意见,定期统计检验报告不正确率,分析原因并加以改进。

(五) 血氧饱和度的质量控制

血氧饱和度测量主要是指通过指夹式接触可以无损伤地测量人体血液中的血氧浓度、心率等。目前血氧饱和度参数计量工作不在国家强制检定的工作计量器具目录中,因此使用单位要在工作中加强对设备的维护管理,进行必要的自校准并与传统的血氧饱和度检测方法进行比较。

## 九、档案管理

(1) 作业场所现场氨监测资料。

(2) 职业健康检查信息表(含氨接触史、既往异常史、个人防护情况等)。

(3) 历年职业健康检查表(应保持资料的完整性、连续性、准确性)。

(4) 职业健康监督执法资料。

(冯文艇 杜建伟)

# 光气作业职业健康监护质量控制要点

## 一、组织机构

备案光气作业职业健康检查。设置与光气作业职业健康检查相关的科室,合理设置各科室岗位及数量,至少包含放射科、内科(体格检查)、心电图检查室、肺功能检查室等。

## 二、人员

(1) 包含体格检查医师、放射诊断资格执业医师、心电图检查医师、肺功能检查医师等类别的执业医师、技师、护士等医疗卫生技术人员。

(2) 肺功能检查医师要求:规范培训,出具报告要求执业医师签名。胸部 X 射线检查医师要求:规范培训,出具报告要求执业医师签名。

(3) 至少有 1 名具备职业性化学中毒职业病诊断医师资格的主检医师,备案有效人员需要第一注册执业点。

## 三、仪器设备

(1) 配备满足并符合与备案光气职业健康检查的类别和项目相适应的肺功能仪,符合条件的临床检验实验室应具有血细胞分析仪、尿液分析仪、生化分析仪、血氧饱和度测定仪或血气分析仪等仪器设备。外出体检配置 DR 车。

(2) 有关仪器设备的种类、数量、性能、量程、精确度等技术指标应满足工作需要,国家要求计量认证或校准的,需要符合计量认证或校准的要求。应对肺功能等仪器设备进行定期计量、检定和校准,并张贴标识;不属于强制检定的仪器设备,应有相应校验方法并定期自校。应定期进行维护保养及计量、检定和校验,同时记录设备状态。

(3) 对所使用的设备编制操作规程。

(4) 体检分类项目及设备见表1。

表 1 体检分类项目及设备

| 名称 | 类别 | 检查项目 | 设备配置 |
| --- | --- | --- | --- |
| 光气 | 上岗前 | 体格检查必检项目:内科常规检查,重点检查呼吸系统 | 体格检查必备设备:内科常规检查用听诊器、血压计、身高测量仪、磅秤 |
| | | 实验室和其他检查必检项目:血常规、尿常规、肝功能、心电图、胸部 X 射线摄片、肺功能 | 必检项目必备设备:血细胞分析仪、尿液分析仪、生化分析仪、心电图仪、CR/DR 摄片机、肺功能仪 |
| | 在岗期间 | 同上岗前 | 同上岗前 |

续上表

| 名称 | 类别 | 检查项目 | 设备配置 |
| --- | --- | --- | --- |
| 光气 | 应急 | 体格检查必检项目：1）内科常规检查，重点检查呼吸系统；2）眼科常规检查，重点检查结膜、角膜病变，必要时进行裂隙灯检查；3）鼻及咽部常规检查，必要时进行咽喉镜检查 | 体格检查必备设备：1）内科常规检查用听诊器、血压计、身高测量仪、磅秤；2）眼科常规检查用视力表、色觉图谱（必要时用裂隙灯）；3）鼻及咽部常规检查用额镜或额眼灯、咽喉镜 |
| | | 实验室和其他检查必检项目：血常规、尿常规、心电图、胸部X射线摄片、血氧饱和度 | 必检项目必备设备：血细胞分析仪、尿液分析仪、心电图仪、CR/DR摄片机、血氧饱和度测定仪或血气分析仪、心电图仪、肺功能仪、CR/DR摄片机 |
| | | 选检项目：血气分析、胸部CT、肺功能 | 选检项目设备配备：血气分析仪、CT仪、肺功能仪 |

## 四、工作场所

（1）工作场所布局合理，采光良好。体检场所应在醒目位置公示体检功能区布局和体检基本流程，引导标识应准确清晰。

（2）体格检查室、肺功能检查室布局合理，每个独立的检查室使用面积不小于 6 $m^2$；肺功能室面积不小于 10 $m^2$。肺功能室应有良好的通风设备，最好有窗户并且能有新风流动，如果是中央管道送风的实验室，其通风量必须充足，空气过滤器滤网也应定期清洗。肺功能室内的温度、湿度应当相对恒定，环境宜安静；检查室门口应设置演示录像供受检者观看，以便受检者根据录像提示练习呼吸动作，尽快掌握检测工作要领，正确配合检查，获得可靠结果并缩短检查时间。

（3）开展外出职业健康检查的，应当具有相应的外出职业健康检查仪器、设备，以及信息化管理系统等条件。

## 五、质量管理文书

（1）建立光气职业健康检查质量管理规程，进行全过程质量管理并持续有效运行，实现质量管理工作的规范化、标准化。

（2）制备职业健康检查表。

（3）工作场所张贴肺功能检查须知并事先告知。

（4）存 GBZ/T 237—2011《职业性刺激性化学物致慢性阻塞性肺疾病的诊断》、GBZ 29—2011《职业性急性光气中毒的诊断》、GBZ 54—2017《职业性化学性眼灼伤的诊断》、GBZ 2.1—2019《工作场所有害因素职业接触限值 第1部分：化学有害因素》、GBZ 188—2014《职业健康监护技术规范》等文件备查。

## 六、能力考核与培训

（1）建立和保持技术人员培训制度，制订并落实各类人员教育和培训计划。

（2）质量负责人和技术负责人需要每 2 年进行 1 次职业健康检查法律法规知识培训并考核合格。

（3）肺功能检查医师检查能力合格。

（4）光气检查主检医师掌握 GBZ/T 237—2011《职业性刺激性化学物致慢性阻塞性肺疾病的诊断》、GBZ 29—2011《职业性急性光气中毒的诊断》、GBZ 54—2017《职业性化学性眼灼伤的诊断》等诊断标准及化学因素职业健康监护技术规范，对光气所致疑似职业病、职业禁忌证判断准确。职业性化学中毒职业病诊断医师需要每 2 年参加复训并考核合格。

（5）质量控制能力考核按广东省职业健康质量控制中心有关规定进行质量考核。

（6）个体结论符合率考核。职业健康信息化系统每年 1 次抽备案单位个体体检报告 80 份，加上体检单位提供疑似职业病报告 10 份、职业禁忌证报告 10 份、总计 100 份体检报告，对其进行专家评分。

## 七、光气体检过程管理

体检对象确定：经作业场所职业危害检测后确定作业场所存在光气的职业人群。

## 八、质量控制

### （一）肺功能检查质量控制

（1）仪器的质量控制要求：肺功能仪的各组成部分应符合其技术要求，保证肺功能仪器检测的流量、容量、时间、压力等指标参数达到一定的技术质控标准。仪器的定期检定、校准是用于保障肺功能仪器测定准确的关键程序之一，包括流量和容积校正、检测气体浓度校正和压力校正等参数，应使校正后的实际测量值与理论值职检的误差缩小到可接受范围。

（2）检查环境要求：肺功能检查的实验室面积不宜过小，应有良好的通风设备，室内的温度范围应在 18～24 ℃，相对湿度 50%～70%，并保持相对恒定。

（3）工作人员素质要求：肺功能室工作人员应经过培训并考核合格，具备呼吸生理的基础理论知识，了解检查项目的临床意义，掌握各检查项目正确的操作步骤和质量要求。同时，应有良好的服务态度，以取得受检者的信任与配合。在指导受检者检查过程中适当运用动作、语言或配合使用动画演示来提示、鼓励受检者完成检查动作，检查过程中对受检者的努力程度及配合与否应做出迅速判断，保证检查结果的准确性。

（4）受检者的依从性。了解肺功能检查的流程和注意事项，其中肺功能检查的禁忌证包括以下几个方面：①近 3 个月患心肌梗死、脑卒中、休克；②近 1 个月出现大咯血；③高血压（收缩压 > 160 mmHg，舒张压 > 100 mmHg）；④近期有眼、耳、颅脑手术;⑤孕妇;⑥气胸、肺大泡;⑦严重甲亢;⑧癫痫发作,需用药物控制;⑨不稳定心绞痛、主动脉瘤等。存在以上情况要及时告知工作人员;耐心听取工作人员的讲解,受检者的良好配合是完成肺功能检查的必要条件,如不能配合,则大多数的肺功能检查都不能进行。检查前让受检者在旁观摩或观看视频录像等,有助于其了解检查过程和加快检查进度,提高受试者配合的质量。

（二）应急健康检查眼科质量控制

（1）应充分冲洗眼部及彻底清除化学固体物质后,再做眼部检查。

（2）按照组织解剖顺序依次做外眼检查,包括眼睑、结膜、结膜囊穹窿部、角膜组织等。

（3）用裂隙灯显微镜观察角膜、前房、虹膜、瞳孔及晶状体。

（4）重点检查角膜荧光素着色部位及范围。先用荧光素钠试纸轻触睑缘,然后用裂隙灯显微镜观察角膜荧光素着色部位及范围。特别注意角膜缘荧光素着色累及范围,以提示角膜缘干细胞损伤累及范围。角膜缘荧光素着色累及范围以12点钟点位进行描述。

（5）临床检查。正常完整的角膜上皮细胞层荧光素不着色,当角膜上皮细胞层损伤,损伤部位的上皮细胞缺失,角膜上皮细胞缺失部位可见荧光素着色;角膜缘是角膜的边缘部分,同样,当角膜缘损伤时,其上皮细胞缺失部位可见荧光素着色。

（三）应急健康检查血气分析的质量控制

**1. 检测前的质量控制**

（1）体检者准备:尽量使体检者处于安静、情绪稳定、呼吸稳定状态。

（2）抗凝剂选择:国际临床化学联合会（IFCC）推荐针管肝素抗凝剂使用量为50 IU/mL。

（3）采血器材:建议使用专用的预设性动脉血气采血针采集标本。其预置有固态抗凝剂,不会对样本造成稀释;针筒壁密度高,具有双重密封活塞及活塞自动排气功能,避免标本采集时混入空气。

（4）采血部位:要选择表浅易于触及、穿刺方便、体表侧支循环较多、远离静脉和神经的动脉,常用桡动脉、肱动脉、股动脉等。

（5）标本采集:采血前护理人员应先用肝素钠充分浸润针筒内壁,将空气和多余肝素钠排尽,防止溶血、污染和过失采样。标本采集完成后,医护人员应如实记录体检者资料,如姓名、年龄、体温、血红蛋白含量等相关信息。

（6）标本储存与转运:标本采集后应立即送检,在尽可能短的时间内测定,如需存放,应置于4 ℃冰箱内,放置时间不超过1 h。

**2. 检测时的质量控制**

（1）检验人员应注重定期对血气分析仪进行必要的维护和保养,做好室内质控和室间质量评价活动,用以了解仪器的运行状态。每天测定标本前先检测高、中、低浓度质控品,将原始质控记录在质控图或质控表上;遇有失控情况发生,检验人员必须及时查找失控原因并采取纠正措施。

（2）检验人员应注意核对信息，标本上机前务必充分混匀并将标本的前几滴血排出，标本检测过程中要严格执行操作规程，以防止人为因素对血气结果产生影响。

3. 分析后质量控制

（1）注意标本测量值的合理性：结合临床诊断判别仪器的可靠性，根据与以往几次测定结果比较，避免因仪器不稳定、标本质量等问题而引起的误差。

（2）加强医技合作：检验人员应经常、定期地虚心听取临床医生的意见，定期统计检验报告不正确率，分析原因并加以改进。

（四）血氧饱和度的质量控制

血氧饱和度测量主要是指通过指夹式接触可以无损伤地测量人体血液中的血氧浓度、心率等。目前血氧饱和度参数计量工具不在国家强制检定的工作计量器具目录中，因此使用单位要在工作中加强对设备的维护管理，进行必要的自校准并与传统的血氧饱和度检测方法进行比较。

## 九、档案管理

（1）作业场所现场光气监测资料。

（2）职业健康检查信息表（含光气接触史、既往异常史、个人防护情况等）。

（3）历年职业健康检查表（应保持资料的完整性、连续性、准确性）。

（4）职业健康监督执法资料。

（冯文艇　杜建伟）

# 甲醛作业职业健康监护质量控制要点

## 一、组织机构

备案甲醛作业的职业健康检查。设置与甲醛作业职业健康检查相关的科室，合理设置各科室岗位及数量，至少包含耳鼻咽喉科、内科（体格检查）、皮肤科、心电图检查室、肺功能检查室、胸部 X 射线检查室等。

## 二、人员

（1）包含体格检查医师、耳鼻咽喉科资格执业医师、皮肤科资格执业医师、心电图检查医师、肺功能检查医师、胸部 X 射线检查医师等类别的执业医师、技师、护士等医疗卫生技术人员。

（2）肺功能检查师要求：规范培训，出具报告要求执业医师签名。胸部X射线检查师要求：规范培训，出具报告要求执业医师签名。

（3）至少有1名具备职业性化学中毒所致职业病诊断医师资格的主检医师，备案有效人员需要第一注册执业点。

## 三、仪器设备

（1）配备满足并符合与备案甲醛职业健康检查的类别和项目相适应的肺功能仪，符合条件的化学毒物生物材料分析实验室应具有血细胞分析仪、尿液分析仪、生化分析仪、心电图仪等仪器设备。外出体检配置DR车。

（2）有关仪器设备的种类、数量、性能、量程、精确度等技术指标应满足工作需要，国家要求计量认证或校准的，需要符合计量认证或校准的要求。应对肺功能仪等仪器设备进行定期计量、检定和校准，并张贴标识；不属于强制检定的仪器设备，应有相应校验方法并定期自校。应定期进行维护保养及计量、检定和校验，同时记录设备状态。

（3）对所使用的设备编制操作规程。

（4）体检分类项目及设备见表1。

表1　体检分类项目及设备

| 名称 | 类别 | 检查项目 | 设备配置 |
|---|---|---|---|
| 甲醛 | 上岗前 | 体格检查必检项目：1）内科常规检查，重点检查呼吸系统；2）鼻及咽部常规检查 | 体格检查必备设备：1）内科常规检查用听诊器、血压计、身高测量仪、磅秤；2）鼻及咽部常规检查用额镜或额眼灯、咽喉镜 |
| | | 实验室和其他检查必检项目：血常规、尿常规、肝功能、血嗜酸细胞计数、心电图、肺功能、胸部X射线摄片，有过敏史或可疑过敏体质者可选择非特异性支气管激发试验，检测血清免疫球蛋白E（immunoglobulin E, IgE） | 必检项目必备设备：血细胞分析仪、尿液分析仪、生化分析仪、五分类血细胞分析仪或显微镜、心电图仪、肺功能仪、CR/DR摄片机。血清总IgE测定设备：放射免疫分析仪或酶标仪或化学发光仪 |
| | 在岗期间 | 体格检查必检项目：1）内科常规检查；2）皮肤科常规检查；3）鼻及咽部常规检查 | 体格检查必备设备：1）内科常规检查用听诊器、血压计、身高测量仪、磅秤；2）鼻及咽部常规检查用额镜或额眼灯、咽喉镜 |
| | | 实验室和其他检查必检项目：血常规、心电图、血嗜酸细胞计数、肺功能、胸部X射线摄片 | 必检项目必备设备：血细胞分析仪、心电图仪、五分类血细胞分析仪或显微镜、肺功能仪、CR/DR摄片机 |
| | 离岗时 | 同在岗期间 | 同在岗期间 |

续上表

| 名称 | 类别 | 检查项目 | 设备配置 |
| --- | --- | --- | --- |
| 甲醛 | 应急 | 体格检查必检项目：1）内科常规检查，重点检查呼吸系统；2）眼科常规检查，重点检查结膜、角膜病变，必要时进行裂隙灯检查；3）鼻及咽部常规检查，必要时进行咽喉镜检查；4）皮肤科常规检查 | 体格检查必备设备：1）内科常规检查用听诊器、血压计、身高测量仪、磅秤；2）眼科常规检查用视力表、色觉图谱（必要时用裂隙灯）；3）鼻及咽部常规检查用额镜或额眼灯、咽喉镜 |
| | | 实验室和其他检查必检项目：血常规、尿常规、心电图、胸部X射线摄片、血氧饱和度 | 必检项目必备设备：血细胞分析仪、尿液分析仪、心电图仪、CR/DR摄片机、血氧饱和度测定仪或血气分析仪 |
| | | 选检项目：血气分析、胸部CT仪、肺功能 | 选检项目设备配备：血气分析仪、CT仪、肺功能仪 |

## 四、工作场所

（1）工作场所布局合理，采光良好。体检场所应在醒目位置公示体检功能区布局和体检基本流程，引导标识应准确清晰。

（2）体格检查室、肺功能检查室布局合理，每个独立的检查室使用面积不小于 6 m²；肺功能室面积不小于 10 m²。肺功能室应有良好的通风设备，最好有窗户并且能有新风流动，如果是中央管道送风的实验室，其通风量必须充足，空气过滤器滤网也应定期清洗。肺功能室内的温度、湿度应当相对恒定，环境宜安静；检查室门口应设置演示录像供受检者观看，以便受检者根据录像提示练习呼吸动作，尽快掌握检测工作要领，正确配合检查，获得可靠结果并缩短检查时间。

（3）开展外出职业健康检查的，应当具有相应的外出职业健康检查仪器、设备，以及信息化管理系统等条件。

## 五、质量管理文书

（1）建立甲醛作业职业健康检查质量管理规程，进行全过程质量管理并持续有效运行，实现质量管理工作的规范化、标准化。

（2）制备职业健康检查表（其中包含肺功能图）。

（3）工作场所张贴肺功能检查须知并事先告知。

（4）存 GBZ/T 237—2011《职业性刺激性化学物致慢性阻塞性肺疾病的诊断》、GBZ 33—2002《职业性急性甲醛中毒诊断标准》、GBZ 54—2017《职业性化学性眼灼伤的诊断》、甲醛致职业性皮肤病及职业性哮喘相关诊断标准、GBZ 2.1—2019《工作场所有害因素职业接触限值 第1部分：化学有害因素》、GBZ 188—2014《职业健康监护技术规范》等文件备查。

## 六、能力考核与培训

（1）建立和保持技术人员培训制度，制订并落实各类人员教育和培训计划。

（2）质量负责人和技术负责人需要每2年进行1次职业健康检查法律法规知识培训并考核合格。

（3）五官科检查医师具备针对鼻咽部损害情况的检查能力；皮肤科医师具备针对皮肤损害情况的检查能力。按照相关临床操作规范进行。

（4）甲醛检查主检医师掌握GBZ 33—2002《职业性急性甲醛中毒诊断标准》及甲醛职业健康监护技术规范，对甲醛所致疑似职业病、职业禁忌证判断准确。职业性急性甲醛中毒诊断医师需要每2年参加复训并考核合格。

（5）质量控制能力考核按广东省职业健康质量控制中心有关规定进行质量考核。

（6）个体结论符合率考核。职业健康信息化系统每年1次抽备案单位个体体检报告80份，加上体检单位提供的疑似职业病报告10份、职业禁忌证报告10份，总计对100份体检报告进行专家评分。

## 七、甲醛体检过程管理

体检对象确定：接触甲醛作业的劳动者均应按照相关的法律法规要求进行职业健康检查。但因工业级甲醛溶液中往往含有甲醇，因此在用人单位委托职业健康检查时应注意危害因素的鉴别排查。

## 八、质量控制

（一）体格检查及症状询问

（1）症状询问：甲醛的主要危害表现为对眼、呼吸系统、皮肤黏膜的刺激作用，其次为致敏作用及致突变作用。高浓度吸入甲醛时可出现眼及呼吸道明显的刺激作用，亦可诱发支气管哮喘，因此在症状询问时应重点询问呼吸系统疾病史、有无过敏史及相关症状；应急检查时应重点询问短时间内是否有接触较高浓度甲醛的职业史及眼痛、畏光、流泪、胸闷、气短、气急、咳嗽、咳痰、咯血、胸痛、喘息等症状。

（2）体格检查：重点检查呼吸系统，应急健康检查时要同时注意结膜、角膜等眼科及皮肤科检查。

（二）职业健康检查结论

（1）甲醛作为刺激性气体之一，对眼和呼吸系统损害的临床表现需与上呼吸道感染、感染性支气管炎、肺炎及其他刺激性气体引起的眼和呼吸系统损害相鉴别。

（2）吸入高浓度甲醛可诱发职业性哮喘，与普通哮喘相比，其病理改变、临床变化、肺功能改变、治疗等并无差别，所以检查过程应结合甲醛作业的接触史进行鉴别诊断。

（三）肺功能检查质量控制要点

（1）仪器的质量控制要求：肺功能仪的各组成部分应符合其技术要求，保证肺功能仪器检测的流量、容量、时间、压力等指标参数达到一定的技术质控标准。仪器的定期检定、校准是用于保障肺功能仪器测定准确的关键程序之一，包括流量和容积校正、检测气体浓度校正和压力校正等参数，应使校正后的实际测量值与理论值的误差缩小到可接受范围。

（2）检查环境要求：肺功能检查的实验室面积不宜过小，应有良好的通风设备，室内的温度为18～24 ℃，相对湿度为50%～70%，并保持相对恒定。

（3）工作人员素质要求：肺功能室工作人员应经过培训并考核合格，具备呼吸生理的基础理论知识，了解检查项目的临床意义，掌握各检查项目正确的操作步骤和质量要求。同时，应有良好的服务态度，以取得受检者的信任与配合。在指导受检者检查过程中适当运用动作、语言或配合使用动画演示来提示、鼓励受检者完成检查动作，检查过程中对受检者的努力程度及配合与否应做出迅速判断，保证检查结果的准确性。

（4）受检者的依从性。了解肺功能检查的流程和注意事项，其中肺功能检查的禁忌证包括以下几个方面：①近3个月患心肌梗死、脑卒中、休克；②近1个月出现大咯血；③高血压（收缩压＞160 mmHg，舒张压＞100 mmHg）；④近期有眼、耳、颅脑手术；⑤孕妇；⑥气胸、肺大泡；⑦严重甲亢；⑧癫痫发作，需用药物控制；⑨不稳定心绞痛、主动脉瘤等。存在以上情况要及时告知工作人员；耐心听取工作人员的讲解，受检者的良好配合是完成肺功能检查的必要条件，如不能配合，则大多数的肺功能检查都不能进行。检查前让受检者在旁观摩或观看视频录像等，有助于其了解检查过程和加快检查进度，提高受试者配合的质量。

（四）皮肤科检查质量控制要点

（1）观察皮肤黏膜颜色，是否苍白、发绀、黄染、色素沉着、色素脱失等。

（2）观察皮肤是否有皮疹，尤其是接触某些职业病危害因素所致的过敏反应。

（3）皮下出血，可按直径大小及伴随情况分为下列几种：①瘀点，指直径小于2 mm；紫癜，指直径为3～5 mm；③瘀斑，指直径大于5 mm；④血肿，指片状出血并伴有皮肤显著隆起者。

此外，还必须注意观察皮肤黏膜的湿度、弹性，是否有脱屑、水肿等。

（五）眼科检查质量控制要点

（1）应充分冲洗眼部及彻底清除化学固体物质后，再做眼部检查。

（2）按照组织解剖顺序依次做外眼检查，包括眼睑、结膜、结膜囊穹窿部、角膜组织等。

（3）用裂隙灯显微镜观察角膜、前房、虹膜、瞳孔及晶状体。

（4）重点检查角膜荧光素着色部位及范围。先用荧光素钠试纸轻触睑缘，然后用裂隙灯显微镜观察角膜荧光素着色部位及范围。特别注意角膜缘荧光素着色累及范围，以提示角膜缘干细胞损伤累及范围。角膜缘荧光素着色累及范围以12点钟点位进行描述。

（5）临床检查。正常完整的角膜上皮细胞层荧光素不着色，当角膜上皮细胞层损伤，损伤部位的上皮细胞缺失，角膜上皮细胞缺失部位可见荧光素着色；角膜缘是角膜的边缘部分，同样，当角膜缘损伤时，其上皮细胞缺失部位可见荧光素着色。

# 九、档案管理

（1）作业场所现场甲醛监测资料。

(2) 职业健康检查信息表（含甲醛接触史、委托协议书、用人单位相关资料、个人防护情况）。

(3) 历年职业健康检查表（应保持资料的完整性、连续性、准确性）。

(4) 职业健康监督执法资料。

（冯文艇　马纪英）

# 一甲胺作业职业健康监护质量控制要点

## 一、组织机构

备案一甲胺作业职业健康检查。设置与一甲胺作业职业健康检查相关的科室，合理设置各科室岗位及数量，至少包含耳鼻咽喉科、内科（体格检查）、心电图检查室、肺功能检查室、胸部 X 射线检查室等。

## 二、人员

(1) 包含体格检查医师、耳鼻咽喉科资格执业医师、心电图检查医师、肺功能检查医师、胸部 X 射线检查医师等类别的执业医师、技师、护士等医疗卫生技术人员。

(2) 肺功能检查医师要求：规范培训，出具报告要求执业医师签名。胸部 X 射线检查医师要求：规范培训，出具报告要求执业医师签名。

(3) 至少有 1 名具备职业性化学中毒所致职业病诊断医师资格的主检医师，备案有效人员需要第一注册执业点。

## 三、仪器设备

(1) 配备满足并符合与备案一甲胺职业健康检查的类别和项目相适应的肺功能仪，符合条件的化学毒物生物材料分析实验室应具有血细胞分析仪、尿液分析仪、生化分析仪、心电图仪等仪器设备。外出体检配置 DR 车。

(2) 有关仪器设备的种类、数量、性能、量程、精确度等技术指标应满足工作需要，国家要求计量认证或校准的，需要符合计量认证或校准的要求。应对肺功能等仪器设备进行定期计量、检定和校准，并张贴标识；不属于强制检定的仪器设备，应有相应校验方法并定期自校。应定期进行维护保养及计量、检定和校验，同时记录设备状态。

(3) 对所使用的设备编制操作规程。

(4）体检分类项目及设备见表1。

表1　体检分类项目及设备

| 名称 | 类别 | 检查项目 | 设备配置 |
|---|---|---|---|
| 一甲胺 | 上岗前 | 体格检查必检项目：内科常规检查，重点检查呼吸系统 | 体格检查必备设备：内科常规检查用听诊器、血压计、身高测量仪、磅秤 |
| | | 实验室和其他检查必检项目：血常规、尿常规、肝功能、心电图、胸部X射线摄片、肺功能 | 必检项目必备设备：血细胞分析仪、尿液分析仪、生化分析仪、心电图仪、CR/DR摄片机、肺功能仪 |
| | 在岗期间 | 同上岗前 | 同上岗前 |
| | 应急 | 体格检查必检项目：1）内科常规检查，重点检查呼吸系统；2）鼻及咽部常规检查，必要时进行咽喉镜检查；3）眼科常规检查，重点检查结膜、角膜病变，必要时进行裂隙灯检查；4）皮肤科常规检查 | 体格检查必备设备：1）内科常规检查用听诊器、血压计、身高测量仪、磅秤；2）鼻及咽部常规检查用额镜或额眼灯、咽喉镜；3）眼科常规检查用视力表、色觉图谱（必要时用裂隙灯） |
| | | 实验室和其他检查必检项目：血常规、尿常规、心电图、胸部X射线摄片、血氧饱和度 | 必检项目必备设备：血细胞分析仪、尿液分析仪、心电图仪、CR/DR摄片机、血氧饱和度测定仪或血气分析仪 |
| | | 选检项目：血气分析、胸部CT、肺功能 | 选检项目设备配备：血气分析仪、CT仪、肺功能仪 |

## 四、工作场所

（1）工作场所布局合理，采光良好。体检场所应在醒目位置公示体检功能区布局和体检基本流程，引导标识应准确清晰。

（2）体格检查室、肺功能检查室布局合理，每个独立的检查室使用面积不小于6 m$^2$；肺功能室面积不小于10 m$^2$。肺功能室应有良好的通风设备，最好有窗户并且能有新风流动，如果是中央管道送风的实验室，其通风量必须充足，空气过滤器滤网也应定期清洗。肺功能室内的温度、湿度应当相对恒定，环境宜安静；检查室门口应设置演示录像供受检者观看，以便受检者根据录像提示练习呼吸动作，尽快掌握检测工作要领，正确配合检查，获得可靠结果并缩短检查时间。

（3）开展外出职业健康检查的，应当具有相应的外出职业健康检查仪器、设备，以及信息化管理系统等条件。

## 五、质量管理文书

（1）建立一甲胺作业职业健康检查质量管理规程，进行全过程质量管理并持续有效运行，实现质量管理工作的规范化、标准化。

（2）制备职业健康检查表（其中包含肺功能图）。

（3）工作场所张贴肺功能检查须知并事先告知。

（4）存 GBZ 237—2011《职业性刺激性化学物致慢性阻塞性肺疾病的诊断》、GBZ 80—2002《职业性急性一甲胺中毒诊断标准》、GBZ 54—2017《职业性化学性眼灼伤的诊断》、GBZ 51—2009《职业性化学性皮肤灼伤诊断标准》等诊断标准、GBZ 2.1—2019《工作场所有害因素职业接触限值 第 1 部分：化学有害因素》、GBZ 188—2014《职业健康监护技术规范》等文件备查。

## 六、能力考核与培训

（1）建立和保持技术人员培训制度，制订并落实各类人员教育和培训计划。

（2）质量负责人和技术负责人需要每 2 年进行 1 次职业健康检查法律法规知识培训并考核合格。

（3）五官检查医师具备针对鼻咽部损害情况的检查能力。按照相关临床操作规范进行。

（4）一甲胺检查主检医师应掌握 GBZ 80—2002《职业性急性一甲胺中毒诊断标准》及一甲胺职业健康监护技术规范，对一甲胺所致疑似职业病、职业禁忌证的判断准确。职业性急性一甲胺中毒诊断医师需要定期复训并考核合格。

（5）质量控制能力考核按省职业健康质量控制中心有关规定进行质量考核。

（6）个体结论符合率考核。职业健康信息化系统每年 1 次抽备案单位个体体检报告 80 份，加上体检单位提供的疑似职业病报告 10 份、职业禁忌证报告 10 份，总计对 100 份体检报告进行专家评分。

## 七、一甲胺体检过程管理

体检对象确定：接触一甲胺作业的劳动者均应按照相关的法律法规进行职业健康检查。在岗期间健康检查周期为每 3 年 1 次。

## 八、质量控制

（一）体格检查及症状询问

（1）症状询问：重点询问呼吸系统疾病史及相关症状；应急检查时应重点询问短时间内是否有接触较高浓度一甲胺职业史及眼、上呼吸道刺激症状，如咳嗽、咳痰、胸痛等症状。

（2）体格检查：重点检查呼吸系统，应急健康检查时要同时注意结膜、角膜等眼科、鼻咽部及皮肤科检查。

（二）职业健康检查结论

一甲胺作为刺激性气体之一，对眼和呼吸系统损害的临床表现需与上呼吸道感染、感染性支气管炎、肺炎及其他刺激性气体引起的眼和呼吸系统损害相鉴别。

(三) 肺功能质量控制

(1) 仪器的质量控制要求：肺功能仪的各组成部分应符合其技术要求，保证肺功能仪器检测的流量、容量、时间、压力等指标参数达到一定的技术质控标准。仪器的定期检定、校准是用于保障肺功能仪器测定准确的关键程序之一，包括流量和容积校正、检测气体浓度校正和压力校正等参数，应使校正后的实际测量值与理论值的误差缩小到可接受范围。

(2) 检查环境要求：肺功能检查的实验室面积不宜过小，应有良好的通风设备，室内的温度范围应在 18～24 ℃，相对湿度 50%～70%，并保持相对恒定。

(3) 工作人员素质要求：肺功能室工作人员应经过培训并考核合格，具备呼吸生理的基础理论知识，了解检查项目的临床意义，掌握各检查项目正确的操作步骤和质量要求。同时，应有良好的服务态度，以取得受检者的信任与配合。在指导受检者检查过程中适当运用动作、语言或配合使用动画演示来提示、鼓励受检者完成检查动作，检查过程中对受检者的努力程度及配合与否应做出迅速判断，保证检查结果的准确性。

(4) 受检者的依从性。了解肺功能检查的流程和注意事项，其中肺功能检查的禁忌证包括以下几个方面：①近 3 个月患心肌梗死、脑卒中、休克；②近 1 个月出现大咯血；③高血压（收缩压 > 160 mmHg，舒张压 > 100 mmHg）；④近期有眼、耳、颅脑手术；⑤孕妇；⑥气胸、肺大泡；⑦严重甲亢；⑧癫痫发作，需用药物控制；⑨不稳定心绞痛、主动脉瘤等。存在以上情况要及时告知工作人员；耐心听取工作人员的讲解，受检者的良好配合是完成肺功能检查的必要条件，如不能配合，则大多数的肺功能检查都不能进行。检查前让受检者在旁观摩或观看视频录像等，有助于其了解检查过程和加快检查进度，提高受试者配合的质量。

(四) 皮肤检查质量控制

(1) 观察皮肤黏膜颜色，是否苍白、发绀、黄染、色素沉着、色素脱失等。

(2) 观察皮肤是否有皮疹，尤其是接触某些职业病危害因素所致的过敏反应。

(3) 皮下出血，可按直径大小及伴随情况分为下列几种：①瘀点，指直径小于 2 mm；②紫癜，指直径为 3～5 mm；③瘀斑，指直径大于 5 mm；④血肿，指片状出血并伴有皮肤显著隆起者。

此外，还必须注意观察皮肤黏膜的湿度、弹性、是否有脱屑、水肿等。

(五) 眼科检查质量控制

(1) 应充分冲洗眼部及彻底清除化学固体物质后，再做眼部检查。

(2) 按照组织解剖顺序，依次做外眼检查，包括眼睑、结膜、结膜囊穹窿部、角膜组织等。

(3) 用裂隙灯显微镜观察角膜、前房、虹膜、瞳孔及晶状体。

(4) 重点检查角膜荧光素着色部位及范围。先用荧光素钠试纸轻触睑缘，然后用裂隙灯显微镜观察角膜荧光素着色部位及范围。特别注意角膜缘荧光素着色累及范围，以提示角膜缘干细胞损伤累及范围。角膜缘荧光素着色累及范围以 12 点钟点位进行描述。

（5）临床检查。正常完整的角膜上皮细胞层荧光素不着色，当角膜上皮细胞层损伤，损伤部位的上皮细胞缺失，角膜上皮细胞缺失部位可见荧光素着色；角膜缘是角膜的边缘部分，同样，当角膜缘损伤时，其上皮细胞缺失部位可见荧光素着色。

## 九、档案管理

（1）作业场所一甲胺监测资料。

（2）职业健康检查信息表（含一甲胺接触史、委托协议书、用人单位相关资料、个人防护情况）。

（3）历年职业健康检查表（应保持资料的完整性、连续性、准确性）。

（4）职业健康监督执法资料。

（冯文艇　马纪英）

# 一氧化碳作业职业健康监护质量控制要点

## 一、组织机构

备案一氧化碳作业职业健康检查。设置与一氧化碳作业职业健康检查相关的科室，合理设置各科室岗位及数量，至少包含内科（执业范围：神经内科）、采血室、留尿室、心电图室、胸部X射线摄片室等。

## 二、人员

（1）包含体格检查医师、心电图检查医师、X射线检查医师等类别的执业医师、技师、护士等医疗卫生技术人员。

（2）各专业技术人员要求：每2年进行1次职业健康检查法规知识培训，并考核合格。所出具报告要求相应执业医师签名。

（3）至少有1名具备职业性化学中毒职业病诊断医师资格的主检医师，备案有效人员需要第一注册执业点。

## 三、仪器设备

（1）配备满足并符合与备案一氧化碳职业健康检查的类别和项目相适应的体格检查必备设备：内科常规检查用的听诊器、血压计、身高测量仪、磅秤；神经系统常规检查用的叩诊锤；血细胞分析仪、尿液分析仪、生化分析仪、分光光度计仪、心电图仪、CR/DR摄片机、肌钙蛋白T测定仪等仪器设备。外出体检配置体检专用车辆。

（2）有关仪器设备的种类、数量、性能、量程、精确度等技术指标应满足工作需要，国家要求计量认证或校准的，需要符合计量认证或校准的要求。应对血压计、身高测量仪、磅秤、叩诊锤、血细胞分析仪、尿液分析仪、生化分析仪、分光光度计仪、心电图仪、CR/DR 摄片机等仪器设备进行定期计量、检定和校准，并张贴标识；不属于强制检定的，应有相应校验方法并定期自校。应定期进行维护保养及计量、检定和校验，同时记录设备状态。

（3）对所使用的设备编制操作规程。

（4）体检分类项目及设备见表1。

表1 体检分类项目及设备

| 名称 | 类别 | 检查项目 | 设备配置 |
|---|---|---|---|
| 一氧化碳 | 上岗前 | 体格检查必检项目：1）内科常规检查；2）神经系统常规检查 | 必备设备：1）内科常规检查用听诊器、血压计、身高测量仪、磅秤；2）神经系统常规检查用叩诊锤 |
| | | 实验室和其他检查必检项目：血常规、尿常规、肝功能、心电图、胸部X射线摄片 | 必备设备：血细胞分析仪、尿液分析仪、生化分析仪、心电图仪、胸部X射线摄片机 |
| | 在岗期间 | 推荐性，同上岗前 | 推荐性，同上岗前 |
| | 应急 | 体格检查必检项目：1）内科常规检查；2）神经系统常规检查，注意有无病理反射；3）眼底检查 | 体格检查必备设备：1）内科常规检查用听诊器、血压计、身高测量仪、磅秤；2）神经系统常规检查用叩诊锤；3）眼底检查用视力灯、眼底镜、裂隙灯 |
| | | 实验室和其他检查必检项目：血常规、尿常规、心电图、血碳氧血红蛋白、血氧饱和度、心肌酶谱、肌钙蛋白T（TnT） | 必检项目必备设备：血细胞分析仪、尿液分析仪、心电图仪、生化分析仪、分光光度计仪。肌钙蛋白T（TnT）测定设备：肌钙蛋白T测定仪 |
| | | 选检项目：头颅CT或MRI、脑电图、胸部X射线摄片 | 选检项目设备配备：CT仪或核磁共振仪、脑电图仪、CR/DR 摄片机 |

## 四、工作场所

（1）工作场所布局合理，采光良好。体检场所应在醒目位置公示体检功能区布局和体检基本流程，引导标识应准确清晰。

（2）各检查室布局合理，每个独立的检查室使用面积不小于6 $m^2$。

（3）开展外出职业健康检查的，应当具有相应的外出职业健康检查仪器、设备，以及体检专用车辆、信息化管理系统等条件。

## 五、质量管理文书

（1）建立一氧化碳职业健康检查质量管理规程，进行全过程质量管理并持续有效运行，实现质量管理工作的规范化、标准化。

（2）制备职业健康检查表。

（3）工作场所须张贴相关告知书。

（4）建立心电图室管理制度和检查质控规范。

（5）存 GBZ 23—2002《职业性急性一氧化碳中毒诊断标准》、GBZ 188—2014《职业健康监护技术规范》等文件备查。

## 六、能力考核与培训

（1）建立和保持技术人员培训制度，制订并落实各类人员教育和培训计划。

（2）质量负责人、技术负责人及职业健康检查技术人员需要每2年进行1次职业健康检查法规知识培训并考核合格。

（3）对心电图和X射线检查医师进行能力培训并考核合格。神经系统检查医师应具备针对神经系统损害情况的检查能力，按照相关临床操作规范进行。

（4）一氧化碳中毒检查主检医师应掌握 GBZ 23—2002《职业性急性一氧化碳中毒诊断标准》及其职业健康监护技术规范，对一氧化碳所致职业急性中毒、职业禁忌证判断须准确。

（5）质量控制能力考核内容为进行"医学临床理论三基"手册纲要操作考核，如内科医师问诊、体格检查；定期进行医学理论考试，如案例分析、职业病诊断等。

## 七、一氧化碳体检过程管理

体检对象确定：根据受检单位提供的职业病危害因素检测报告内容确定。

## 八、质量控制

一氧化碳是一种窒息性气体，职业性急性一氧化碳中毒多见，常出现碳氧血红蛋白的增高和中枢神经器质性的损害，由此其质量控制主要如下。

（一）碳氧血红蛋白（HbCO）的质量控制

**1. 标本采集的质量控制**

（1）标本采集的时间：尽可能是晨起空腹时的标本。

（2）正确应用抗凝剂：注意抗凝剂与血液的比例。

（3）采血器材：采血时应尽量选择 2 mL 注射器，2 mL 注射器无效腔量小且针芯较轻，当刺入动脉后，血液进入针筒较快，不易混入气泡。

（4）标本采集：采血前，护理人员应先用肝素钠充分浸润针筒内壁，将空气和多余肝素钠排尽，防止溶血、污染和过失采样。标本采集完成，医护人员应如实记录体检者资料，如姓名、年龄、体温等相关信息。

(5) 标本储存与转运：标本采集后应立即送检，在尽可能短的时间内测定，如需存放，应置于 4 ℃冰箱内，放置时间不超过 1 h。

2. 检测时的质量控制

(1) 连二亚硫酸钠在空气中易失效，应以小瓶分装使用，避免接触空气和水分。

(2) 吸光系数测定必须采用新鲜血液。

(3) 吸光系数值应定期核检。

(4) 含 HbCO 的测试液应尽量避免接触空气，及时比色，否则会造成测量结果偏低。

（二）神经系统检查的质量控制

1. 检查前质量控制

(1) 首先要了解体检者对外界刺激的反应状态，要在体检者意识清晰状态下完成。

(2) 应通知受检者，体检前几天争取按时作息，不要太过劳累，不喝酒，不吃辛辣等有刺激性的食物。

(3) 在认知、情感和意志行为方面有异常的体检者在检查时要有家属陪同，家属在检查前要做好安抚工作，避免体检者过于激动以致检查无法顺利进行。

2. 体检时质量控制

(1) 环境需安静，尽量避免各种外界刺激，进行感觉功能检查的体检者在检查时应闭目，以使其注意力集中。

(2) 检查不宜过久，否则体检者疲劳，结果不准；由于各种感受器在全身不同部位有不同的分布，同一强度的刺激，在不同部位感受的灵敏度也就不同，故应注意对称部位的对比，为此先刺激健侧，以其感觉为标准再刺激异常侧。

(3) 刺激的强度，一般稍超过正常的应激阈即可，不宜过强。力求对称部位刺激强度相等，为了确定感觉障碍的程度，可用不同强度检查异常区。

(4) 一氧化碳可引起中枢神经系统损害，患有中枢神经系统疾病的劳动者应列为职业禁忌证，检查过程应结合一氧化碳的接触史，尤其注意中枢神经系统损害表现。

## 九、档案管理

(1) 作业场所现场一氧化碳监测资料。

(2) 职业健康检查信息表（含一氧化碳接触史、既往异常史、个人防护情况）。

(3) 历年职业健康检查表（应保持资料的完整性、连续性、准确性）。

(4) 职业健康监督执法资料。

（冯文艇　张英彪）

# 硫化氢作业职业健康监护质量控制要点

## 一、组织机构

备案硫化氢作业职业健康检查。设置与硫化氢作业职业健康检查相关的科室，合理设置各科室岗位及数量，至少包含内科（执业范围为神经内科）、检验科、心电图室、胸部 X 射线摄片室等。

## 二、人员

（1）包含体格检查医师、心电图检查医师、X 射线检查医师等类别的执业医师、技师、护士等医疗卫生技术人员。

（2）各专业技术人员要求：进行职业健康检查法规知识培训，并考核合格。所出具报告要求相应执业医师签名。

（3）至少有 1 名具备职业性化学中毒职业病诊断医师资格的主检医师，备案有效人员需要第一注册执业点。

## 三、仪器设备

（1）配备满足并符合与备案硫化氢职业健康检查的类别和项目相适应的体格检查必备设备：内科常规检查用的听诊器、血压计、身高测量仪、磅秤；神经系统常规检查用的叩诊锤；血细胞分析仪、尿液分析仪、生化分析仪、血气分析仪、心电图仪、CR/DR 摄片机、肌钙蛋白 T 测定仪等仪器设备。外出体检配置体检专用车辆。

（2）有关仪器设备的种类、数量、性能、量程、精确度等技术指标满足工作需要，国家要求计量认证或校准的，需要符合计量认证或校准的要求。应对血压计、身高测量仪、磅秤、叩诊锤、血细胞分析仪、尿液分析仪、生化分析仪、血气分析仪、心电图仪、CR/DR 摄片机等仪器设备进行定期计量、检定和校准，并张贴标识；不属于强制检定的，应有相应校验方法并定期自校。应定期进行维护保养及计量、检定和校验，同时记录设备状态。

（3）对所使用的设备编制操作规程。

（4）体检分类项目及设备见表 1。

表1 体检分类项目及设备

| 名称 | 类别 | 检查项目 | 设备配置 |
|---|---|---|---|
| 硫化氢 | 上岗前 | 体格检查必检项目：1）内科常规检查；2）神经系统常规检查 | 体格检查必备设备：内科常规检查用听诊器、血压计、身高测量仪、磅秤；神经系统常规检查用叩诊锤等 |
| | | 实验室和其他检查必检项目：血常规、尿常规、肝功能、心电图、胸部X射线摄片 | 必检项目必备设备：血细胞分析仪、尿液分析仪、生化分析仪、心电图仪、胸部X射线摄片机 |
| | 在岗期间 | 推荐性，同上岗前 | 推荐性，同上岗前 |
| | 应急 | 体格检查必检项目：1）内科常规检查；2）神经系统常规检查，注意有无病理反射；3）眼底检查 | 体格检查必备设备：1）内科常规检查用听诊器、血压计、身高测量仪、磅秤；2）神经系统常规检查用叩诊锤；3）眼科常规检查及眼底检查用视力灯、眼底镜、裂隙灯、视力表、色觉图谱 |
| | | 实验室和其他检查必检项目：血常规、尿常规、心电图、血碳氧血红蛋白、血氧饱和度、心肌酶、肌钙蛋白T（TnT） | 必检项目必备设备：血细胞分析仪、尿液分析仪、生化分析仪、心电图仪、CR/DR摄片机、血氧饱和度测定仪或血气分析仪、肌钙蛋白T测定仪 |
| | | 选检项目：血气分析、头颅CT或MRI、脑电图 | 选检项目设备配备：血气分析仪、CT仪或核磁共振仪、脑电图仪 |

各计量仪器、工具均要符合《中华人民共和国强制检定的工作计量器具检定管理办法》中的规定。

## 四、工作场所

（1）工作场所布局合理，采光良好。体检场所应在醒目位置公示体检功能区布局和体检基本流程，引导标识应准确清晰。

（2）各检查室布局合理，每个独立的检查室使用面积不小于6 m$^2$。

（3）开展外出职业健康检查的，应当具有相应的外出职业健康检查仪器、设备，以及体检专用车辆、信息化管理系统等条件。

## 五、质量管理文书

（1）建立硫化氢职业健康检查质量管理规程，进行全过程质量管理并持续有效运行，实现质量管理工作的规范化、标准化。

（2）制备职业健康检查表。

（3）工作场所须张贴相关告知书。

（4）建立心电图室管理制度和检查质控规范。

(5) 存 GBZ 31—2002《职业性急性硫化氢中毒诊断标准》、GBZ 188—2014《职业健康监护技术规范》等文件备查。

## 六、能力考核与培训

(1) 建立和保持技术人员培训制度，制订并落实各类人员教育和培训计划。

(2) 质量负责人、技术负责人及职业健康检查技术人员需要每 2 年进行 1 次职业健康检查法规知识培训并考核合格。

(3) 对心电图和 X 射线检查医师进行能力培训且考核合格。神经系统检查医师应具备针对神经系统损害情况的检查能力。按照相关临床操作规范进行。

(4) 硫化氢中毒检查主检医师应掌握 GBZ 31—2002《职业性急性硫化氢中毒诊断标准》及 GBZ 188—2014《职业健康监护技术规范》，对硫化氢所致的职业急性中毒、职业禁忌证判断准确。

(5) 质量控制能力考核内容为现场进行"医学临床理论三基"手册纲要操作考核，如内科医师问诊、体格检查；定期进行医学理论考试，如案例分析、职业病诊断等。

## 七、硫化氢体检过程管理

体检对象确定：根据受检单位提供的职业病危害因素检测报告内容确定。

## 八、质量控制

硫化氢是一种窒息性气体，职业性急性硫化氢中毒常见，易出现血氧饱和度的降低和中枢神经器质性的损害，由此其质量控制主要如下。

（一）应急健康检查血氧饱和度（$SpO_2$）检测的质量控制

**1. 检测前的质量控制：**

(1) 体检者准备：尽量使体检者处于安静，呼吸稳定状态，体检者若状态不稳定如呼吸急促可引起 $SpO_2$ 增高。

(2) 抗凝剂选择：使用 100 U/mL 肝素浓度的抗凝效果良好，可最大限度地减少抗凝剂对 $SpO_2$ 测定值的误差。

(3) 采血器材：采血应尽量选择 2 mL 注射器，因为 2 mL 注射器无效腔量小，且 2 mL 注射器针芯较轻，当刺入动脉后，血液进入针筒较快，不易混入气泡。

(4) 采血部位：要选择表浅易于触及、穿刺方便、体表侧支循环较多、远离静脉和神经的动脉。

(5) 标本采集：采血前，护理人员应先用肝素钠充分浸润针筒内壁，将空气和多余肝素钠排尽，防止溶血、污染和过失采样。标本采集完成，医护人员应如实记录体检者资料，如姓名、年龄、体温等相关信息。

(6) 标本储存与转运：标本采集后应立即送检，在尽可能短的时间内测定，如需存放，置于 4 ℃冰箱内，放置时间不超过 1 h，存放时间过长，细胞代谢耗氧会造成 $SpO_2$ 下降。

2. 检测时的质量控制

（1）检验人员应注重定期对血气分析仪进行必要的维护和保养，做好室内质控和室间质量评价活动，用以了解仪器的运行状态。每天测定标本前先检测高、中、低浓度质控品，将原始质控记录在质控图或质控表上，遇有失控情况发生，检验人员必须及时查找失控原因并采取纠正措施。

（2）检验人员应注意核对信息，标本上机前务必充分混匀并将标本的前几滴血排出，标本检测过程中要严格执行操作规程，以防止人为因素对血气结果产生影响。

3. 分析后质量控制

（1）注意标本测量值的合理性：结合临床诊断判别仪器的可靠性，根据与以往几次测定结果比较，避免仪器不稳定、标本质量等问题而引起的误差。

（2）加强医技合作：检验人员应经常、定期地虚心听取临床医生的意见，改进可能引起的实验室误差，以便及时纠正，保证结果准确。

（二）神经系统检查的质量控制

1. 检查前质量控制

（1）首先要了解体检者对外界刺激的反应状态，均要在体检者意识清晰状态下完成。

（2）应通知体检者，体检前几天争取按时作息，不要太过劳累，不喝酒，不吃辛辣等有刺激性的食物。

（3）在认知、情感和意志行为方面有异常的体检者检查时要有家属陪同，家属在检查前要做好安抚情绪工作，避免体检者过于激动以致检查无法顺利进行。

2. 体检时质量控制

（1）环境需安静，尽量避免各种外界刺激，感觉功能的检查中的体检者应闭目，以使患者注意力集中。

（2）检查不宜过久，否则患者疲劳，结果不准；由于各种感受器在全身不同部位有不同的分布，同一强度的刺激，在不同部位感受的灵敏度也就不同，故应注意对称部位的对比，为此先刺激健侧，以其感觉为标准再刺激异常侧。

（3）刺激的强度，一般稍超过正常的应激阈即可，不宜过强。力求对称部位刺激强度相等，为了确定感觉障碍的程度，可用不同强度检查异常区。

（4）硫化氢可引起中枢神经系统损害，患有中枢神经系统疾病的劳动者应列为职业禁忌证，检查过程应结合硫化氢的接触史，尤其注意中枢神经系统损害表现。

# 九、档案管理

（1）作业场所现场硫化氢监测资料。

（2）职业健康检查信息表（含硫化氢接触史、既往异常史、个人防护情况）。

（3）历年职业健康检查表（应保持资料的完整性、连续性、准确性）。

（4）职业健康监督执法资料。

（冯文艇　张英彪）

# 氯乙烯作业职业健康监护质量控制要点

## 一、组织机构

备案氯乙烯作业职业健康检查。设置与氯乙烯作业职业健康检查相关的科室，合理设置各科室岗位及数量，至少包含内科、外科、检验科、心电图室、B超室、胸部X射线检查室等。

## 二、人员

（1）包含体格检查医师、心电图检查医师、B超检查医师、X射线检查医师等类别的执业医师及技师、护士等医疗卫生技术人员。

（2）各专业技术人员要求：进行职业健康检查法规知识培训，并考核合格。所出具报告要求相应执业医师签名。

至少有1名具备职业性化学中毒职业病诊断医师资格的主检医师，备案有效人员需要第一注册执业点。

## 三、仪器设备

（1）配备满足并符合与备案氯乙烯职业健康检查的类别和项目相适应的体格检查必备设备：内科常规检查用的听诊器、血压计、身高测量仪、磅秤；外科常规检查用的叩诊锤；血细胞分析仪、尿液分析仪、生化分析仪、心电图仪、B超仪、胸部X射线摄片机等仪器设备。外出体检配置DR车。

（2）有关仪器设备的种类、数量、性能、量程、精确度等技术指标应满足工作需要，国家要求计量认证或校准的，需要符合计量认证或校准的要求。应对血压计、身高测量仪、磅秤、叩诊锤、血细胞分析仪、尿液分析仪、生化分析仪、心电图仪、B超仪、CD/DR摄片机等仪器设备进行定期计量、检定和校准，并张贴标识；不属于强制检定的，应有相应校验方法并定期自校。应定期进行维护保养及计量、检定和校验，同时记录设备状态。

（3）对所使用的设备编制操作规程。

（4）体检分类项目及设备见表1。

表1 体检分类项目及设备

| 名称 | 类别 | 检查项目 | 设备配置 |
|---|---|---|---|
| 氯乙烯 | 上岗前 | 体格检查必检项目：1）内科常规检查；2）外科（骨科/神经科）常规检查，注意手指骨、关节的检查 | 必备设备：1）内科常规检查用听诊器、血压计、身高测量仪、磅秤；2）外科常规检查用叩诊锤 |
| | | 实验室和其他检查必检项目：血常规、尿常规、肝功能、心电图、肝脾B超、胸部X射线摄片 | 必备设备：血细胞分析仪、尿液分析仪、生化分析仪、心电图仪、B超仪、CR/DR摄片机 |
| | 在岗期间 | 体格检查必检项目：1）内科常规检查；2）外科（骨科/神经科）常规检查，注意手指骨、关节的检查；3）皮肤科常规检查 | 必备设备：1）内科常规检查用听诊器、血压计、身高测量仪、磅秤；2）外科常规检查用叩诊锤 |
| | | 实验室和其他检查必检项目：血常规、尿常规、肝功能、心电图、肝脾B超、手部X射线摄片 | 必备设备：血细胞分析仪、尿液分析仪、生化分析仪、B超仪、CR/DR摄片机 |
| | 离岗时 | 同在岗 | 同在岗 |
| | 应急 | 体格检查必检项目：1）内科常规检查；2）神经系统常规检查，注意有无病理反射；3）眼底检查 | 体格检查必备设备：1）内科常规检查用听诊器、血压计、身高测量仪、磅秤；2）神经系统常规检查用叩诊锤；3）眼底检查用视力灯、眼底镜、裂隙灯 |
| | | 实验室和其他检查必检项目：血常规、尿常规、心电图、肝功能、肝脾B超 | 必检项目必备设备：血细胞分析仪、尿液分析仪、生化分析仪、B超仪 |
| | | 选检项目：脑电图、头颅CT或MRI | 选检项目设备配备：CT或MRI仪、脑电图仪 |

各计量仪器、工具均要符合《中华人民共和国强制检定的工作计量器具检定管理办法》中的规定。

## 四、工作场所

（1）工作场所布局合理，采光良好。体检场所应在醒目位置公示体检功能区布局和体检基本流程，引导标识应准确清晰。

（2）各检查室布局合理，每个独立的检查室使用面积不小于6 m$^2$。

（3）开展外出职业健康检查的，应当具有相应的外出职业健康检查仪器、设备，以及信息化管理系统等条件。

## 五、质量管理文书

(1) 建立氯乙烯职业健康检查质量管理规程,进行全过程质量管理并持续有效运行,实现质量管理工作的规范化、标准化。

(2) 制备职业健康检查表。

(3) 建立心电图室管理制度,建立心电图检查质控规范。

(4) 存 GBZ 90—2017《职业性氯乙烯中毒的诊断》、GBZ 18—2013《职业性皮肤病的诊断》、GBZ 20—2019《职业性接触性皮炎的诊断》、GBZ 59—2010《职业性中毒性肝病诊断标准》、GBZ 94—2014《职业性肿瘤的诊断》等诊断标准,GBZ 2.1—2019《工作场所有害因素职业接触限值 第1部分:化学有害因素》、GBZ 188—2014《职业健康监护技术规范》等文件备查。

## 六、能力考核与培训

(1) 建立和保持技术人员培训制度,制订并落实各类人员教育和培训计划。

(2) 质量负责人、技术负责人及职业健康检查技术人员需要每2年进行1次职业健康检查法规知识培训并考核合格。

(3) 对心电图和 X 射线检查医师进行能力培训并考核合格。

(4) 氯乙烯检查主检医师应掌握 GBZ 90—2017《职业性氯乙烯中毒的诊断》、GBZ 7—2014《职业性手臂振动病的诊断》、GBZ 18—2013《职业性皮肤病的诊断》、GBZ 20—2019《职业性接触性皮炎的诊断》、GBZ 59—2010《职业性中毒性肝病诊断标准》、GBZ 94—2014《职业性肿瘤的诊断》等诊断标准,对氯乙烯所致疑似职业病、职业禁忌证判断准确。职业性化学中毒职业病诊断医师需要每2年参加复训并考核合格。

(5) 质量控制能力考核内容为进行"医学临床理论三基"手册纲要操作考核,如内科医师问诊、体格检查;定期进行医学理论考试,如案例分析、职业病诊断等。

## 七、氯乙烯体检过程管理

1) 体检对象确定:根据受检单位提供的职业病危害因素检测报告内容确定。

2) 内科、神经系统、骨科、皮肤科检查内容:

(1) 问诊:询问患者是否有肝区胀痛、关节肿痛、手指肿胀发白、手指麻木、头晕、头痛、乏力、嗜睡、步态蹒跚等症状,以及肝脏疾病、湿疹皮炎症等病史。

(2) 体格检查重点:注意手指骨、关节的检查。

## 八、质量控制

**1. 目标疾病相关检查质量控制**

氯乙烯主要通过气体吸入及液体污染经皮肤吸收进入人体,引起的急性中毒及慢性影响可引起神经系统、消化系统、手部骨关节等损害,患有慢性肝病及类风湿关节炎的劳动者应列为职业禁忌证,检查过程应结合氯乙烯的接触史,尤其注意神经系统、手部关节的病变表现。

**2. 中毒性肝病常规肝功能试验的应用**

氯乙烯是对人体肝脏产生危害的主要毒物之一。肝脏损害病因的鉴别诊断和肝功能试验的临床应用问题在氯乙烯中毒的诊断中非常重要。结合我国目前实际情况,对中毒性肝病常规肝功能试验的分述如下：

（1）急、慢性中毒性肝病常规肝功能试验指标：血清谷丙转氨酶（ALT）、血清谷草转氨酶（AST）、AST/ALT 比值、血清总胆红素（STB）、直接胆红素（CB）、血清胆汁酸（BA）、血清前白蛋白（PA）及血清谷氨酰转肽酶（$\gamma$-GT）等。

（2）慢性中毒性肝病在常规肝功能试验基础上增加蛋白电泳、总蛋白、白蛋白、球蛋白及 A/G 测定等，必要时增加凝血酶原时间测定。

（3）慢性重度中毒性肝病在常规肝功能试验基础上再增加胆碱酯酶、凝血酶原活动度测定。疑似肝硬化时另增做透明质酸、前胶原蛋白测定。

3. 特殊病变

肢端溶骨症是氯乙烯作业人员发生的一种特殊的指骨末端溶解性病变，可有雷诺氏综合征表现，参见 GBZ 8—2002《职业性急性有机磷杀虫剂中毒诊断标准》。早期 X 射线检查可见一指或数指末节指骨粗隆的边缘性缺损，进而骨折线形成，逐渐缺损增宽，使粗隆逐渐与骨干分离，也可伴有骨皮质硬化；最后导致指骨变短变粗，呈杵状指；个别也可见趾骨病损。

## 九、档案管理

（1）作业场所现场氯乙烯监测资料。
（2）职业健康检查信息表（含氯乙烯接触史、个人防护情况）。
（3）历年职业健康检查表（应保持资料的完整性、连续性、准确性）。
（4）职业健康监督执法资料。

（冯文艇　池毅）

# 三氯乙烯作业职业健康监护质量控制要点

## 一、组织机构

备案三氯乙烯作业职业健康检查。设置与三氯乙烯作业职业健康检查相关的科室，合理设置各科室岗位及数量，至少包含内科检查室、检验科、神经系统检查室、皮肤科检查室、心电图室、B 超室、胸部 X 射线检查室等。

## 二、人员

（1）包含体格检查医师、心电图检查医师、B 超检查医师、X 射线检查医师等类别的执业医师、技师、护士等医疗卫生技术人员。

（2）各专业技术人员要求：进行职业健康检查法规知识培训，并考核合格。所出具报告要求相应执业医师签名。

（3）至少有 1 名具备职业性化学中毒职业病诊断医师资格的主检医师，备案有效人员需要第一注册执业点。

## 三、仪器设备

（1）配备满足并符合与备案三氯乙烯职业健康检查的类别和项目相适应的体格检查必备设备：内科常规检查用的听诊器、血压计、身高测量仪、磅秤；神经系统常规检查用的叩诊锤；血细胞分析仪、尿液分析仪、生化分析仪、心电图仪、B 超仪、胸部 X 射线摄片机等仪器设备。外出体检配置 DR 车。

（2）有关仪器设备的种类、数量、性能、量程、精确度等技术指标应满足工作需要，国家要求计量认证或校准的，需要符合计量认证或校准的要求。应对血压计、身高测量仪、磅秤、叩诊锤、血细胞分析仪、尿液分析仪、生化分析仪、心电图仪、B 超仪、胸部 X 射线摄片机等仪器设备进行定期计量、检定和校准，并张贴标识；不属于强制检定的，应有相应校验方法并定期自校。应定期进行维护保养及计量、检定和校验，同时记录设备状态。

（3）对所使用的设备编制操作规程。

（4）体检分类项目及设备见表 1。

表 1　体检分类项目及设备

| 名称 | 类别 | 检查项目 | 设备配置 |
| --- | --- | --- | --- |
| 三氯乙烯 | 上岗前 | 体格检查必检项目：1）内科常规检查；2）神经系统常规检查；3）皮肤科常规检查 | 必备设备：1）内科常规检查用听诊器、血压计、身高测量仪、磅秤；2）神经系统常规检查用叩诊锤 |
| | | 实验室和其他检查必检项目：血常规、尿常规、肝功能、心电图、肝脾 B 超、胸部 X 射线摄片 | 必备设备：血细胞分析仪、尿液分析仪、生化分析仪、心电图仪、B 超仪、CR/DR 摄片机 |
| | 在岗期间 | 同上岗前 | 同上岗前 |
| | 应急 | 体格检查必检项目：1）内科常规检查；2）神经系统常规检查，注意有无病理反射；3）眼底检查；4）皮肤科常规检查 | 体格检查必备设备：1）内科常规检查用听诊器、血压计、身高测量仪、磅秤；2）神经系统常规检查用叩诊锤；3）眼底检查用视力灯、眼底镜、裂隙灯 |
| | | 实验室和其他检查必检项目：血常规、尿常规、心电图、肝功能、肾功能、尿三氯乙酸、肝脾 B 超 | 必检项目必备设备：血细胞分析仪、尿液分析仪、生化分析仪、心电图仪、B 超仪。尿三氯乙酸测定设备：气相色谱仪（配顶空装置） |
| | | 选检项目：脑电图、头颅 CT 或 MRI | 选检项目设备配备：CT 或 MRI 仪、脑电图仪 |

各计量仪器、工具均要符合《中华人民共和国强制检定的工作计量器具检定管理办法》中的规定。

## 四、工作场所

（1）工作场所布局合理，采光良好。体检场所应在醒目位置公示体检功能区布局和体检基本流程，引导标识应准确清晰。

（2）各检查布局合理，每个独立的检查室使用面积不小于 6 $m^2$。

（3）开展外出职业健康检查的，应当具有相应的外出职业健康检查仪器、设备，以及信息化管理系统等条件。

## 五、质量管理文书

（1）建立三氯乙烯职业健康检查质量管理规程，进行全过程质量管理并持续有效运行，实现质量管理工作的规范化、标准化。

（2）制备职业健康检查表。

（3）存 GBZ 18—2013《职业性皮肤病的诊断》、GBZ 59—2010《职业性中毒性肝病诊断标准》、GBZ 71—2013《职业性急性化学物中毒诊断（总则）》、GBZ 74—2009《职业性急性化学物中毒性心脏病诊断标准》、GBZ 76—2002《职业性急性化学物中毒性神经系统疾病诊断标准》、GBZ 79—2013《职业性急性中毒性肾病的诊断标准》、GBZ 2.1—2019《工作场所有害因素职业接触限值 第 1 部分：化学有害因素》、GBZ 188—2014《职业健康监护技术规范》等文件备查。

## 六、能力考核与培训

（1）建立和保持技术人员培训制度，制订并落实各类人员教育和培训计划。

（2）质量负责人、技术负责人及职业健康检查技术人员需要每 2 年进行 1 次职业健康检查法规知识培训并考核合格。

（3）对心电图和 X 射线检查医师进行能力培训并考核合格。

（4）三氯乙烯检查主检医师应掌握 GBZ 38—2006《职业性急性三氯乙烯中毒诊断标准》、GBZ 185—2006《职业性三氯乙烯药疗样皮炎诊断标准》、GBZ 18—2013《职业性皮肤病的诊断》、GBZ 59—2010《职业性中毒性肝病诊断标准》、GBZ 71—2013《职业性急性化学物中毒诊断（总则）》、GBZ 74—2009《职业性急性化学物中毒性心脏病诊断标准》、GBZ 76—2002《职业性急性化学物中毒性神经系统疾病诊断标准》、GBZ 79—2013《职业性急性中毒性肾病的诊断标准》等诊断标准，对三氯乙烯所致疑似职业病、职业禁忌证判断准确。职业性化学中毒职业病诊断医师需要每 2 年参加复训并考核合格。

（5）质量控制能力考核内容为进行《医学临床理论三基》手册纲要操作考核，如内科医师问诊、体格检查；定期进行医学理论考试，如案例分析、职业病诊断等。

## 七、三氯乙烯体检过程管理

1）体检对象确定：根据受检单位提供的职业病危害因素检测报告内容确定。

2) 内科、神经系统、皮肤科检查内容：

(1) 问诊：肝区胀痛、皮疹、发热、头晕、头痛、乏力、嗜睡、步态蹒跚等症状，以及肝脏疾病、湿疹样皮炎等病史。

(2) 体格检查重点：注意皮疹检查。

## 八、质量控制

1）重点询问有无短期内接触三氯乙烯史及头昏、头痛、乏力、心悸、胸闷、咳嗽、恶心、呕吐、食欲减退、皮疹、发热、瘙痒等症状。

2）职业性三氯乙烯所致药疹样皮炎表现为急性皮炎，工人初次接触后5~40 d，最长不超过80 d后发生，常伴有发热、肝功能损害及淋巴结肿大，同工种仅个别发病。新接触员工上岗后前3个月，每周皮肤科检查1次。

3）中毒性肝病常规肝功能试验的应用。三氯乙烯是对人体肝脏产生危害的主要毒物之一。肝脏损害病因的鉴别诊断和肝功能试验的临床应用问题在三氯乙烯中毒的诊断中非常重要。结合我国目前实际情况，对中毒性肝病常规肝功能试验的分述如下：

(1) 急、慢性中毒性肝病常规肝功能试验指标：血清丙氨酸氨基转移酶（ALT或GPT）、血清天门冬氨酸氨基转移酶（AST或GOT）、AST/ALT比值、血清总胆红素（STB）、直接胆红素（CB）、血清胆汁酸（BA）、血清前白蛋白（PA）及血清谷氨酰转肽酶（$\gamma$-GT）等。

(2) 慢性中毒性肝病在常规肝功能试验基础上增加蛋白电泳、总蛋白、白蛋白、球蛋白及A/G测定等，必要时增加凝血酶原时间测定。

(3) 慢性重度中毒性肝病在常规肝功能试验基础上再增加胆碱酯酶、凝血酶原活动度测定。疑似肝硬化时另增做透明质酸、前胶原蛋白测定。

(4) 尿三氯乙酸含量测定为近期接触三氯乙烯的指标。由于在脱离接触5 d后尿三氯乙酸含量通常接近正常值，因此我国以尿三氯乙酸浓度0.3 mol/L（50 mg/L）作为职业接触三氯乙烯劳动者的生物限值（WS/T 111—1999《职业接触三氯乙烯的生物限值》）。急性中毒时，尿三氯乙酸含量增高，为可靠的接触指标，可供诊断或鉴别诊断时参考。测定方法按WS/T 64—1996《尿中三氯乙酸的分光光度测定方法》或WS/T 97—1996《尿中肌酐分光光度测定方法》执行。

## 九、档案管理

(1) 作业场所现场三氯乙烯监测资料。

(2) 职业健康检查信息表（含三氯乙烯接触史、个人防护情况）。

(3) 历年职业健康检查表（应保持资料的完整性、连续性、准确性）。

(4) 职业健康监督执法资料。

（冯文艇　池毅）

# 氯丙烯作业职业健康监护质量控制要点

## 一、组织机构

备案氯丙烯作业职业健康检查。设置与氯丙烯作业职业健康检查相关的科室,合理设置各科室岗位及数量,至少包含体格检查(内科常规检查、神经系统常规检查及肌力、共济运动检查)室、心电图检查室、B超检查室、神经-肌电图检查室等。

## 二、人员

(1)包含体格检查医师、心电图检查医师、彩色B超检查医师、神经-肌电图检查医师等类别的执业医师、技师、护士等医疗卫生技术人员。

(2)心电图检查医师要求:具备医学影像学执业医师资质。B超检查医师要求:具备医学影像学执业医师资质。神经-肌电图检查医师要求:规范培训,神经-肌电图检查培训合格。所出具报告要求相应执业医师签名。

(3)至少有1名具备职业性化学中毒职业病诊断医师资格的主检医师,备案有效人员需要第一注册执业点。

## 三、仪器设备

(1)配备满足并符合与备案氯丙烯职业健康检查的类别和项目相适应的血球计数仪、尿常规分析仪、生化分析仪、心电图仪、神经-肌电图仪等仪器设备。

(2)有关仪器设备的种类、数量、性能、量程、精确度等技术指标应满足工作需要,国家要求计量认证或校准的,需要符合计量认证或校准的要求。应对血球计数仪、尿常规分析仪、生化分析仪、心电图仪等仪器设备进行定期计量、检定和校准,并张贴标识。不属于强制检定的,应有相应校验方法并定期自校。应定期进行维护保养及计量、检定和校验,同时记录设备状态。

(3)对所使用的设备编制操作规程。

(4)体检分类项目及设备见表1。

表 1  体检分类项目及设备

| 名称 | 类别 | 检查项目 | 设备配置 |
| --- | --- | --- | --- |
| 氯丙烯 | 上岗前 | 体格检查必检项目：1）内科常规检查；2）神经系统常规检查及肌力、共济运动检查 | 必备设备：1）内科常规检查用听诊器、血压计、身高测量仪、磅秤；2）神经系统常规检查用叩诊锤 |
| | | 实验室和其他检查必检项目：血常规、尿常规、心电图、血清 ALT | 必备设备：血球计数仪、尿常规分析仪、生化分析仪、心电图仪 |
| | | 复检项目：空腹血糖异常或有周围神经损害表现者可选择糖化血红蛋白、神经－肌电图 | 必备设备：糖化血红蛋白分析仪或生化分析仪、肌电图仪或/和诱发电位仪 |
| | 在岗期间 | 体格检查必检项目：1）内科常规检查；2）神经系统常规检查及肌力、共济运动检查 | 必备设备：1）内科常规检查用听诊器、血压计、身高测量仪、磅秤；2）神经系统常规检查用叩诊锤 |
| | | 实验室和其他检查必检项目：血常规、尿常规、心电图、血清 ALT、血糖 | 必备设备：血球计数仪、尿常规分析仪、生化分析仪、心电图仪 |
| | | 复检项目：空腹血糖异常或有周围神经损害表现者可选择糖化血红蛋白、神经－肌电图 | 必备设备：糖化血红蛋白分析仪或生化分析仪、肌电图仪或/和诱发电位仪 |
| | 离岗时 | 同在岗期间 | 同在岗期间 |

1987 年 5 月 28 日，国家计量局发布的《中华人民共和国强制检定的工作计量器具检定管理办法》第十六条规定，血压计、血球计数仪、心电图仪、彩色 B 超仪、磅秤属于强制检定的工作计量器具。

## 四、工作场所

（1）工作场所布局合理，采光良好。体检场所应在醒目位置公示体检功能区布局和体检基本流程，引导标识应准确清晰。

（2）神经－肌电图检查室布局合理，每个独立的检查室使用面积不小于 6 $m^2$。

（3）神经－肌电图室应设置在远离放射科、电疗室、电梯及其他使用大电流的地方，以免引起干扰及基线不稳。如有条件，最好使用屏蔽室及独立的电线，以减少 50 Hz/s 交流电的干扰。室内要保持干燥、通气。室温最好保持在 23～30 ℃，因为太冷易引起寒战和肌肉颤抖，太热则大量出汗，均易引起误差。

（4）开展外出职业健康检查的，应当具有相应的外出职业健康检查仪器、设备。

## 五、质量管理文书

（1）建立氯丙烯职业健康检查质量管理规程，进行全过程质量管理并持续有效运行，实现质量管理工作的规范化、标准化。

（2）神经－肌电图检查应重点检查肢体远端肌肉的肌电图，如手部拇短展肌及小指展肌;因足部小肌肉检查不易得到被检者的配合,故下肢检查常选用胫骨前肌或腓肠肌。测定神经传导速度时,上肢一般取正中神经和尺神经,下肢一般取腓总神经和胫后神经。应按照 GBZ 76—2002《职业性急性化学物中毒性神经系统疾病诊断标准》中"附录 B.1"及"附录 B.2"的操作方法,参考有关的正常值及神经源性损害的判断基准做出判断。

（3）制备职业健康检查表。
（4）工作场所张贴神经-肌电图检查须知并事先告知。
（5）建立神经-肌电图室管理制度,建立神经-肌电图检查质控规范。
（6）存 GBZ 6—2002《职业性慢性氯丙烯中毒诊断标准》、GBZ 2.1—2019《工作场所有害因素职业接触限值 第 1 部分：化学有害因素》、GBZ 188—2014《职业健康监护技术规范》等文件备查。

## 六、能力考核与培训

（1）建立和保持技术人员培训制度,制订并落实各类人员教育和培训计划。
（2）质量负责人、技术负责人及职业健康检查技术人员需要每 2 年进行 1 次职业健康检查法规知识培训并考核合格。
（3）对神经-肌电图检查医师进行能力培训并考核合格。神经-肌电图检查应按照 GBZ 76—2002《职业性急性化学物中毒性神经系统疾病诊断标准》中"附录 B.1"及"附录 B.2"的操作方法,参考有关的正常值及神经源性损害的判断基准做出判断。体格检查医师应具备针对神经系统损害情况的检查能力。按照相关临床操作规范进行。
（4）主检医师掌握 GBZ 6—2002《职业性慢性氯丙烯中毒诊断标准》及氯丙烯职业健康监护技术规范,对氯丙烯所致疑似职业病、职业禁忌证判断准确。职业性化学中毒诊断医师需要每 2 年参加复训并考核合格。
（5）质量控制能力考核按广东省职业健康质量控制中心有关规定进行质量考核。

## 七、氯丙烯体检过程管理

1）体检对象确定：接触氯丙烯作业人员,职业健康检查周期为每年 1 次。
2）目标疾病如下：
（1）上岗前体检。职业禁忌证：多发性周围神经病,如四肢末端对称性的感觉、运动和自主神经障碍。
（2）在岗期间体检。
A. 多发性周围神经病：四肢末端对称性的感觉、运动和自主神经障碍。
B. 职业性慢性氯丙烯中毒：神经-肌电图显示有可疑的神经源性损害者,对称性的手套、袜套样分布的痛觉、触觉、音叉振动觉障碍,同时有跟腱反射减弱；体征轻微或不明显,但神经-肌电图显示有肯定的神经源性损害者。
（3）离岗体检。职业性慢性氯丙烯中毒：神经-肌电图显示有可疑的神经源性损害者,对称性的手套、袜套样分布的痛觉、触觉、音叉振动觉障碍,同时有跟腱反射减弱；体征轻微或不明显,但神经-肌电图显示有肯定的神经源性损害者。
3）疑似职业性慢性氯丙烯中毒判断。

（1）长期密切接触氯丙烯的作业人员，有双腿沉重乏力，肢体酸、麻、胀痛等症状，并兼有相对恒定的周围性分布的痛觉、触觉或音叉振动觉障碍及一侧或双侧跟腱反射减弱。

（2）长期密切接触氯丙烯的作业人员，体征轻微或不明显，但神经－肌电图显示有肯定的神经源性损害者。

## 八、质量控制

氯丙烯中毒以多发性周围神经病为其主要临床表现。在不具备条件进行神经－肌电图检查时，单项异常体征的诊断意义难以判定，感觉检查应重复多次，跟腱反射检查应取俯卧屈膝位。肌力减退的分级判定基准参见 GBZ 76—2002《职业性急性化学物中毒性神经系统疾病诊断标准》中"附录C"。

神经－肌电图检查质量控制参照"丙烯酰胺作业职业健康监护质量控制要点"中相应内容。

## 九、档案管理

（1）作业场所现场氯丙烯监测资料。

（2）职业健康检查信息表（含氯丙烯接触史、既往神经系统病史、个人防护情况）。

（3）历年职业健康检查表（应保持资料的完整性、连续性、准确性）。

（4）职业健康监督执法资料。

（陈馥　杨爱初）

# 氯丁二烯作业职业健康监护质量控制要点

## 一、组织机构

备案氯丁二烯作业职业健康检查。设置与氯丁二烯作业职业健康检查相关的科室，合理设置各科室岗位及数量，至少包含体格检查（内科常规检查、神经系统常规检查、皮肤科检查）室、心电图检查室、B超检查室等。

## 二、人员

（1）包含体格检查医师、皮肤科检查医师、心电图检查医师、彩色B超检查医师等类别的执业医师、技师、护士等医疗卫生技术人员。

（2）心电图检查医师要求：具备医学影像学执业医师资质。B超检查医师要求：具备医学影像学执业医师资质。

（3）至少有1名具备职业性化学因素（含氯丁二烯）职业病诊断医师资格的主检医师，备案有效人员需要第一注册执业点。

## 三、仪器设备

（1）配备满足并符合与备案氯丁二烯职业健康检查的类别和项目相适应的血球计数仪、尿常规分析仪、生化分析仪、心电图仪等仪器设备。

（2）有关仪器设备的种类、数量、性能、量程、精确度等技术指标应满足工作需要，国家要求计量认证或校准的，需要符合计量认证或校准的要求。应对血球计数仪、尿常规分析仪、生化分析仪、心电图仪等仪器设备进行定期计量、检定和校准，并张贴标识；不属于强制检定的，应有相应校验方法并定期自校。应定期进行维护保养及计量、检定和校验，同时记录设备状态。

（3）对所使用的设备编制操作规程。

（4）体检分类项目及设备见表1。

表1　体检分类项目及设备

| 名称 | 类别 | 检查项目 | 设备配置 |
| --- | --- | --- | --- |
| 氯丁二烯 | 上岗前 | 体格检查必检项目：1）内科常规检查；2）神经系统常规检查 | 必备设备：1）内科常规检查用听诊器、血压计、身高测量仪、磅秤；2）神经系统常规检查用叩诊锤 |
| | | 实验室和其他检查必检项目：血常规、尿常规、肝功能、心电图 | 必备设备：血球计数仪、尿常规分析仪、生化分析仪、心电图仪 |
| | | 选检项目：肝脾B超 | 必备设备：彩色B超仪 |
| | 在岗期间 | 体格检查必检项目：1）内科常规检查；2）神经系统常规检查；3）皮肤科检查，重点检查有无脱发、指甲变色 | 必备设备：1）内科常规检查用听诊器、血压计、身高测量仪、磅秤；2）神经系统常规检查用叩诊锤 |
| | | 实验室和其他检查必检项目：血常规、尿常规、肝功能、心电图、肝脾B超 | 必备设备：血球计数仪、尿常规分析仪、生化分析仪、心电图仪、彩色B超仪 |
| | 离岗时 | 同在岗期间 | 同在岗期间 |
| | 应急时 | 体格检查项目：1）内科常规检查；2）神经系统常规检查及运动功能、病理放射检查；3）眼底检查 | 必备设备：1）内科常规检查用听诊器、血压计、身高测量仪、磅秤；2）神经系统常规检查用叩诊锤；3）眼底检查用视力灯、眼底镜、裂隙灯 |
| | | 必检项目：血常规、尿常规、肝功能、心电图、胸部X射线摄片 | 必备设备：血球计数仪、尿常规分析仪、生化分析仪、心电图仪 CR/DR摄片机 |
| | | 选检项目：脑电图、头颅CT或MRI | 设备配备：脑电图仪、CT或MRI仪 |

1987年5月28日，国家计量局发布的《中华人民共和国强制检定的工作计量器具检定管理办法》第十六条规定，血压计、血球计数仪、心电图仪、彩色B超仪、脑电图仪、磅秤、医用辐射源属于强制检定的工作计量器具。

## 四、工作场所

（1）工作场所布局合理，采光良好。体检场所应在醒目位置公示体检功能区布局和体检基本流程，引导标识应准确清晰。

（2）彩色B超检查室等布局合理，每个独立的检查室使用面积不小于6 $m^2$。B超检查室内应安装空调设备，保持室温在（25±3）℃范围内。相对湿度为30%~80%；每个B超检查室仅放置一台B超仪。

（3）X射线机房的设置与整体布局应遵循安全、方便、卫生的原则，可采用全分隔式、半分隔式及随意分隔式布局中的任何一种；防护设计必须遵循放射防护最优化原则，同时必须保证一般公众成员在X射线机房外面所接受的剂量不超过国家规定的剂量限值；机房的防护厚度要求有用线束朝向的墙体应有2 mmPb当量的防护厚度，其他侧墙体应有1 mmPb当量的防护厚度；机房面积大于36 $m^2$；机房门窗、机房通风、机房内的布局及辅助防护设施等都应符合GBZ 130—2020《放射诊断放射防护要求》的要求。

（4）开展外出职业健康检查的，应当具有相应的外出职业健康检查仪器、设备，安装有X射线诊断设备的车辆、信息化管理系统等条件。按照GBZ 264—2015《车载式医用X射线诊断系统的放射防护要求》"8.2"中"对受检者实施照射时，与诊疗无关的其他人员不应在车载机房内或临时控制区内停留"的规定，对受检者实施照射时，与诊疗无关的其他人员不应在车载机房内或临时控制区内停留。车载X射线机工作时，为限制对公众的照射，在医用X射线诊断车外设定有明显边界标志的临时防护区域。

## 五、质量管理文书

（1）建立氯丁二烯职业健康检查质量管理规程，进行全过程质量管理并持续有效运行，实现质量管理工作的规范化、标准化。

（2）制备职业健康检查表。

（3）制定彩色B超检查室管理制度以及作业指导书。

（4）存GBZ 32—2015《职业性氯丁二烯中毒的诊断》、GBZ 2.1—2019《工作场所有害因素职业接触限值 第1部分：化学有害因素》、GBZ 188—2014《职业健康监护技术规范》等文件备查。

## 六、能力考核与培训

（1）建立和保持技术人员培训制度，制订并落实各类人员教育和培训计划。

（2）质量负责人、技术负责人及职业健康检查技术人员需要每2年进行1次职业健康检查法规知识培训并考核合格。

（3）氯丁二烯检查主检医师应掌握GBZ 32—2015《职业性氯丁二烯中毒的诊断》

及氯丁二烯职业健康监护技术规范,对氯丁二烯所致疑似职业病、职业禁忌证的判断准确。氯丁二烯中毒诊断医师需要每 2 年参加复训并考核合格。

(4)个体结论符合率考核。职业健康信息化系统每年 1 次抽备案单位个体体检报告 80 份,加上体检单位提供疑似职业病报告 10 份、职业禁忌证报告 10 份,总计 100 份体检报告,对其进行专家评分。

## 七、氯丁二烯体检过程管理

1)体检对象确定:接触氯丁二烯作业人员,肝功能检查每半年 1 次,职业健康检查每年 1 次。

2)目标疾病如下。

(1)上岗前体检。职业禁忌证:慢性肝病。

(2)在岗体检。职业性慢性氯丁二烯中毒;应急职业健康检查;职业性急性氯丁二烯中毒。

(3)离岗体检。职业性慢性氯丁二烯中毒。

4)疑似职业性氯丁二烯中毒判断如下。

(1)疑似职业性急性氯丁二烯中毒判断:①短期内接触较高浓度氯丁二烯的作业人员,出现头晕、头痛、乏力、恶心、呕吐、胸闷、气急等症状,以及眼结膜充血、咽部充血等体征。②有意识障碍、步态蹒跚等急性中毒性脑病表现(见 GBZ 76—2002《职业性急性化学物中毒神经系统疾病诊断标准》)或急性化学物中毒性呼吸系统疾病表现(见 GBZ 73—2009《职业性急性化学中毒呼吸系统疾病诊断标准》)者,可报急性中毒疑似。

(2)疑似职业性慢性氯丁二烯中毒判断:①职业接触氯丁二烯 1 年以上(含 1 年)的作业人员,出现头晕、头痛、倦怠、乏力、失眠、易激动、记忆力减退等临床症状;②有头发脱落至明显稀疏或脱光,并有神经衰弱综合征或慢性中毒性肝病(见 GBZ 59—2010《职业性中毒性肝病诊断标准》),且伴有血清蛋白电泳 β 球蛋白比值自身前后对比降低 20% 以上者,可报疑似慢性中毒。

## 八、质量控制

(1)急性氯丁二烯中毒以中枢神经系统及眼和呼吸系统急性损伤为主。较高浓度吸入可迅速抑制呼吸中枢,早期即可出现呼吸困难或呼吸骤停;其具有麻醉作用,吸入后可致患者迅速麻痹进入昏迷状态。

(2)检查时重点询问暴露史和是否出现头晕、头痛、乏力、恶心、呕吐、胸闷、气急等症状,以及眼结膜充血、咽部充血等体征,是否有意识障碍、步态蹒跚等急性中毒性脑病表现(见 GBZ 76—2002《职业性急性化学物中毒神经系统疾病诊断标准》),以及是否有急性化学物中毒性呼吸系统疾病表现(见 GBZ 73—2009《职业性急性化学中毒呼吸系统疾病诊断标准》)。

(3)慢性氯丁二烯中毒以肝脏、神经系统损害为主。但氯丁二烯中毒性肝病消化道症状可不明显,常伴有神经系统衰弱和脱发及指甲变色表现。脱发是慢性氯丁二烯中毒的临床特点,检查时应注意是否有明显脱发。

(4)接触氯丁二烯指甲变色常在接触 15~30 d 出现,常先累及拇指指甲,从指甲根部起出现紫褐色,脱离作业可恢复正常,再接触则指甲变色。有血清蛋白电泳 β 球蛋白比值降低是氯丁二烯中毒性肝病特征之一，血清蛋白电泳 β 球蛋白比值自身前后对比降低 20% 以上者可判断为疑似。

（5）肝功能检查质量控制及 B 超检查质量控制参照"二甲基甲酰胺作业职业健康监护质量控制要点"相关章节。

## 九、档案管理

（1）作业场所现场氯丁二烯监测资料。
（2）氯丁二烯个人剂量检测资料。
（3）职业健康检查信息表（含氯丁二烯接触史、既往病史、个人防护情况）。
（4）历年肝脾 B 超、肝功能检查结果。
（5）历年职业健康检查表（应保持资料的完整性、连续性、准确性）。
（6）职业健康监督执法资料。

（陈馥　杨爱初）

# 有机氟作业职业健康监护质量控制要点

## 一、组织机构

备案有机氟（不含有机氟农药，以下同）作业职业健康检查。设置与有机氟作业职业健康检查相关的科室，合理设置各科室岗位及数量，至少包含耳鼻咽喉科（含鼻及咽部检查）、内科（体格检查）、心电图检查室、胸部 X 射线检查室、肺功能检查室等。

## 二、人员

（1）包含体格检查医师、耳鼻咽喉科资格执业医师、医学影像学执业医师、心电图检查医师、肺功能检查医师等类别的执业医师、技师、护士等医疗卫生技术人员。

（2）心电图检查医师要求：具备医学影像学执业医师资质。胸部 X 射线摄片检查医师要求：具备医学影像学执业医师资质。肺功能检查医师要求：规范培训，肺功能检查培训合格。出具报告要求执业医师签名。

（3）至少有 1 名具备职业性化学中毒（含有机氟）职业病诊断医师资格的主检医师，备案有效人员需要第一注册执业点。

## 三、仪器设备

（1）配备满足并符合与备案化学毒物（有机氟）职业健康检查的类别和项目相适应的 CR/DR 摄片机、血球计数仪、尿常规分析仪、生化分析仪、心电图仪、肺功能检查仪等仪器设备。外出体检配置 X 射线诊断车。

(2) 有关仪器设备的种类、数量、性能、量程、精确度等技术指标应满足工作需要，国家要求计量认证或校准的，需要符合计量认证或校准的要求。应对血球计数仪、尿常规分析仪、生化分析仪、心电图仪、酸度计等仪器设备进行定期计量、检定和校准，并张贴标识；不属于强制检定的，应有相应校验方法并定期自校。应定期进行维护保养及计量、检定和校验，同时记录设备状态。

(3) 对所使用的设备编制操作规程。

(4) 体检分类项目及设备见表1。

表1　体检分类项目及设备

| 名称 | 类别 | 检查项目 | 设备配置 |
| --- | --- | --- | --- |
| 有机氟 | 上岗前 | 体格检查必检项目：1) 内科常规检查；2) 鼻及咽部常规检查 | 必备设备：1) 内科常规检查用听诊器、血压计、身高测量仪、磅秤；2) 鼻及咽部常规检查用额镜或额眼灯、咽喉镜 |
| | | 实验室和其他检查必检项目：血常规、尿常规、血清ALT、心电图、胸部X射线摄片、肺功能 | 必备设备：血细胞分析仪、尿液分析仪、生化分析仪、心电图仪、CR/DR摄片机、肺功能仪 |
| | 在岗期间（推荐性） | 体格检查必检项目：1) 内科常规检查；2) 鼻及咽部常规检查 | 推荐设备：1) 内科常规检查用听诊器、血压计、身高测量仪、磅秤；2) 鼻及咽部常规检查用额镜或额眼灯、咽喉镜 |
| | | 实验室和其他检查必检项目：血常规、心电图、胸部X射线摄片、肺功能 | 推荐设备：血细胞分析仪、尿液分析仪、生化分析仪、心电图仪、CR/DR摄片机、肺功能仪 |
| | | 选检项目：尿氟 | 推荐设备：氟离子选择性电极、参比电极、酸度计或离子色谱仪 |
| | 应急时 | 体格检查必检项目：1) 内科常规检查；2) 鼻及咽部常规检查 | 必备设备：1) 内科常规检查用听诊器、血压计、身高测量仪、磅秤；2) 鼻及咽部常规检查用额镜或额眼灯、咽喉镜 |
| | | 必检项目：血常规、尿常规、心电图、胸部X射线摄片、血气分析 | 必备设备：血细胞分析仪、尿液分析仪、心电图仪、CR/DR摄片机、血氧饱和度测定仪或血气分析仪 |
| | | 选检项目：肝功能、血气分析、心肌酶谱、肌钙蛋白T（TnT）、尿氟 | 设备配备：生化分析仪、血气分析仪。肌钙蛋白T（TnT）测定设备：肌钙蛋白T测定仪。尿氟测定设备：氟离子选择性电极、参比电极、酸度计或离子色谱仪 |

1987年5月28日，国家计量局发布的《中华人民共和国强制检定的工作计量器具检定管理办法》第十六条规定，血球计数仪、尿常规分析仪、生化分析仪、心电图仪、酸度计、医用辐射源属于强制检定的工作计量器具。

## 四、工作场所

（1）工作场所布局合理，采光良好。体检场所应在醒目位置公示体检功能区布局和体检基本流程，引导标识应准确清晰。

（2）检查室布局合理，每个独立的检查室使用面积不小于 6 $m^2$。

（3）X 射线机房的设置与整体布局应遵循安全、方便、卫生的原则，可采用全分隔式、半分隔式及随意分隔式布局中的任何一种；防护设计必须遵循放射防护最优化原则，同时必须保证一般公众成员在 X 射线机房外面所接受的剂量不超过国家规定的剂量限值；机房的防护厚度要求有用线束朝向的墙体应有 2 mmPb 当量的防护厚度，其他侧墙体应有 1 mmPb 当量的防护厚度；机房面积大于 36 $m^2$；机房门窗、机房通风、机房内的布局及辅助防护设施等都应符合 GBZ 130—2020《放射诊断放射防护要求》的要求。

（4）床边胸部 X 线摄片应按照 GBZ 66—2002《职业性急性有机氟中毒诊断标准》中"附录 B"的技术要求执行。

（5）开展外出职业健康检查的，应当具有相应的外出职业健康检查仪器、设备，安装有 X 射线诊断设备的车辆、信息化管理系统等条件。按照 GBZ 264—2015《车载式医用 X 射线诊断系统的放射防护要求》"8.2"中"对受检者实施照射时，与诊疗无关的其他人员不应在车载机房内或临时控制区内停留"的规定，对受检者实施照射时，与诊疗无关的其他人员不应在车载机房内或临时控制区内停留。车载 X 射线机工作时，为限制对公众的照射，在医用 X 射线诊断车外设定有明显边界标志的临时防护区域。

## 五、质量管理文书

（1）建立有机氟职业健康检查质量管理规程，进行全过程质量管理并持续有效运行，实现质量管理工作的规范化、标准化。

（2）制备职业健康检查表。

（3）放射科工作场所张贴检查须知并事先告知。

（4）建立放射科管理制度和质控规范。

（5）存胸部 X 射线摄片技术要求、GBZ 66—2002《职业性急性有机氟中毒诊断标准》、GBZ 2.1—2019《工作场所有害因素职业接触限值 第 1 部分：化学有害因素》、GBZ 188—2014《职业健康监护技术规范》等文件备查。

## 六、能力考核与培训

（1）建立和保持技术人员培训制度，制订并落实各类人员教育和培训计划。

（2）质量负责人、技术负责人及职业健康检查技术人员需要每 2 年进行 1 次职业健康检查法规知识培训并考核合格。

（3）有机氟检查主检医师应掌握 GBZ 66—2002《职业性急性有机氟中毒诊断标准》及有机氟职业健康监护技术规范，对有机氟所致疑似职业病、职业禁忌证的判断准确。职业性有机氟中毒诊断医师需要每 2 年参加复训并考核合格。

（4）个体结论符合率考核：职业健康信息化系统每年 1 次抽备案单位个体体检报告

80 份，加上体检单位提供的疑似职业病报告 10 份、职业禁忌证报告 10 份，总计对 100 份体检报告进行专家评分。

## 七、体检过程管理

1）体检对象确定：接触有机氟作业人员，职业健康检查周期每 3 年 1 次。

2）目标疾病如下：

（1）上岗前体检：慢性阻塞性肺病。

（2）在岗体检：慢性阻塞性肺病。

3）下列情况需进行肺功能复查：

（1）上岗前体检：①咳嗽、咳痰 3 个月以上，并连续 2 年或以上者。②肺功能检查，$FEV_1/FVC < 70\%$。

（2）在岗体检：①咳嗽、咳痰 3 个月以上，并连续 2 年或以上者。②肺功能检查，$FEV_1/FVC < 70\%$。

（3）应急体检：职业性急性有机氟中毒。

4）疑似职业性急性有机氟中毒判断：①有确切的短时、过量有机氟气体吸入史；②有以呼吸系统损害为主的临床表现，X 射线胸片符合急性支气管炎、支气管周围炎或支气管肺炎、肺气肿等征象。

## 八、质量控制

1）本节所指有机氟包括单氟烃类、多氟烃类和卤代烃类等，不包括有机氟杀鼠剂。有机氟属刺激性毒物，主要以呼吸系统损害为主，X 射线胸片符合急性支气管炎、支气管周围炎或支气管肺炎、肺气肿等征象。吸入有机氟聚合物热解物后，可出现畏寒、发热、寒战、肌肉酸痛等金属烟热样症状。尿氟是氟中毒的主要生物监测指标，离子选择电极法是尿氟检测最常用的检测方法，该方法操作简便、迅速，对有色和浑浊样品不影响测定，选择性好。

2）胸部 X 射线摄片质量控制及肺功能检查质量控制参考"二异氰酸甲苯酯职业健康监护质量控制要点"相应内容。

3）尿氟检测（离子选择电极法）质量控制。

4）样品采集、前处理及保存：采集晨尿或随机一次性尿于清洁干燥的聚乙烯瓶中，尿液不少于 20～30 mL。若不能及时测定，保存于 4 ℃冰箱，2 周内完成测定。

5）分析步骤如下。

（1）对照试验：样品的空白对照。

（2）工作曲线绘制：取数只塑料烧杯，分别加入不同的氟标准溶液，并各加入水至 25 mL，配成氟标准系列。然后按样品处理操作处理样品。样品处理后，向标准系列加入 5.0 mL 总离子强度调节缓冲液，放入磁芯搅拌棒，置于电磁力搅拌器上，插入氟电极和饱和甘汞电极，搅拌。当电位值变化≤0.5 mV，在搅拌下读取平衡电位。

（3）样品测定：取 5.0 mL 摇匀后的尿液于烧杯中，加 5.0 mL 总离子强度调节缓冲液。用测定标准系列的操作条件测定样品溶液和样品空白对照溶液。测得的样品电位值减去空白对照的电位值后,由标准曲线得出氟的含量(单位为 μg)。

## 九、档案管理

(1) 作业场所现场有机氟监测资料。
(2) 有机氟个人剂量检测资料。
(3) 职业健康检查信息表(含有机氟接触史、既往病史、个人防护情况)。
(4) 历年职业健康检查表(应保持资料的完整性、连续性、准确性)。
(5) 职业健康监督执法资料。

(陈馥　杨爱初)

# 二异氰酸甲苯酯作业职业健康监护质量控制要点

## 一、组织机构

备案二异氰酸甲苯酯作业职业健康检查。设置与二异氰酸甲苯酯作业职业健康检查相关的科室,合理设置各科室岗位及数量,至少包含耳鼻咽喉科、内科、心电图检查室、肺功能检查室、胸部 X 射线检查室等。

## 二、人员

(1) 包含体格检查医师、耳鼻咽喉科资格执业医师、心电图检查医师、肺功能检查医师、医学影像医师等类别的执业医师、技师、护士等医疗卫生技术人员。
(2) 至少有 1 名具备职业性化学中毒(含二异氰酸甲苯酯)职业病诊断医师资格的主检医师,备案有效人员需要第一注册执业点。

## 三、仪器设备

(1) 配备满足并符合与备案化学毒物(二异氰酸甲苯酯)职业健康检查的类别和项目相适应的高千伏 X 射线机或数字化 X 射线机(digital radiography, DR)、肺功能仪、心电图仪等仪器设备。外出体检配置 DR 车。
(2) 有关仪器设备的种类、数量、性能、量程、精确度等技术指标应满足工作需要,国家要求计量认证或校准的,需要符合计量认证或校准的要求。应对肺功能仪、心电图仪、高千伏 X 射线机或数字化 X 射线机等仪器设备进行定期计量、检定和校准,并张贴标识;不属于强制检定的,应有相应校验方法并定期自校。应定期进行维护保养及计量、检定和校验,同时记录设备状态。

(3) 对所使用的设备编制操作规程。
(4) 体检分类项目及设备见表1。

表1 体检分类项目及设备

| 名称 | 类别 | 检查项目 | 设备配置 |
|---|---|---|---|
| 二异氰酸甲苯酯 | 上岗前 | 体格检查必检项目：1) 内科常规检查；2) 鼻及咽部常规检查 | 必备设备：1) 内科常规检查用听诊器、血压计、身高测量仪、磅秤；2) 鼻及咽部常规检查用额镜或额眼灯、咽喉镜 |
| | | 实验室和其他检查必检项目：血常规、血嗜酸细胞计数、尿常规、肝功能、心电图、肺功能、胸部X射线摄片 | 必备设备：血细胞分析仪、五分类血细胞分析仪或显微镜、尿液分析仪、生化分析仪、心电图仪、肺功能仪、CR/DR摄片机 |
| | | 有过敏史或可疑有过敏体质的受检者可选择检查肺弥散功能、血清总IgE | 必备设备：肺功能仪。血清总IgE测定设备：放射免疫分析仪 |
| | 在岗期间 | 体格检查必检项目：1) 内科常规检查；2) 鼻及咽部常规检查 | 必备设备：1) 内科常规检查用听诊器、血压计、身高测量仪、磅秤；2) 鼻及咽部常规检查用额镜或额眼灯、咽喉镜 |
| | | 实验室和其他检查必检项目：血常规、血嗜酸细胞计数、心电图、肺功能、胸部X射线摄片 | 必备设备：血细胞分析仪、五分类血细胞分析仪或显微镜、心电图仪、CR/DR摄片机、肺功能仪 |
| | | 有哮喘症状者可选择检查肺弥散功能、抗原特异性IgE抗体，变应原皮肤试验、变应原支气管激发试验 | 必备设备：变应原皮肤试验：皮肤斑贴实验设备。抗原特异性IgE抗体检测设备：放射免疫分析仪。变应原支气管激发试验：肺功能仪 |
| | 离岗时 | 同岗中 | 体格检查必备设备：1) 内科常规检查用听诊器、血压计、身高测量仪、磅秤；2) 鼻及咽部常规检查用额镜或额眼灯、咽喉镜 |
| | | | 必检项目必备设备：血细胞分析仪、五分类血细胞分析仪或显微镜、心电图仪、CR/DR摄片机、肺功能仪。变应原皮肤试验：皮肤斑贴实验设备。抗原特异性IgE抗体检测设备：放射免疫分析仪。变应原支气管激发试验设备：肺功能仪 |

续上表

| 名称 | 类别 | 检查项目 | 设备配置 |
|---|---|---|---|
| 二异氰酸甲苯酯 | 应急 | 体格检查必检项目：1) 内科常规检查，重点检查呼吸系统；2) 鼻及咽部常规检查 | 体格检查必备设备：1) 内科常规检查用听诊器、血压计、身高测量仪、磅秤；2) 鼻及咽部常规检查用额镜或额眼灯、咽喉镜 |
| | | 实验室和其他检查必检项目：血常规、心电图、血嗜酸细胞计数、血清总IgE、肺功能、胸部X射线摄片、血氧饱和度 | 必检项目必备设备：血细胞分析仪、五分类血细胞分析仪或显微镜、心电图仪、肺功能仪、CR/DR摄片机、血氧饱和度测定仪或血气分析仪。血清总IgE检测设备：放射免疫分析仪 |
| | | 选检项目：血气分析、肺弥散功能 | 选检项目设备配备：血气分析仪、肺功能仪 |

1987年5月28日，国家计量局发布的《中华人民共和国强制检定的工作计量器具检定管理办法》第十六条规定，血压计、心电图仪、医用辐射源属于强制检定的工作计量器具。

## 四、工作场所

（1）工作场所布局合理，采光良好。体检场所应在醒目位置公示体检功能区布局和体检基本流程，引导标识应准确清晰。

（2）检查室布局合理，每个独立的检查室使用面积不小于 6 $m^2$。

（3）肺功能检查室要求宽敞明亮，须有良好的通风条件。每个肺功能检查室最好仅放置1台肺功能仪。室内温度、湿度需相对恒定，理想的环境温度为18～24 ℃，湿度为50%～70%。检查室内须备有抢救药物和设备等，最好备有除颤仪。应具备预防和控制交叉感染的措施。

（4）X射线机房的设置与整体布局应遵循安全、方便、卫生的原则，机房面积大于36 $m^2$；机房门窗、机房通风、机房内的布局及辅助防护设施等都应符合GBZ 130—2020《放射诊断放射防护要求》的要求。胸部X射线摄片时，由医师确定投射技术，摄影环境变化时，待观察片合格后，方嘱体检者离开。

（5）开展外出职业健康检查的，应当具有相应的外出职业健康检查仪器、设备，安装有X射线诊断设备的车辆、信息化管理系统等条件。按照GBZ 264—2015《车载式医用X射线诊断系统的放射防护要求》"8.2"中的规定，对受检者实施照射时，与诊疗无关的其他人员不应在车载机房内或临时控制区内停留。车载X射线机工作时，为限制公众的照射，在医用X射线诊断车外设定有明显边界标志的临时防护区域。

## 五、质量管理文书

（1）建立二异氰酸甲苯酯职业健康检查质量管理规程，进行全过程质量管理并持续有效运行，实现质量管理工作的规范化、标准化。

（2）制备职业健康检查表。

（3）工作场所张贴检查须知并事先告知。

（4）建立放射科管理制度和质控规范。

（5）存 GBZ 57—2019《职业性哮喘的诊断》、GBZ 2.1—2019《工作场所有害因素职业接触限值　第 1 部分：化学有害因素》、GBZ 188—2014《职业健康监护技术规范》等文件备查。

## 六、能力考核与培训

（1）建立和保持技术人员培训制度，制订并落实各类人员教育和培训计划。

（2）质量负责人、技术负责人及职业健康检查技术人员需要每 2 年进行 1 次职业健康检查法规知识培训并考核合格。

（3）肺功能检查医师、胸部 X 射线摄片医师进行能力培训并考核合格。胸部 X 射线摄片检查严格按照规定执行。五官科检查医师具备针对鼻及咽喉损害情况的检查能力。按照相关临床操作规范进行。

（4）二异氰酸甲苯酯检查主检医师应掌握 GBZ 57—2019《职业性哮喘的诊断》及二异氰酸甲苯酯职业健康监护技术规范，对二异氰酸甲苯酯所致疑似职业病、职业禁忌证判断准确。需要每 2 年参加复训并培训合格。

（5）质量控制能力考核内容为进行对肺功能检查操作的考核。对放射科医师进行阅片考核。

（6）个体结论符合率考核。职业健康信息化系统每年 1 次抽备案单位个体体检报告 80 份，加上体检单位提供的疑似职业病报告 10 份、职业禁忌证报告 10 份，总计 100 份体检报告，对其进行专家评分。

## 七、二异氰酸甲苯酯体检过程管理

1）体检对象确定：接触二异氰酸甲苯酯作业人员，职业健康检查周期：初次接触二异氰酸甲苯酯的前 2 年每半年体检 1 次，2 年后改为每年 1 次；在岗期间劳动者新发生过敏性鼻炎，每 3 个月体检 1 次，连续观察 1 年，1 年后改为每年 1 次。

2）目标疾病如下。

（1）上岗前体检。职业禁忌证：①支气管哮喘；②慢性阻塞性肺病；③慢性间质性肺病；④伴气道高反应的过敏性鼻炎。

若有反复发作的咳嗽、咳痰史，肺功能表现为最大呼气流量 - 容积曲线（maximal expiratory flow-volume cure，MEFV）低容积流量下降，FEF 50%、FEF 75% 下降，需进行肺功能复查并加检血清总 IgE。

（2）在岗期间体检。职业禁忌证：①慢性阻塞性肺病；②慢性间质性肺病；③伴气道高反应的过敏性鼻炎。

职业病：职业性哮喘（见 GBZ 57—2019《职业性哮喘的诊断》）。

反复发作的咳嗽、咳痰史，肺功能表现为 FEV1% 下降，70% < FEV1% < 92%，

FEV1 正常，需进行肺功能复查并加检抗原特异性 IgE 抗体、变应原皮肤试验、变应原支气管激发试验。

（3）离岗时体检。职业病：职业性哮喘（见 GBZ 57—2019《职业性哮喘的诊断》）。

若有反复发作的咳嗽、咳痰史，肺功能表现为 FEV1% 下降，70% < FEV1% < 92%，FEV1 正常，需进行肺功能复查并加检抗原特异性 IgE 抗体、变应原皮肤试验、变应原支气管激发试验。

3）疑似接触二异氰酸甲苯酯所致职业性哮喘判断。从事接触二异氰酸甲苯酯工作数月至数年，具有下列情况之一者：

（1）出现发作性喘息、气急、两肺哮鸣音，可伴有咳嗽、咳痰，脱离变应原可自行或通过治疗很快缓解，发作间歇期无症状，肺功能正常，再次接触变应原可再发作；有 1 项特异性变应原试验结果为阳性。

（2）哮喘临床表现不典型，但有实验室指征非特异性支气管激发试验或运动激发试验及支气管舒张试验阳性，或最大呼气流量（PEF）日内变异率或昼夜波动率 ≥ 20%；有 1 项特异性变应原试验结果为阳性。

## 八、质量控制

二异氰酸甲苯酯对皮肤、黏膜和眼睛有强烈刺激作用，并具致敏作用，长期接触可引起慢性支气管炎、支气管哮喘、肺气肿等。肺功能、胸部 X 射线摄片是必检项目。上岗前职业健康检查发现有反复发作的咳嗽、咳痰史，肺功能表现为 MEFV 曲线低容积流量下降，FEF 50%、FEF 75% 下降，需进行肺功能复查并加检血清总 IgE。在岗期间及离岗时职业健康检查发现有反复发作的咳嗽、咳痰史，肺功能表现为 FEV1% 下降，70% < FEV1% < 92%，FEV1 正常，需进行肺功能复查并加检抗原特异性 IgE 抗体、变应原皮肤试验、变应原支气管激发试验。

**1. 肺功能检查质量控制**

肺功能仪要求：要符合标准要求，定期检定、比对，肺功能仪的精确度应保持在全 50 mL 或读数误差 ±3% 以内；肺功能仪测定的肺活量、用力肺活量、第一秒用力呼气容积范围在 0.5～8.0 L，精确度在 ±3% 或 ±0.050 L（取较大者）；肺功能仪测定流量装置能够测定的流量范围为 0～14 L/s。

检查者的要求：检查者应熟练掌握肺功能检查的正确操作技术和质量要求，向受检者详细解释检查步骤和注意事项，示范动作要领。检查前检查者应详细询问受检者病史，排除检查禁忌证。操作严格按照有关标准、规范执行。应常规使用呼吸过滤器。

受检者要求：受检者应在无急性呼吸道感染情况下进行检查。检查前受检者宜静息 15 min 并松解衣服，取站位或坐位，重复测定时应保持同前一样的姿势，用鼻夹。检查时受检者下颌部略抬高，颈部伸展。检查当天停止吸烟，停用支气管舒张剂、抗过敏类药物，认真听取检查步骤。受检者的努力和配合程度对检查结果的准确性有很大影响。

**2. 胸部 X 射线摄片质量控制**

放射线装置要符合标准要求、定期检定；放射线装置的使用场所和防护用品的控制与要求依据 GBZ 130—2020《放射诊断放射防护要求》等规定。

设备要求：①高频逆变高压发生器最大输出功率≥20 kW，逆变频率≥20 kHz，输出电压 40 kV；②旋转阳极球管。标称焦点值为小焦点≤0.6，大焦点≤1.3。③带有滤线栅、自动曝光控制和探测野的立位摄影架。④平板探测器。⑤有效探测面积≥365 mm×365 mm（14 in×14 in），像素尺寸≤200 μm，像素矩阵≥2 048×2 048。⑥滤线栅管电压在 90～125 kV，选择栅比 10∶1～15∶1，栅密度为 34～80 线/厘米。

受检者要求：胸部后前立位，受检者应将胸壁紧贴摄影架，双脚自然分开，双臂内旋转，使肩胛骨尽量不和肺野重叠。解释拍片须知，受检者的理解与配合非常重要。

检查人员要求：应熟练掌握胸部摄片检查的正确操作技术和质量要求，向受试者详细解释检查步骤和注意事项，示范动作要领。检查人员应具有责任心，培训合格，操作严格按照有关标准、规范执行。

胸片要求：应包括两侧肺尖和肋膈角，胸锁关节基本对称，肩胛骨阴影不与肺野重叠；片号、日期及其他标志分别置于两肩上方，排列整齐，清晰可见，不与肺野重叠；照片无伪影、漏光、污染、水渍。

胸片外出检查：应充分考虑周围人员的驻留条件，X 射线有用线束应避开人员停留和流动的方向。

## 九、档案管理

（1）作业场所二异氰酸甲苯酯监测资料。

（2）职业健康检查信息表（含二异氰酸甲苯酯接触史、既往呼吸系统病史、个人防护情况）。

（3）历年肺功能检查结果。

（4）历年职业健康检查表（应保持资料的完整性、连续性、准确性）。

（5）职业健康监督执法资料。

（陈馥　杨爱初）

# 二甲基甲酰胺作业职业健康监护质量控制要点

## 一、组织机构

备案二甲基甲酰胺作业职业健康检查。设置与二甲基甲酰胺作业职业健康检查相关的科室，合理设置各科室岗位及数量，至少包含内科（体格检查）、心电图检查室、B超检查室等。

## 二、人员

（1）包含体格检查医师、心电图检查医师、医学影像医师等类别的执业医师、技师、护士等医疗卫生技术人员。

（2）至少有 1 名具备职业性化学中毒（含二甲基甲酰胺）职业病诊断医师资格的主检医师，备案有效人员需要第一注册执业点。

## 三、仪器设备

（1）配备满足并符合与备案化学毒物（二甲基甲酰胺）职业健康检查的类别和项目相适应的 B 超仪、心电图仪等仪器设备。

（2）有关仪器设备的种类、数量、性能、量程、精确度等技术指标应满足工作需要，国家要求计量认证或校准的，需要符合计量认证或校准的要求。应对 B 超仪等仪器设备进行定期计量、检定和校准，并张贴标识；不属于强制检定的，应有相应校验方法并定期自校。应定期进行维护保养及计量、检定和校验，同时记录设备状态。

（3）对所使用的设备编制操作规程。

（4）体检分类项目及设备见表 1。

表 1 体检分类项目及设备

| 名称 | 类别 | 检查项目 | 设备配置 |
| --- | --- | --- | --- |
| 二甲基甲酰胺 | 上岗前 | 体格检查必检项目：内科常规检查，重点检查肝脾 | 体格检查必备设备：内科常规检查用听诊器、血压计、身高测量仪、磅秤 |
| | | 实验室和其他检查必检项目：血常规、尿常规、肝功能、心电图 | 必检项目必备设备：血细胞分析仪、尿液分析仪、生化分析仪、心电图仪 |
| | | 肝功能检查异常者应加检肝脾 B 超 | 加检项目必备设备：B 超仪 |
| | 在岗期间 | 体格检查必检项目：内科常规检查，重点检查肝脾 | 体格检查必备设备：内科常规检查用听诊器、血压计、身高测量仪、磅秤 |
| | | 实验室和其他检查必检项目：血常规、尿常规、肝功能、心电图 | 必检项目必备设备：血细胞分析仪、尿液分析仪、生化分析仪、心电图仪 |
| | | 肝功能检查异常者应加检肝脾 B 超 | 加检项目必备设备：B 超仪 |
| | 离岗时 | 体格检查必检项目：内科常规检查，重点检查肝脾 | 体格检查必备设备：内科常规检查用听诊器、血压计、身高测量仪、磅秤 |
| | | 实验室和其他检查必检项目：血常规、尿常规、肝功能、心电图 | 必检项目必备设备：血细胞分析仪、尿液分析仪、生化分析仪、心电图仪 |
| | | 肝功能检查异常者应加检肝脾 B 超 | 加检项目必备设备：B 超仪 |

续上表

| 名称 | 类别 | 检查项目 | 设备配置 |
|------|------|----------|----------|
| 二甲基甲酰胺 | 应急 | 体格检查必检项目：1）内科常规检查，重点检查肝脏；2）皮肤科常规检查 | 体格检查必备设备：内科常规检查用听诊器、血压计、身高测量仪、磅秤 |
| | | 实验室和其他检查必检项目：血常规、尿常规、肝功能、心电图、肝脾B超 | 必检项目必备设备：血细胞分析仪、尿液分析仪、生化分析仪、心电图仪、B超仪 |
| | | 选检项目：尿甲基甲酰胺、凝血酶原时间、消化道内窥镜、粪便潜血试验 | 选检项目设备配备：气相色谱仪、血凝仪、消化道内窥镜、粪便潜血试剂盒 |

1987年5月28日，国家计量局发布的《中华人民共和国强制检定的工作计量器具检定管理办法》第十六条规定，血压计、心电图仪、B超仪属于强制检定的工作计量器具。

## 四、工作场所

（1）工作场所布局合理，采光良好。体检场所应在醒目位置公示体检功能区布局和体检基本流程，引导标识应准确清晰。

（2）B超检查室布局合理，每个独立的检查室使用面积不小于6 $m^2$。

（3）B超检查室内应安装空调设备，保持室温在（25±3）℃、相对湿度为30%～80%。每个B超检查室仅放置一台B超诊断仪。

（4）开展外出职业健康检查的，应当具有相应的外出职业健康检查仪器、设备、信息化管理系统等条件。

## 五、质量管理文书

（1）建立二甲基甲酰胺职业健康检查质量管理规程，进行全过程质量管理并持续有效运行，实现质量管理工作的规范化、标准化。

（2）制备职业健康检查表。

（3）工作场所张贴检查须知并事先告知。

（4）制定彩色B超检查室管理制度以及作业指导书。

（5）存GBZ 85—2014《职业性急性二甲基甲酰胺中毒诊断标准》、GBZ 2.1—2019《工作场所有害因素职业接触限值 第1部分：化学有害因素》、GBZ 188—2014《职业健康监护技术规范》等文件备查。

## 六、能力考核与培训

（1）建立和保持技术人员培训制度，制订并落实各类人员教育和培训计划。

（2）质量负责人、技术负责人及职业健康检查技术人员需要每2年进行1次职业健康检查法规知识培训并考核合格。

（3）二甲基甲酰胺检查主检医师应掌握 GBZ 85—2014《职业性急性二甲基甲酰胺中毒诊断标准》及二甲基甲酰胺职业健康监护技术规范，对二甲基甲酰胺所致职业病、职业禁忌证判断准确。需要每2年参加复训并考核合格。

（4）个体结论符合率考核：职业健康信息化系统每年1次抽备案单位个体体检报告80份，加上体检单位提供的疑似职业病报告10份、职业禁忌证报告10份，总计100份体检报告，对其进行专家评分。

## 七、二甲基甲酰胺体检过程管理

1）体检对象确定：接触二甲基甲酰胺作业人员。

2）职业健康检查周期：肝功能检查每半年1次；职业健康检查每3年1次。肝功能（特别是 ALT、AST）升高者，建议加检肝脾 B 超并于1周后复查肝功能。

3）目标疾病。

（1）上岗前体检：职业禁忌证为慢性肝病。

（2）在岗期间体检：职业禁忌证为慢性肝病。

（3）应急体检：职业性急性二甲基甲酰胺中毒（见 GBZ 85—2014《职业性急性二甲基甲酰胺中毒诊断标准》）。

4）疑似职业性急性二甲基甲酰胺中毒判断。

（1）短期内大量接触二甲基甲酰胺的作业人员。

（2）出现头晕、恶心、纳差、肝区疼痛、肝区压痛或叩击痛等症状体征；B 型超声影像学诊断肝脏肿大或伴有脾脏肿大；检查肝功能试验 ALT 超过正常参考值，可伴有其他指标一项或多项异常，血胆红素 >17.1 $\mu mol/L$ 等肝脏损害表现。

## 八、质量控制

二甲基甲酰胺中毒主要引起肝脏损害，故主要效应检验指标为肝功能，肝功能检查异常者应加检肝脾 B 超。尿中二甲基甲酰胺的代谢产物甲基甲酰胺（NMF）与空气中二甲基甲酰胺的浓度之间呈线性关系，具有特异性，可作为生物监测接触指标。

**1. B 超检查质量控制**

B 超设备要符合标准要求、定期检定。B 超室要求：B 超检查室内应安装空调设备，保持室温在（25±3）℃、相对湿度为 30%~80%。开机前须检查电源及仪器上的接地装置是否良好，以确保安全。勿将仪器安装在易于受到有害影响的位置，如阳光直射、高温、过度潮湿、粉尘、盐和硫酸等环境。安装仪器时应避免过度倾斜、摇摆及撞击等不稳定因素。确保控制台免受电磁干扰，距离其他强电磁辐射源不少于 3.8 m（15 in），在封闭环境中操作设备有助于防止电磁干扰。

受检者要求：于体检前2 d 清淡饮食、忌酒，避免使用对肝肾功能有损害的药物，注意休息，体检前一天晚上10点后勿进食。检查当天晨起请避免剧烈运动，勿进食早餐，保持空腹，可喝少量白开水。体检时需仰卧，平稳呼吸，两手上举置于头侧枕上。

检查者的要求：检查者应熟练掌握 B 超检查的正确操作技术和质量要求，向受检者详细了解有关病史，明确检查目的。操作严格按照有关标准、规范执行。检查人员应有责任心且培训合格。

B 型超声声像异常程度分级依据：

（1）轻度异常：肝脾无明显异常，肝脾回声欠均匀，光点略粗，形态略肿大等。

（2）中度异常：可见肝内回声增粗，肝脏和（或）脾脏轻度肿大，肝内管道（主要指肝静脉）走行多清晰；门静脉和脾静脉内径无增宽。

（3）重度异常：可见肝内回声明显增粗，分布不均匀；肝表面欠光滑，边缘变钝；肝内管道走行欠清晰或轻度狭窄、扭曲；门静脉和脾静脉内径增宽；脾脏增大；胆囊有时可见"双层征"。

2. 肝功能检查质量控制

急性中毒性肝病常规肝功能试验：指血清谷丙转氨酶（GPT）、血清胆红素定量试验；必要时可选择血清胆汁酸、血清谷草转氨酶（GOT）、血清前白蛋白（PA）或血清谷氨转肽酶（γ-GT）测定等。

（1）急性轻度中毒性肝病。在较短时间内吸收较高浓度肝脏毒物后，出现下列表现之二者：①有乏力、食欲不振、恶心、肝区疼痛等症状；②肝脏肿大、质软、压痛，可伴有轻度黄疸；③急性中毒性肝病常规肝功能试验异常。

（2）急性中度中毒性肝病。出现明显乏力、精神萎靡、厌食、厌油、恶心、腹胀、肝区疼痛等，肝脏肿大、压痛明显，急性中毒性肝病常规肝功能试验异常，并伴有下列表现之一者：①中度黄疸；②脾脏肿大；③病程在 4 周以上。

（3）急性重度中毒性肝病。在上述临床表现基础上，出现下列情况之一者：①肝性脑病；②明显黄疸；③出现腹水；④肝肾综合征；⑤凝血酶原时间延长，在正常值 1 倍以上，伴有出血倾向。

## 九、档案管理

（1）作业场所二甲基甲酰胺监测资料。

（2）职业健康检查信息表（含二甲基甲酰胺接触史、既往病史、个人防护情况）。

（3）历年肝功能检查结果。

（4）历年职业健康检查表（应保持资料的完整性、连续性、准确性）。

（5）职业健康监督执法资料。

（陈馥　杨爱初）

# 氰及腈类化合物作业职业健康监护质量控制要点

## 一、组织机构

备案氰及腈类化合物作业职业健康检查。设置与氰及腈类化合物作业职业健康检查相关的科室，合理设置各科室岗位及数量，至少包含内科（体格检查）、心电图检查室、胸部 X 射线摄片检查室等。

## 二、人员

（1）包含体格检查医师、心电图检查医师、肺功能检查医师、医学影像医师等执业类别的医师、技师、护士等医疗卫生技术人员。

（2）至少有 1 名具备职业性化学中毒（含氰及腈类化合物）职业病诊断医师资格的主检医师，备案有效人员需要第一注册执业点。

## 三、仪器设备

（1）配备满足并符合与备案化学毒物（氰及腈类化合物）职业健康检查的类别和项目相适应的高千伏 X 射线机或数字化 X 射线机（DR）、心电图仪等仪器设备。外出体检配置 DR 车。

（2）有关仪器设备的种类、数量、性能、量程、精确度等技术指标应满足工作需要，国家要求计量认证或校准的，需要符合计量认证或校准的要求。应对高千伏 X 射线机或数字化 X 射线机等仪器设备进行定期计量、检定和校准，并张贴标识；不属于强制检定的，应有相应校验方法并定期自校。应定期进行维护保养及计量、检定和校验，同时记录设备状态。

（3）对所使用的设备编制操作规程。

（4）体检分类项目及设备见表 1。

表 1　体检分类项目及设备

| 名称 | 类别 | 检查项目 | 设备配置 |
| --- | --- | --- | --- |
| 氰及腈类化合物 | 上岗前 | 体格检查必检项目：1）内科常规检查；2）神经系统常规检查 | 体格检查必备设备：1）内科常规检查用听诊器、血压计、身高测量仪、磅秤；2）神经系统常规检查用叩诊锤 |
| | | 实验室和其他检查必检项目：血常规、尿常规、肝功能、心电图、胸部 X 射线摄片 | 必检项目必备设备：血细胞分析仪、尿液分析仪、生化分析仪、心电图仪、CR/DR 摄片机 |

续上表

| 名称 | 类别 | 检查项目 | 设备配置 |
|---|---|---|---|
| 氰及腈类化合物 | 在岗期间 | 推荐性,体格检查项目:1)内科常规检查;2)神经系统常规检查 | 推荐体检项目设备配备:1)内科常规检查用听诊器、血压计、身高测量仪、磅秤;2)神经系统常规检查用叩诊锤 |
| | | 实验室和其他检查必检项目:血常规、尿常规、肝功能、心电图 | 必检项目必备设备:血细胞分析仪、尿液分析仪、生化分析仪、心电图仪 |
| | 应急时 | 体格检查必检项目:1)内科常规检查;2)神经系统常规检查,注意有无病理反射检查 | 体格检查必备设备:1)内科常规检查用听诊器、血压计、身高测量仪、磅秤;2)神经系统常规检查用叩诊锤 |
| | | 实验室和其他检查必检项目:血常规、尿常规、肝功能、心电图、血气分析、血浆乳酸浓度、胸部X射线摄片、尿硫氰酸盐 | 必检项目必备设备:血细胞分析仪、尿液分析仪、生化分析仪、心电图仪、血气分析仪、CR/DR摄片机、分光光度仪 |
| | | 选检项目:脑电图、头颅CT或MRI、肝脾B超 | 选检项目设备配备:脑电图仪、头颅CT或核磁共振仪、B超仪 |

1987年5月28日,国家计量局发布的《中华人民共和国强制检定的工作计量器具检定管理办法》第十六条规定,血压计、心电图仪、医用辐射源属于强制检定的工作计量器具。

## 四、工作场所

(1)工作场所布局合理,采光良好。体检场所应在醒目位置公示体检功能区布局和体检基本流程,引导标识应准确清晰。

(2)检查室布局合理,每个独立的检查室使用面积不小于 $6\ m^2$。

(3)X射线机房的设置与整体布局应遵循安全、方便、卫生的原则,机房面积大于 $36\ m^2$;机房门窗、机房通风、机房内的布局及辅助防护设施等都应符合GBZ 130—2020《放射诊断放射防护要求》的要求。

(4)胸部X射线摄片时,由医师确定投射技术,摄影环境变化时,待观察片合格后,方嘱体检者离开。

开展外出职业健康检查的,应当具有相应的外出职业健康检查仪器、设备,安装有X射线诊断设备的车辆、信息化管理系统等条件。按照GBZ 264—2015《车载式医用X射线诊断系统的放射防护要求》"8.2"中的规定,对受检者实施照射时,与诊疗无关的其他人员不应在车载机房内或临时控制区内停留。车载X射线机工作时,为限制对公众的照射,在医用X射线诊断车外设定有明显边界标志的临时防护区域。

## 五、质量管理文书

（1）建立氰及腈类化合物职业健康检查质量管理规程，进行全过程质量管理并持续有效运行，实现质量管理工作的规范化、标准化。

（2）制备职业健康检查表。

（3）工作场所张贴检查须知并事先告知。

（4）建立放射科管理制度和质控规范。

（5）存 GBZ 71—2002《职业性急性化学物中毒诊断标准（总则）》、GBZ 209—2008《职业性急性氰化物中毒诊断标准》、GBZ 2.1—2019《工作场所有害因素职业接触限值　第1部分：化学有害因素》、GBZ 188—2014《职业健康监护技术规范》等文件备查。

## 六、能力考核与培训

（1）建立和保持技术人员培训制度，制订并落实各类人员教育和培训计划。

（2）质量负责人、技术负责人及职业化健康检查技术人员需要每2年进行1次职业健康检查法规知识培训并考核合格。

（3）氰及腈类化合物检查主检医师应掌握 GBZ 71—2002《职业性急性化学物中毒诊断标准（总则）》、GBZ 209—2008《职业性急性氰化物中毒诊断标准》及氰及腈类化合物职业健康监护技术规范，对氰及腈类化合物所致疑似职业病、职业禁忌证判断准确。需要每2年参加复训并考核合格。

（4）个体结论符合率考核。职业健康信息化系统每年1次抽备案单位个体体检报告80份，加上体检单位提供的疑似职业病报告10份、职业禁忌证报告10份，总计对100份体检报告进行专家评分。

## 七、氰及腈类化合物体检过程管理

1）体检对象确定：接触氰及腈类化合物作业人员，职业健康检查周期为每3年1次。

2）目标疾病：

（1）上岗前职业禁忌证：中枢神经系统器质性疾病。

（2）在岗期间职业禁忌证：中枢神经系统器质性疾病。

（3）应急职业健康检查：①职业性急性氰化物中毒（见 GBZ 209—2008《职业性急性氰化物中毒诊断标准》）；②职业性急性腈类化合物中毒。

神经系统检查发现异常者（出现病理反射），建议加检脑电图、头颅 CT 或核磁共振、尿硫氰酸盐。

3）疑似职业性急性氰化物中毒或职业性急性腈类化合物中毒判断。

（1）短时间接触较大量氰化物的作业人员，出现明显头痛、胸闷、呼吸困难、心悸、恶心、呕吐等症状及不同程度意识障碍。

（2）动-静脉血氧浓度差 $<4\%$ 和/或动-静脉血氧分压差明显减少。

（3）血浆乳酸浓度 >4 mmol/L。

## 八、质量控制

氰及腈类化合物的毒性，主要是其在体内解离出的氰离子（$CN^-$）引起。$CN^-$可影响40余种酶的活性，与细胞呼吸酶、细胞色素氧化酶的亲和力最大，能抑制该酶活性，阻断呼吸链，使组织不能摄取和利用氧，造成"细胞内窒息"，故氰及腈类化合物中毒主要是以中枢神经系统损害为主的临床表现。

**1. 神经系统检查质量控制**

检查意识状态的方法可通过问诊、交谈了解受检者的思维、反应、情感、计算及定向力方面情况，对较严重的意识障碍者，可通过痛觉试验、瞳孔反射等检查，以确定其意识障碍的程度。

意识障碍分类及分级判定基准如下。

1）轻度意识障碍。

（1）意识模糊：短暂一过性意识清晰度降低，注意力不集中，定向力完全或部分发生障碍，或伴有情绪反应。

（2）嗜睡状态：患者处于病理性嗜睡状态，给予较强刺激后可以清醒，基本上可以对答，但注意力不集中，停止刺激后又陷入睡眠状态。

（3）朦胧状态：对外界精细的刺激不能感知，仅能感知外界大的刺激并做出相应的反应，定向力常有障碍，可有违拗行为，梦游或神游。

2）中度意识障碍。

（1）谵妄状态：意识严重不清晰，注意力及定向力障碍。自身确认尚好，但对疾病自知力不佳。有明显的视错觉及幻视，可出现片段的迫害妄想和精神运动性兴奋。

（2）混浊状态（精神错乱状态）：意识严重不清晰，定向力和自知力均差。思维混乱，有片段的幻觉和妄想。神情紧张、恐惧、有时尖叫。症状时轻时重，波动性较大，持续时间较长。

3）重度意识障碍。

（1）浅昏迷状态（昏睡状态）：意识丧失。对强烈的疼痛刺激可有防御反应，各种反射均存在，可以出现病理反射。大小便失禁或潴留。呼吸、血压、脉搏一般无明显改变。

（2）中度昏迷：意识丧失。对强烈刺激有痛苦表情，瞳孔对光反应及角膜反射迟钝，喷嚏和吞咽反射可消失，腱反射迟钝，出现病理反射。大小便失禁或潴留。呼吸、血压和脉搏可有改变。

（3）深昏迷：意识丧失。对外界刺激无任何反应。各种反射包括瞳孔对光反应、角膜反射、吞咽反射均消失，病理反射亦消失。大小便失禁。可伴有呼吸循环衰竭。

（4）植物状态：患者可以睁眼，但无意识，表现为不语、不动、不主动进食或大小便，呼之不应，推之不动，并有肌张力增高。

**2. 尿中硫氰酸盐测定质量控制**

尿中硫氰酸盐增高可作为过量接触氰化物的依据，可采用吡啶-巴比妥酸分光光度法检测（见 WS/T 39—1996《尿中硫氰酸盐的吡啶 - 巴比妥分光光度测定方法》）。采用该法测定时须注意：

（1）尿样必须是新鲜的，放 4 ℃冰箱过夜后测定结果偏低，故用玻璃瓶或聚乙烯瓶取班后尿，于 4 h 内分析。夏天运输时最好冷藏。

（2）吡啶 - 巴比妥酸溶液应于用前配置，放置时间长会影响吸光度。

（3）检测质控样用加标的模拟尿、接触者混合尿或加标的正常人尿。

（4）正常参考值以各地正常人测定值为准，建议采用尿肌酐校正值；吸烟者的尿中硫氰酸盐水平约为不吸烟者的 2 倍，宜连续数日测定。

## 九、档案管理

（1）作业场所氰及腈类化合物监测资料。

（2）职业健康检查信息表（含氰及腈类化合物接触史、既往病史、个人防护情况）。

（3）历年职业健康检查表（应保持资料的完整性、连续性、准确性）。

（4）职业健康监督执法资料。

（陈馥　杨爱初）

# 酚作业职业健康监护质量控制要点

## 一、组织机构

备案酚作业职业健康检查。设置与酚作业职业健康检查相关的科室，合理设置各科室岗位及数量，至少包含内科（体格检查）、心电图检查室、B 超检查室等。

## 二、人员

（1）包含体格检查医师、皮肤科医师、心电图检查医师、医学影像医师等类别的执业医师、技师、护士等医疗卫生技术人员。

（2）心电图检查医师要求：具备医学影像学执业医师资质。B 超检查医师要求：具备医学影像学执业医师资质。

（3）至少有 1 名具备职业性化学中毒（酚）职业病诊断医师资格的主检医师，备案有效人员需要第一注册执业点。

## 三、仪器设备

（1）配备满足并符合与备案化学毒物（酚）职业健康检查的类别和项目相适应的心电图仪、B 超仪等仪器设备。

（2）有关仪器设备的种类、数量、性能、量程、精确度等技术指标应满足工作需要，国家要求计量认证或校准的，需要符合计量认证或校准的要求。心电图仪、B超仪等仪器设备应进行定期计量、检定和校准，并张贴标识；不属于强制检定的，应有相应校验方法并定期自校。应定期进行维护保养及计量、检定和校验，同时记录设备状态。

（3）对所使用的设备编制操作规程。

（4）体检分类项目及设备见表1。

表1　体检分类项目及设备

| 名称 | 类别 | 检查项目 | 设备配置 |
|---|---|---|---|
| 酚（酚类化合物如甲酚、邻苯二酚、间苯二酚、对苯二酚等） | 上岗前 | 体格检查必检项目：1）内科常规检查；2）神经系统常规检查；3）皮肤科常规检查 | 体格检查必备设备：内科常规检查用听诊器、血压计、叩诊锤、身高测量仪、磅秤 |
| | | 实验室和其他检查必检项目：血常规、尿常规、血清ALT、肾功能、网织红细胞、心电图 | 必检项目必备设备：血细胞分析仪、尿液分析仪、生化分析仪、五分类血液分析仪（需具备网织红细胞检测功能）或显微镜、心电图仪 |
| | | 选检项目：肝肾B超 | 选检项目必备设备：B超仪 |
| | 在岗期间（推荐性） | 体格检查必检项目：1）内科常规检查；2）神经系统常规检查；3）皮肤科常规检查 | 体格项目必备配备：内科常规检查用听诊器、血压计、叩诊锤、身高测量仪、磅秤 |
| | | 实验室和其他检查必检项目：血常规、尿常规、肝功能、肾功能、网织红细胞、心电图 | 必检项目必备配备：血细胞分析仪、尿液分析仪、生化分析仪、五分类血液分析仪（需具备网织红细胞检测功能）或显微镜、心电图仪。 |
| | | 选检项目：肝肾B超、尿酚 | 选检项目必备设备：B超仪。尿酚测定：气相色谱仪 |
| | 应急 | 体格检查必检项目：1）内科常规检查；2）神经系统常规检查；3）皮肤科常规检查，重点检查皮肤灼伤面积及深度 | 体检项目必备设备：内科常规检查用听诊器、血压计、叩诊锤、身高测量仪、磅秤 |
| | | 实验室和其他检查必检项目：血常规、尿常规、肝功能、网织红细胞、肾功能、尿酚、心电图 | 必检项目必备设备：血细胞分析仪、尿液分析仪、生化分析仪、心电图仪。尿酚测定设备：气相色谱仪 |
| | | 选检项目：肝肾B超、心肌酶谱、肌钙蛋白 | 选检项目必备设备：B超仪、心肌酶谱检测仪、自动生化仪 |

1987年5月28日，国家计量局发布的《中华人民共和国强制检定的工作计量器具检定管理办法》第十六条规定，血压计、心电图仪、B超仪、磅秤属于强制检定的工作计量器具。

## 四、工作场所

（1）工作场所布局合理，采光良好。体检场所应在醒目位置公示体检功能区布局和体检基本流程，引导标识应准确清晰。

（2）检查室布局合理，每个独立的检查室使用面积不小于 6 $m^2$。

（3）开展外出职业健康检查的，应当具有相应的外出职业健康检查仪器、设备，以及信息化管理系统等条件。

## 五、质量管理文书

（1）建立酚职业健康检查质量管理规程，进行全过程质量管理并持续有效运行，实现质量管理工作的规范化、标准化。

（2）制备职业健康检查表。

（3）工作场所张贴检查须知并事先告知。

（4）建立检查室管理制度。

（5）存 GBZ 91—2008《职业性急性酚中毒诊断标准》、GBZ 51—2009《职业性化学性皮肤灼伤诊断标准》、GBZ 2.1—2019《工作场所有害因素职业接触限值 第 1 部分：化学有害因素》、GBZ 188—2014《职业健康监护技术规范》等文件备查。

## 六、能力考核与培训

（1）建立和保持技术人员培训制度，制订并落实各类人员教育和培训计划。

（2）质量负责人、技术负责人及职业健康检查人员需要每 2 年进行 1 次职业健康检查法规知识培训并考核合格。

（3）对医学影像学医师进行 B 超检查能力培训且考核合格。内科检查医师具备针对内科常规、神经系统、皮肤科常规等情况的检查能力。按照相关临床操作规范进行。心电图检查医师具备对心电图异常改变或心律失常的即时判断能力。

（4）酚检查主检医师掌握 GBZ 91—2008《职业性急性酚中毒诊断标准》、GBZ 51—2009《职业性化学性皮肤灼伤诊断标准》及 GBZ 188—2014《职业健康监护技术规范》，对酚所致职业病、职业禁忌证的判断准确。

（5）个体结论符合率考核。职业健康信息化系统每年 1 次抽备案单位个体体检报告 80 份，加上体检单位提供的疑似职业病报告 10 份、职业禁忌证报告 10 份，总计对 100 份体检报告进行专家评分。

## 七、酚体检过程管理

1）体检对象确定：接触酚作业人员。在岗人员每 3 年检查 1 次。

2）目标疾病：

（1）上岗前体检：①慢性肾脏疾病；②严重的皮肤病。

（2）在岗期间体检：①慢性肾脏疾病；②严重的皮肤病。

（3）应急体检：①职业性急性酚中毒（参见 GBZ 91—2008《职业性急性酚中毒诊断标准》）；②职业性酚皮肤灼伤（参见 GBZ 51—2009《职业性化学性皮肤灼伤诊断标准》）。

3）疑似职业性急性酚中毒判断：

（1）短期内大量酚职业接触史。

（2）出现头痛、头晕、恶心、烦躁不安等症状及有不同程度意识障碍或血管内溶血、中毒性肾病、心血管损害等临床表现。

## 八、质量控制

尿酚为酚的接触指标。灼伤致急性酚中毒时，早期（3 d 内）尿总酚大多明显超过职业接触生物限值（见 WS/T 267—2006《职业接触酚的生物限值》），尿酚的异常率与酚灼伤面积有关，但与灼伤深度、部位及病情的严重程度无明显相关。酚可直接损害肾小管上皮细胞，能致红细胞破裂溶血，溶血所致红细胞碎片及血红蛋白堵塞肾小管致急性肾小管坏死，甚至急性肾功能衰竭，故小面积（＜10%）的酚灼伤即可发生肾损害，一般可在灼伤后 48 h 内出现。观察项目除一般临床表现，主要为尿量、尿常规检查（包括色泽、比重、pH、蛋白及尿沉渣检查，有条件者可做尿渗透压测定），其中尿蛋白检查多为定性方法，凡连续 2 次以上检查均为阳性者，即为"尿蛋白持续阳性"。

1. **尿酚检测质量控制**

（1）采样前劳动者应换下工作服，洗净手、手臂及面部，避免对所采尿液的污染。

（2）样品采集、运输和保存：采集工作周末班末尿（下班前 1 h 内），用聚乙烯塑料瓶收集尿液 50 mL 以上，按每 100 mL 尿样加 2～3 滴浓盐酸，放 4 ℃冰箱中可保存 2 周，在 -20 ℃条件下可稳定保存 3 个月。

（3）尿酚排出量可受食物中酚含量、含酚药物的使用及含酚消毒剂和其他家用产品的影响，应了解上述非职业性接触情况，注意这些因素的影响。

2. **肾功能检查质量控制**

目前较为常用的肾脏功能指标主要有：

（1）血清肌酐（Scr）。血清肌酐是比较敏感的反映肾功能的指标，为避免其他影响因素的干扰，检测血清肌酐前 24 h，受检者应避免过量进食动物肌肉，避免剧烈运动，避免过量饮水或饮水不足。

（2）尿渗透压（Uosm）。尿渗透压（或称渗透浓度）是尿液浓缩程度的观察指标，可借以反映肾小管对水的重吸收能力。尿比重测定虽然也有此功能，但易受溶质性质及其分子量大小的影响，尿中有蛋白、糖类存在均可使尿比重增加；尿渗透压仅与溶质微粒的数量有关，而与其大小无关，故较尿比重能更准确地反映肾小管的功能状况。目前多用冰点渗透压计、蒸汽压渗透压计等仪器进行测定，方便快捷，结果亦较客观可靠。

（3）尿钠（$U_{Na}$）。肾小管功能正常时，排出高渗低钠尿，故正常情况下 $U_{Na}$ 多不会超过 20 mmol/L；当肾小管受损时，其吸收水钠功能明显减退，故排出低渗高钠尿，此时 $U_{Na}$ 多大于 40 mmol/L。因此，尿钠测定可较准确反映肾小管的功能状况，并有助于鉴别肾前性氮质血症和急性肾小管坏死。

（4）影像学和病理学检查。肾脏超声检查可以观察肾脏大小、外形、肾皮质厚度及回声、肾动脉阻力指数等的改变,为急性中毒性肾病的诊断提供了新的临床客观指标;如同时做超声造影检查,更可发现肾脏各部位血流灌注的变化,有助于急性中毒性肾病的早期诊断。

(5) 滤过钠排泄率（$FE_{Na}$）。其定义为单位时间内尿中排出钠的总量占该段时间内经肾小球滤出的总钠量的百分率。该指标不仅包含了尿钠因素,而且还含有血钠、血清肌酐、尿肌酐等变量,故结果更为客观可靠,是目前公认反映肾小管功能的较可靠指标。其计算公式见式（1）:

$$FE_{Na} = \frac{尿钠浓度（mmol/L）}{血钠浓度（mmol/L）} \div \frac{尿肌酐浓度（mL/dL 或 \mu mol/L）}{血肌酐浓度（mL/dL 或 \mu mol/L）} \quad (1)$$

正常情况下,$FE_{Na} < 1\%$；若此值大于 2%,则提示有肾小管功能障碍。

## 九、档案管理

(1) 作业场所现场酚监测资料。

(2) 职业健康检查信息表（含酚接触史、既往泌尿系统、神经系统、皮肤病病史、个人防护情况）。

(3) 历年心电图、肾功能检查结果。

(4) 历年职业健康检查表（应保持资料的完整性、连续性、准确性）。

(5) 职业健康监督执法资料。

（陈馥　杨爱初）

# 五氯酚作业职业健康监护质量控制要点

## 一、组织机构

备案五氯酚作业职业健康检查。设置与五氯酚作业职业健康检查相关的科室,合理设置各科室岗位及数量,至少包含内科（体格检查）、心电图检查室、B 超检查室等。

## 二、人员

(1) 包含体格检查医师、心电图检查医师、医学影像医师等执业类别的执业医师、技师、护士等医疗卫生技术人员。

(2) 心电图检查医师要求：具备医学影像学执业医师资质。B 超检查医师要求：具备医学影像学执业医师资质。

(3) 至少有 1 名具备职业性化学中毒职业病诊断医师资格的主检医师,备案有效人员需要第一注册执业点。

## 三、仪器设备

(1) 配备满足并符合与备案化学毒物（五氯酚）职业健康检查的类别和项目相适应的B超仪、符合条件的B超室、心电图仪等仪器设备。外出体检配置B超仪。

(2) 有关仪器设备的种类、数量、性能、量程、精确度等技术指标应满足工作需要，国家要求计量认证或校准的，需要符合计量认证或校准的要求。应对心电图仪、B超仪等仪器设备进行定期计量、检定和校准，并张贴标识；不属于强制检定的，应有相应校验方法并定期自校。应定期进行维护保养及计量、检定和校验，同时记录设备状态。

(3) 对所使用的设备编制操作规程。

(4) 体检分类项目及设备见表1。

表1 体检分类项目及设备

| 名称 | 类别 | 检查项目 | 设备配置 |
| --- | --- | --- | --- |
| 五氯酚 | 上岗前 | 体格检查必检项目：内科常规检查，重点检查甲状腺及心血管系统 | 必备设备：内科常规检查用听诊器、血压计、身高测量仪、磅秤 |
| | | 实验室和其他检查必检项目：血常规、尿常规、血清ALT、心电图、肝脾B超 | 必备设备：血细胞分析仪、尿液分析仪、生化分析仪、心电图仪、B超仪 |
| | | 复检项目：出现怕热、多汗、纳差、消瘦等可选择检测血清游离甲状腺素(FT4)、血清游离三碘甲状腺原氨酸(FT3) | 必备设备：化学发光仪或电化学发光仪 |
| | 在岗期间（推荐性） | 体格检查必检项目：内科常规检查，重点检查甲状腺及心血管系统 | 必备设备：内科常规检查用听诊器、血压计、身高测量仪、磅秤 |
| | | 实验室和其他检查必检项目：血常规、尿常规、血清ALT、心电图、肝脾B超 | 必备设备：血细胞分析仪、尿液分析仪、生化分析仪、心电图仪、B超仪 |
| | | 复检项目：出现怕热、多汗、纳差、消瘦等可选择检测血清游离甲状腺素(FT4)、血清游离三碘甲状腺原氨酸(FT3) | 必备设备：化学发光仪或电化学发光仪 |
| | 应急时 | 体格检查项目：内科常规检查，注意体温的测量及变化 | 必备设备：内科常规检查用听诊器、血压计、温度计、身高测量仪、磅秤 |
| | | 必检项目：血常规、尿常规、心电图、肝功能、肾功能、肝脾B超 | 必备设备：血细胞分析仪、尿液分析仪、生化分析仪、心电图仪、B超仪 |
| | | 选检项目：尿五氯酚 | 设备配备：高效液相色谱仪 |

1987年5月28日，国家计量局发布的《中华人民共和国强制检定的工作计量器具检定管理办法》第十六条规定，血压计、温度计、心电图仪、B超仪、磅秤属于强制检定的工作计量器具。

## 四、工作场所

（1）工作场所布局合理，采光良好。体检场所应在醒目位置公示体检功能区布局和体检基本流程，引导标识应准确清晰。

（2）检查室布局合理，每个独立的检查室使用面积不小于6 m²。

（3）开展外出职业健康检查的，应当具有相应的外出职业健康检查仪器、设备，以及信息化管理系统等条件。

## 五、质量管理文书

（1）建立五氯酚职业健康检查质量管理规程，进行全过程质量管理并持续有效运行，实现质量管理工作的规范化、标准化。

（2）制备职业健康检查表。

（3）工作场所张贴检查检查须知并事先告知。

（4）建立检查室管理制度。

（5）存 GBZ 34—2002《职业性急性五氯酚中毒诊断标准》、GBZ 2.1—2019《工作场所有害因素职业性接触限值 第1部分：化学有害因素》、GBZ 188—2014《职业健康监护技术规范》等文件备查。

## 六、能力考核与培训

（1）建立和保持技术人员培训制度，制订并落实各类人员教育和培训计划。

（2）质量负责人、技术负责人及职业健康检查技术人员需要每2年进行1次职业健康检查法规知识培训并考核合格。

（3）内科检查医师具备甲状腺及心血管系统损害情况检查的能力。检查按照相关临床操作规范进行。

（4）五氯酚检查主检医师应掌握 GBZ 34—2002《职业性急性五氯酚中毒诊断标准》及五氯酚职业健康监护技术规范，对五氯酚所致职业病、职业禁忌证的判断准确。

（5）个体结论符合率考核。职业健康信息化系统每年1次抽备案单位个体体检报告80份，加上体检单位提供疑似职业病报告10份、职业禁忌证报告10份，总计100份体检报告，对其进行专家评分。

## 七、五氯酚体检过程管理

1）体检对象确定：接触五氯酚作业人员，职业健康检查周期为每3年1次。

2）目标疾病：

（1）上岗前体检。职业禁忌证：未控制的甲状腺功能亢进症。

（2）在岗期间体检。职业禁忌证：未控制的甲状腺功能亢进症。

（3）应急体检。职业病：职业性急性五氯酚中毒（参见 GBZ 34—2002《职业性急性五氯酚中毒诊断标准》）。

3）疑似职业性急性五氯酚中毒判断：

（1）短期内较大量五氯酚职业接触史。

（2）出现发热、心悸、气急、胸闷或高热、大汗淋漓、呼吸急促、烦躁不安等热能代谢异常的临床表现。

## 八、质量控制

1）职业性急性五氯酚中毒是以热能代谢异常为特征的全身性疾病，出现怕热、多汗、纳差、消瘦等症状，可选择检查血清游离甲状腺素（FT4）、血清游离三碘甲状腺原氨酸（FT3），以排除甲状腺功能亢进症。

2）五氯酚对皮肤和黏膜有强烈的刺激和腐蚀作用，能经无损皮肤和黏膜吸收，使蛋白质变性，穿透组织，对细胞有直接损害作用，故与皮肤黏膜接触处呈无痛性苍白、棕黑色甚至坏死。职业健康检查时注意询问五氯酚职业接触情况、皮损的形态及初发部位与接触五氯酚的部位是否相一致。

3）尿五氯酚分光光度测定质量控制。

（1）尿样采集应在工作周的后半期，取下班前的尿。采集用聚乙烯塑料瓶，每 100 mL 加入 2～3 滴浓盐酸，在 4 ℃冰箱中可保存 2 周。

（2）测定时室温高于 30 ℃时，反应生成的络合物蓝色减弱，因此应在分析样品的同时做标准曲线。

（3）测定过程中，加入铁氰化钾后必须立即加二甲苯萃取，否则对颜色深度有影响。二甲苯分层后的比色时间也应一致，最长不得超过 2 h。

（4）质控样用加标的模拟尿或加标的正常人尿。

## 九、档案管理

（1）作业场所现场五氯酚监测资料。

（2）职业健康检查信息表（含五氯酚接触史、既往甲亢病史、个人防护情况）。

（3）历年职业健康检查表（应保持资料的完整性、连续性、准确性）。

（4）职业健康监督执法资料。

（陈馥　杨爱初）

# 氯甲醚作业职业健康监护质量控制要点

## 一、组织机构

备案氯甲醚作业职业健康检查。设置与氯甲醚作业职业健康检查相关的科室，合理设置各科室岗位及数量，至少包含内科（体格检查）、心电图检查室、肺功能检查室、CR/DR摄片室等。

## 二、人员

包含体格检查医师、心电图检查医师、肺功能检查医师、医学影像医师等类别的执业医师、技师、护士等医疗卫生技术人员。

肺功能检查医师要求：规范培训，听力检测培训合格。出具报告要求执业医师签名。

至少有1名具备职业性化学中毒（氯甲醚）职业病诊断医师资格的主检医师，备案有效人员需要第一注册执业点。

## 三、仪器设备

（1）配备满足并符合与备案氯甲醚职业健康检查的类别和项目相适应的高千伏X射线机或数字化X射线机（DR）、肺功能仪、心电图仪等仪器设备。

（2）有关仪器设备的种类、数量、性能、量程、精确度等技术指标应满足工作需要，国家要求计量认证或校准的，需要符合计量认证或校准的要求。应对高千伏X射线机或数字化X射线机（DR）、肺功能仪、心电图仪等仪器设备进行定期计量、检定和校准，并张贴标识；不属于强制检定的，应有相应校验方法并定期自校。应定期进行维护保养及计量、检定和校验，同时记录设备状态。

（3）对所使用的设备编制操作规程。

（4）体检分类项目及设备见表1。

表1 体检分类项目及设备

| 名称 | 类别 | 检查项目 | 设备配置 |
| --- | --- | --- | --- |
| 氯甲醚 | 上岗前 | 体格检查必检项目：内科常规检查 | 必备设备：内科常规检查用听诊器、血压计、身高测量仪、磅秤 |
| | | 实验室和其他检查必检项目：血常规、尿常规、血清ALT、心电图、胸部X射线摄片、肺功能 | 必备设备：血细胞分析仪、尿液分析仪、生化分析仪、心电图仪、肺功能仪、CR/DR摄片机 |
| | | 复检项目：肺功能 | 必备设备：肺功能仪 |

续上表

| 名称 | 类别 | 检查项目 | 设备配置 |
|---|---|---|---|
| 氯甲醚 | 在岗期间 | 体格检查必检项目：内科常规检查 | 必备设备：内科常规检查用听诊器、血压计、身高测量仪、磅秤 |
| | | 实验室和其他检查必检项目：血常规、心电图、肺功能、胸部 X 射线摄片 | 必备设备：血细胞分析仪、心电图仪、肺功能仪、CR/DR 摄片机 |
| | | 复检项目：肺功能、胸部 CT | 必备设备：肺功能仪、CT 机 |
| | 离岗时 | 同在岗期间 | 同在岗期间 |

1987 年 5 月 28 日，国家计量局发布的《中华人民共和国强制检定的工作计量器具检定管理办法》第十六条规定，血压计、心电图仪、磅秤、医用辐射源属于强制检定的工作计量器具。

## 四、工作场所

（1）工作场所布局合理，采光良好。体检场所应在醒目位置公示体检功能区布局和体检基本流程，引导标识应准确清晰。

（2）检查室布局合理，每个独立的检查室使用面积不小于 6 $m^2$。

（3）肺功能检查室须有良好的通风条件，每个肺功能检查室仅放置一台肺功能仪，室内温度、湿度需相对恒定，检查室内最好备有急救车或除颤仪。

（4）X 射线机房的设置与整体布局应遵循安全、方便、卫生的原则，机房面积大于 36 $m^2$；机房门窗、机房通风、机房内的布局及辅助防护设施都应符合 GBZ 130—2020《放射诊断放射防护要求》的要求。进行胸部 X 射线摄片时，由医师确定投射技术，摄影环境变化时，待成片合格后，方嘱体检者离开。

（5）开展外出职业健康检查的，应当具有相应的外出职业健康检查仪器、设备，安装有 X 射线诊断设备的车辆、信息化管理系统等条件。按照 GBZ 264—2015《车载式医用 X 射线诊断系统的放射防护要求》"8.2"中的规定，对受检者实施照射时，与诊疗无关的其他人员不应在车载机房内或临时控制区内停留。车载 X 射线机工作时，为限制对公众的照射，在医用 X 射线诊断车外设定有明显边界标志的临时防护区域。

## 五、质量管理文书

（1）建立氯甲醚职业健康检查质量管理规程，进行全过程质量管理并持续有效运行，实现质量管理工作的规范化、标准化。

（2）制备职业健康检查表。

（3）工作场所张贴放射防护须知和注意事项。

（4）建立 CR/DR 摄片室管理制度，建立胸部 X 射线摄片质控规范。

（5）存职业性氯甲醚所致肺癌相关诊断标准、氯甲醚相关职业卫生标准、GBZ 188—2014《职业健康监护技术规范》等文件备查。

## 六、能力考核与培训

（1）建立和保持技术人员培训制度，制订并落实各类人员教育和培训计划。

（2）质量负责人和技术负责人需要每2年进行1次职业健康检查法律法规知识培训并考核合格。

（3）对肺功能检查医师进行肺功能检查能力培训且考核合格。肺功能检查医师、医学影像医师具备针对肺部损害情况的检查能力。按照相关临床操作规范进行。

（4）氯甲醚检查主检医师应掌握职业性氯甲醚所致肺癌相关诊断标准及氯甲醚职业健康监护技术规范，对氯甲醚所致疑似职业病、职业禁忌证判断准确。职业性氯甲醚所致肺癌诊断医师需要每2年参加复训并考核合格。

（5）个体结论符合率考核。职业健康信息化系统每年1次抽备案单位个体体检报告80份，加上体检单位提供的疑似职业病报告10份、职业禁忌证报告10份，总计对100份体检报告进行专家评分。

## 七、氯甲醚体检过程管理

1）体检对象确定：氯甲醚作业人员，职业健康检查周期为1年1次。

2）目标疾病如下：

（1）上岗前体检。

职业禁忌证：慢性阻塞性肺病。①反复咳嗽、咳痰3个月以上，并连续2年或以上者；②肺功能检查：$FEV_1/FVC < 70\%$。

（2）在岗体检。

A. 职业禁忌证：慢性阻塞性肺病。

B. 疑似职业病：职业性氯甲醚所致肺癌。

（3）离岗体检。

疑似职业病：职业性氯甲醚所致肺癌。

3）疑似氯甲醚所致职业病判断。

（1）疑似氯甲醚所致肺癌判断：

A. 原发性肺癌诊断明确。

B. 生产或使用氯甲醚（二氯甲醚或工业品一氯甲醚）的作业人员，或因工作场所中甲醛、盐酸及水蒸气共存，在有可能产生二氯甲醚的环境中作业的人员，累计接触工龄1年以上（含1年）。

C. 潜隐期4年以上（含4年）。

（2）疑似氯甲醚所致慢性阻塞性肺疾病判断：

A. 长期接触氯甲醚的作业人员，无明确长期吸烟史，上岗前检查没有慢性呼吸系统健康损害的临床表现。

B. 发病早期症状的发生、消长与工作中接触氯甲醚密切相关。

C. 慢性咳嗽、咳痰，伴进行性劳力性气短或呼吸困难，肺部听诊双肺呼吸音增粗或减低，可闻干湿性啰音或哮鸣音；X射线可显示双肺纹理明显增多、增粗、紊乱，可见肺气肿征等。

D. 肺功能检查：$FEV_1/FVC < 70\%$。

## 八、质量控制

氯甲醚对上呼吸道及眼黏膜有强烈刺激作用，长期接触低浓度者可有咳嗽、咳痰等慢性支气管炎症状。氯甲醚具强致癌性，国际癌症研究机构（IARC）致癌性评价为G1，组织类型多为未分化型，可作为氯甲醚肺癌的特征之一。胸部 X 射线摄片、肺功能检查是职业健康检查必检项目。

胸部 X 射线摄片质量控制及肺功能检查质量控制参照"二异氰酸甲苯酯作业职业健康监护质量控制要点"相应内容。

## 九、档案管理

（1）作业场所氯甲醚监测资料。
（2）职业健康检查信息表（含氯甲醚接触史、既往呼吸系统病史、个人防护情况）。
（3）历年胸片、肺功能检查结果。
（4）历年职业健康检查表（应保持资料的完整性、连续性、准确性）。
（5）职业健康监督执法资料。

（陈馥　杨爱初）

# 丙烯酰胺作业职业健康监护质量控制要点

## 一、组织机构

备案丙烯酰胺作业职业健康检查。设置与丙烯酰胺作业职业健康检查相关的科室，合理设置各科室岗位及数量，至少包含内科（常规检查、神经系统常规检查、肌力检查、共济运动检查）、皮肤科、心电图室等。

## 二、人员

（1）包含体格检查医师、心电图检查医师、神经－肌电图检查医师等类别的执业医师、护士等医疗卫生技术人员。

（2）心电图检查医师要求：具备医学影像学执业医师资质。神经－肌电图检查医师要求：规范培训，神经－肌电图检查培训合格。出具报告要求执业医师签名。

（3）至少有 1 名具备化学因素（丙烯酰胺）所致职业病诊断医师资格的主检医师，

备案有效人员需要第一注册执业点。

### 三、仪器设备

（1）配备满足并符合与备案化学毒物（丙烯酰胺）职业健康检查的类别和项目相适应的心电图仪、神经-肌电图仪等仪器设备。

（2）有关仪器设备的种类、数量、性能、量程、精确度等技术指标应满足工作需要，国家要求计量认证或校准的，需要符合计量认证或校准的要求。应对心电图仪、神经-肌电图仪等仪器设备进行定期计量、检定和校准，并张贴标识；不属于强制检定的，应有相应校验方法并定期自校。应定期进行维护保养及计量、检定和校验，同时记录设备状态。

（3）对所使用的设备编制操作规程。

（4）体检分类项目及设备见表1。

表1 体检分类项目及设备

| 名称 | 类别 | 检查项目 | 设备配置 |
| --- | --- | --- | --- |
| 丙烯酰胺 | 上岗前 | 体格检查必检项目：1）内科常规检查；2）神经系统常规检查及肌力、共济运动检查；3）皮肤科常规检查 | 必备设备：内科常规检查用听诊器、血压计、叩诊锤、身高测量仪、磅秤 |
| | | 实验室和其他检查必检项目：血常规、尿常规、心电图、血清ALT、血糖 | 必备设备：血细胞分析仪、尿液分析仪、生化分析仪、心电图仪 |
| | | 复检项目：周围神经损害异常体征、血糖异常者可选择神经-肌电图检查 | 必备设备：生化分析仪、神经-肌电图仪 |
| | 在岗期间 | 体格检查必检项目：1）内科常规检查；2）神经系统常规检查及肌力、共济运动检查；3）皮肤科常规检查 | 必备设备：内科常规检查用听诊器、血压计、叩诊锤、身高测量仪、磅秤 |
| | | 实验室和其他检查必检项目：血常规、尿常规、心电图、血清ALT、血糖 | 必备设备：血细胞分析仪、尿液分析仪、生化分析仪、心电图仪 |
| | | 复检项目：有周围神经损害异常体征、血糖异常者可选择神经-肌电图检查 | 必备设备：神经-肌电图仪 |
| | 离岗时 | 同在岗期间 | 同在岗期间 |

1987年5月28日，国家计量局发布的《中华人民共和国强制检定的工作计量器具检定管理办法》第十六条规定，血压计、心电图仪属于强制检定的工作计量器具。

### 四、工作场所

（1）工作场所布局合理，采光良好。体检场所应在醒目位置公示体检功能区布局和体检基本流程，引导标识应准确清晰。

（2）神经-肌电图检查室布局合理，每个独立的检查室使用面积不小于 6 m²。

（3）肌电图室应设置在远离放射科、电疗室、电梯及其他使用大电流的地方，以免引起干扰及基线不稳。如有条件最好使用屏蔽室及独立的电线，以减少 50 Hz/s 交流电的干扰。室内要保持干燥、通气。室温最好保持在 23～30 ℃，因为太冷易引起寒战和肌肉颤抖，太热则导致大量出汗，均易引起误差。

## 五、质量管理文书

（1）建立丙烯酰胺职业健康检查质量管理规程，进行全过程质量管理并持续有效运行，实现质量管理工作的规范化、标准化。

（2）记录肌电图电极、标记符合 GBZ/T 247—2013《职业性慢性化学物中毒性周围神经病的诊断》中"附录 C"的规定。

（3）制备职业健康检查表（其中包含神经-肌电图记录表）。

（4）工作场所张贴神经-肌电图检查须知并事先告知，神经-肌电图检查应签知情同意书。

（5）建立肌电图室管理制度。

（6）存神经-肌电图记录标准 GBZ 50—2015《职业性丙烯酰胺中毒诊断标准》、丙烯酰胺职业卫生标准、GBZ 188—2014《职业健康监护技术规范》等文件备查。

## 六、能力考核与培训

（1）建立和保持技术人员培训制度，制订并落实各类人员教育和培训计划。

（2）质量负责人和技术负责人需要每 2 年进行 1 次职业健康检查法律法规知识培训并考核合格。

（3）对神经-肌电图检查医师进行能力培训并考核合格。神经-肌电图检查严格按照 GBZ/T 247—2013《职业性慢性化学物中毒性周围神经病的诊断》中"附录 C"的规定执行。

（4）丙烯酰胺检查主检医师掌握 GBZ 50—2015《职业性丙烯酰胺中毒诊断标准》及丙烯酰胺职业健康监护技术规范，对丙烯酰胺所致疑似职业病、职业禁忌证判断准确。职业性化学中毒（丙烯酰胺）诊断医师需要每 2 年参加复训并考核合格。

（5）个体结论符合率考核：职业健康信息化系统每年 1 次抽备案单位个体体检报告 80 份，加上体检单位提供的疑似职业病报告 10 份、职业禁忌证报告 10 份，总计对 100 份体检报告进行专家评分。

## 七、体检过程管理

1）体检对象确定。接触丙烯酰胺作业人员。职业健康检查周期为：工作场所有毒作业分级为Ⅱ级及以上者，每年 1 次；工作场所有毒作业分级为Ⅰ级及以上者，每 2 年 1 次。体检时发现周围神经损害异常体征、血糖异常者选做神经-肌电图检查。

2）目标疾病：

（1）上岗前体检。职业禁忌证：多发性周围神经病。

（2）在岗期间体检。

A. 职业禁忌证：多发性周围神经病。

B. 职业病：职业性慢性丙烯酰胺中毒（见 GBZ 50—2015《职业性丙烯酰胺中毒诊断标准》）。

（3）离岗体检。职业病：职业性慢性丙烯酰胺中毒。

3）疑似职业性慢性丙烯酰胺中毒判断。

（1）长期密切接触丙烯酰胺作业人员。

（2）接触丙烯酰胺的局部皮肤出现多汗、湿冷、脱皮、红斑；出现肢端麻木、感觉异常区域呈手套、袜套样分布。腱反射减弱或消失，下肢无力、抽搐、瘫痪，手持物不稳易掉落等，少数可见骨间肌、大小鱼际肌萎缩等症状。

（3）在判定疑似职业性慢性丙烯酰胺中毒前，应对其进行神经－肌电图复查，而且神经－肌电图显示有可疑神经源性损害。

## 八、质量控制

丙烯酰胺是一种亲神经毒物，损害以神经系统改变为主。职业性慢性丙烯酰胺中毒以周围神经轴索损害为主，临床表现以多发性周围神经系统损害为主。四肢震动觉障碍及跟腱反射减弱是慢性轻度中毒的早期表现，应反复仔细检查，检查跟腱反射应取俯卧屈膝位。神经－肌电图检查对慢性中毒性周围神经病的早期诊断及鉴别诊断有重要意义，是丙烯酰胺职业健康检查目标疾病的重要监测项目。

**神经－肌电图检查质量控制**

1）神经－肌电图检查设备要符合标准要求、定期检定。

2）肌电图检查室要求：远离放射科、电疗室、电梯及其他使用大电流的地方，以免引起干扰及基线不稳。如有条件最好使用屏蔽室及独立的电线，以减少每秒 50 Hz 交流电的干扰。室内要保持干燥、通气。室温最好保持在 23～30 ℃。每个实验室均应建立自己的神经－肌电图正常参考值，如果参考使用其他实验室的正常值时，应注意保证测定条件的一致性。

3）检查人员要求：培训合格，操作严格按照有关标准、规范执行。检查者应熟悉神经解剖知识，检测前应进行详细的神经系统检查，检查前应向患者做好解释工作。

4）受检者要求：保证复查时间，保持平静，皮温保持在 30 ℃ 以上，受检部位应用酒精擦洗干净，去除油渍，表面电极正确置于神经上，不宜推移皮肤，给予电刺激时，应注意安全。解释检查须知，受检者的理解与配合非常重要。

5）肌电图检查之前应常规进行神经传导检测。

（1）神经－肌电图检查运用常规同芯圆针电极，记录肌肉静息和随意收缩的各种电特性；神经传导检测包括运动神经传导测定和感觉神经传导测定。运动神经传导测定参数包括运动神经传导速度（MCV）、末端潜伏期（DML）、复合肌肉动作电位（CMAP）波幅、面积和时限；感觉神经传导测定参数包括感觉神经传导速度（SCV）、波幅、面积和时限。

（2）神经－肌电图检查对慢性中毒性周围神经病的早期诊断以及鉴别诊断有重要意

义。肌电图（EMG）可提供失神经和神经再支配的信息，鉴别神经源性损害和肌源性损害，反映病变的程度和范围及发现亚临床周围神经损害。神经传导速度（NCV）的测定可反映周围神经的功能状态，有助于鉴别周围神经髓鞘损害或轴索损害及损害的程度。EMG和 NCV 检查的结合有助于周围神经、神经丛、神经根及前角细胞病变的定位诊断。

（3）MCV 或 SCV 检测不仅能指明神经损害的具体部位，而且还能判断神经损害的程度，但可与临床表现并不完全平行。周围神经轻度损害指 MCV 或 SCV 的测定值与正常下限值相比，速度减慢或波幅下降25%以内；周围神经明显损害指 MCV 或 SCV 的测定值与正常下限值相比，速度减慢或波幅下降25%～45%；周围神经严重损害指 MCV 或 SCV 的测定值与正常下限值相比，速度减慢或波幅下降45%以上。

（4）记录要求：按照 GBZ/T 247—2013《职业性慢性化学物中毒性周围神经病的诊断》中"附录 C"的要求记录。

## 九、档案管理

（1）作业场所现场丙烯酰胺监测资料。
（2）职业健康检查信息表（含丙烯酰胺接触史、既往神经系统病史、个人防护情况）。
（3）历年肌电图检查图。
（4）历年职业健康检查表（应保持资料的完整性、连续性、准确性）。
（5）职业健康监督执法资料。

（陈馥 杨爱初）

# 偏二甲基肼职业健康监护质量控制要点

## 一、组织机构

备案偏二甲基肼作业职业健康检查。设置与偏二甲基肼作业职业健康检查相关的科室，合理设置各科室岗位及数量，包含耳鼻咽喉科、内科（体格检查、神经系统常规检查）、心电图检查室等。

## 二、人员

（1）包含体格检查医师、耳鼻咽喉科资格执业医师、心电图检查医师等类别的执业医师、技师、护士等医疗卫生技术人员。
（2）从事检查医疗卫生技术人员要求：上岗前需要进行规范培训，且经考核合格。出具报告要求执业医师签名。

(3) 至少有 1 名具备化学因素（含职业性急性偏二甲基肼中毒、职业性化学性皮肤灼伤、职业性化学性眼灼伤）所致职业病诊断医师资格的主检医师，备案有效人员需要第一注册执业点。

### 三、仪器设备

（1）配备满足并符合与备案偏二甲基肼职业健康检查的类别和项目相适应的内科常规检查器械（必备神经系统常规检查用叩诊锤）、耳鼻喉科常规检查器械等仪器设备。

（2）有关仪器设备的种类、数量、性能、量程、精确度等技术指标应满足工作需要，国家要求计量认证或校准的，需要符合计量认证或校准的要求。应对体重仪、血压计、血细胞分析仪、心电图仪、CR/DR 摄片机等仪器设备进行定期计量、检定和校准，并张贴标识；不属于强制检定的仪器设备，应有相应校验方法并定期自校，同时记录设备状态。

（3）对所使用的设备编制操作规程。

（4）体检分类项目及设备见表 1。

表 1 体检分类项目及设备

| 名称 | 类别 | 检查项目 | 设备配置 |
| --- | --- | --- | --- |
| 偏二甲基肼 | 上岗前 | 体格检查必检项目：1）内科常规检查；2）神经系统常规检查 | 体格检查必备设备：1）内科常规检查用听诊器、血压计、身高测量仪、磅秤；2）神经系统常规检查用叩诊锤 |
| | | 实验室和其他检查必检项目：血常规、尿常规、肝功能、心电图、胸部 X 射线摄片 | 必检项目必备设备：血细胞分析仪、尿液分析仪、生化分析仪、心电图仪、CR/DR 摄片机 |
| | 在岗期间 | 推荐性，同上岗前 | 推荐体检项目设备配备：1）内科常规检查用听诊器、血压计、身高测量仪、磅秤；2）神经系统常规检查用叩诊锤。推荐项目设备配备：血细胞分析仪、尿液分析仪、生化分析仪、心电图仪、CR/DR 摄片机 |
| | 应急 | 体格检查必检项目：1）内科常规检查；2）神经系统常规检查，注意有无病理反射 | 体格检查必备设备：1）内科常规检查用听诊器、血压计、身高测量仪、磅秤；2）神经系统常规检查用叩诊锤 |
| | | 实验室和其他检查必检项目：血常规、尿常规、肝功能、心电图、肝脾 B 超 | 必检项目必备设备：血细胞分析仪、尿液分析仪、生化分析仪、心电图仪、B 超仪 |
| | | 选检项目：脑电图、头颅 CT 或 MRI | 选检项目设备配备：脑电图、CT 机或 MRI 仪 |

1987年5月28日，国家计量局发布的《中华人民共和国强制检定的工作计量器具检定管理办法》第十六条及《中华人民共和国依法管理的计量器具目录》（国家质量监督检验检疫总局公告第145号）规定，血压计、体重计、心电图仪、血细胞分析仪、CR/DR摄片机属于强制检定的工作计量器具。

## 四、工作场所

（1）具有相应的职业健康检查场所、候检场所和检验室，如等候区、体检区、检验区、办公区、登记室、取血室、检查室、实验室及报告收发室、档案室等。实验室、检查室与办公室应分开。建筑总面积≥400 m$^2$，且每个独立的检查室使用面积≥6 m$^2$，X射线摄片机房最小有效使用面积≥20 m$^2$（医用X射线诊断车除外）。

（2）各检查室要求布局合理，功能区集中，方便检查，有效隔离，采光通风良好，设置有空气消毒杀菌设施。体检场所应在醒目位置公示体检功能区布局和体检基本流程，引导标识应准确清晰。内科检查室布局合理，配备检查床、床帘或移动屏风。

（3）开展外出职业健康检查的，应当具有相应的外出职业健康检查仪器、设备。

（4）职业健康检查场所应建立和保持良好内务管理制度，保持安全和环境满足职业健康偏二甲基肼项目的检查条件和要求。

## 五、质量管理文书

（1）建立偏二甲基肼职业健康检查质量管理规程，进行全过程质量管理并持续有效运行，确保检查工作规范化、标准化。

（2）制备职业健康检查表。

（3）工作场所张贴内科体检须知并事先告知。

（4）建立内科检查室管理制度，建立内科检查质控规范。

（5）存神经系统常规检查标准、GBZ 86—2002《职业性急性偏二甲基肼中毒诊断标准》、GBZ 51—2009《职业性化学性皮肤灼伤诊断标准》、GBZ 54—2017《职业性化学性眼灼伤的诊断》、GBZ 188—2014《职业健康监护技术规范》等文件备查。

## 六、能力考核与培训

（1）建立和保持技术人员培训制度，制订并落实各类人员教育和培训计划。

（2）质量负责人和技术负责人需要每2年进行1次职业健康检查法律法规知识培训并考核合格。

（3）对内科医师进行内科常规检查（含神经系统常规检查）能力培训且考核合格。按照相关临床操作规范进行。

（4）偏二甲基肼检查主检医师应掌握GBZ 86—2002《职业性急性偏二甲基肼中毒诊断标准》、GBZ 51—2009《职业性化学性皮肤灼伤诊断标准》、GBZ 54—2017《职业性化学性眼灼伤的诊断》及偏二甲基肼职业健康监护技术规范，对偏二甲基肼所致疑似职业病、职业禁忌证的判断准确。职业性急性偏二甲基肼中毒、职业性化学性皮肤灼伤、职业性化学性眼灼伤诊断医师需要每2年参加复训并考核合格。

（5）质量控制能力考核应进行现场对内科常规检查（含神经系统常规检查）能力的考核。

（6）个体结论符合率考核。职业健康信息化系统每年1次抽备案单位个体体检报告80份，加上体检单位提供的疑似职业病报告10份、职业禁忌证报告10份，总计对100份体检报告进行专家评分（不足100份则全部抽取）。

### 七、偏二甲基肼体检过程管理

全过程质量管理应当包括职业健康检查前、检查中、检查后等工作环节。

1）体检对象确定。工作场所中接触偏二甲基肼的工作人员按规定每3年检查1次。短期内接触较大量的偏二甲基肼的工作人员按规定进行应急体检。

2）体检进度管理。按偏二甲基肼检查作业指导书进行检查、报告。内科检查按检查规范进行。

3）检查内容：

（1）症状询问：重点询问中枢神经系统疾病史及相关症状。

（2）体格检查：①内科常规检查；②神经系统常规检查。

（3）实验室和其他检查：必检项目为血常规、尿常规、肝功能、心电图、胸部X射线摄片。

4）现场设置明显检查流程指引和标识。

5）现场设置各检查项目注意事项和告知。

6）检查记录内容齐全、清晰，应有检查人员签字。

7）外出职业健康检查进行医学影像检查和实验室检测，职业健康检查机构必须保证检查质量并满足放射防护和生物安全的管理要求。

### 八、质量控制

检查接触偏二甲基肼蒸气重点是一过性的眼与上呼吸道的刺激症状及呼吸困难体征，表现为头晕、头痛、乏力、恶心等症状。短时间内接触较大量的偏二甲基肼可引起职业性急性偏二甲基肼中毒，以中枢神经系统损害为主，常伴有肝损害。

偏二甲基肼慢性中毒主要表现为高铁血红蛋白引起的溶血性贫血，长期接触可有肝功能改变，少数可致肝脏脂肪变性等。严重病例还可发生迟发性肺水肿。直接接触可致眼和皮肤灼伤，亦可引起变应性接触性皮炎。

受检者要求：了解检查的必要性，受检者的理解与配合非常重要。

检查人员要求：具有责任心，培训合格，操作严格按照有关标准、规范执行。

对职业健康检查过程和样品检测过程中的相关记录应当妥善保存，确保可溯源。

### 九、档案管理

（1）作业场所现场偏二甲基肼监测资料。

（2）偏二甲基肼个人剂量检测（个体监测）及工作岗位监测资料。

（3）职业健康检查信息表（含偏二甲基肼接触史、既往中枢神经系统病史、个人防护情况)。

(4) 历年职业健康检查表（应保持资料的完整性、连续性、准确性）。

(5) 职业健康监督执法资料。

（吴东芝 张保原）

# 硫酸二甲酯作业职业健康监护质量控制要点

## 一、组织机构

备案硫酸二甲酯作业职业健康检查。设置与硫酸二甲酯作业职业健康检查相关的科室，合理设置各科室岗位及数量，至少包括内科（重点询问呼吸系统疾病史及相关症状）、眼科（可进行裂隙灯检查）、心电图检查室、X射线检查室、肺功能检查室等相关岗位。

## 二、人员

（1）包含体格检查医师、耳鼻咽喉科资格执业医师、眼科检查医师、心电图检查医师、医学影像检查医师、肺功能检查医师等类别的执业医师、技师、护士等医疗卫生技术人员。

（2）从事检查的医疗卫生技术人员要求：上岗前进行规范培训，且经考核合格。所出具报告要求执业医师签名。

（3）至少有1名具备化学因素（含急性硫酸二甲酯中毒、职业性化学性皮肤灼伤、职业性化学性眼灼伤）所致职业病诊断医师资格的主检医师，备案有效人员需要第一注册执业点。

## 三、仪器设备

（1）配备满足并符合与备案硫酸二甲酯职业健康检查的类别和项目相适应的CR/DR摄片机、肺功能仪、耳鼻喉科常规检查器械、咽喉镜、血氧饱和度测定仪或血气分析仪等仪器设备。

（2）有关仪器设备的种类、数量、性能、量程、精确度等技术指标应满足工作需要，国家要求计量认证或校准的，需要符合计量认证或校准的要求。应对血压计、体重计、心电图仪、血细胞分析仪、CR/DR摄片机等仪器设备进行定期计量、检定和校准，并张贴标识；不属于强制检定的，应有相应校验方法并定期自校。应定期进行维护保养及计量、检定和校验，同时记录设备状态。

(3) 对所使用的设备编制操作规程。
(4) 体检分类项目及设备见表 1。

表 1　体检分类项目及设备

| 名称 | 类别 | 检查项目 | 设备配置 |
| --- | --- | --- | --- |
| 硫酸二甲酯 | 上岗前 | 体格检查必检项目：内科常规检查 | 体格检查必备设备：内科常规检查用听诊器、血压计、身高测量仪、磅秤 |
| | | 实验室和其他检查必检项目：血常规、尿常规、肝功能、心电图、胸部 X 射线摄片、肺功能 | 必检项目必备设备：血细胞分析仪、尿液分析仪、生化分析仪、心电图仪、CR/DR 摄片机、肺功能仪 |
| | 在岗期间 | 推荐性，同上岗前 | 推荐体检项目设备配备：内科常规检查用听诊器、血压计、身高测量仪、磅秤 |
| | | | 推荐项目设备配备：血细胞分析仪、尿液分析仪、生化分析仪、心电图仪、CR/DR 摄片机、肺功能仪 |
| | 应急 | 体格检查必检项目：1）内科常规检查；2）鼻及咽部常规检查，必要时进行咽喉镜检查；3）眼科常规检查，重点检查结膜、角膜病变，必要时进行裂隙灯检查；4）皮肤科常规检查 | 体格检查必备设备：1）内科常规检查用听诊器、血压计、身高测量仪、磅秤；2）鼻及咽部常规检查用额镜或额眼灯、咽喉镜；3）眼科常规检查用视力表、色觉图谱（必要时用裂隙灯） |
| | | 实验室和其他检查必检项目：血常规、尿常规、心电图、血氧饱和度、胸部 X 射线摄片 | 必检项目必备设备：血细胞分析仪、尿液分析仪、心电图仪、血氧饱和度测定仪或血气分析仪、CR/DR 摄片机 |
| | | 选检项目：血气分析 | 选检项目设备配备：血气分析仪 |

1987 年 5 月 28 日，国家计量局发布的《中华人民共和国强制检定的工作计量器具检定管理办法》第十六条及《中华人民共和国依法管理的计量器具目录》（国家质量监督检验检疫总局公告第 145 号）规定，血压计、体重计、心电图仪、血细胞分析仪、CR/DR 摄片机属于强制检定的工作计量器具。

## 四、工作场所

(1) 具有相应的职业健康检查场所、候检场所和检验室，如等候区、体检区、检验区、办公区、登记室、取血室、检查室、实验室及实验报告收发室、档案室等。实验室、检查室与办公室应分开。建筑总面积 ≥400 m²，且每个独立的检查室使用面积 ≥6 m²，X 射线摄片机房最小有效使用面积 ≥20 m²（医用 X 射线诊断车除外）。

(2) 各检查室要求布局合理，功能区集中，方便检查，有效隔离，采光通风良好，设置有空气消毒杀菌设施。体检场所应在醒目位置公示体检功能区布局和体检基本流程，引导标识应准确清晰。

（3）开展外出职业健康检查的，场所应满足硫酸二甲酯职业健康检查所需的条件和要求，医用 X 射线诊断车按照 GBZ 264—2015《车载式医用 X 射线诊断系统的放射防护要求》"8.2"中"对受检者实施照射时，与诊疗无关的其他人员不应在车载机房内或临时控制区内停留"的规定，DR 机房不宜与其他检查室装配在同一车辆上。

（4）职业健康检查场所应建立和保持良好内务管理制度，保持安全和环境满足职业健康硫酸二甲酯项目检查条件和要求。

## 五、质量管理文书

（1）建立硫酸二甲酯职业健康检查质量管理规程，进行全过程质量控制并持续有效运行，实现质量管理工作规范化、标准化。

（2）制备职业健康检查表（其中包含肺通气功能结果表）。

（3）工作场所张贴肺功能、DR 检查须知并事先告知。

（4）建立肺功能室、DR 检查室管理制度，建立肺通气功能、DR 摄片质控规范。

（5）存 GBZ 40—2002《职业性急性硫酸二甲酯中毒诊断标准》、GBZ 51—2009《职性化学性皮肤灼伤诊断标准》、GBZ 54—2017《职业性化学性眼灼伤的诊断》、硫酸二甲酯职业卫生标准、GBZ 188—2014《职业健康监护技术规范》等文件备查。

## 六、能力考核与培训

（1）建立和保持技术人员培训制度，制订并落实各类人员教育和培训计划。

（2）质量负责人和技术负责人需要每 2 年进行 1 次职业健康检查法律法规知识培训并考核合格。

（3）开设 DR 放射检查项目的部门应当持有放射诊疗许可证。放射医师需持有执业医师资格证、培训证明材料。对肺功能检查医师进行检查能力培训且考核合格。五官科检查医师具备针对咽喉、眼睛损害情况的检查能力。按照相关临床操作规范进行。

（4）硫酸二甲酯检查主检医师应掌握 GBZ 40—2002《职业性急性硫酸二甲酯中毒诊断标准》、GBZ 51—2009《职业性化学性皮肤灼伤诊断标准》、GBZ 54—2017《职业性化学性眼灼伤的诊断》及硫酸二甲酯职业健康监护技术规范，对硫酸二甲酯职业禁忌证的判断准确。急性职业性硫酸二甲酯中毒、职业性化学性皮肤灼伤、职业性化学性眼灼伤诊断医师需要每 2 年参加复训并考核合格。

（5）个体结论符合率考核：职业健康信息化系统每年 1 次抽备案单位个体体检报告 80 份，加上体检单位提供的疑似职业病报告 10 份、职业禁忌证报告 10 份，总计对 100 份体检报告进行专家评分（不足 100 份则全部抽取）。

## 七、硫酸二甲酯体检过程管理

全过程质量管理应当包括职业健康检查前、检查中、检查后等工作环节。

（1）体检对象确定。工作场所中接触硫酸二甲酯的工作人员：规定每 3 年检查 1 次肺功能、胸部 X 射线摄片。短期内接触较大量的硫酸二甲酯：应急体检。

(2) 外出职业健康检查进行医学影像检查和实验室检测，职业健康检查机构必须保证检查质量并满足放射防护和生物安全的管理要求。

(3) 现场设置明显检查流程指引和标识。

(4) 现场设置各检查项目的注意事项和检查须知。

(5) 检查记录内容齐全、清晰，应有检查人员签字。

## 八、硫酸二甲酯体检关键技术质量控制

硫酸二甲酯检查主要检查呼吸系统的损害程度。中毒临床表现为急性支气管炎或支气管周围炎及一度至二度喉水肿，综合职业史、急性呼吸系统损害的临床体征及胸部X射线表现，结合血气分析等其他检查，对上述情况进行综合分析并排除其他病因所致类似疾病后进行急性中毒诊断。

主要应注意与其他刺激性气体急性中毒、呼吸道感染、细菌性或病毒性肺炎、心源性肺水肿等相鉴别。

受检者要求：了解检查须知，受检者的理解与配合非常重要。

检查人员要求：具有责任心，培训合格，操作严格按照有关标准、规范执行。

DR 摄片要求：胸片质量符合 GBZ 70—2015《职业性尘肺病的诊断》中"附件 C"的规定。

DR 外出检查：医用 X 射线诊断车符合 GBZ 264—2015《车载式医用 X 射线诊断系统的放射防护要求》的要求；复查者需到职业健康检查机构进行 CR/DR 摄片检查。

对职业健康检查过程和样品检测过程中的相关记录应当妥善保存，确保可溯源。

## 九、档案管理

(1) 作业场所现场硫酸二甲酯监测资料。

(2) 硫酸二甲酯个体监测和岗位监测资料。

(3) 职业健康检查信息表（含硫酸二甲酯接触史、既往肺部疾病史、个人防护情况）。

(4) 历年 DR 检查摄片、肺功能检查图。

(5) 历年职业健康检查表（应保持资料的完整性、连续性、准确性）。

(6) 职业健康监督执法资料。

（吴东芝　张保原）

# 有机磷作业职业健康监护质量控制要点

## 一、组织机构

职业健康检查机构备案有机磷作业职业健康检查。设置与有机磷作业职业健康检查相关的科室，合理设置各科室岗位及数量，至少包含耳鼻咽喉科、眼科、内科、皮肤科、心电图检查室等。

## 二、人员

（1）包含体格检查医师、耳鼻咽喉科资格执业医师、眼科资格执业医师、心电图检查医师等类别的执业医师、技师、护士等医疗卫生技术人员。

（2）从事医疗卫生技术人员要求：上岗前需进行规范培训，且经考核合格。出具报告要求执业医师签名。

（3）至少有1名具备化学因素所致职业病诊断医师资格的主检医师，备案有效人员需要第一注册执业点。

## 三、仪器设备

（1）配备满足并符合备案与有机磷职业健康检查的类别和项目相适应的耳鼻喉科常规检查器械、眼科常规检查器械、内科常规检查器械、神经系统常规检查器械、血细胞分析仪、生化分析仪等仪器设备。

（2）有关仪器设备的种类、数量、性能、量程、精确度等技术指标应满足工作需要，国家要求计量认证或校准的，需要符合计量认证或校准的要求。应对体重仪、血压计、血细胞分析仪、心电图仪、CR/DR摄片机、B超仪等仪器设备进行定期计量、检定和校准，并张贴标识；不属于强制检定的，应有相应校验方法并定期自校。应定期进行维护保养及计量、检定和校验，同时记录设备状态。

（3）对所使用的设备编制操作规程。

（4）体检分类项目及设备见表1。

表1 体检分类项目及设备

| 名称 | 类别 | 检查项目 | 设备配置 |
| --- | --- | --- | --- |
| 有机磷 | 上岗前 | 体格检查必检项目：1）内科常规检查；2）神经系统常规检查；3）皮肤科常规检查 | 体格检查必备设备：1）内科常规检查用听诊器、血压计、身高测量仪、磅秤；2）神经系统常规检查用叩诊锤 |
| | | 实验室和其他检查必检项目：血常规、尿常规、肝功能、全血或红细胞胆碱酯酶活性测定、心电图、胸部X射线摄片 | 必检项目必备设备：血细胞分析仪、尿液分析仪、生化分析仪、心电图仪、CR/DR摄片机 |

续上表

| 名称 | 类别 | 检查项目 | 设备配置 |
|---|---|---|---|
| 有机磷 | 在岗期间 | 同上岗前 | 同上岗前 |
| | 应急 | 体格检查必检项目：1）内科常规检查，重点检查呼吸系统；2）神经系统常规检查及观察瞳孔改变，注意有无肌束震颤、病理反射；3）皮肤科常规检查，重点检查皮肤红斑、丘疹、水疱或大疱及多汗；4）眼底检查 | 体格检查必备设备：1）内科常规检查用听诊器、血压计、身高测量仪、磅秤；2）神经系统常规检查用叩诊锤；3）眼科检查用视力灯、眼底镜、裂隙灯 |
| | | 实验室和其他检查必检项目：血常规、尿常规、肝功能、心电图、全血或红细胞胆碱酯酶活性、胸部 X 射线摄片、肝脾 B 超 | 必检项目必备设备：血细胞分析仪、尿液分析仪、生化分析仪、心电图仪、CR/DR 摄片机、B 超仪 |
| | | 选检项目：心肌酶谱、肌钙蛋白 T（TnT）、神经-肌电图、脑电图、头颅 CT 仪或 MRI | 选检项目设备配备：肌电图或/和诱发电位仪、脑电图仪、CT 仪或 MRI 仪。心肌酶谱测定设备：生化分析仪。肌钙蛋白 T（TnT）测定设备：肌钙蛋白 T 测定仪 |

1987 年 5 月 28 日，国家计量局发布的《中华人民共和国强制检定的工作计量器具检定管理办法》第十六条及《中华人民共和国依法管理的计量器具目录》（国家质量监督检验检疫总局公告第 145 号）规定，体重仪、血压计、血细胞分析仪、心电图仪、脑电图仪、CR/DR 摄片机、B 超仪属于强制检定的工作计量器具。

## 四、工作场所

（1）具有相应的职业健康检查场所、候检场所和检验室，如等候区、体检区、检验区、办公区、登记室、取血室、检查室、实验室及报告收发室、档案室等。实验室、检查室与办公室应分开。建筑总面积≥400 m²，且每个独立的检查室使用面积≥6 m²，X 射线摄片机房最小有效使用面积≥20 m²（医用 X 射线诊断车除外）。

（2）各检查室要求布局合理，功能区集中，方便检查，有效隔离，采光通风良好，有空气消毒杀菌设施。体检场所应在醒目位置公示体检功能区布局和体检基本流程，引导标识应准确清晰。

（3）开展外出职业健康检查的，应当具有相应的外出职业健康检查仪器、设备、信息化管理系统等条件。按照 GBZ 264—2015《车载式医用 X 射线诊断系统的放射防护要求》"8.2"中"对受检者实施照射时，与诊疗无关的其他人员不应在车载机房内或临时控制区内停留"的规定，DR 机房和其他检查室不宜装配在同一车辆上。

职业健康检查场所应建立和保持良好内务管理制度，且环境满足职业健康有机磷项目检查的条件和要求。

## 五、质量管理文书

（1）建立有机磷职业健康检查质量管理规程，进行全过程质量管理并持续有效运行，保证检查工作的规范化、标准化。

（2）制备职业健康检查表。

（3）工作场所张贴检查须知并事先告知，职业性急性有机磷中毒诊断检查应签知情同意书。

（4）建立抽血室、检验室等的管理制度、质控规范。

（5）存 GBZ 8—2002《职业性急性有机磷杀虫剂中毒诊断标准》、GBZ 54—2017《职业性化学性眼灼伤的诊断》、GBZ 18—2013《职业性皮肤病的诊断 总则》、有机磷相关职业卫生标准、GBZ 188—2014《职业健康监护技术规范》等文件备查。

## 六、能力考核与培训

（1）建立和保持技术人员培训制度，制订并落实各类人员教育和培训计划。

（2）质量负责人和技术负责人需要每 2 年进行 1 次职业健康检查法律法规知识培训并考核合格。

（3）眼科检查医师应具备针对眼科疾病情况的检查能力，按照相关临床操作规范进行。内科检查医师应具备针对呼吸系统、神经系统、消化系统疾病情况的检查能力，按照相关临床操作规范进行。皮肤科检查医师应具备针对皮肤疾病情况的检查能力，按照相关临床操作规范进行。

（4）有机磷检查主检医师掌握 GBZ 8—2002《职业性急性有机磷杀虫剂中毒诊断标准》、GBZ 54—2017《职业性化学性眼灼伤的诊断》、GBZ 18—2013《职业性皮肤病的诊断 总则》及有机磷职业健康监护技术规范，对有机磷所致疑似职业病、职业禁忌证判断准确。职业性急性有机磷中毒诊断医师需要每 2 年参加复训并考核合格。

（5）个体结论符合率考核：职业健康信息化系统每年 1 次抽备案单位个体体检报告80 份，加上体检单位提供的疑似职业病报告 10 份、职业禁忌证报告 10 份，总计对 100 份体检报告进行专家评分（不足 100 份则全部抽取）。

## 七、有机磷职业健康检查过程管理

全过程质量管理应当包括职业健康检查前、检查中、检查后等工作环节。

1) 体检对象确定：工作场所中直接接触的人员，或处于与直接接触人员同样的或几乎同样的有机磷接触环境的工作人员。全血或红细胞胆碱酯酶活性测定：每半年 1 次。健康检查周期：每 3 年 1 次。

2) 检查内容：

（1）症状询问：重点询问神经系统、皮肤疾病史及相关症状。

（2）体格检查：

A. 内科常规检查：重点检查呼吸系统、消化系统。

B. 神经系统常规检查及观察瞳孔改变：注意有无肌束震颤、病理反射。

a. 中间期肌无力综合征：在急性中毒后 1～4 d，胆碱能危象基本消失且意识清晰，出现以肌无力为主的临床表现者。

b. 迟发性多发性神经病：在急性中度和重度中毒后 2～4 周，胆碱能症状消失，出现感觉、运动型多发性神经病。神经-肌电图检查显示神经源性损害。全血或红细胞胆碱酯酶活性可正常。

C. 皮肤科常规检查：重点检查皮肤红斑、丘疹、水疱或大疱及多汗。

3）现场设置明显检查流程指引和标识。

4）现场设置各检查项目注意事项和检查须知。

5）检查记录内容齐全、清晰，应有检查人员签字。

6）外出职业健康检查进行医学影像检查和实验室检测，职业健康检查机构必须保证检查质量并满足放射防护和生物安全的管理要求。

## 八、有机磷职业健康检查关键技术质量控制

（1）检查中确定有无有机磷接触职业史，接触剂量等；重点检查其呼气和呕吐物有无特异的蒜臭味，有无面色苍白、流涎、多汗、瞳孔缩小、肌束颤动、呼吸困难及肺水肿等表现；实验室检查示有无全血胆碱酯酶活力减低。也可进行尿液硝基酚（对硫磷）、三氯乙醇（敌百虫）检测。

（2）据有机磷接触史及瞳孔缩小、多汗、肌纤维颤动、肺水肿等表现，可与中暑、急性胃肠炎、脑炎等相鉴别。

（3）对职业健康检查过程和样品检测过程中的相关记录应当妥善保存，确保可溯源。

## 九、档案管理

（1）作业场所现场有机磷监测资料。

（2）有机磷个人剂量监测及岗位监测资料。

（3）职业健康检查信息表（含有机磷接触史、既往病史、个人防护情况）。

（4）历年职业健康检查表（应保持资料的完整性、连续性、准确性）。

（5）职业健康监督执法资料。

（吴东芝　张保原）

# 氨基甲酸酯类作业职业健康监护质量控制要点

## 一、组织机构

备案氨基甲酸酯类作业职业健康检查类别。设置与氨基甲酸酯类作业职业健康检查相关的科室，合理设置各科室岗位及数量，至少包含内科（体格检查）、皮肤科（常规检查）、眼科（眼底检查）、心电图检查室等。

## 二、人员

（1）包含体格检查医师、耳鼻咽喉科资格执业医师、眼科资格执业医师、心电图检查医师等类别的执业医师、技师、护士等医疗卫生技术人员。

（2）医疗卫生技术人员要求：备案有效人员需要在医疗机构注册登记，上岗前需接受规范培训，且经考核合格。出具报告要求执业医师签名。

（3）至少有1名具备化学因素所致职业病诊断医师资格的主检医师。

## 三、仪器设备

（1）配备满足并符合与备案氨基甲酸酯类职业健康检查的类别和项目相适应的耳鼻喉科常规检查器械、眼科常规检查器械、内科常规检查器械、神经系统常规检查器械、血细胞分析仪、生化分析仪等仪器设备。

（2）有关仪器设备的种类、数量、性能、量程、精确度等技术指标应满足工作需要，国家要求计量认证或校准的，需要符合计量认证或校准的要求。应对血压计、血细胞分析仪、体重仪、心电图仪、肌电图仪、脑电图仪、CR/DR摄片机、B超仪等仪器设备进行定期计量、检定和校准，并张贴标识；不属于强制检定的，应有相应校验方法并定期自校。应定期进行维护保养及计量、检定和校验，同时记录设备状态。

（3）对所使用的设备编制操作规程。

（4）体检分类项目及设备见表1。

表1 体检分类项目及设备

| 名称 | 类别 | 检查项目 | 设备配置 |
|---|---|---|---|
| 氨基甲酸酯 | 上岗前 | 体格检查必检项目：1）内科常规检查；2）神经系统常规检查；3）皮肤科常规检查 | 体格检查必备设备：1）内科常规检查用听诊器、血压计、身高测量仪、磅秤；2）神经系统常规检查用叩诊锤 |
| | | 实验室和其他检查必检项目：血常规、尿常规、肝功能、全血或红细胞胆碱酯酶活性测定、心电图、胸部X射线摄片 | 必检项目必备设备：血细胞分析仪、尿液分析仪、生化分析仪、心电图仪、CR/DR摄片机 |

续上表

| 名称 | 类别 | 检查项目 | 设备配置 |
|---|---|---|---|
| 氨基甲酸酯 | 在岗期间 | 同上岗前 | 同上岗前 |
| 氨基甲酸酯 | 应急 | 体格检查必检项目：1）内科常规检查，重点检查呼吸系统；2）神经系统常规检查及观察瞳孔改变，注意有无肌束震颤、病理反射；3）眼底检查 | 体格检查必备设备：1）内科常规检查用听诊器、血压计、身高测量仪、磅秤；2）神经系统常规检查用叩诊锤；3）眼科检查用视力灯、眼底镜、裂隙灯 |
| 氨基甲酸酯 | 应急 | 实验室和其他检查必检项目：血常规、尿常规、肝功能、全血或红细胞胆碱酯酶活性测定、心电图、胸部 X 射线摄片、肝脾 B 超 | 必检项目必备设备：血细胞分析仪、尿液分析仪、生化分析仪、心电图仪、CR/DR 摄片机、B 超仪 |
| 氨基甲酸酯 | 应急 | 选检项目：心肌酶谱、肌钙蛋白 T（TnT）、神经-肌电图、脑电图、头颅 CT 或 MRI | 选检项目设备配备：肌电图仪或/和诱发电位仪、脑电图仪、CT 仪或核磁共振仪。心肌酶谱测定设备：生化分析仪。肌钙蛋白 T（TnT）测定设备：肌钙蛋白 T 测定仪 |

1987 年 5 月 28 日，国家计量局发布的《中华人民共和国强制检定的工作计量器具检定管理办法》第十六条及《中华人民共和国依法管理的计量器具目录》（原国家质量监督检验检疫总局公告第 145 号）规定，体重仪、血压计、血细胞分析仪、心电图仪、肌电图仪、脑电图仪、CR/DR 摄片机、B 超仪属于强制检定的工作计量器具。

## 四、工作场所

（1）具有相应的职业健康检查场所、候检场所和检验室，如等候区、体检区、检验区、办公区、登记室、取血室、检查室、实验室及报告收发室、档案室等。实验室、检查室与办公室应分开。建筑总面积≥400 m²，且每个独立的检查室使用面积≥6 m²，X 射线摄片机房最小有效使用面积≥20 m²（医用 X 射线诊断车除外）。

（2）各检查室要求布局合理，功能区集中，方便检查，有效隔离，采光通风良好，设置有空气消毒杀菌设施。体检场所应在醒目位置公示体检功能区布局和体检基本流程，引导标识应准确清晰。

（3）开展外出职业健康检查的，场所应满足氨基甲酸酯类职业健康检查所需的条件和要求，医用 X 射线诊断车按照 GBZ 264—2015《车载式医用 X 射线诊断系统的放射防护要求》"8.2"中"对受检者实施照射时，与诊疗无关的其他人员不应在车载机房内或临时控制区内停留"的规定，DR 机房不宜与其他检查室装配在同一车辆上。

（4）职业健康检查场所应建立和保持良好的内务管理制度，保持安全和环境满足职业健康氨基甲酸酯类项目检查条件和要求。

## 五、质量管理文书

（1）建立氨基甲酸酯类职业健康检查质量管理规程，进行全过程质量控制并持续有效运行，保证检查工作规范化、标准化。

（2）制备职业健康检查表。

（3）工作场所张贴检查须知并事先告知，职业性急性氨基甲酸酯类中毒诊断检查应签知情同意书。

（4）建立抽血室、检验室等的管理制度、质控规范。

（5）存 GBZ 52—2002《职业性急性氨基甲酸酯杀虫剂中毒诊断标准》、GBZ 54—2017《职业性化学性眼灼伤的诊断》、GBZ 18—2013《职业性皮肤病的诊断 总则》、氨基甲酸酯类相关职业卫生标准、GBZ 188—2014《职业健康监护技术规范》等文件备查。

## 六、能力考核与培训

（1）建立和保持技术人员培训制度，制订并落实各类人员教育和培训计划。

（2）质量负责人和技术负责人需要每2年进行1次职业健康检查法律法规知识培训并考核合格。

（3）眼科检查医师应具备针对眼科疾病情况的检查能力，按照相关临床操作规范进行。内科检查医师应具备针对呼吸系统、神经系统、消化系统疾病情况的检查能力，按照相关临床操作规范进行。皮肤科检查医师应具备针对皮肤疾病情况的检查能力，按照相关临床操作规范进行。

（4）氨基甲酸酯类检查主检医师掌握 GBZ 52—2002《职业性急性氨基甲酸酯杀虫剂中毒诊断标准》、GBZ 54—2017《职业性化学性眼灼伤的诊断》、GBZ 18—2013《职业性皮肤病的诊断 总则》及氨基甲酸酯类职业健康监护技术规范，对氨基甲酸酯类所致疑似职业病、职业禁忌证判断准确。职业性急性氨基甲酸酯类中毒诊断医师需要每2年参加复训并考核合格。

（5）个体结论符合率考核：职业健康信息化系统每年1次抽备案单位个体体检报告80份，加上体检单位提供的疑似职业病报告10份、职业禁忌证报告10份，总计对100份体检报告进行专家评分（不足100份则全部抽取）。

## 七、氨基甲酸酯类体检过程管理

全过程质量管理包括职业健康检查前、检查中、检查后等工作环节。

1）体检对象确定：工作场所中直接接触的人员，或处于与直接接触人员同样的或几乎同样的氨基甲酸酯类接触环境的工作人员。全血或红细胞胆碱酯酶活性测定：每半年1次。健康检查周期：每3年1次。

2）检查内容：

（1）症状询问：重点询问神经系统、皮肤疾病史及相关症状。

（2）体格检查：

A. 内科常规检查：重点检查呼吸系统、消化系统。

B. 神经系统常规检查及观察瞳孔改变：注意有无肌束震颤、病理反射。

a. 中间期肌无力综合征：在急性中毒后1～4 d，胆碱能危象基本消失且意识清晰，出现以肌无力为主的临床表现者。

b. 迟发性多发性神经病：在急性中度和重度中毒后2～4周，胆碱能症状消失，出现感觉、运动型多发性神经病。神经-肌电图检查显示神经源性损害。全血或红细胞胆碱酯酶活性可正常。

C. 皮肤科常规检查：重点检查皮肤红斑、丘疹、水疱或大疱及多汗。

3) 现场设置明显检查流程指引和标识。

4) 现场设置各检查项目注意事项和检查须知。

5) 检查记录内容齐全、清晰，应有检查人员签字。

6) 外出职业健康检查进行医学影像检查和实验室检测，职业健康检查机构必须保证检查质量并满足放射防护和生物安全的管理要求。

## 八、氨基甲酸酯检查关键技术质量控制

检查前向受检者解释检查须知，得到受检者的理解与配合。

检查人员具备高度责任心，经培训合格，检查操作严格按照有关标准、规范执行。

氨基甲酸酯作业工人应做就业前体检，就业后每1～2年体检1次。

体检项目包括内科和神经科检查，并做全血胆碱酯酶活性测定，轻度中毒者全血或红细胞乙酰胆碱酯（choliresterase，ChE）活性一般降至70%以下，重度中毒者多降至30%以下。必要时可分析尿中代谢产物含量。可测定尿1-萘酚或尿2-异丙氧基酚等。

样品的采集方法要求：采集血液样品前必须注意清洗皮肤表面，防止污染，使用具塞的肝素抗凝试管盛放。

样品的保存和运输要求：所有样品采集后最好在4 ℃条件下冷藏保存和运输，如无条件冷藏保存运输，样品应在采集后24 h内进行实验室检测，所有实验室检测完毕的样品，应在冷冻条件下保存1周，以准备实验室复核。

对职业健康检查过程和样品检测过程中的相关记录应当妥善保存，确保可溯源。

## 九、档案管理

(1) 作业场所现场氨基甲酸酯类监测资料。

(2) 氨基甲酸酯类个人剂量监测资料。

(3) 职业健康检查信息表（含氨基甲酸酯类接触史、既往病史、个人防护情况）。

(4) 历年职业健康检查表（应保持资料的完整性、连续性、准确性）。

(5) 职业健康监督执法资料。

（吴东芝　张保原）

# 拟除虫菊酯类作业职业健康监护质量控制要点

## 一、组织机构

备案拟除虫菊酯类作业职业健康检查。设置与拟除虫菊酯类作业职业健康检查相关的科室,合理设置各科室岗位及数量,至少包含耳鼻咽喉科、眼科、内科、皮肤科、心电图检查室等。

## 二、人员

(1) 包含体格检查医师、耳鼻咽喉科资格执业医师、眼科资格执业医师、心电图检查医师等类别的执业医师、技师、护士等医疗卫生技术人员。

(2) 从事检查的医疗卫生技术人员要求:上岗前需要进行规范培训,经考核合格。出具报告要求执业医师签名。

(3) 至少有1名具备化学因素所致职业病诊断医师资格的主检医师,备案有效人员需要第一注册执业点。

## 三、仪器设备

(1) 配备满足并符合与备案拟除虫菊酯类职业健康检查的类别和项目相适应的耳鼻喉科常规检查器械、眼科常规检查器械、内科常规检查器械、神经系统常规检查器械、血细胞分析仪、生化分析仪等仪器设备。

(2) 有关仪器设备的种类、数量、性能、量程、精确度等技术指标应满足工作需要,国家要求计量认证或校准的,需要符合计量认证或校准的要求。应对体重仪、血压计、血细胞分析仪、心电图仪、CR/DR摄片机、B超仪等仪器设备进行定期计量、检定和校准,并张贴标识;不属于强制检定的,应有相应校验方法并定期自校。应定期进行维护保养及计量、检定和校验,同时记录设备状态。

(3) 对所使用的设备编制操作规程。

(4) 体检分类项目及设备见表1。

表1 体检分类项目及设备

| 名称 | 类别 | 检查项目 | 设备配置 |
|---|---|---|---|
| 拟除虫菊酯类 | 上岗前 | 体格检查必检项目:1) 内科常规检查;2) 神经系统常规检查;3) 皮肤科常规检查 | 体格检查必备设备:1) 内科常规检查用听诊器、血压计、身高测量仪、磅秤;2) 神经系统常规检查用叩诊锤 |
|  |  | 实验室和其他检查必检项目:血常规、尿常规、肝功能、心电图、胸部X射线摄片 | 必检项目必备设备:血细胞分析仪、尿液分析仪、生化分析仪、心电图仪、CR/DR摄片机 |

续上表

| 名称 | 类别 | 检查项目 | 设备配置 |
|------|------|----------|----------|
| 拟除虫菊酯类 | 在岗期间 | 推荐性，同上岗前 | 推荐性，同上岗前 |
| | 应急 | 体格检查必检项目：1) 内科常规检查，重点检查有无口鼻分泌物增多、咽部充血等；2) 神经系统常规检查，注意有无肌束震颤、病理反射；3) 皮肤科常规检查；4) 眼底检查 | 体格检查必备设备：1) 内科常规检查用听诊器、血压计、身高测量仪、磅秤；2) 神经系统常规检查用叩诊锤；3) 眼底检查用视力灯、眼底镜、裂隙灯 |
| | | 实验室和其他检查必检项目：血常规、尿常规、肝功能、心电图、肝脾B超、胸部X射线摄片 | 必检项目必备设备：血细胞分析仪、尿液分析仪、生化分析仪、心电图仪、B超仪、CR/DR摄片机 |
| | | 选检项目：尿拟除虫菊酯代谢产物、头颅CT或MRI、脑电图 | 选检项目设备配备：CT仪或核磁共振仪、脑电图仪。尿拟除虫菊酯代谢产物测定设备：高效液相色谱仪 |

1987年5月28日，国家计量局发布的《中华人民共和国强制检定的工作计量器具检定管理办法》第十六条及《中华人民共和国依法管理的计量器具目录》（国家质量监督检验检疫总局公告第145号）规定，体重仪、血压计、血细胞分析仪、心电图仪、脑电图仪、CR/DR摄片机、B超仪、高效液相色谱仪属于强制检定的工作计量器具。

## 四、工作场所

（1）具有相应的职业健康检查场所、候检场所和检验室，如等候区、体检区、检验区、办公区、登记室、取血室、检查室、实验室及报告收发室、档案室等。实验室、检查室与办公室应分开。建筑总面积≥400 $m^2$，且每个独立的检查室使用面积≥6 $m^2$，X射线摄片机房最小有效使用面积≥20 $m^2$（医用X射线诊断车除外）。

（2）各检查室要求布局合理，功能区集中，方便检查，有效隔离，采光通风良好，设置有空气消毒杀菌设施。体检场所应在醒目位置公示体检功能区布局和体检基本流程，引导标识应准确清晰。

（3）开展外出职业健康检查的，场所应满足拟除虫菊酯类职业健康检查所需的条件和要求，医用X射线诊断车按照GBZ 264—2015《车载式医用X射线诊断系统的放射防护要求》"8.2"中"对受检者实施照射时，与诊疗无关的其他人员不应在车载机房内或临时控制区内停留"的规定，DR机房不宜与其他检查室装配在同一车辆上。

（4）职业健康检查场所应建立和保持良好的内务管理制度，保持安全和环境满足职业健康拟除虫菊酯类项目检查条件和要求。

## 五、质量管理文书

（1）建立拟除虫菊酯类职业健康检查质量管理规程，进行全过程质量管理并持续有效运行，保证检查工作的规范化、标准化。

（2）制备职业健康检查表。

（3）工作场所张贴检查须知并事先告知，职业性急性拟除虫菊酯类中毒的诊断检查应签知情同意书。

（4）建立抽血室、检验室等的管理制度、质控规范。

（5）存 GBZ 43—2002《职业性急性拟除虫菊酯类中毒诊断标准》、GBZ 54—2017《职业性化学性眼灼伤的诊断》、GBZ 18—2013《职业性皮肤病的诊断 总则》、拟除虫菊酯类职业卫生标准、GBZ 188—2014《职业健康监护技术规范》等文件备查。

## 六、能力考核与培训

（1）建立和保持技术人员培训制度，制订并落实各类人员教育和培训计划。

（2）质量负责人和技术负责人需要每2年进行1次职业健康检查法律法规知识培训并考核合格。

（3）眼科检查医师具备针对眼科疾病情况的检查能力，按照相关临床操作规范进行。内科检查医师具备针对呼吸系统、神经系统、消化系统疾病情况的检查能力，按照相关临床操作规范进行。皮肤科检查医师具备针对皮肤疾病情况的检查能力，按照相关临床操作规范进行。

（4）拟除虫菊酯类检查主检医师应掌握 GBZ 43—2002《职业性急性拟除虫菊酯类中毒诊断标准》、GBZ 54—2017《职业性化学性眼灼伤的诊断》、GBZ 18—2013《职业性皮肤病的诊断 总则》及拟除虫菊酯类职业健康监护技术规范，对拟除虫菊酯类所致疑似职业病、职业禁忌证判断准确。职业性急性拟除虫菊酯类中毒诊断医师需要每2年参加复训并考核合格。

（5）个体结论符合率考核。职业健康信息化系统每年1次抽备案单位个体体检报告80份，加上体检单位提供的疑似职业病报告10份、职业禁忌证报告10份，总计对100份体检报告进行专家评分（不足100份则全部抽取）。

## 七、拟除虫菊酯类体检过程管理

全过程质量管理应当包括职业健康检查前、检查中、检查后等工作环节。

1）体检对象确定：工作场所中直接接触拟除虫菊酯类的工作人员，或处于与直接接触人员同样的或几乎同样的拟除虫菊酯类接触环境的工作人员。健康检查周期：每3年1次（推荐性）。

2）检查内容：

（1）症状询问：重点询问皮肤病史和症状，如皮肤瘙痒、皮疹等。

（2）体格检查：

A. 内科常规检查：重点检查呼吸系统、消化系统。

B. 神经系统常规检查及观察瞳孔改变：注意有无肌束震颤、病理反射。

a. 中间期肌无力综合征：在急性中毒后 1～4 d，胆碱能危象基本消失且意识清晰，出现肌无力为主的临床表现者。

b. 迟发性多发性神经病：在急性中度和重度中毒后 2～4 周，胆碱能症状消失，出现感觉、运动型多发性神经病。神经－肌电图检查显示神经源性损害。全血或红细胞胆碱酯酶活性可正常。

C. 皮肤科常规检查：重点检查皮肤红斑、丘疹、水疱或大疱及多汗。

3）现场设置明显检查流程指引和标识。

4）现场设置各检查项目注意事项和检查须知。

5）检查记录内容齐全、清晰，应有检查人员签字。

6）外出职业健康检查进行医学影像检查和实验室检测时，职业健康检查机构必须保证检查质量并满足放射防护和生物安全的管理要求。

## 八、拟除虫菊酯类检查关键技术质量控制

接触拟除虫菊酯类后不良反应中以面部异常感觉较为常见，且多于停止接触 24 h 后恢复，可伴眼、鼻黏膜刺激症状。污染黏膜（如眼部、会阴部黏膜）可引起局部红肿，部分患者皮肤可出现红斑、丘疹和大疱，通常其周身症状虽以神经系统症状为主，但缺乏特异性，必须依据全身性临床表现，结合职业接触史、临床表现和全血胆碱酯酶活力有无降低做出判断。由于拟除虫菊酯在体内主要水解为 1－氯酚，尿中萘酚排出量增高有助于诊断。

如有条件，可应用成对电刺激的神经－肌电图，检查是否有周围神经兴奋性增高或肌肉重复放电的现象；或做脑电图检查观察是否有脑部的重复放电。

鉴别诊断检查需要与有机磷杀虫药中毒、中暑、乙型脑炎和急性胃肠炎相鉴别。

对职业健康检查过程和样品检测过程中的相关记录应当妥善保存，确保可溯源。

## 九、档案管理

（1）作业场所现场拟除虫菊酯类监测资料。

（2）拟除虫菊酯类作业个人剂量监测和岗位监测资料。

（3）职业健康检查信息表（含拟除虫菊酯类接触史、既往病史、个人防护情况）。

（4）历年职业健康检查表（应保持资料的完整性、连续性、准确性）。

（5）职业健康监督执法资料。

（吴东芝　张保原）

# 酸雾或酸酐作业职业健康监护质量控制要点

## 一、组织机构

备案酸雾或酸酐类作业职业健康检查。设置与酸雾或酸酐作业职业健康检查相关的科室，合理设置各科室岗位及数量，至少包含口腔科、眼科（常规检查）、皮肤科（常规检查）、内科（体格检查）、心电图检查室、肺功能检查室、临床实验室、放射科（常规 CR/DR 摄片、牙齿 X 射线摄片）等。

## 二、人员

（1）包含体格检查医师、眼科检查医师、皮肤科检查医师、口腔科资格执业医师、心电图检查医师、肺功能检查医师等类别的执业医师、技师、护士等医疗卫生技术人员。

（2）从事检查的医疗卫生技术人员上岗前需要进行规范培训，且经考核合格，出具报告要求执业医师签名。

（3）至少有 1 名具备职业性化学中毒职业病诊断医师资格的主检医师，备案有效人员需要第一注册执业点。

## 三、仪器设备

（1）配备满足并符合与备案化学因素（酸雾或酸酐）职业健康检查的类别和项目相适应的 CR/DR 摄片机、肺功能仪、牙片机、口腔科常规检查器械等仪器设备。外出体检配置医用 X 射线诊断车 1 辆和无线局域网信息化体检系统 1 套。

（2）有关仪器设备的种类、数量、性能、量程、精确度等技术指标应满足工作需要，国家要求计量认证或校准的，需要符合计量认证或校准的要求。应对血压计、血细胞分析仪、心电图仪 CR/DR 摄片机等仪器设备进行定期计量、检定和校准，并张贴标识；不属于强制检定的，应有相应校验方法并定期自校。应定期进行维护保养及计量、检定和校验，同时记录设备状态。

（3）对所使用的设备编制操作规程。

（4）体检分类项目及设备见表 1。

表1 体检分类项目及设备

| 名称 | 类别 | 检查项目 | 设备配置 |
|---|---|---|---|
| 酸雾或酸酐 | 岗前 | 体格检查必检项目：1）内科常规检查；2）口腔科常规检查 | 体格检查必备设备：1）内科常规检查用听诊器、血压计、身高测量仪、磅秤；2）口腔科常规检查器械 |
| | | 实验室和其他检查必检项目：血常规、尿常规、肝功能、心电图、胸部X射线摄片、肺功能 | 必检项目必备设备：血细胞分析仪、尿液分析仪、生化分析仪、心电图仪、CR/DR摄片机、肺功能仪 |
| | 在岗 | 体格检查必检项目：1）内科常规检查；2）口腔科检查；3）皮肤科常规检查 | 体格检查必备设备：1）内科常规检查用听诊器、血压计、身高测量仪、磅秤；2）口腔科常规检查器械 |
| | | 实验室和其他检查必检项目：胸部X射线摄片、肺功能，发现牙酸蚀者可选择牙齿X射线摄片 | 必检项目必备设备：CR/DR摄片机、肺功能仪、牙片机 |
| | 离岗 | 同在岗 | 同在岗 |
| | 应急 | 体格检查必检项目：1）内科常规检查，重点检查呼吸系统；2）眼科常规检查，重点检查结膜、角膜病变，必要时进行裂隙灯检查；3）鼻及咽部常规检查，必要时进行咽喉镜检查；4）皮肤科常规检查 | 体格检查必备设备：1）内科常规检查用听诊器、血压计、身高测量仪、磅秤；2）眼科常规检查用视力表、色觉图谱（必要时用裂隙灯）；3）鼻及咽部常规检查用额镜或额眼灯、咽喉镜 |
| | | 实验室和其他检查必检项目：血常规、尿常规、心电图、胸部X射线摄片、血氧饱和度 | 必检项目必备设备：血细胞分析仪、尿液分析仪、心电图仪、CR/DR摄片机、血氧饱和度测定仪或血气分析仪 |
| | | 选检项目：血气分析 | 选检项目设备配备：血气分析仪 |

1987年5月28日，国家计量局发布的《中华人民共和国强制检定的工作计量器具检定管理办法》第十六条及《中华人民共和国依法管理的计量器具目录》（国家质量监督检验检疫总局公告第145号）规定，血压计、心电图仪、血细胞分析仪、CR/DR摄片机等属于强制检定的工作计量器具。

## 四、工作场所

（1）具有相应的职业健康检查场所、候检场所和检验室，如等候区、体检区、检验区、办公区、登记室、取血室、检查室、实验室及报告收发室、档案室等。实验室、检查室与办公室应分开。建筑总面积≥400 $m^2$，且每个独立的检查室使用面积≥6 $m^2$，X射线摄片机房最小有效使用面积≥20 $m^2$（医用X射线诊断车除外）。

（2）要求布局合理，功能区集中，方便检查，有效隔离，采光通风良好，有空气消毒杀菌设施。体检场所应在醒目位置公示体检功能区布局和体检基本流程，引导标识应准确清晰。

（3）开展外出职业健康检查的，应当具有相应的外出职业健康检查仪器、设备，医用 X 射线诊断车 1 辆、信息化管理系统等条件。按照 GBZ 264—2015《车载式医用 X 射线诊断系统的放射防护要求》"8.2" 中"对受检者实施照射时，与诊疗无关的其他人员不应在车载机房内或临时控制区内停留"的规定，DR 机房不宜与其他检查室装配在同一车辆上。

（4）职业健康检查场所建立和保持良好的内务管理制度，保持安全和环境满足职业健康酸雾及酸酐项目检查条件和要求。

## 五、质量管理文书

（1）建立酸雾或酸酐作业职业健康检查质量管理规程，进行全过程质量管理并持续有效运行，确保检查工作的规范化、标准化。

（2）建立标准肺功能检查记录表，结果记录符合国家标准。

（3）制备职业健康检查表。

（4）建立肺功能检查室的管理制度，建立肺功能检查质控规范。

（5）存肺功能检查规范、GBZ 61—2015《职业性牙酸蚀病的诊断》、GBZ 20—2019《职业性接触性皮炎的诊断》、GBZ 57—2019《职业性哮喘的诊断》、GBZ/T 237—2011《职业性刺激性化学物致慢性阻塞性肺疾病的诊断》、职业性化学性有害因素职业卫生标准、GBZ 188—2014《职业健康监护技术规范》等文件备查。

## 六、能力考核与培训

（1）建立和保持技术人员培训制度，制订并落实各类人员教育和培训计划。

（2）质量负责人和技术负责人需要每 2 年进行 1 次职业健康检查法律法规知识培训并考核合格。

（3）肺功能检查医师应熟悉掌握肺功能检查操作流程及规范，检查过程严格按照相关操作规范进行。口腔检查医师具备针对口腔及其黏膜、牙齿等损害情况的检查能力。按照相关临床操作规范进行。

（4）主检医师掌握职业性牙酸蚀病、职业性接触性皮炎、职业性哮喘、职业性刺激性化学物致慢性阻塞性肺疾病诊断标准及酸雾或酸酐职业健康监护技术规范，对酸雾或酸酐所致疑似职业病、职业禁忌证的判断准确。职业性化学中毒职业病诊断医师需要每 2 年参加复训并考核合格。

（5）质量控制能力考核内容为现场肺功能检查操作及肺功能检查结论报告能力的考核。对每年完成 30% 备案化学因素（酸雾及酸酐类）项目的职业健康检查机构进行现场技术考核。对经专家集体抽出的肺功能检查图进行考核，由考核人员判断结论符合率。

（6）个体结论符合率考核。职业健康信息化系统每年 1 次抽备案单位个体体检报告 80 份，加上体检单位提供的疑似职业病报告 10 份、职业禁忌证报告 10 份，总计对 100

份体检报告进行专家评分（不足 100 份则全部抽取）。

## 七、酸雾或酸酐作业体检过程管理

全过程质量管理应当包括职业健康检查前、检查中、检查后等工作环节。

1）体检对象确定：劳动者在生产工作过程中以接触酸雾或酸酐为监护起点，按规定每 2 年进行 1 次酸雾或酸酐职业健康检查。

2）岗前检查。内科常规检查：重点检查呼吸系统。口腔科常规检查：重点检查有无口腔黏膜溃疡、龋齿，尤其应检查暴露在外的牙齿如切牙、侧切牙和尖牙的唇面有无受损和受损的程度。

3）在岗检查。内科常规检查：重点检查呼吸系统。口腔科检查：重点检查有无口腔黏膜溃疡、龋齿，尤其应检查暴露在外的牙齿如切牙、侧切牙和尖牙的唇面有无受损和受损的程度；并检查有无牙酸蚀，包括酸蚀牙数、酸蚀程度以及牙位分布。皮肤科常规检查：重点检查皮肤有无皮损、皮疹及其分布情况。

4）现场设置明显检查流程指引和标识。

5）现场设置各检查项目注意事项和检查须知。

6）检查记录内容齐全、清晰，应有检查人员签字。

7）外出职业健康检查进行医学影像检查和实验室检测，职业健康检查机构必须保证检查质量并满足放射防护和生物安全的管理要求。

## 八、酸雾或酸酐作业体检关键技术质量控制

1）口腔检查者询问病史时应注意有无牙痛史，疼痛的部位及性质，属自发痛还是激发痛，激发因子等。同时口腔检查应有适宜的照明（日光或灯光均可），使用口镜、探针、镊子等器械进行视诊、探诊、叩诊等常规检查。必要时加做冷热刺激试验或电活力测验、X 射线摄片检查等。检查结果按牙位分别记录。

2）牙酸蚀判断标准：

（1）可疑牙酸蚀（代号 $o^+$）：唇侧牙釉质表面光滑、发亮，切端透明度增加，切缘圆钝；或牙面透明度降低，呈毛玻璃样乳白色，但无牙实质缺损。

（2）一级牙酸蚀（代号 I）：仅有唇面牙釉质缺损，多见于侧唇切端 1/3 切缘变薄、透亮；或唇面中部牙釉质呈弧形凹陷性缺损。表面光滑，与周围牙釉质无明显分界线。

（3）二级牙酸蚀（代号 II）：缺损达牙本质浅层，多呈斜坡状，从切缘起，削向牙冠唇面。暴露的牙本质周围，可见较透明的牙釉质层。

（4）三级牙酸蚀（代号 III）：缺损达牙本质深层，在缺损面暴露牙本质的中央，即相当于原髓腔部位，可见一圆形或椭圆形的棕黄色牙本质区。但无髓腔暴露，也无牙髓质病变。

（5）四级牙酸蚀（代号 IV）：缺损达牙本质深层，虽无髓腔暴露，但有牙髓继发性病变；或缺损已达髓腔；或牙冠大部分缺损，仅留下残根。

3) 职业性牙酸蚀病主要表现于上、下颌的前牙，即中切牙、侧切牙和尖牙，早期病变多在唇侧切端，酸性食物、饮料、药物和某些疾病等非职业性因素也可引起牙酸蚀。磨耗、磨损、外伤、牙釉质发育不全和氟牙症也可造成牙齿硬组织损害，应根据职业史、病史和临床特征进行鉴别。

4) 对职业健康检查过程中的相关记录应当妥善保存，确保可溯源。

## 九、档案管理

（1）作业场所现场酸雾或酸酐监测资料。

（2）职业健康检查信息表（含酸雾或酸酐接触史、既往病史、个人防护情况）。

（3）历年职业健康检查表（应保持资料的完整性、连续性、准确性）。

（4）职业健康监督执法资料。

（5）建立职业健康检查质量控制管理档案并长期保存。

（编写：吴东芝　张保原）

# 致喘物作业职业健康监护质量控制要点

## 一、组织机构

备案致喘物作业职业健康检查。设置与致喘物作业职业健康检查相关的科室，合理设置各科室岗位及数量，至少包含耳鼻咽喉科、内科（体格检查）、心电图检查室、肺功能检查室、临床实验室、放射科（CR/DR 摄片）等。

## 二、人员

（1）包含体格检查医师、耳鼻咽喉科资格执业医师、心电图检查医师、肺功能检查医师等类别的执业医师、技师、护士等医疗卫生技术人员。

（2）从事检查的医疗卫生技术人员要求：上岗前需进行规范培训，且经考核合格；出具报告要求执业医师签名。

（3）至少有 1 名具备职业性化学中毒职业病诊断医师资格的主检医师，备案有效人员需要第一注册执业点。

## 三、仪器设备

（1）配备满足并符合与备案化学因素（致喘物）职业健康检查的类别和项目相适

应的CR/DR摄片机、肺功能仪、耳鼻喉科常规检查器械等仪器设备。外出体检配置医用X射线诊断车1辆和无线局域网信息化体检系统1套。

（2）有关仪器设备的种类、数量、性能、量程、精确度等技术指标应满足工作需要，国家要求计量认证或校准的，需要符合计量认证或校准的要求。应对血压计、体重计、心电图仪、CR/DR摄片机等仪器设备进行定期计量、检定和校准，并张贴标识；不属于强制检定的，应有相应校验方法并定期自校。应定期进行维护保养及计量、检定和校验，同时记录设备状态。

（3）对所使用的设备编制操作规程。

（4）体检分类项目及设备见表1。

表1 体检分类项目及设备

| 名称 | 类别 | 检查项目 | 设备配置 |
| --- | --- | --- | --- |
| 致喘物 | 上岗前 | 体格检查必检项目：1）内科常规检查，重点检查呼吸系统；2）鼻及咽部常规检查，重点检查有无过敏性鼻炎 | 体格检查必备设备：1）内科常规检查用听诊器、血压计、身高测量仪、磅秤；2）鼻及咽部常规检查用额镜或额眼灯、咽喉镜 |
| | | 实验室和其他检查必检项目：血常规、尿常规、肝功能、血嗜酸细胞计数、心电图、胸部X射线摄片、肺功能，有过敏史或可疑过敏体质者可检测肺弥散功能、血清总IgE | 必检项目必备设备：血细胞分析仪、五分类血细胞分析仪或显微镜、尿液分析仪、生化分析仪、心电图仪、CR/DR摄片机、肺功能仪。血清总IgE测定设备：放射免疫分析仪或酶标仪或化学发光仪 |
| | 在岗期间 | 体格检查必检项目：同上岗前 | 体格检查必备设备：同上岗前 |
| | | 实验室和其他检查必检项目：血常规、心电图、血嗜酸细胞计数、肺功能、胸部X射线摄片，有哮喘症状者可检测肺弥散功能、抗原特异性IgE抗体、变应原皮肤试验、变应原支气管激发试验 | 必检项目必备设备：血细胞分析仪、五分类血细胞分析仪或显微镜、心电图仪、CR/DR摄片机、肺功能仪。变应原皮肤试验：皮肤斑贴试验设备。抗原特异性IgE抗体检测设备：放射免疫分析仪或酶标仪或化学发光仪。变应原支气管激发试验：肺功能仪 |
| | 离岗时 | 同在岗期间 | 同在岗期间 |
| | 应急 | 体格检查必检项目：1）内科常规检查，重点检查呼吸系统；2）鼻及咽部常规检查 | 体格检查必备设备：1）内科常规检查用听诊器、血压计、身高测量仪、磅秤；2）鼻及咽部常规检查用额镜或额眼灯、咽喉镜 |

续上表

| 名称 | 类别 | 检查项目 | 设备配置 |
| --- | --- | --- | --- |
| 致喘物 | 应急 | 实验室和其他检查必检项目：血常规、心电图、血嗜酸细胞计数、血清总IgE、肺功能、胸部X射线摄片、血氧饱和度 | 必检项目必备设备：血细胞分析仪、五分类血细胞分析仪或显微镜、心电图仪、肺功能仪、CR/DR摄片机、血氧饱和度测定仪或血气分析仪<br>血清总IgE测定：放射免疫分析仪或酶标仪或化学发光仪 |
|  |  | 选检项目：血气分析、肺弥散功能 | 选检项目设备配备：血气分析仪、大型肺功能仪 |

1987年5月28日，国家计量局发布的《中华人民共和国强制检定的工作计量器具检定管理办法》第十六条及《中华人民共和国依法管理的计量器具目录》（国家质量监督检验检疫总局公告第145号）规定，血压计、体重计、心电图仪、CR/DR摄片机属于强制检定的工作计量器具。

## 四、工作场所

（1）具备相应的职业健康检查场所、候检场所和检验室，如等候区、体检区、检验区、办公区、登记室、取血室、检查室、实验室及报告收发室、档案室等。实验室、检查室与办公室应分开。建筑总面积≥400 m²，且每个独立的检查室使用面积≥6 m²，X射线摄片机房最小有效使用面积≥20 m²（医用X射线诊断车除外）。

（2）各检查室要求布局合理，功能区集中，方便检查，有效隔离，采光通风良好，设置有空气消毒杀菌设施。体检场所应在醒目位置公示体检功能区布局和体检基本流程，引导标识应准确清晰。

（3）开展外出职业健康检查的，场所应满足致喘物职业健康检查所需的条件和要求，医用X射线诊断车按照GBZ 264—2015《车载式医用X射线诊断系统的放射防护要求》"8.2"中"对受检者实施照射时，与诊疗无关的其他人员不应在车载机房内或临时控制区内停留"的规定，DR机房不宜与其他检查室装配在同一车辆上。

（4）职业健康检查场所应建立和保持良好的内务管理制度，保持安全和环境满足职业健康致喘物项目检查条件和要求。

## 五、质量管理文书

（1）建立致喘物作业职业健康检查质量管理规程，进行全过程质量管理并持续有效运行，使工作规范化、标准化。

（2）建立标准肺功能检查记录表，结果记录符合国家标准。

（3）制备职业健康检查表。

（4）建立肺功能检查室的管理制度及肺功能检查质控规范。

（5）存肺功能检查相关规范、职业性化学性有害因素职业相关卫生标准、GBZ 57—2019《职业性哮喘的诊断》、GBZ 188—2014《职业健康监护技术规范》等文件备查。

## 六、能力考核与培训

（1）建立和保持技术人员培训制度，制订并落实各类人员教育和培训计划。

（2）质量负责人和技术负责人需要每 2 年进行 1 次职业健康检查法律法规知识培训并考核合格。

（3）肺功能检查医师应熟悉掌握肺功能检查操作流程及规范，检查过程严格按照相关操作规范进行。耳鼻喉科检查医师具备针对鼻腔及其黏膜等的损害情况的检查能力。按照相关临床操作规范进行。

（4）主检医师应掌握 GBZ 57—2019《职业性哮喘的诊断》及致喘物职业健康监护技术规范，对致喘物所致疑似职业病、职业禁忌证判断准确。职业性化学中毒职业病诊断医师需要每 2 年参加复训并考核合格。

（5）质量控制能力考核内容为现场肺功能检查操作及对肺功能检查结论报告能力的考核。对经专家集体抽出的肺功能检查图进行考核，由考核人员判断结论符合率。

（6）个体结论符合率考核。职业健康信息化系统每年 1 次抽备案单位个体体检报告 80 份，加上体检单位提供的疑似职业病报告 10 份、职业禁忌证报告 10 份，总计对 100 份体检报告进行专家评分（不足 100 份则全部抽取）。

## 七、致喘物作业体检过程管理

全过程质量管理应当包括职业健康检查前、检查中、检查后等工作环节。

（1）体检对象确定：劳动者在生产工作过程中以接触致喘物为监护起点。劳动者初次接触致喘物的前 2 年，每半年体检 1 次，2 年后改为每年 1 次；在岗期间新发生过敏性鼻炎的，每 3 个月体检 1 次，连续观察 1 年，1 年后改为每年 1 次。

（2）重点症状询问：重点询问有无过敏史、哮喘病史、吸烟史，以及呼吸系统有无喘息、气短、咳嗽、咳痰、呼吸困难、喷嚏、流涕等症状。

（3）体格检查：①内科常规检查，重点检查呼吸系统；②鼻及咽部常规检查，重点检查有无过敏性鼻炎。

（4）肺功能检查：测试前应详细地说明测试过程，并认真地做测试示范动作，以取得受检者的配合。每位受检者至少测试 3 次，以测定值最大的为结果。

（5）现场设置明显检查流程指引和标识。

（6）现场设置各检查项目注意事项和检查须知。

（7）检查记录内容齐全、清晰，应有检查人员签字。

（8）外出职业健康检查应进行医学影像检查和实验室检测，职业健康检查机构必须保证检查质量并满足放射防护和生物安全的管理要求。

## 八、致喘物作业体检关键技术质量控制

（1）确认职业史和工作中有无接触以下职业致喘物（职业性变应原）：①异氰酸酯类：甲苯二异氰酸酯（TDI）、二苯甲撑二异氰酸酯（MDI）、六甲撑二异氰酸酯（HDI）、萘二异氰酸酯（NDI）等。②苯酐类：邻苯二甲酸酐（PA）、1,2,4-苯三酸酐（TMA）、四氯苯二酸酐（TCPA）等。③多胺固化剂：乙烯二胺、二乙烯三胺、三乙烯四胺等。④铂复合盐。⑤剑麻。

（2）从事该项工作前无哮喘病。

（3）从事该项工作后出现发作性或可逆性哮喘，伴有肺部哮鸣音。

（4）有可靠证据证明哮喘发作与其职业密切相关，即接触后出现哮喘，而节假日症状改善或消失，再接触后可复发。

（5）速发型变态反应介质阻滞剂、抗组织胺药及肾上腺糖皮质激素均有预防及治疗效果。

（6）作业工龄一般在半年以上。

（7）特异性实验室指标异常检查项目有：职业型（现场）支气管激发试验阳性；室内变应原支气管激发试验阳性；抗原特异性 IgE 抗体检查［放射变应原吸附试验（radioallergosorbent test，RAST）或酶联免疫吸附试验（enzyme-linked immunosorbent assay，ELISA）］阳性；变应原皮肤试验（皮内、点刺或划痕法）重复阳性。

检查时应与上呼吸道感染、慢性喘息性支气管炎、心源性哮喘、外源性变应性肺泡炎及非职业原性支气管哮喘等病进行鉴别。

（8）对职业健康检查过程和样品检测过程中的相关记录应当妥善保存，确保可溯源。

## 九、档案管理

（1）作业场所现场致喘物监测资料。

（2）职业健康检查信息表（含致喘物接触史、既往病史、个人防护情况）。

（3）历年职业健康检查表（应保持资料的完整性、连续性、准确性）。

（4）职业健康监督执法资料。

（吴东芝　张保原）

# 焦炉逸散物作业职业健康监护质量控制要点

## 一、组织机构

备案焦炉逸散物作业职业健康检查。设置与焦炉逸散物作业职业健康检查相关的科室，各科室工作岗位及数量设置合理，至少包含皮肤科（常规检查）、内科（体格检查）、心电图检查室、肺功能检查室、临床实验室、放射科（CR/DR摄片机）等。

## 二、人员

（1）包含体格检查医师、皮肤科资格执业医师、心电图检查医师、肺功能检查医师等类别的执业医师、技师、护士等医疗卫生技术人员。

（2）从事检查的医疗卫生技术人员要求：上岗前需要进行规范培训，且经考核合格。出具报告要求执业医师签名。

（3）至少有1名具备职业性化学中毒职业病诊断医师资格的主检医师，备案有效人员需要第一注册执业点。

## 三、仪器设备

（1）配备满足并符合与备案化学因素（焦炉逸散物）职业健康检查的类别和项目相适应的CR/DR摄片机、肺功能仪、皮肤科常规检查器械等仪器设备。外出体检配置医用X射线诊断车1辆和无线局域网信息化体检系统1套。

（2）有关仪器设备的种类、数量、性能、量程、精确度等技术指标应满足工作需要，国家要求计量认证或校准的，需要符合计量认证或校准的要求。应对血压计、心电图仪、CR/DR摄片机等仪器设备进行定期计量、检定和校准，并张贴标识；不属于强制检定的，应有相应校验方法并定期自校。应定期进行维护保养及计量、检定和校验，同时记录设备状态。

（3）对所使用的设备编制操作规程。

（4）体检分类项目及设备见表1。

表1 体检分类项目及设备

| 名称 | 类别 | 检查项目 | 设备配置 |
| --- | --- | --- | --- |
| 焦炉逸散物 | 上岗前 | 体格检查必检项目：1）内科常规检查；2）皮肤科常规检查 | 体格检查必备设备：内科常规检查用听诊器、血压计、身高测量仪、磅秤 |
| | | 实验室和其他检查必检项目：血常规、尿常规、肝功能、心电图、胸部X射线摄片、肺功能 | 必检项目必备设备：血细胞分析仪、尿液分析仪、生化分析仪、心电图仪、CR/DR摄片机、肺功能仪 |

续上表

| 名称 | 类别 | 检查项目 | 设备配置 |
|---|---|---|---|
| 焦炉逸散物 | 在岗期间 | 体格检查必检项目：同上岗前 | 体格检查必备设备：内科常规检查用听诊器、血压计、身高测量仪、磅秤 |
| | | 实验室和其他检查必检项目：血常规、心电图、肺功能、胸部X射线摄片 | 必检项目必备设备：血细胞分析仪、心电图仪、肺功能仪、CR/DR摄片机 |
| | | 复检项目：胸部X射线摄片异常者可选择胸部CT | 复检必备设备：CT仪 |
| | 离岗时 | 同在岗期间 | 同在岗期间 |
| | 离岗后健康检查（推荐性） | 体格检查推荐检查项目：内科常规检查 | 推荐体检项目设备配备：内科常规检查用听诊器、血压计、身高测量仪、磅秤 |
| | | 实验室和其他检查推荐检查项目：血常规、心电图、肺功能、胸部X射线摄片 | 推荐项目设备配备：血细胞分析仪、心电图仪、肺功能仪、CR/DR摄片机 |

1987年5月28日，国家计量局发布的《中华人民共和国强制检定的工作计量器具检定管理办法》第十六条及《中华人民共和国依法管理的计量器具目录》（国家质量监督检验检疫总局公告第145号）规定，血压计、心电图仪、CR/DR摄片机属于强制检定的工作计量器具。

## 四、工作场所

（1）具有相应的职业健康检查场所、候检场所和检验室，如等候区、体检区、检验区、办公区、登记室、取血室、检查室、实验室及报告收发室、档案室等。实验室、检查室与办公室应分开。建筑总面积≥400 $m^2$，且每个独立的检查室使用面积≥6 $m^2$，X射线摄片机房最小有效使用面积≥20 $m^2$（医用X射线诊断车除外）。

（2）各检查室要求布局合理，功能区集中，方便检查，有效隔离，采光通风良好，有空气消毒杀菌设施。体检场所应在醒目位置公示体检功能区布局和体检基本流程，引导标识应准确清晰。

（3）开展外出职业健康检查的，应当具有相应的外出职业健康检查仪器、设备，医用X射线诊断车1辆、信息化管理系统等条件。按照GBZ 264—2015《车载式医用X射线诊断系统的放射防护要求》"8.2"中"对受检者实施照射时，与诊疗无关的其他人员不应在车载机房内或临时控制区内停留"的规定，DR机房不宜与其他检查室装配在同一车辆上。

（4）职业健康检查场所应建立和保持良好的内务管理制度，保持安全和环境满足职业健康焦炉逸散物项目检查条件和要求。

### 五、质量管理文书

（1）建立焦炉逸散物作业职业健康检查质量管理规程，进行全过程质量管理并持续有效运行，保证检查工作规范化、标准化。

（2）建立标准肺功能检查记录表。

（3）制备职业健康检查表。

（4）建立肺功能室、DR 检查室的管理制度，建立肺功能检查质控规范。

（5）存肺功能检查规范、DR 摄片检查规范、职业性焦炉逸散物所致肺癌相关诊断标准、职业性化学性有害因素职业卫生标准、GBZ 18—2013《职业性皮肤病的诊断 总则》、GBZ 188—2014《职业健康监护技术规范》等文件备查。

### 六、能力考核与培训

（1）建立和保持技术人员培训制度，制订并落实各类人员教育和培训计划。

（2）质量负责人和技术负责人需要每 2 年进行 1 次职业健康检查法律法规知识培训并考核合格。

（3）肺功能检查医师应熟悉掌握肺功能检查操作流程及规范，检查过程严格按照相关操作规范进行。

（4）主检医师应掌握职业性焦炉逸散物所致肺癌相关诊断标准、职业性皮肤病相关诊断标准及焦炉逸散物职业健康监护技术规范，对焦炉逸散物所致疑似职业病、职业禁忌证的判断准确。职业性化学中毒职业病诊断医师需要每 2 年参加复训并考核合格。

（5）质量控制能力考核内容为现场 CR/DR 胸片检查操作及对 CR/DR 胸片检查结论报告能力考核。对经专家集体抽出的 CR/DR 胸片进行考核，由考核人员判断结论符合率。

（6）个体结论符合率考核。职业健康信息化系统每年 1 次抽备案单位个体体检报告 80 份，加上体检单位提供的疑似职业病报告 10 份、职业禁忌证报告 10 份，总计对 100 份体检报告进行专家评分（不足 100 份则全部抽取）。

### 七、焦炉逸散物作业体检过程管理

全过程质量管理应当包括职业健康检查前、检查中、检查后等工作环节。

（1）体检对象确定：劳动者在生产工作过程中以接触焦炉逸散物为监护起点。规定每年进行 1 次纯音测听检查。

（2）重点症状询问：①内科常规检查，重点检查呼吸系统；②皮肤科检查，重点检查皮肤有无皮疹、痤疮、疣赘等及其分布情况。

（3）摄片设备符合相关要求，根据规范要求摆出正确摄影体位，曝光应在充分吸气后屏气状态时进行，相关人员需进行有效的辐射防护。

（4）现场设置明显检查流程指引和标识。

（5）现场设置各检查项目注意事项和检查须知。

（6）检查记录内容齐全、清晰，应有检查人员签字。

## 八、焦炉逸散物作业检查关键技术质量控制

1）CR/DR 摄片检查。

（1）登记：保证受检者的信息资料准确无误，避免重复影像编号。

（2）投照：使球管角度、投射距离等各系统处于正常的照射状态，按照申请单的项目和要求摆好正确的投照体位，然后进行曝光照射，曝光应在充分吸气后屏气的状态下进行，相关人员需进行有效的辐射防护。

（3）CR/DR 胸片质量满足 GBZ 70—2015《职业性尘肺病的诊断》"第9条"的要求。

（4）定期对 CR/DR 机器进行维护和计量校准，保证仪器能正确处理生成合格的图像。

2）如胸部影像学显示倒"S"状影像，斑片分叶状或边缘有细毛刺阴影、结节状阴影等，应定期复查，必要时做 CT 检查以鉴别诊断。

3）对职业健康检查过程和样品检测过程中的相关记录应当妥善保存，确保可溯源。

## 九、档案管理

（1）作业场所现场焦炉逸散物监测资料。

（2）职业健康检查信息表（含焦炉逸散物接触史、既往病史、个人防护情况）。

（3）历年职业健康检查表（应保持资料的完整性、连续性、准确性）。

（4）职业健康监督执法资料。

（吴东芝　张保原）

# 甲苯作业职业健康监护质量控制要点

## 一、组织机构

备案甲苯作业职业健康检查。设置与甲苯作业职业健康检查相关的科室，合理设置各科室岗位及数量，至少包含内科（体格检查）、眼科检查室、皮肤科检查室、心电图检查室、临床实验室、放射科（CR/DR 摄片机）等。

## 二、人员

（1）包含体格检查医师、眼科检查医师、皮肤科检查医师、心电图检查医师等类别的执业医师、技师、护士等医疗卫生技术人员。

（2）从事检查的医疗卫生技术人员要求：上岗前需要进行规范培训，且经考核合格。所出具报告要求执业医师签名。

（3）至少有 1 名具备职业性化学中毒职业病诊断医师资格的主检医师，备案有效人员需要第一注册执业点。

### 三、仪器设备

（1）配备满足并符合与备案化学因素（甲苯）职业健康检查的类别和项目相适应的 CR/DR 摄片机等仪器设备。外出体检配置 DR 车 1 辆和无线局域网信息化体检系统一套。

（2）有关仪器设备的种类、数量、性能、量程、精确度等技术指标应满足工作需要，国家要求计量认证或校准的，需要符合计量认证或校准的要求。应对血压计、体重计、心电图仪、脑电图仪、血细胞分析仪、高效液相色谱仪、CR/DR 摄片机等仪器设备进行定期计量、检定和校准，并张贴标识；不属于强制检定的，应有相应的校验方法并定期自校。应定期进行维护保养及计量、检定和校验，同时记录设备状态。

（3）对所使用的设备编制操作规程。

（4）体检分类项目及设备见表 1。

表 1 体检分类项目及设备

| 名称 | 类别 | 检查项目 | 设备配置 |
| --- | --- | --- | --- |
| 甲苯 | 上岗前 | 体格检查必检项目：1）内科常规检查；2）神经系统常规检查 | 体格检查必备设备：1）内科常规检查用听诊器、血压计、身高测量仪、磅秤；2）神经系统常规检查用叩诊锤 |
| | | 实验室和其他检查必检项目：血常规、尿常规、肝功能、心电图、胸部 X 射线摄片 | 必检项目必备设备：血细胞分析仪、尿液分析仪、生化分析仪、心电图仪、CR/DR 摄片机 |
| | 在岗期间 | 推荐性，同上岗前 | 推荐性，同上岗前 |
| | 应急 | 体格检查必检项目：1）内科常规检查；2）神经系统常规检查；3）皮肤科常规检查；4）眼科常规检查及眼底检查 | 体格检查必备设备：1）内科常规检查用听诊器、血压计、身高测量仪、磅秤；2）神经系统常规检查用叩诊锤；3）眼科常规检查及眼底检查用视力灯、眼底镜、裂隙灯、视力表、色觉图谱 |
| | | 实验室和其他检查必检项目：血常规、尿常规、肝功能、心电图、肾功能、心肌酶谱、肌钙蛋白 T（TnT）、肝肾 B 超 | 必检项目必备设备：血细胞分析仪、尿液分析仪、生化分析仪、心电图仪、B 超仪。肌钙蛋白 T（TnT）测定设备：肌钙蛋白 T 测定仪 |
| | | 选检项目：尿马尿酸测定、头颅 CT 或 MRI、脑电图 | 选检项目设备配备：CT 仪或核磁共振仪、脑电图仪。尿马尿酸测定设备：高效液相色谱仪 |

1987 年 5 月 28 日，国家计量局发布的《中华人民共和国强制检定的工作计量器具检定管理办法》第十六条及《中华人民共和国依法管理的计量器具目录》（国家质量监督检验检疫总局公告第 145 号）规定，血压计、体重计、心电图仪、脑电图仪、血细胞分析仪、CR/DR 摄片机、高效液相色谱仪属于强制检定的工作计量器具。

## 四、工作场所

（1）具有相应的职业健康检查场所、候检场所和检验室，建筑总面积≥400 m²，且每个独立的检查室使用面积≥6 m²；要求布局合理，功能区集中，方便检查，有效隔离，采光通风良好。体检场所应在醒目位置公示体检功能区布局和体检基本流程，引导标识应准确清晰。

（2）肺功能检查室布局合理，每个独立的检查室使用面积≥6 m²；X 射线摄片机房最小有效使用面积≥20 m²。

（3）开展外出职业健康检查的，应当具有相应的外出职业健康检查仪器、设备，以及 DR 车 1 辆、信息化管理系统等条件。按照 GBZ 264—2015《车载式医用 X 射线诊断系统的放射防护要求》"8.2"中"对受检者实施照射时，与诊疗无关的其他人员不应在车载机房内或临时控制区内停留"的规定，DR 机房不宜与其他检查室装配在同一车辆上。

（4）职业健康检查场所应建立和保持良好的内务管理制度，保持安全和环境满足职业健康甲苯项目检查条件和要求。

## 五、质量管理文书

（1）建立甲苯作业职业健康检查质量管理规程，进行全过程质量管理并持续有效运行，保证工作流程规范化、标准化。

（2）制备职业健康检查表。

（3）存 GBZ 16—2014《职业性急性甲苯中毒的诊断》、GBZ 51—2009《职业性化学性皮肤灼伤诊断标准》、GBZ 54—2017《职业性化学性眼灼伤的诊断》、职业性化学性有害因素职业卫生标准、GBZ 188—2014《职业健康监护技术规范》等文件备查。

## 六、能力考核与培训

（1）建立和保持技术人员培训制度，制订并落实各类人员教育和培训计划。

（2）质量负责人和技术负责人需要每 2 年进行 1 次职业健康检查法律法规知识培训并考核合格。

（3）内科检查医师应熟悉掌握神经系统等的损害情况的检查操作流程及规范，检查过程严格按照相关操作规范进行。眼科检查医师具备针对眼睛及其结构等的损害情况的检查能力。按照相关临床操作规范进行。

（4）主检医师应掌握 GBZ 16—2014《职业性急性甲苯中毒的诊断》、GBZ 51—2009《职业性化学性皮肤灼伤诊断标准》、GBZ 54—2017《职业性化学性眼灼伤的诊断》，对甲苯所致疑似职业病、职业禁忌证判断准确。职业性化学性中毒职业病诊断医师需要每 2 年参加复训并考核合格。

（5）质量控制能力考核内容为现场神经系统检查操作及对眼科检查结论报告能力

的考核。对每年完成备案化学因素（甲苯）项目的职业健康检查机构进行现场技术考核，进行神经系统常规检查及眼科常规检查的操作演示考核。

（6）个体结论符合率考核。职业健康信息化系统每年1次抽备案单位个体体检报告80份，加上体检单位提供的疑似职业病报告10份、职业禁忌证报告10份，总计对100份体检报告进行专家评分。

## 七、甲苯作业体检过程管理

全过程质量管理应当包括职业健康检查前、检查中、检查后等工作环节。

1）体检对象确定：劳动者在生产工作过程中以接触甲苯为监护起点。推荐每3年进行1次甲苯职业健康检查。

2）体检进度管理：按甲苯检查作业指导书进行检查、报告。内科等各科检查操作按相关规范进行。

3）重点检查：

（1）症状询问：重点询问神经系统疾病史和相关症状。

（2）体格检查：

A. 内科常规检查；

B. 神经系统常规检查，包括浅感觉检查、深感觉检查、神经反射检查（浅反射检查、深反射检查、病理反射检查）、运动功能检查。

4）现场设置明显检查流程指引和标识。

5）现场设置各检查项目注意事项和告知。

6）检查记录内容齐全、清晰，应有检查人员签字。

7）进行外出职业健康检查的医学影像检查和实验室检测时，职业健康检查机构必须保证检查质量并满足放射防护和生物安全的管理要求。

## 八、甲苯作业体检关键技术质量控制

（1）甲苯作业人员做岗前及在岗1年1次定期职业性体检。

（2）体检时必须做详细的内科及神经科检查，并做肝功能检查。

实验室和其他检查方面，必检项目包括血常规（注意细胞形态及分类）、尿常规、心电图、血清ALT、肝脾B超；如体检发现血液指标异常者需定期复查，要求每周复查1次，连续2次。

（3）现场空气，呼出气体，血内甲苯、二甲苯，尿马尿酸、甲基马尿酸的测定，能较好反映近期接触甲苯、二甲苯的浓度，为良好的接触指标，可作为诊断与鉴别诊断的参考指标。采样应在中毒早期进行。

（4）血常规检出有如下异常者：白细胞计数低于$4.0 \times 10^9 \ L^{-1}$或中性粒细胞低于$2.0 \times 10^9 \ L^{-1}$；血小板计数低于$125 \times 10^9 \ L^{-1}$。需进一步核查劳动者岗位所接触物料的成分分析报告，如含苯，则按GBZ 30—2015《职业性急性苯的氨基、硝基化合物中毒的标准》执行。

（5）尿马尿酸的职业接触限值（WS/T 110—1999《职业接触甲苯的生物限值》）：1 mol/moL（1.5 g/L 肌酐）或11 mmol/L（2.0 g/L 肌酐），有助于甲苯中毒的诊断与鉴别诊断。

## 九、档案管理

（1）作业场所现场甲苯监测资料。
（2）职业健康检查信息表（含甲苯接触史、既往病史、个人防护情况）。
（3）历年职业健康检查表（应保持资料的完整性、连续性、准确性）。
（4）职业健康监督执法资料。

（吴东芝　张保原）

# 溴丙烷（1-溴丙烷或丙基溴）职业健康监护质量控制要点

## 一、组织机构

备案溴丙烷（1-溴丙烷或丙基溴）作业职业健康检查。设置与溴丙烷（1-溴丙烷或丙基溴）作业职业健康检查相关的科室，合理设置各科室岗位及数量，至少包含耳鼻咽喉科、内科（体格检查、神经系统常规检查）、心电图检查室、生化项目检查室（空腹血糖、糖化血红蛋白测定）、神经-肌电图检查室等。

## 二、人员

（1）包含体格检查医师、耳鼻咽喉科资格执业医师、心电图检查医师等类别的执业医师、技师、护士等医疗卫生技术人员。
（2）从事检查的医疗卫生技术人员要求：上岗前需进行规范培训，且经考核合格。所出具报告要求执业医师签名。
（3）至少有1名具备化学因素［含职业性慢性溴丙烷（1-溴丙烷或丙基溴）中毒、职业性急性溴丙烷（1-溴丙烷或丙基溴）中毒］所致职业病诊断医师资格的主检医师，备案有效人员需要第一注册执业点。

## 三、仪器设备

（1）配备满足并符合与备案溴丙烷（1-溴丙烷或丙基溴）职业健康检查的类别和项目相适应的内科常规检查器械（神经系统常规检查用叩诊锤）、血细胞分析仪、尿液分析仪、生化分析仪、心电图仪、CR/DR摄片机等仪器设备。
（2）有关仪器设备的种类、数量、性能、量程、精确度等技术指标应满足工作需要，应对血压计、体重计、心电图仪、血细胞分析仪、CR/DR摄片机等仪器设备进行定期计量、检定和校准，并张贴标识；不属于强制检定的仪器设备，应有相应校验方法并定期自校。应定期进行维护保养及计量、检定和校验，同时记录设备状态。

（3）对所使用的设备编制操作规程。

（4）体检分类项目及设备见表1。

表1  体检分类项目及设备

| 名称 | 类别 | 检查项目 | 设备配置 |
|---|---|---|---|
| 溴丙烷（1-溴丙烷或丙基溴） | 上岗前 | 体格检查必检项目：1）内科常规检查；2）神经系统常规检查 | 体格检查必备设备：内科常规检查用听诊器、血压计、身高测量仪、磅秤；神经系统常规检查用叩诊锤 |
| | | 实验室和其他检查必检项目：血常规、尿常规、肝功能、空腹血糖、心电图、胸部X射线摄片 | 必检项目必备设备：血细胞分析仪、尿液分析仪、生化分析仪、心电图仪、CR/DR摄片机 |
| | | 复检项目：空腹血糖异常或有周围神经损害表现者可选择糖化血红蛋白、神经-肌电图 | 复检项目必备设备：糖化血红蛋白分析仪或生化分析仪、肌电图仪或/和诱发电位仪 |
| | 在岗期间 | 体格检查必检项目：1）内科常规检查；2）神经系统常规检查 | 体格检查必备设备：1）内科常规检查用听诊器、血压计、身高测量仪、磅秤；2）神经系统常规检查用叩诊锤 |
| | | 实验室和其他检查必检项目：血常规、尿常规、肝功能、空腹血糖 | 必检项目必备设备：血细胞分析仪、尿液分析仪、生化分析仪 |
| | | 复检项目：空腹血糖异常或有周围神经损害表现者可选择糖化血红蛋白、神经-肌电图 | 复检项目必备设备：糖化血红蛋白分析仪或生化分析仪、肌电图仪或/和诱发电位仪 |
| | 离岗时 | 同在岗期间 | 同在岗期间 |
| | 应急 | 体格检查必检项目：1）内科常规检查；2）神经系统常规检查，注意有无病理反射 | 体格检查必备设备：1）内科常规检查用听诊器、血压计、身高测量仪、磅秤；2）神经系统常规检查用叩诊锤 |
| | | 实验室和其他检查必检项目：血常规、尿常规、肝功能、肾功能、心电图、尿1-溴丙烷 | 必检项目必备设备：血细胞分析仪、尿液分析仪、生化分析仪、心电图仪。尿中1-溴丙烷测定：气相色谱仪（配顶空装置） |
| | | 选检项目：脑电图、头颅CT或MRI、神经-肌电图 | 选检项目设备配备：脑电图仪、CT仪或核磁共振仪、肌电图仪或/和诱发电位仪 |

1987年5月28日，国家计量局发布的《中华人民共和国强制检定的工作计量器具检定管理办法》第十六条及《中华人民共和国依法管理的计量器具目录》（国家质量监督检验检疫总局公告第145号）规定，血压计、体重计、心电图仪、血细胞分析仪、CR/DR摄片机属于强制检定的工作计量器具。

## 四、工作场所

（1）具有相应的职业健康检查场所、候检场所和检验室，如等候区、体检区、检验区、办公区、登记室、取血室、检查室、实验室及报告收发室、档案室等。实验室、检查室与办公室应分开。建筑总面积≥400 $m^2$，且每个独立的检查室使用面积≥6 $m^2$，X射线摄片机房最小有效使用面积≥20 $m^2$（医用X射线诊断车除外）。

（2）要求布局合理，功能区集中，方便检查，有效隔离，采光通风良好，设置有空气消毒杀菌设施。体检场所应在醒目位置公示体检功能区布局和体检基本流程，引导标识应准确清晰。

（3）开展外出职业健康检查的，应当具有相应的外出职业健康检查仪器、设备，以及X光检查专用车辆、信息化管理系统等条件。按照GBZ 264—2015《车载式医用X射线诊断系统的放射防护要求》"8.2"中"对受检者实施照射时，与诊疗无关的其他人员不应在车载机房内或临时控制区内停留"的规定，DR机房不宜与其他检查室装配在同一车辆上。

（4）职业健康检查场所应建立和保持良好的内务管理制度，保持安全和环境满足职业健康溴丙烷（1-溴丙烷或丙基溴）项目检查条件和要求。

## 五、质量管理文书

（1）建立溴丙烷（1-溴丙烷或丙基溴）职业健康检查质量管理规程，进行全过程质量管理并持续有效运行，使工作规范化、标准化。

（2）制备职业健康检查表。

（3）工作场所张贴内科体检、空腹血糖检查须知并事先告知。

（4）建立内科室管理制度，建立内科检查质控规范。

（5）存神经系统常规检查标准、GBZ 289—2017《职业性溴丙烷中毒的诊断》、GBZ 188—2014《职业健康监护技术规范》等文件备查。

## 六、能力考核与培训

（1）建立和保持技术人员培训制度，制订并落实各类人员教育和培训计划。

（2）质量负责人和技术负责人需要每2年进行1次职业健康检查法律法规知识培训并考核合格。

（3）对内科医师进行内科常规检查（含神经系统常规检查）能力培训并考核合格。检查按照相关临床操作规范进行。

（4）溴丙烷检查主检医师应掌握GBZ 289—2017《职业性溴丙烷中毒的诊断》及溴丙烷（1-溴丙烷或丙基溴）职业健康监护技术规范，对溴丙烷（1-溴丙烷或丙基溴）所致疑似职业病、职业禁忌证判断准确。职业性慢性溴丙烷（1-溴丙烷或丙基溴）中毒、职业性急性溴丙烷（1-溴丙烷或丙基溴）中毒诊断医师需要每2年参加复训并考核合格。

（5）质量控制能力考核应进行现场内科常规检查（含神经系统常规检查）的能力考核。

（6）个体结论符合率考核。职业健康信息化系统每年1次抽备案单位个体体检报告80份，加上体检单位提供的疑似职业病报告10份、职业禁忌证报告10份，总计对100份体检报告进行专家评分。

## 七、溴丙烷（1-溴丙烷或丙基溴）体检过程管理

全过程质量管理应当包括职业健康检查前、检查中、检查后等工作环节。

（1）体检对象确定：工作场所中接触溴丙烷（1-溴丙烷或丙基溴）的工作人员，规定每年检查1次；对短期内接触较大量的溴丙烷（1-溴丙烷或丙基溴）的工作人员行应急体检。

（2）内科、空腹血糖、糖化血红蛋白、神经-肌电图检查按规范进行操作。空腹血糖检查对受检者的要求：受检者需禁食8~12 h，避免剧烈运动。

空腹血糖异常或有周围神经损害表现者需进行糖化血红蛋白或神经-肌电图复查。

（3）现场设置明显检查流程指引和标识。

（4）现场设置各检查项目注意事项和检查须知。

（5）检查记录内容齐全、清晰，应有检查人员签字。

（6）进行外出职业健康检查的医学影像检查和实验室检测时，职业健康检查机构必须保证检查质量并满足放射防护和生物安全的管理要求。

## 八、溴丙烷（1-溴丙烷或丙基溴）检查关键技术质量控制

（1）急性溴丙烷（1-溴丙烷或丙基溴）中毒主要损害中枢神经系统，慢性溴丙烷中毒主要引起多发性周围神经病。急性中毒患者如出现周围神经损害，需注意其可能存在隐匿性轻度慢性中毒。应结合职业接触史、主要临床表现和治疗反应等综合考虑进行判断。

（2）出现双下肢麻木、感觉减退是慢性中毒的早期表现，对长期接触1-溴丙烷者的感觉检查应重复多次，跟腱反射检查宜取俯卧屈膝位。肌力减退的分级判断基准参见GBZ 76—2002《职业性急性化学物中毒性神经系统疾病诊断标准》。

（3）神经-肌电图检查对慢性1-溴丙烷中毒的早期诊断有重要意义。慢性1-溴丙烷中毒以周围神经轴索损害为主，肌电图可见自发电位、小力收缩时运动单位平均时限延长、多相电位增多、大力收缩时呈单纯相或混合相神经，部分患者出现运动及感觉神经传导速度减慢、运动神经远端潜伏期延长等。因此，应重点检查四肢远端肌肉的肌电图及四肢运动、感觉神经传导速度等，检查方法及其结果的判断基准参见GBZ/T 247—2013《职业性慢性化学物中毒性周围神经病的诊断》。

（4）以中枢神经系统功能障碍为主要表现的急性1-溴丙烷中毒需要与急性脑血管病、颅脑外伤、癫痫、急性药物中毒、中枢神经系统感染性疾病等相鉴别；以周围神经损害为主要表现的慢性1-溴丙烷中毒需要排除其他原因引起的周围神经病，如呋喃类、异

烟肼、砷、三氯乙烯、氯丙烯、磷酸三邻甲苯酯（TOCP）、甲基正丁基酮、丙烯酰胺、二硫化碳、正己烷等中毒，以及糖尿病、感染性多发性神经炎、腰椎间盘突出症等。

（5）对职业健康检查过程和样品检测过程中的相关记录应当妥善保存，确保可溯源。

## 九、档案管理

（1）作业场所现场溴丙烷（1-溴丙烷或丙基溴）监测资料。

（2）溴丙烷（1-溴丙烷或丙基溴）个人剂量检测资料。

（3）职业健康检查信息表［含溴丙烷（1-溴丙烷或丙基溴）接触史、神经系统病史、糖尿病史、个人防护情况］。

（4）历年职业健康检查表（应保持资料的完整性、连续性、准确性）。

（5）职业健康监督执法资料。

（吴东芝　张保原）

# 碘甲烷作业职业健康监护质量控制要点

## 一、组织机构

备案碘甲烷作业职业健康检查。设置与碘甲烷作业职业健康检查相关的科室，合理设置各科室岗位及数量，至少包含内科（体格检查、神经系统常规检查）、皮肤科（皮肤科常规检查）、心电图检查室、影像检查室（胸部 X 射线摄片）、临床检验室（血常规、尿常规、肝功能、肾功能、血钾）等。

## 二、人员

（1）包含体格检查医师、皮肤检查医师、心电图检查医师、胸部 X 射线摄片检查医师、临床检验师等类别的执业医师、技师、护士等医疗卫生技术人员。

（2）至少有 1 名具备化学因素所致职业病诊断医师资格的主检医师，备案有效人员需第一注册执业点。

## 三、仪器设备

（1）配备满足并符合与备案碘甲烷职业健康检查的类别和项目相适应的听诊器、血压计、身高测量仪、磅秤、叩诊锤、血细胞分析仪、尿液分析仪、生化分析仪、心电图仪、CR/DR 摄片机、内科常规检查器械等仪器设备。外出体检配置 CR/DR 车。

（2）有关仪器设备的种类、数量、性能、量程、精确度等技术指标应满足工作需要，国家要求计量认证或校准的，需要符合计量认证或校准的要求。应对血细胞分析仪、尿液分析仪、生化分析仪、心电图仪、CR/DR 摄片机等仪器设备进行定期计量、检定和校准，并张贴标识；不属于强制检定的，应有相应校验方法并定期自校。应定期进行维护保养及计量、检定和校验，同时记录设备状态。

（3）对所使用的设备编制操作规程。

（4）体检分类项目及设备见表 1。

表 1  体检分类项目及设备

| 名称 | 类别 | 检查项目 | 设备配置 |
| --- | --- | --- | --- |
| 碘甲烷 | 上岗前 | 体格检查必检项目：1）内科常规检查；2）神经系统常规检查 | 必备设备：1）内科常规检查用听诊器、血压计、身高测量仪、磅秤；2）神经系统常规检查用叩诊锤 |
| | | 实验室和其他检查必检项目：血常规、尿常规、肝功能、心电图、胸部 X 射线摄片 | 必备设备：血细胞分析仪、尿液分析仪、生化分析仪、心电图仪、CR/DR 摄片机 |
| | 在岗期间 | 推荐性，同上岗前 | 推荐性，同上岗前 |
| | 应急 | 体格检查必检项目：1）内科常规检查；2）神经系统常规检查，注意有无病理反射；3）皮肤科常规检查 | 必备设备：1）内科常规检查用听诊器、血压计、身高测量仪、磅秤；2）神经系统常规检查用叩诊锤 |
| | | 实验室和其他检查必检项目：血常规、尿常规、肝功能、肾功能、心电图、血钾、胸部 X 射线摄片 | 必备设备：血细胞分析仪、尿液分析仪、生化分析仪、心电图仪、电解质分析仪或全自动生化分析仪（需有离子电极模块）、CR/DR 摄片机 |
| | | 选检项目：脑电图、头颅 CT 或 MRI、肝肾 B 超、神经-肌电图 | 设备配备：脑电图仪、CT 仪或 MRI 仪、B 超仪、肌电图仪或/和诱发电位仪 |

1987 年 5 月 28 日，国家计量局发布的《中华人民共和国强制检定的工作计量器具检定管理办法》第十六条规定，磅秤、血压计、心电图仪、脑电图仪、医用超声源、电子血球计数器属于强制检定的工作计量器具。

## 四、工作场所

（1）工作场所布局合理，采光良好。体检场所应在醒目位置公示体检功能区布局和体检基本流程，引导标识应准确清晰。

（2）体格检查室、神经系统检查室等操作室布局合理，每个独立的检查室使用面积不小于 6 $m^2$。

（3）实验室应干净、整洁，实验室布局要符合 GB/T 22576.1—2018《医学实验室

质量和能力的要求 第1部分：通用要求》中场地环境、设备设施的相关规定。

（4）开展外出职业健康检查的，应当具有相应的外出职业健康检查仪器、设备及信息化管理系统等条件。

## 五、质量管理文书

（1）建立碘甲烷职业健康检查质量管理规程，进行全过程质量管理并持续有效运行，实现质量管理工作的规范化、标准化。

（2）建立碘甲烷作业人员职业健康检查作业指导书。

（3）工作场所张贴采（抽）血须知及注意事项并事先告知。

（4）制备职业健康检查表。

（5）存 GBZ 258—2014《职业性急性碘甲烷中毒的诊断》、GBZ 51—2009《职业性化学性皮肤灼伤诊断标准》及 GBZ 188—2014《职业健康监护技术规范》等文件备查。

## 六、能力考核与培训

（1）建立技术人员培训制度，制订并落实各类人员教育和培训计划。

（2）质量负责人和技术负责人需要每2年进行1次职业健康检查法律法规知识培训并考核合格。

（3）体格检查医师应具备内科常规、神经系统损害情况的检查能力，按照相关临床操作规范进行。

（4）碘甲烷检查主检医师掌握职业性碘甲烷中毒诊断标准及碘甲烷职业健康监护技术规范，对碘甲烷所致疑似职业病、职业禁忌证的判断准确。化学中毒诊断医师需要每2年参加复训并考核合格。

（5）质量控制能力考核应进行现场对碘甲烷作业目标疾病判断能力的考核。对每年完成30%备案化学因素的职业健康检查机构进行现场技术考核。每个单位抽取经专家集体给出结果的职业禁忌证、疑似职业病的个体体检报告，对其进行考核，由考核人员判断结论符合率。

（6）个体结论符合率考核。职业健康信息化系统每年1次抽备案单位个体体检报告80份，加上体检单位提供疑似职业病报告10份、职业禁忌证报告10份，总计100份体检报告，对其进行专家评分。

## 七、碘甲烷体检过程管理

1）体检对象及体检周期确定：碘甲烷作业人员均须进行职业健康检查。其中，岗前体检为强制性，岗中体检为推荐性，健康检查周期为每3年1次。

2）结果判断及处理意见：

（1）上岗前职业健康检查：发现中枢神经系统器质性疾病，属于职业禁忌证，建议不宜从事接触碘甲烷岗位作业。

（2）在岗期间职业健康检查：同上岗前。

（3）应急职业健康检查：

A. 短期接触较高浓度碘甲烷蒸气后，出现头晕、困倦、乏力、恶心、呕吐等症状，脱离接触后症状多在 72 h 内明显减轻或消失，考虑接触反应。

B. 短期接触较高浓度碘甲烷蒸气后，有碘甲烷中毒的临床表现，如意识障碍、小脑性共济失调、明显的精神症状及脑疝形成，考虑疑似职业性急性碘甲烷中毒。

C. 短期接触较高浓度碘甲烷蒸气后，有化学性皮肤灼伤的临床表现，如红斑、水泡、焦痂等，考虑疑似职业性化学性皮肤灼伤。

## 八、肌力、共济运动检查质量控制

检查环境：要干净、整洁、照明适当。检查人员要求：解释体格检查须知，取得受检者理解与配合；有责任心，培训合格，操作严格按照有关标准、规范执行。检查范围：脑神经、运动、感觉、神经反射、自主神经功能的检查。

质量控制方法及步骤如下。

**1. 肌力检查**

肌力是指肌肉运动时的最大收缩力。检查时令受检查者做肢体伸屈动作，检查者从相反方向给予阻力，测试受检查者对阻力的克服力量，并注意两侧比较。

肌力的记录采用 0～5 级的六级分级法。

0 级：完全瘫痪，测不到肌肉收缩。

1 级：仅测到肌肉收缩，但不能产生动作。

2 级：肢体在床面上能水平移动，但不能抬离床面。

3 级：肢体能抬离床面，但不能产生阻力。

4 级：能做抗阻力动作，但较正常差。

5 级：正常肌力。

**2. 共济运动检查**

共济运动是指机体任一动作的完成均依赖于某组肌群协调一致的运动。共济运动主要靠小脑的功能协调肌肉活动、维持平衡和帮助控制姿势，也需要运动系统的正常肌力，前庭神经系统的平衡功能，眼睛、头、身体动作的协调，以及感觉系统对位置的感觉共同调节。这些部位的任何损伤均可出现共济失调。

（1）指鼻试验：嘱受检者手臂外展伸直，再以示指接触自己的鼻尖，由慢到快，先睁眼、后闭眼重复进行。小脑半球病变时同侧指鼻不准；如睁眼时指鼻准确，闭眼时出现障碍则为感觉性共济失调。

（2）跟—膝—胫试验：嘱受检者仰卧，上抬一侧下肢，将足跟置于另一下肢膝盖下端，再沿胫骨前缘向下移动，先睁眼、后闭眼重复进行。有小脑损害者，动作不稳；感觉性共济失调者则闭眼时出现该动作障碍。

（3）轮替动作：嘱受检者伸直手掌并以前臂做快速旋前旋后动作，共济失调者动作缓慢，不协调。

（4）闭目难立征：嘱受检者足跟并拢站立，闭目，双手向前平伸，若出现身体摇晃或倾斜则为阳性，提示小脑病变。如睁眼时能站稳而闭眼时站立不稳，则为感觉性共济失调。

## 九、血钾检测质量控制

血钾检测的设备要符合标准要求，定期检定、比对；人员、仪器、试剂、实验室等基本条件及血样品的采集、储存和运输、检测和质量控制需满足实验室生物样本相关规定要求。

（1）实验室要求。应干净、整洁，无钾污染源。具备独立的样品处理间。样品处理最好在10万级洁净实验室或B2级生物安全柜中操作。

（2）样品采集要求。血液样品采集应遵循《全国临床检验操作规程》相关要求。由熟练的操作者采集2 mL以上静脉血并注入经检测合格的抗凝管，充分溶解抗凝剂后放置待测。

（3）检查人员要求。具有责任心，培训合格，操作严格按照有关标准、规范执行。检验人员具备相应的专业技术任职资格，经培训能够熟练掌握相关生物材料样品采集、储存、运输、预处理及检测分析技术；应熟知检测技术程序性文件，并能严格执行检测全过程质量保证规程；应熟练掌握生物检测指标及其检测结果评价等方面的知识和技术。

（4）生物材料样品的储存和运输。参照《全国临床检验操作规程》，血清钾检测应在标本采集后1 h内送达检验科，2 h内完成检测。如不能及时检测，应离心分离血清后放置4 ℃冰箱保存，可稳定保存24 h，最长不超过72 h。

（5）血钾检测方法。采用选择性电极间接法（全自动生化分析仪），或酶联免疫法（酶法试剂盒）测定血钾。所用仪器或试剂盒要具备国家相关资质，操作过程要按照相关仪器和试剂盒程序进行。

## 十、档案管理

（1）作业场所现场碘甲烷监测资料。

（2）职业健康检查信息表（含碘甲烷接触史、既往疾病史、个人防护情况）。

（3）历年职业健康检查表（应保持资料的完整性、连续性、准确性）。

（4）职业健康监督执法资料。

（5）与用人单位签订的职业健康检查合同或协议、个体体检单位委托书等其他资料。

（张璟）

# 环氧乙烷作业职业健康监护质量控制要点

## 一、组织机构

备案环氧乙烷作业职业健康检查。设置与环氧乙烷作业职业健康检查相关的科室，合理设置各科室岗位及数量，至少包含内科（体格检查、神经系统常规检查）、皮肤科（皮肤科常规检查）、心电图检查室、肌电图检查室、肺功能检查室、影像检查室（包含胸部 X 射线摄片）、临床检验室［包含血常规、尿常规、肝功能、肾功能、血糖、心肌酶谱、肌钙蛋白 T（TnT）检查］等。

## 二、人员

（1）包含体格检查医师、皮肤检查医师、心电图检查医师、肌电图检查医师、肺功能检查医师、胸部 X 射线摄片检查医师、临床检验医师等类别的执业医师、技师、护士等医疗卫生技术人员。

（2）至少有 1 名具备化学因素所致职业病诊断医师资格的主检医师，备案有效人员需第一注册执业点。

## 三、仪器设备

（1）配备满足并符合与备案环氧乙烷职业健康检查的类别和项目相适应的听诊器、血压计、身高测量仪、磅秤、叩诊锤、血细胞分析仪、尿液分析仪、生化分析仪、心电图仪、肌电图仪、肺功能仪、CR/DR 摄片机、内科常规检查器械等仪器设备。外出体检配置 CR/DR 车。

（2）有关仪器设备的种类、数量、性能、量程、精确度等技术指标应满足工作需要，国家要求计量认证或校准的，需要符合计量认证或校准的要求。应对血细胞分析仪、尿液分析仪、生化分析仪、心电图仪、肌电图仪、CR/DR 摄片机等仪器设备进行定期计量、检定和校准，并张贴标识；不属于强制检定的，应有相应校验方法并定期自校。应定期进行维护保养及计量、检定和校验，同时记录设备状态。

（3）对所使用的设备编制操作规程。

（4）体检分类项目及设备见表 1。

表1 体检分类项目及设备

| 名称 | 类别 | 检查项目 | 设备配置 |
|---|---|---|---|
| 环氧乙烷 | 上岗前 | 体格检查必检项目：1）内科常规检查；2）神经系统常规检查 | 体格检查必备设备：1）内科常规检查用听诊器、血压计、身高测量仪、磅秤；2）神经系统常规检查用叩诊锤 |
| | | 实验室和其他检查必检项目：血常规、尿常规、肝功能、空腹血糖、心电图、肺功能、胸部X射线摄片 | 必检项目必备设备：血细胞分析仪、尿液分析仪、生化分析仪、心电图仪、肺功能仪、CR/DR摄片机 |
| | 在岗期间 | 同上岗前 | 同上岗前 |
| | 离岗时 | 同上岗前 | 同上岗前 |
| | 应急 | 体格检查必检项目：1）内科常规检查；2）神经系统常规检查，注意有无病理反射；3）皮肤科常规检查 | 体格检查必备设备：1）内科常规检查用听诊器、血压计、身高测量仪、磅秤；2）神经系统常规检查用叩诊锤 |
| | | 实验室和其他检查必检项目：血常规、尿常规、肝功能、肾功能、心电图、胸部X射线摄片、血氧饱和度、心肌酶谱、肌钙蛋白T（TnT） | 必检项目必备设备：血细胞分析仪、尿液分析仪、生化分析仪、心电图仪、CR/DR摄片机、血氧饱和度测定仪或血气分析仪。肌钙蛋白T（TnT）测定设备：肌钙蛋白T测定仪 |
| | | 选检项目：脑电图、头颅CT或MRI、胸部CT、肝肾B超、血气分析 | 选检项目设备配备：脑电图仪、CT仪或核磁共振仪、B超仪、血气分析仪 |

1987年5月28日，国家计量局发布的《中华人民共和国强制检定的工作计量器具检定管理办法》第十六条规定，磅秤、血压计、心电图仪、电子血球计数器属于强制检定的工作计量器具。

## 四、工作场所

（1）工作场所布局合理，采光良好。体检场所应在醒目位置公示体检功能区布局和体检基本流程，引导标识应准确清晰。

（2）体格检查室、神经系统检查室等操作室布局合理，每个独立的检查室使用面积不小于6 m$^2$。

（3）实验室应干净、整洁，实验室布局要符合GB/T 22576.1—2018《医学实验室质量和能力的要求 第1部分：通用要求》中场地环境、设备设施的相关规定。

（4）开展外出职业健康检查的，应当具有相应的外出职业健康检查仪器、设备，信息化管理系统等条件。

## 五、质量管理文书

（1）建立环氧乙烷职业健康检查质量管理规程，进行全过程质量管理并持续有效运行，实现质量管理工作的规范化、标准化。

（2）建立环氧乙烷作业人员职业健康检查作业指导书。

（3）工作场所张贴采（抽）血须知及注意事项并事先告知。

（4）制备职业健康检查表。

（5）存 GBZ 245—2013《职业性急性环氧乙烷中毒的诊断》、GBZ 51—2009《职业性化学性皮肤灼伤诊断标准》、GBZ 188—2014《职业健康监护技术规范》等文件备查。

## 六、能力考核与培训

（1）建立技术人员培训制度，制订并落实各类人员教育和培训计划。

（2）质量负责人和技术负责人需要每 2 年进行 1 次职业健康检查法律法规知识培训并考核合格。

（3）体格检查医师应具备内科常规、神经系统损害情况的检查能力，并按照相关临床操作规范进行。

（4）环氧乙烷检查主检医师掌握职业性环氧乙烷中毒相关诊断标准及环氧乙烷职业健康监护技术规范，对环氧乙烷所致疑似职业病、职业禁忌证判断准确。化学中毒诊断医师需要每 2 年参加复训并考核合格。

（5）质量控制能力考核内容为现场对环氧乙烷作业目标疾病判断能力的考核。对每年完成 30% 备案化学因素类项目的职业健康检查机构进行现场技术考核。每个单位抽取经专家集体给出结果的职业禁忌证、疑似职业病的个体体检报告进行考核，由考核人员判断结论符合率。

（6）个体结论符合率考核：职业健康信息化系统每年 1 次抽备案单位个体体检报告 80 份，加上体检单位提供疑似职业病报告 10 份、职业禁忌证报告 10 份，总计对 100 份体检报告进行专家评分。

## 七、环氧乙烷体检过程管理

### 1. 体检对象及体检周期确定

环氧乙烷作业人员均须进行职业健康检查，健康检查周期为每年 1 次。

### 2. 结果判断及处理意见

1）上岗前职业健康检查发现有中枢神经系统器质性疾病、慢性阻塞性肺病、支气管哮喘、慢性间质性肺病，属于职业禁忌证，建议不宜从事接触环氧乙烷岗位作业。

2）在岗期间职业健康检查发现有支气管哮喘、慢性间质性肺病，属于职业禁忌证，建议脱离接触环氧乙烷岗位作业。

3）应急职业健康检查：

（1）短期内接触环氧乙烷后，出现头晕、头痛、恶心、呕吐、乏力症状，可伴有眼部不适、咽干等眼部及上呼吸道刺激症状，在脱离接触后 72 h 内症状消失或明显减轻，考虑接触反应。

（2）短期接触较高浓度环氧乙烷蒸气后，有环氧乙烷中毒的临床表现，如头晕、头痛、恶心、呕吐、乏力、眼部不适、咽干等症状加重，出现步态蹒跚、意识障碍、重度中毒性脑病、急性气管－支气管炎、肺水肿等，考虑疑似职业性急性环氧乙烷中毒。

（3）短期接触较高浓度环氧乙烷蒸气后，有化学性皮肤灼伤的临床表现，如红斑、水泡、焦痂等，考虑疑似职业性化学性皮肤灼伤。

## 八、心肌酶谱、肌钙蛋白 T（TnT）检查质量控制

心肌酶谱、肌钙蛋白 T（TnT）检测的设备要符合标准要求，定期检定、比对；人员、仪器、试剂、实验室等基本条件及血液样品的采集、储存和运输、检测和质量控制需满足实验室生物样本相关规定要求。

（1）实验室要求。实验室应干净、整洁，具备独立的样品处理间。

（2）样品采集要求。血液样品采集应遵循《全国临床检验操作规程》相关要求。由熟练的操作者采集 2 mL 以上的静脉血并注入经检测合格的抗凝管，充分溶解抗凝剂后放置待测。

（3）检查人员要求。具有责任心，培训合格，操作严格按照有关标准、规范执行。检验人员具备相应的专业技术任职资格，经培训能够熟练掌握相关生物材料样品采集、储存、运输、预处理及检测分析技术；应熟知检测技术程序性文件，并能严格执行检测全过程质量保证规程；应熟练掌握生物检测指标及其检测结果评价等方面的知识和技术。

（4）生物材料样品的储存和运输。参照《全国临床检验操作规程》，血液标本采集后应及时送检，一般不超过 2 h，如标本不能及时检测，应置于 4 ℃冰箱中保存。

（5）心肌酶检测方法。采用选择性电极间接法（全自动生化分析仪）测定心肌酶[天冬氨酸转氨酶（AST）、肌酸肌酶（CK）、肌酸肌酶同工酶（CK-MB）、乳酸脱氢酶（LDH）]。所用仪器要具备国家相关资质，操作过程要按照相关仪器和试剂盒程序进行。

（6）肌钙蛋白 T（TnT）检测方法。采用电化学发光法（分子发光光谱仪），或酶联免疫法（酶法试剂盒）测定肌钙蛋白 T（TnT）。所用仪器或试剂盒要具备国家相关资质，操作过程要按照相关仪器和试剂盒程序进行。

## 九、档案管理

（1）作业场所现场环氧乙烷监测资料。

（2）职业健康检查信息表（含环氧乙烷接触史、既往疾病史、个人防护情况）。

（3）历年职业健康检查表（应保持资料的完整性、连续性、准确性）。

（4）职业健康监督执法资料。

（5）与用人单位签订的职业健康检查合同或协议、个体体检单位委托书等其他资料。

（张璟）

# 氯乙酸作业职业健康监护质量控制要点

## 一、组织机构

备案氯乙酸作业职业健康检查。设置与氯乙酸作业职业健康检查相关的科室，合理设置各科室岗位及数量，至少包含内科（体格检查、神经系统常规检查）、皮肤科（皮肤科常规检查）、心电图检查室、影像检查室（包含胸部 X 射线摄片）、临床检验室［包含血常规、尿常规、肝功能、肾功能、心肌酶谱、肌钙蛋白 T（TnT）检查］等。

## 二、人员

包含体格检查医师、皮肤检查医师、心电图检查医师、胸部 X 射线摄片检查医师、临床检验师等类别的执业医师、技师、护士等医疗卫生技术人员。

至少有 1 名具备化学因素所致职业病诊断医师资格的主检医师，备案有效人员需第一注册执业点。

## 三、仪器设备

（1）配备满足并符合与备案氯乙酸职业健康检查的类别和项目相适应的听诊器、血压计、身高测量仪、磅秤、叩诊锤、血细胞分析仪、尿液分析仪、生化分析仪、心电图仪、CR/DR 摄片机、内科常规检查器械等仪器设备。外出体检配置 CR/DR 车。

（2）有关仪器设备的种类、数量、性能、量程、精确度等技术指标应满足工作需要，国家要求计量认证或校准的，需要符合计量认证或校准的要求。应对血细胞分析仪、尿液分析仪、生化分析仪、心电图仪、CR/DR 摄片机等仪器设备进行定期计量、检定和校准，并张贴标识；不属于强制检定的，应有相应校验方法并定期自校。应定期进行维护保养及计量、检定和校验，同时记录设备状态。

（3）对所使用的设备编制操作规程。

（4）体检分类项目及设备见表1。

表1 体检分类项目及设备

| 名称 | 类别 | 检查项目 | 设备配置 |
| --- | --- | --- | --- |
| 氯乙酸 | 上岗前 | 体格检查必检项目：1）内科常规检查；2）神经系统常规检查 | 体格检查必备设备：1）内科常规检查用听诊器、血压计、身高测量仪、磅秤；2）神经系统常规检查用叩诊锤 |
| | | 实验室和其他检查必检项目：血常规、尿常规、肝功能、肾功能、心电图、胸部 X 射线摄片 | 必检项目必备设备：血细胞分析仪、尿液分析仪、生化分析仪、心电图仪、CR/DR 摄片机 |

续上表

| 名称 | 类别 | 检查项目 | 设备配置 |
| --- | --- | --- | --- |
| 氯乙酸 | 在岗期间 | 推荐性,同上岗前 | 推荐性,同上岗前 |
| | 应急 | 体格检查必检项目:1)内科常规检查;2)神经系统常规检查,注意有无病理反射;3)皮肤科常规检查 | 体格检查必备设备:1)内科常规检查用听诊器、血压计、身高测量仪、磅秤;2)神经系统常规检查用叩诊锤 |
| | | 实验室和其他检查必检项目:血常规、尿常规、肝功能、肾功能、心电图、心肌酶谱、肌钙蛋白T(TnT) | 必检项目必备设备:血细胞分析仪、尿液分析仪、生化分析仪、心电图仪。肌钙蛋白T(TnT)测定设备:TnT测定仪 |
| | | 选检项目:脑电图、头颅CT或MRI、肝肾B超、血气分析 | 选检项目设备配备:脑电图仪、CT仪或核磁共振仪、B超仪、血气分析仪 |

1987年5月28日,国家计量局发布的《中华人民共和国强制检定的工作计量器具检定管理办法》第十六条规定,磅秤、血压计、心电图仪、脑电图仪、医用超声源、电子血球计数器属于强制检定的工作计量器具。

## 四、工作场所

(1)工作场所应布局合理,采光良好。体检场所应在醒目位置公示体检功能区布局和体检基本流程,引导标识应准确清晰。

(2)体格检查室、神经系统检查室等操作室布局合理,每个独立的检查室使用面积不小于 6 m$^2$。

(3)实验室应干净、整洁,实验室布局要符合 GB/T 22576.1—2018《医学实验室质量和能力的要求 第1部分:通用要求》中场地环境、设备设施的相关规定。

(4)开展外出职业健康检查的,应当具有相应的外出职业健康检查仪器、设备,信息化管理系统等条件。

## 五、质量管理文书

(1)建立氯乙酸职业健康检查质量管理规程,进行全过程质量管理并持续有效运行,实现质量管理工作的规范化、标准化。

(2)建立氯乙酸作业人员职业健康检查作业指导书。

(3)工作场所张贴采(抽)血须知及注意事项并事先告知。

(4)制备职业健康检查表。

(5)存 GBZ 239—2011《职业性急性氯乙酸中毒的诊断》、GBZ 51—2009《职业性化学性皮肤灼伤诊断标准》、GBZ 188—2014《职业健康监护技术规范》等文件备查。

## 六、能力考核与培训

（1）建立技术人员培训制度，制订并落实各类人员教育和培训计划。

（2）质量负责人和技术负责人需要每2年进行1次职业健康检查法律法规知识培训并考核合格。

（3）体格检查医师具备内科常规、神经系统损害情况的检查能力，按照相关临床操作规范进行。

（4）氯乙酸检查主检医师应掌握职业性氯乙酸中毒相关诊断标准及氯乙酸职业健康监护技术规范，对氯乙酸所致疑似职业病、职业禁忌证判断准确。化学中毒诊断医师需要每2年参加复训并考核合格。

（5）质量控制能力考核内容为现场对氯乙酸作业目标疾病判断能力的考核。对每年完成30%备案氯化学因素项目的职业健康检查机构进行现场技术考核。从每个单位抽取经专家集体给出结果的职业禁忌证、疑似职业病的个体体检报告进行考核，由考核人员判断结论符合率。

（6）个体结论符合率考核。职业健康信息化系统每年1次抽备案单位个体体检报告80份，加上体检单位提供的疑似职业病报告10份、职业禁忌证报告10份，总计对100份体检报告进行专家评分。

## 七、氯乙酸体检过程管理

### 1. 体检对象及体检周期确定

氯乙酸作业人员均须进行职业健康检查。其中岗前体检为强制性，岗中体检为推荐性，健康检查周期为每3年1次。

### 2. 结果判断及处理意见

1）上岗前职业健康检查发现：①中枢神经系统器质性疾病；②器质性心脏病；③慢性肾脏疾病。属于职业禁忌证，建议不宜从事接触氯乙酸岗位作业。

2）在岗期间职业健康检查：同上岗前。

3）应急职业健康检查：

（1）短期接触氯乙酸后，出现头晕、乏力、恶心、呕吐、烦躁等症状或出现眼疼痛、流泪、畏光、结膜充血及上呼吸道刺激症状，于脱离接触后72 h内上述症状明显减轻或消失，考虑接触反应。

（2）短期接触较高浓度氯乙酸蒸气后，有氯乙酸中毒的临床表现，如意识障碍、中毒性心脏病、中毒性肾病、代谢性酸中毒等，考虑疑似职业性急性氯乙酸中毒。

（3）短期接触较高浓度氯乙酸蒸气后，有化学性皮肤灼伤的临床表现，如红斑、水泡、焦痂等，考虑疑似职业性化学性皮肤灼伤。

## 八、心肌酶谱、肌钙蛋白T（TnT）检查质量控制

参照"环氧乙烷作业职业健康监护质量控制要点"中相应内容执行。

## 九、档案管理

（1）作业场所现场氯乙酸监测资料。

（2）职业健康检查信息表（含氯乙酸接触史、既往疾病史、个人防护情况）。

（3）历年职业健康检查表（应保持资料的完整性、连续性、准确性）。

（4）职业健康监督执法资料。

（5）与用人单位签订的职业健康检查合同或协议、个体体检单位委托书等其他资料。

（张璟）

# 铟及其化合物作业职业健康监护质量控制要点

## 一、组织机构

备案铟及其化合物作业职业健康检查。设置与铟及其化合物作业职业健康检查相关的科室，合理设置各科室岗位及数量，包括体格检查室（内科常规检查）、心电图检查室、肺功能检查室、临床化验室（生物标本检验）、放射科（CR/DR 摄片）等。

## 二、人员

（1）包含体格检查医师、心电图检查医师、肺功能检查医师、放射诊断医师、临床检验师等类别的执业医师、技师、护士等医疗卫生技术人员，主检医师至少有 1 名具备职业性化学中毒职业病诊断医师资格，备案有效人员需要第一注册执业点。

（2）检验人员具备相应的专业技术任职资格，经培训能够熟练掌握血液或尿液样品采集、储存、运输、预处理及检测分析技术；应熟知检测技术程序性文件，并能严格执行检测全过程的质量保证规程。

## 三、仪器设备

（1）配备满足并符合与备案铟及其化合物职业健康检查的类别和项目相适应的听诊器、血压计、身高测量仪、磅秤、血细胞分析仪、尿液分析仪、生化分析仪、心电图仪、肺功能仪、CR/DR 摄片机等仪器设备。

（2）有关仪器设备的种类、数量、性能、量程、精确度等技术指标应满足工作需要，国家要求计量认证或校准的，需要符合计量认证或校准的要求，并有措施保证检测系统的完整性和有效性，使之满足检测方法的要求。应对血细胞分析仪、原子吸收分光光度计等仪器设备进行定期计量、检定和校准，并张贴标识；不属于强制检定的，应有相应校验方法并定期自校。应定期进行维护保养及计量、检定和校验，同时记录设备状态。

（3）编制使用设备操作规程。

（4）体检分类项目及设备见表1。

表1　体检分类项目及设备

| 名称 | 类别 | 检查项目 | 设备配置 |
|---|---|---|---|
| 铟及其化合物 | 上岗前 | 体格检查必检项目：内科常规检查，重点检查呼吸系统 | 体格检查必备设备：内科常规检查用听诊器、血压计、身高测量仪、磅秤 |
| | | 实验室和其他检查必检项目：血常规、尿常规、肝功能、心电图、肺功能、胸部X射线摄片 | 必检项目必备设备：血细胞分析仪、尿液分析仪、生化分析仪、心电图仪、肺功能仪、CR/DR摄片机 |
| | 在岗期间 | 同上岗前 | 同上岗前 |
| | 离岗时 | 同上岗前 | 同上岗前 |

1987年5月28日，国家计量局发布的《中华人民共和国强制检定的工作计量器具检定管理办法》第十六条规定，血压计、血细胞分析仪、心电图仪等属于强制检定的工作计量器具。

## 四、工作场所

（1）工作场所应布局合理，采光良好。体检场所应在醒目位置公示体检功能区布局和体检基本流程，引导标识应准确清晰。

（2）体格检查室、肺功能检查室等操作室布局合理，每个独立的检查室使用面积不小于6 m²。

（3）实验室应干净、整洁，实验室布局要符合GB/T 22576.1—2018《医学实验室质量和能力的要求　第1部分：通用要求》中场地环境、设备设施的相关规定。

（4）开展外出职业健康检查的，应当具有相应的外出职业健康检查仪器、设备、信息化管理系统等条件。

## 五、质量管理文书

（1）建立铟及其化合物职业健康检查质量管理规程，进行全过程质量管理并持续有效运行，实现质量管理工作的规范化、标准化。

（2）建立铟及其化合物作业人员职业健康检查作业指导书。

（3）工作场所张贴采（抽）血须知及注意事项并事先告知。

（4）制备职业健康检查表。

（5）存GBZ 294—2017《职业性铟及其化合物中毒的诊断》、铟及其化合物职业健康监护技术规范、GBZ 188—2014《职业健康监护技术规范》等文件备查。

## 六、能力考核与培训

（1）建立技术人员培训制度，制订并落实各类人员教育和培训计划。

（2）质量负责人和技术负责人需要每 2 年进行 1 次职业健康检查法律法规知识培训并考核合格。

（3）体格检查医师具备内科常规、呼吸系统损害情况的检查能力，按照相关临床操作规范进行。

（4）主检医师应掌握 GBZ 294—2017《职业性铟及其化合物中毒的诊断》标准及铟及其化合物职业健康监护技术规范，对铟及其化合物所致疑似职业病、职业禁忌证判断准确。职业性化学中毒诊断医师需要每 2 年参加复训并考核合格。

（5）质量控制能力考核内容为现场对铟及其化合物作业目标疾病判断能力的考核。对每年完成 30% 备案化学因素类项目的职业健康检查机构进行现场技术考核。从每个单位抽取经专家集体给出结果的职业禁忌证、疑似职业病的个体体检报告进行考核，由考核人员判断结论符合率。

（6）个体结论符合率考核：职业健康信息化系统每年 1 次抽备案单位个体体检报告 80 份，加上体检单位提供的疑似职业病报告 10 份、职业禁忌证报告 10 份，总计对 100 份体检报告进行专家评分。

## 七、体检过程管理

### 1. 体检对象确定

铟及其化合物作业人员均须进行职业健康检查，即从事铟锡氧化物靶材、太阳能电池新材料、核反应堆控制棒等含铟及其化合物生产和含铟及其化合物的低熔点合金冶炼等人员。

### 2. 健康检查周期

在岗期间职业健康检查周期为每年 1 次。

### 3. 结果判断及处理意见

1）上岗前职业健康检查发现：①慢性阻塞性肺病；②慢性间质性肺病；③支气管哮喘；④肺泡蛋白沉积症。上述发现属于职业禁忌证，建议不宜从事接触铟及其化合物岗位作业。

2）在岗期间职业健康检查：

（1）发现：①慢性阻塞性肺病；②支气管哮喘；③伴肺功能损害的疾病。上述发现排除职业因素导致的，属于职业禁忌证。

（2）有 6 个月以上接触较高浓度铟及其化合物的职业史，并有铟及其化合物中毒的临床表现，如咳嗽、咳痰、喘息、胸痛、呼吸困难、气短等，胸部影像学和病理检查符合肺泡蛋白沉积症或间质性肺疾病，考虑疑似职业性铟及其化合物中毒。

3）离岗时职业健康检查：有 6 个月以上接触较高浓度铟及其化合物的职业史，并有铟及其化合物中毒的临床表现，如咳嗽、咳痰、喘息、胸痛、呼吸困难、气短等，胸部影像学和病理检查符合肺泡蛋白沉积症或间质性肺疾病，考虑疑似职业性铟及其化合物中毒。

## 八、肺功能及胸部 DR 检查操作质量控制

参照"粉尘作业职业健康监护质量控制要点"相应内容执行。

## 九、血铟检测质量控制

血铟检测的设备要符合标准要求、定期检定、比对；人员、仪器、试剂、实验室等基本条件以及血液样品的采集、储存和运输、检测及质量控制需满足 GBZ 294—2017《职业性铟及其化合物中毒的诊断》"附录 B"的规定要求。

（1）实验室要求。实验室应干净、整洁，无铟污染源。

（2）样品采集要求。血液样品采集应遵循《全国临床检验操作规程》相关要求。由熟练的操作者采集 2 mL 以上的静脉血，并立即摇匀，防止血液中有凝块形成。

（3）检查人员要求。具有责任心，培训合格，操作严格按照有关标准、规范执行检查。检验人员具备相应的专业技术任职资格，经培训能够熟练掌握相关生物材料样品采集、储存、运输、预处理及检测分析技术；应熟知检测技术程序性文件，并能严格执行检测全过程质量保证规程；应熟练掌握生物检测指标及其检测结果评价等方面的知识和技术。

（4）生物材料样品的储存和运输。血液标本采集后应及时送检，如标本不能及时检测，应放置 4 ℃下保存，可稳定保存 14 d。

（5）血铟检测方法。将血样用 0.5% 硝酸 – 0.05% 曲拉通体系稀释 20 倍，以铑（Rh）作为内标，采用电感耦合等离子体质谱法在标准模式下测定铟含量。所用仪器要具备国家相关资质，操作过程要按照相关仪器和试剂盒程序说明进行。

## 十、档案管理

（1）作业场所现场铟及其化合物监测资料。

（2）职业健康检查信息表（含铟及其化合物接触史、既往疾病史、个人防护情况）。

（3）历年职业健康检查表（应保持资料的完整性、连续性、准确性）。

（4）职业病诊疗等有关个人健康资料。

（5）职业健康监督执法资料。

（6）与用人单位签订的职业健康检查合同或协议、个体体检单位介绍信等其他资料。

（张璟）

# 煤焦油、煤焦油沥青、石油沥青作业职业健康监护质量控制要点

## 一、组织机构

备案煤焦油、煤焦油沥青、石油沥青作业职业健康检查。设置与煤焦油、煤焦油沥青、石油沥青作业职业健康检查相关的科室，合理设置各科室岗位及数量，至少包含内科（体格检查）、皮肤科（皮肤科常规检查）、心电图检查室、影像检查室（胸部X射线摄片）、临床检验室（血常规、尿常规、肝功能检查）等。

## 二、人员

（1）包含体格检查医师、皮肤科检查医师、心电图检查医师、胸部X射线摄片检查医师、临床检验医师等类别的执业医师、技师、护士等医疗卫生技术人员。

（2）至少有1名具备化学因素所致职业病诊断医师资格的主检医师，备案有效人员需第一注册执业点。

## 三、仪器设备

（1）配备满足并符合与备案煤焦油、煤焦油沥青、石油沥青职业健康检查的类别和项目相适应的听诊器、血压计、身高测量仪、磅秤、血细胞分析仪、尿液分析仪、生化分析仪、心电图仪、CR/DR摄片机等仪器设备。外出体检配置CR/DR车。

（2）有关仪器设备的种类、数量、性能、量程、精确度等技术指标应满足工作需要，国家要求计量认证或校准的，需要符合计量认证或校准的要求。应对血细胞分析仪、尿液分析仪、生化分析仪、心电图仪、CR/DR摄片机等仪器设备进行定期计量、检定和校准，并张贴标识；不属于强制检定的，应有相应校验方法并定期自校。应定期进行维护保养及计量、检定和校验，同时记录设备状态。

（3）对所使用的设备编制操作规程。

（4）体检分类项目及设备见表1。

表 1  体检分类项目及设备

| 名称 | 类别 | 检查项目 | 设备配置 |
|---|---|---|---|
| 煤焦油、煤焦油沥青、石油沥青 | 上岗前 | 体格检查必检项目：1) 内科常规检查；2) 皮肤科常规检查 | 体格检查必备设备：内科常规检查用听诊器、血压计、身高测量仪、磅秤 |
| | | 实验室和其他检查必检项目：血常规、尿常规、肝功能、心电图仪、胸部 X 射线摄片 | 必检项目必备设备：血细胞分析仪、尿液分析仪、生化分析仪、心电图仪、CR/DR 摄片机 |
| | 在岗期间 | 同上岗前 | 同上岗前 |
| | 离岗时 | 同上岗前 | 同上岗前 |

1987 年 5 月 28 日，国家计量局发布的《中华人民共和国强制检定的工作计量器具检定管理办法》第十六条规定，磅秤、血压计、心电图仪、电子血球计数器属于强制检定的工作计量器具。

## 四、工作场所

（1）工作场所布局合理，采光良好。体检场所应在醒目位置公示体检功能区布局和体检基本流程，引导标识应准确清晰。

（2）体格检查室等操作室布局合理，每个独立的检查室使用面积不小于 6 $m^2$。

（3）实验室应干净、整洁，实验室布局要符合 GB/T 22576.1—2018《医学实验室质量和能力的要求　第 1 部分：通用要求》中场地环境、设备设施的相关规定。

（4）开展外出职业健康检查的，应当具有相应的外出职业健康检查仪器、设备，信息化管理系统等条件。

## 五、质量管理文书

（1）建立煤焦油、煤焦油沥青、石油沥青职业健康检查质量管理规程，进行全过程质量管理并持续有效运行，实现质量管理工作的规范化、标准化。

（2）建立煤焦油、煤焦油沥青、石油沥青作业人员职业健康检查作业指导书。

（3）工作场所张贴采（抽）血须知及注意事项并事先告知。

（4）制备职业健康检查表。

（5）存 GBZ 94—2017《职业性肿瘤的诊断》、GBZ 18—2013《职业性皮肤病的诊断总则》、GBZ 188—2014《职业健康监护技术规范》等文件备查。

## 六、能力考核与培训

（1）建立技术人员培训制度，制订并落实各类人员教育和培训计划。

（2）质量负责人和技术负责人需要每 2 年进行 1 次职业健康检查法律法规知识培训并考核合格。

（3）体格检查医师具备内科常规，尤其是皮肤损害情况的检查能力，按照相关临床操作规范进行。

（4）煤焦油、煤焦油沥青、石油沥青检查主检医师应掌握职业性煤焦油、煤焦油沥青、石油沥青所致皮肤癌、职业性皮肤病诊断相关标准及煤焦油、煤焦油沥青、石油沥青职业健康监护技术规范，对煤焦油、煤焦油沥青、石油沥青所致疑似职业病、职业禁忌证判断准确。化学中毒诊断医师需要每2年参加复训并考核合格。

（5）质量控制能力考核内容为现场对煤焦油、煤焦油沥青、石油沥青作业目标疾病判断能力的考核。对每年完成30%备案化学因素的职业健康检查机构进行现场技术考核。每个单位抽取经专家集体给出结果的职业禁忌证、疑似职业病的个体体检报告进行考核。

（6）个体结论符合率考核。职业健康信息化系统每年1次抽备案单位个体体检报告80份，加上体检单位提供的疑似职业病报告10份、职业禁忌证报告10份，总计对100份体检报告进行专家评分。

## 七、煤焦油、煤焦油沥青、石油沥青体检过程管理

### 1. 体检对象及体检周期确定

煤焦油、煤焦油沥青、石油沥青作业人员均须进行职业健康检查。健康检查周期为每年1次。

### 2. 结果判断及处理意见

1）上岗前职业健康检查：发现严重的皮肤疾病，属于职业禁忌证者，建议不宜从事接触煤焦油、煤焦油沥青、石油沥青岗位作业。

2）在岗期间职业健康检查：

（1）发现原发性皮肤癌，并有半年以上的煤焦油、煤焦油沥青、石油沥青接触史，考虑疑似职业性肿瘤。

（2）发现皮肤损害表现，如扁平疣样、寻常疣样及乳头瘤样皮损等，必要时结合皮肤斑贴试验或其他特殊检查结果，并有半年以上的煤焦油、煤焦油沥青、石油沥青接触史，考虑疑似职业性皮肤病。

3）离岗时职业健康检查：同在岗期间职业健康检查。

## 八、皮肤癌诊断质量控制

参照 GBZ 94—2017《职业性肿瘤的诊断》中"煤焦油、煤焦油沥青、石油沥青所致皮肤癌"相关内容制定本质量控制流程。

### 1. 诊断原则

有明确的煤焦油、煤焦油沥青、石油沥青长期职业接触史，出现原发性皮肤肿瘤病变，结合实验室检测指标和现场职业卫生学调查，经综合分析，原发性皮肤肿瘤的发生应符合工作场所致癌物的累计接触年限要求，肿瘤的发生部位与所接触致癌物的特定靶器官一致并符合职业性肿瘤发生、发展的潜隐期要求，方可诊断。

### 2. 诊断条件

诊断时应同时满足以下三个条件：

(1) 原发性皮肤癌诊断明确；

(2) 有明确的煤焦油、煤焦油沥青、石油沥青长期职业接触史，累计接触年限6个月以上（含6个月）；

(3) 潜隐期15年以上（含15年）。

### 3. 病理特点

职业性煤焦油、煤焦油沥青、石油沥青接触所致皮肤癌的组织类型多为鳞状上皮细胞癌，一般伴有慢性皮炎、皮肤黑变、毛囊角化、伴有溃疡的乳头状瘤，甚至远处转移，可将这种鳞状上皮细胞癌的组织类型作为确诊的参考依据。

### 4. 处理原则

(1) 脱离致癌物的接触；

(2) 按恶性肿瘤治疗原则积极治疗，定期复查；

(3) 需进行劳动能力鉴定者，按 GB/T 16180—2014《劳动能力鉴定 职工工伤与职业病致残等级》规定处理。

## 九、档案管理

(1) 作业场所现场煤焦油、煤焦油沥青、石油沥青监测资料。

(2) 职业健康检查信息表（含煤焦油、煤焦油沥青、石油沥青接触史，既往疾病史，个人防护情况）。

(3) 历年职业健康检查表（应保持资料的完整性、连续性、准确性）。

(4) 职业健康监督执法资料。

(5) 与用人单位签订的职业健康检查合同或协议、个体体检单位委托书等其他资料。

（张璟）

# β-萘胺作业职业健康监护质量控制要点

## 一、组织机构

备案β-萘胺作业职业健康检查。设置与β-萘胺作业职业健康检查相关的科室，合理设置各科室岗位及数量，至少包含内科（体格检查）、皮肤科（皮肤科常规检查）、心电图检查室、B超检查室、膀胱镜检查室、影像检查室（胸部X射线摄片）、临床检验室（血常规、尿常规、肝功能、高铁血红蛋白、尿脱落细胞检查）等。

## 二、人员

（1）包含体格检查医师、皮肤科检查医师、心电图检查医师、B超检查医师、膀胱镜检查医师、胸部X射线摄片检查医师、临床检验医师等类别的执业医师、技师、护士等医疗卫生技术人员。

（2）至少有1名具备化学因素所致职业病诊断医师资格的主检医师，备案有效人员需第一注册执业点。

## 三、仪器设备

（1）配备满足并符合与备案β-萘胺职业健康检查的类别和项目相适应的听诊器、血压计、身高测量仪、磅秤、血细胞分析仪、尿液分析仪、生化分析仪、心电图仪、B超仪、膀胱镜、CR/DR摄片机等仪器设备。外出体检配置CR/DR车。

（2）有关仪器设备的种类、数量、性能、量程、精确度等技术指标应满足工作需要，国家要求计量认证或校准的，需要符合计量认证或校准的要求。应对血细胞分析仪、尿液分析仪、生化分析仪、心电图仪、B超仪、CR/DR摄片机等仪器设备进行定期计量、检定和校准，并张贴标识；不属于强制检定的，应有相应校验方法并定期自校。应定期进行维护保养及计量、检定和校验，同时记录设备状态。

（3）对所使用的设备编制操作规程。

（4）体检分类项目及设备见表1。

表1 体检分类项目及设备

| 名称 | 类别 | 检查项目 | 设备配置 |
| --- | --- | --- | --- |
| β-萘胺 | 上岗前 | 体格检查必检项目：内科常规检查 | 体格检查必备设备：内科常规检查用听诊器、血压计、身高测量仪、磅秤 |
| | | 实验室和其他检查必检项目：血常规、尿常规、肝功能、心电图、尿脱落细胞检查（巴氏染色法或荧光素吖啶橙染色法）、胸部X射线摄片 | 必检项目必备设备：血细胞分析仪、尿液分析仪、生化分析仪、心电图仪、病理检查设备、CR/DR摄片机 |
| | 在岗期间 | 体格检查必检项目：1）内科常规检查，重点检查腰腹部包块和膀胱触诊检查；2）皮肤科常规检查 | 体格检查必备设备：内科常规检查用听诊器、血压计、身高测量仪、磅秤 |
| | | 实验室和其他检查必检项目：血常规、尿常规、尿脱落细胞检查（巴氏染色法或荧光素吖啶橙染色法）、膀胱B超 | 必检项目必备设备：血细胞分析仪、尿液分析仪、病理检查设备、B超仪 |
| | | 复检项目：出现无痛性血尿或尿常规检查、尿脱落细胞检查（巴氏染色法或荧光素吖啶橙染色法）、膀胱B超检查异常者可选择膀胱镜检查 | 复检项目必备设备：膀胱镜 |

续上表

| 名称 | 类别 | 检查项目 | | 设备配置 | |
|---|---|---|---|---|---|
| | | 离岗时 | 同在岗期间 | | 同在岗期间 |
| β-萘胺 | 应急 | | 体格检查必检项目：内科常规检查，观察有无口唇、耳郭、指（趾）甲发绀 | | 体格检查必备设备：内科常规检查用听诊器、血压计、身高测量仪、磅秤 |
| | | | 实验室和其他检查必检项目：血常规、尿常规、肝功能、心电图、高铁血红蛋白 | | 必检项目必备设备：血细胞分析仪、尿液分析仪、生化分析仪、心电图、血气分析仪 |
| | | | 选检项目：肾功能、红细胞赫恩滋小体 | | 选检项目设备配备：生化分析仪、显微镜 |

1987年5月28日，国家计量局发布的《中华人民共和国强制检定的工作计量器具检定管理办法》第十六条规定，磅秤、血压计、心电图仪、医用超声源、电子血球计数器属于强制检定的工作计量器具。

## 四、工作场所

（1）工作场所应布局合理，采光良好。体检场所应在醒目位置公示体检功能区布局和体检基本流程，引导标识应准确清晰。

（2）体格检查室等操作室布局合理，每个独立的检查室使用面积不小于6 m²。

（3）实验室应干净、整洁，实验室布局要符合GB/T 22576.1—2018《医学实验室质量和能力的要求 第1部分：通用要求》中场地环境、设备设施的相关规定。

（4）开展外出职业健康检查的，应当具有相应的外出职业健康检查仪器、设备，信息化管理系统等条件。

## 五、质量管理文书

（1）建立β-萘胺职业健康检查质量管理规程，进行全过程质量管理并持续有效运行，实现质量管理工作的规范化、标准化。

（2）建立β-萘胺作业人员职业健康检查作业指导书。

（3）工作场所张贴采（抽）血须知及注意事项并事先告知。

（4）制备职业健康检查表。

（5）存 GBZ 94—2017《职业性肿瘤的诊断》、GBZ 20—2019《职业性接触性皮炎的诊断》、GBZ 188—2014《职业健康监护技术规范》等文件备查。

## 六、能力考核与培训

（1）建立技术人员培训制度，制订并落实各类人员教育和培训计划。

（2）质量负责人和技术负责人需要每2年进行1次职业健康检查法律法规知识培训并考核合格。

（3）体格检查医师具备内科常规，尤其是腰腹部包块和膀胱触诊异常情况检查的能力，按照相关临床操作规范进行。

（4）β-萘胺检查主检医师应掌握职业性β-萘胺中毒诊断标准及β-萘胺职业健康监护技术规范，对β-萘胺所致疑似职业病、职业禁忌证判断准确。化学中毒诊断医师需要每2年参加复训并考核合格。

（5）质量控制能力考核应进行现场对β-萘胺作业目标疾病判断能力的考核。对每年完成30%备案化学因素类项目的职业健康检查机构进行现场技术考核。每个单位抽取经专家集体给出结果的职业禁忌证、疑似职业病的个体体检报告进行考核。

（6）个体结论符合率考核。职业健康信息化系统每年1次抽备案单位个体体检报告80份，加上体检单位提供疑似职业病报告10份、职业禁忌证报告10份，总计对100份体检报告进行专家评分。

## 七、β-萘胺体检过程管理

### 1. 体检对象及体检周期确定

β-萘胺作业人员均须进行职业健康检查。健康检查周期为每年1次。

### 2. 结果判断及处理意见

1）上岗前职业健康检查：发现尿脱落细胞检查结果为巴氏分级国际标准Ⅳ级及以上，属于职业禁忌证，建议不宜从事接触β-萘胺的岗位作业。

2）在岗期间职业健康检查：

（1）出现无痛性血尿或尿常规、尿脱落细胞检查（巴氏染色法或荧光素吖啶橙染色法）、膀胱B超或彩超异常者可选择膀胱镜复查。

（2）发现原发性膀胱癌，并有1年以上的β-萘胺接触史，考虑疑似职业性肿瘤。

（3）发现接触性皮炎表现，如红斑、水肿、丘疹、水疱、大疱、湿疹等，并有1年以上的β-萘胺接触史，考虑疑似职业性接触性皮炎。

3）应急职业健康检查：

（1）短期接触较高浓度β-萘胺蒸气后，出现轻微头晕、头痛、乏力、胸闷症状，高铁血红蛋白低于10%，脱离接触后48h内可恢复，考虑接触反应。

（2）短期接触较高浓度β-萘胺蒸气后，有β-萘胺中毒的临床表现，如中毒口唇、耳郭、指（趾）端发绀，可伴有头晕、头痛、乏力、胸闷、心悸、气短、恶心、呕吐、反应迟钝、嗜睡等缺氧症状，以及血中高铁血红蛋白浓度≥10%，出现溶血性贫血、中毒性肝病、中毒性肾病，考虑疑似职业性β-萘胺中毒。

4）离岗时职业健康检查：同在岗期间。

## 八、尿脱落细胞检查质量控制

1）尿液采集：

（1）送检尿液必须新鲜，勿用晨尿。

（2）女性受检者要留取中段尿。

（3）送检尿液一般应不少于50 mL。

（4）送检尿液应在1～2 h内制片。

（5）制片后应立即投入 90% 酒精固定，以免涂片干燥。

2）染色：巴氏染色法或荧光素吖啶橙染色法。

3）病理诊断：尿脱落细胞学的诊断标准与其他系统的细胞学诊断标准相似，主要依据脱落细胞的多少和形态变化确定，具体如下：

（1）未见肿瘤细胞，相当于巴氏Ⅰ、Ⅱ级，尿内仅见少量移行上皮细胞和鳞状上皮细胞。

（2）可疑肿瘤细胞，相当于巴氏Ⅲ级，尿内可见多数移行上皮细胞和鳞状上皮细胞，底层细胞多见，并混有多少不等的炎症细胞，上皮细胞出现一定的核异质现象，多见于泌尿系统感染和结石。

（3）可见肿瘤细胞，相当于巴氏Ⅳ、Ⅴ级，上皮细胞数量增多，细胞体积和形状有轻重不等的多形性，细胞核增大，核仁明显，核膜增厚，染色质增多，并呈分布不均匀的粗颗粒状。

## 九、档案管理

（1）作业场所现场 β-萘监测资料。

（2）职业健康检查信息表（含 β-萘胺接触史、既往疾病史、个人防护情况）。

（3）历年职业健康检查表（应保持资料的完整性、连续性、准确性）。

（4）职业健康监督执法资料。

（5）与用人单位签订的职业健康检查合同或协议、个体体检单位委托书等其他资料。

（张璟）

# 其他化学物作业职业健康监护质量控制要点（通则）

## 一、组织机构

根据职业健康检查项目，设置相关科室，合理设置各科室岗位及数量，至少包括体格检查室（内科常规检查）、B 超检查室、心电图检查室、临床化验室（生物标本检验）、放射科（CR/DR 摄片）、理化实验室等。

## 二、人员

（1）根据体检项目需要配置相关人员，一般至少包含体格检查医师、皮肤检查医师、心电图检查医师、胸部 X 射线摄片检查医师、临床检验医师等类别的执业医师、技师、护士等医疗卫生技术人员，主检医师至少有 1 名具备职业性化学中毒职业病诊断医师资格，备案有效人员需第一注册执业点。

（2）检验人员具备相应的专业技术任职资格，经培训能够熟练掌握血液或尿液样品的采集、储存、运输、预处理及检测分析技术；应熟知检测技术程序性文件，并能严格执行检测全过程的质量保证规程。

## 三、检查项目确定原则

（1）目标化学物属于职业病危害因素，原则上应是《职业病危害因素分类目录》中的物质。

（2）该物质应有明确的职业接触限值，或明确的职业性损害流行病学资料和毒理学资料，或归类于国际癌症研究中心的致癌因子名单中。

（3）在符合条款1和/或条款2的基础上，根据该化学物的毒理学资料和靶器官类型确定目标疾病，并根据目标疾病进一步明确所需开展的检查项目。

（4）目标疾病的制定要符合 GBZ/T 265—2014《职业病诊断通则》、GBZ/T 260—2014《职业禁忌证界定导则》及相关职业病诊断标准的要求。

（5）所选检查项目应具有较高的灵敏性和特异性，能够有效筛检目标疾病。

## 四、仪器设备

（1）配备满足并符合与备案该化学物职业健康检查的类别和项目相适应的听诊器、血压计、身高测量仪、磅秤、血细胞分析仪、尿液分析仪、生化分析仪、心电图仪、CR/DR 摄片机等仪器设备。

（2）有关仪器设备的种类、数量、性能、量程、精确度等技术指标应满足工作需要，国家要求计量认证或校准需要符合计量认证或校准的要求，并有措施保证检测系统的完整性和有效性，使之满足检测方法的要求。应对血细胞分析仪、原子吸收分光光度计等仪器设备进行定期计量、检定和校准，并张贴标识；不属于强制检定的，应有相应校验方法并定期自校。应定期进行维护保养及计量、检定和校验，同时记录设备状态。

（3）编制使用设备的操作规程。

## 五、工作场所

（1）工作场所布局合理，采光良好。体检场所应在醒目位置公示体检功能区布局和体检基本流程，引导标识应准确清晰。

（2）体格检查室等操作室布局合理，每个独立的检查室使用面积不小于 $6\ m^2$。

（3）实验室应干净、整洁，具备独立的样品处理间。理化实验室应取得《检验检测机构资质认定证书》；实验室布局要符合 GB/T 22576.1—2018《医学实验室　质量和能力的要求　第1部分：通用要求》及 RB/T 214—2017《检验检测机构资质认定能力评价　检验检测机构通用要求》中的场地环境、设备设施的相关规定。

## 六、质量管理文书

（1）建立该化学物职业健康检查质量管理规程，进行全过程质量管理并持续有效运行，实现质量管理工作的规范化、标准化。

（2）建立该化学物作业人员职业健康检查作业指导书。

（3）工作场所张贴采（抽）血须知及注意事项并事先告知。

（4）制备职业健康检查表。

（5）存该化学物可参照的中毒诊断标准、GBZ 188—2014《职业健康监护技术规范》等文件备查。

## 七、能力考核与培训

（1）建立技术人员培训制度，制订并落实各类人员教育和培训计划。

（2）质量负责人和技术负责人需要每 2 年 1 次经省职业健康检查质量控制中心技术培训并考核合格。

（3）体格检查医师具备内科常规、关键指标的检查能力，按照相关临床操作规范进行。

（4）主检医师应掌握 GBZ/T 265—2014《职业病诊断通则》、GBZ/T 260—2014《职业禁忌证界定原则》及根据该化学物危害特性制定的职业健康监护技术规范，对该化学物所致疑似职业病、职业禁忌证的判断准确。职业性化学中毒诊断医师需要每 2 年参加复训并考核合格。

（5）质量控制能力考核应进行现场对该化学物作业目标疾病判断能力的考核。对每年完成 30% 备案化学因素类项目的职业健康检查机构进行现场技术考核。从每个单位抽取经专家集体给出结果的职业禁忌证、疑似职业病的个体体检报告进行考核，判断结论符合率。

（6）个体结论符合率考核：职业健康信息化系统每年 1 次抽备案单位个体体检报告 80 份，加上体检单位提供的疑似职业病报告 10 份、职业禁忌证报告 10 份，总计对 100 份体检报告进行专家评分。

## 八、体检过程管理

### 1. 体检对象确定

该化学物作业人员均须进行职业健康检查。

### 2. 体检项目确定

对于未在职业健康监护技术规范列明的其他化学物，要根据其毒理学特性、流行病学证据、参照国内外相近化学物的职业卫生标准、职业病诊断标准制订体检项目。

### 3. 健康检查周期

根据该化学物的危害特性或风险评估结果确定健康检查周期，一般每 1~2 年 1 次。

### 4. 结果判断及处理意见

1）上岗前职业健康检查：根据该化学物危害特性和 GBZ/T 260—2014《职业禁忌证界定原则》制定其职业禁忌证，发现职业禁忌证时，建议不宜从事接触该化学物的岗位作业。

2）在岗期间职业健康检查：

（1）根据该化学物危害特性和 GBZ/T 260—2014《职业禁忌证界定原则》定义其

职业禁忌证,发现职业禁忌证时,建议不宜从事接触该化学物的岗位作业。

(2)根据该化学物危害特性和 GBZ/T 265—2014《职业病诊断通则》定义其职业病,在密切职业接触史基础上,出现该化学物中毒的临床表现,结合辅助检查和实验室检查结果,考虑疑似职业性该化学物中毒。

3)离岗时职业健康检查:一般与在岗体检相同。

## 九、质量控制

(1)质量控制关键项目应是该化学物的目标疾病特异性的检查项目。
(2)检查人员应进行相应培训并具备相应资质。
(3)检查环境应符合相关操作的环境要求。
(4)检查所用设备和试剂应满足相关操作的技术要求。
(5)检查过程要严格遵照该项目的有关标准和技术规范。

## 十、档案管理

(1)作业场所现场监测资料。
(2)职业健康检查信息表(含该化学物接触史、既往疾病史、个人防护情况)。
(3)历年职业健康检查表(应保持资料的完整性、连续性、准确性)。
(4)职业健康监督执法资料。
(5)与用人单位签订的职业健康检查合同或协议、个体体检单位介绍信等其他资料。

(张璟)

# 粉尘作业职业健康监护质量控制要点

## 一、游离二氧化硅粉尘(结晶型二氧化硅粉尘,矽尘)

### (一)组织机构

备案游离二氧化硅粉尘作业职业健康检查。设置与游离二氧化硅粉尘作业职业健康检查相关的科室,合理设置各科室岗位及数量,至少包含内科(体格检查)、心电图检查室、医学影像科(放射科)、肺功能检查室、检验科等。

### (二)人员

(1)包含体格检查等的临床或公共卫生医师、心电图检查医师、放射科医师等类别的执业医师,以及技师、护士等医疗卫生技术人员。

(2) 放射科室医师要求：通过专业规范培训，出具报告要求执业医师签名。

(3) 至少有1名具备尘肺病诊断医师资格的主检医师，备案有效人员需要为第一注册执业点。

（三）仪器设备

(1) 配备满足并符合与备案矽尘作业职业健康检查类别和项目相适应的且符合条件的X射线摄片（DR）机、心电图仪、肺功能仪、CT仪等。外出体检配置车载X射线摄片（DR）室。

(2) 有关仪器设备的种类、数量、性能、量程、精确度等技术指标应满足工作需要，国家要求计量认证或校准的，需要符合计量认证或校准的要求。应对X射线摄片机、心电图仪、肺功能仪等仪器设备进行定期计量、检定和校准，并张贴标识；不属于强制检定的，应有相应校验方法并定期自校。上述仪器设备应定期进行维护保养及计量、检定和校验，同时记录设备状态。

(3) 对所使用的设备编制操作规程。

(4) 体检分类项目及设备见表1。

表1  体检分类项目及设备 (1)

| 名称 | 类别 | 检查项目 | 设备配置 |
| --- | --- | --- | --- |
| 游离二氧化硅粉尘（结晶型二氧化硅粉尘，矽尘） | 上岗前 | 体格检查必检项目：内科常规检查，重点检查呼吸系统、心血管系统 | 体格检查必备设备：内科常规检查用听诊器、血压计、身高测量仪、体重测量仪 |
| | | 实验室和其他检查必检项目：血常规、尿常规、肝功能、心电图、后前位X射线高千伏胸片或数字化摄影（DR）胸片、肺功能 | 必检项目必备设备：血细胞分析仪、尿液分析仪、生化分析仪、心电图仪、DR摄片机、尘肺病诊断标准片、>3 000 cd/m$^2$ 三联式观片灯及DR体检车（外出体检）、肺功能仪 |
| | 在岗期间 | 体格检查必检项目：内科常规检查，重点检查呼吸系统和心血管系统 | 体格检查必备设备：内科常规检查用听诊器、血压计、身高测量仪、体重测量仪 |
| | | 实验室和其他检查必检项目：后前位X射线高千伏胸片或数字化摄影（DR）胸片、心电图、肺功能 | 必检项目必备设备：DR摄片机、尘肺病诊断标准片、>3 000 cd/m$^2$ 三联式观片灯及DR体检车（外出体检）、心电图仪、肺功能仪 |
| | | 复检项目：后前位胸片异常者可选择胸部CT | 复检项目必备设备：CT仪 |
| | 离岗时 | 同在岗期间 | 同在岗期间 |

（四）工作场所

工作场所布局合理，采光良好。体检场所应在醒目位置公示体检功能区布局和体检基本流程，引导标识应准确清晰。每个独立的检查室使用面积不小于 6 m$^2$。

开展外出职业健康检查的，应当具有外出车载 X 射线数字化摄片（DR）机及其他相应的职业健康检查仪器、设备。

（五）质量管理文书

（1）建立矽尘作业职业健康检查质量管理规程，进行全过程质量管理并持续有效运行，建立矽尘作业职业健康监护工作规范和标准。

（2）制备职业健康检查表。

（3）工作场所张贴 X 射线摄片须知和辐射提醒标识。

（4）建立 X 射线摄片室管理制度，建立 X 射线摄片质控规范。

（5）建立肺功能检查室管理制度，建立肺功能检查质控规范。

（6）按矽尘作业人员胸部后前位 X 射线数字化摄影（DR 摄片）相关技术要求，存 GBZ 70—2015《职业性尘肺病的诊断》及 GBZ 188—2014《职业健康监护技术规范》的规范性附录等文件备查。

（六）能力考核与培训

（1）建立和保持技术人员培训制度，制订并落实各类人员教育和培训计划。

（2）质量负责人和技术负责人需要每 2 年进行 1 次职业健康检查法律法规知识培训并考核合格。

（3）DR 摄片技师具备技师资格，诊断医师具备影像学（放射）专业执业医师资格。按照放射相关操作规范进行。肺功能检查和诊断医师需具备临床或预防专业执业医师资格。

（4）矽尘作业人员职业健康检查主检医师掌握 GBZ 70—2015《职业性尘肺病的诊断》及 GBZ 188—2014《职业健康监护技术规范》，对矽尘所致疑似职业性硅沉着病、职业禁忌证的判断准确。职业性尘肺病诊断医师需要每 2 年参加复训并考核合格。

（5）质量控制能力考核内容为进行胸片读片能力考核。

（6）个体结论符合率考核：职业健康信息化系统每年 1 次抽备案单位个体体检报告 80 份，加上体检单位提供的疑似职业性尘肺病报告 10 份、粉尘作业职业禁忌证报告 10 份，总计对 100 份体检表进行专家评分。

（七）矽尘作业人员体检过程管理

**1. 体检对象确定**

接触游离二氧化硅粉尘（结晶型二氧化硅粉尘，矽尘）的所有人员。在岗期间健康检查周期：作业分级 Ⅰ 级者为每 2 年 1 次，作业分级 Ⅱ 级及以上者为每年 1 次。

**2. 下列情况需进行胸片、CT、肺功能复查或复检**

1）上岗前体检：

（1）初检发现肺部小结节或不规则小阴影、条索或片状阴影等，需复查胸片或 CT。

（2）肺功能检测结果发现阻塞性、限制性或混合性通气功能障碍，需复查肺功能。

2）在岗期间体检：

（1）初检发现肺部小结节或不规则小阴影、条索或片状阴影等，需复查胸片或复检 CT。

（2）肺功能检测结果发现阻塞性、限制性或混合性通气功能障碍，需复查肺功能。

3）离岗时体检：初检发现肺部小结节或不规则小阴影、条索或片状阴影等，需复查胸片或复检 CT。

**3. 疑似职业性尘肺病的判断**

（1）初检和复查胸片或复检 CT 后，在确认肺部尘肺样小阴影改变的基础上，至少有 2 个肺区小阴影的密集度达到 1/0。

（2）初检和复查胸片或复检 CT 后，肺部大阴影明确，并初步排除肺结核、炎症及肿瘤等其他基础疾病。

（3）如同工种多人初检同时发现肺部类似的尘肺样小结节或不规则小阴影，可直接判断为疑似职业性尘肺病。

**4. 职业禁忌证的判定**

（1）活动性肺结核病。活动性肺结核是由结核分枝杆菌导致的肺部感染性疾病。痰涂片阳性，有结核分枝杆菌排出，病灶属于活动期，胸片常表现为斑片状阴影或结核空洞，或者播散病灶。因此，可根据胸片影像学改变、痰涂片及相关临床表现做出判定。

（2）慢性阻塞性肺病（chronic obstructive pulmonary diseases，COPD）。具有以下特点的患者应该考虑 COPD 诊断：慢性咳嗽、咳痰、进行性加重的呼吸困难、有 COPD 危险因素的接触史（即使无呼吸困难症状）。确诊需要肺功能检查，使用支气管扩张剂后 FEV1/FVC＜70%，可以确认存在不可逆的气流受阻。

（3）慢性间质性肺病（chronic interstitial pulmonary disease，CIPD）。具有以下特点的患者应该考虑 CIPD 诊断：弥漫性肺实质病变、肺泡炎和间质纤维化为病理基本改变，以活动性呼吸困难、胸片示弥漫阴影、限制性通气障碍、弥散功能（$D_LCO$）降低和低氧血症为临床表现的。

（4）伴肺功能损害的疾病：呼吸系统疾病常常伴有不同类型和不同程度的肺功能损害。常见的疾病有：气胸、肺大泡、肺气肿、肺癌、肺心病、呼吸衰竭、肺栓塞、肺脓肿、肺炎、急性支气管炎、哮喘、肺结核、间质性肺疾病、各种肺水肿、急性呼吸窘迫综合征、严重的心血管系统疾病、慢性肺源性心脏病、肺部阴影（严格讲不算单独疾病，但临床上常作为多种肺部占位病变的统称）等。

**（八）胸片和肺功能检查质量控制**

**胸片质量控制**

**1. 摄影要求（DR）**

1）摄影体位：胸部后前立位，受检者应将胸壁紧贴摄影架，双脚自然分开，双臂内旋转，使肩胛骨尽量不和肺野重叠。

2）源像距（source image distance，SID）为 180 cm。

3）使用小焦点。

4）调整球管位置，中心线在第六胸椎水平。

5）采用自动曝光控制（特殊情况下可采用手动曝光）。

6）摄影电压为 90～125 kV，曝光时间小于 100 ms。

7）曝光应在充分吸气后屏气的状态时进行。

8）图像处理：

（1）在摄影前，宜根据尘肺胸片质量要求设定图像处理参数。

（2）图像处理应在生成医学数字成像和通信（digital imaging and communications in medicine, DICOM）格式的影像文件之前进行，不允许对 DICOM 格式的影像文件进行图像处理。

（3）不鼓励使用降噪，不容许使用边缘增强等图像处理技术。

2. **胸片质量要求**

胸片质量至关重要，原则上要求达到优片或良片才能用于读片诊断；差片虽可勉强阅读，但容易漏诊，尽量避免；废片必须重新摄片检查。

1）基本要求：

（1）必须包括两侧肺尖和肋膈角，胸锁关节基本对称，肩胛骨阴影不与肺野重叠。

（2）片号、日期及其他标志应分别置于两肩上方，排列整齐，清晰可见，不与肺野重叠。

（3）照片无伪影、漏光、污染、划痕、水渍及体外物影像。

2）解剖标志显示：

（1）两侧肺纹理清晰、边缘锐利，并延伸到肺野外带；心缘及横膈面成像锐利。

（2）两侧侧胸壁从肺尖至肋膈角显示良好。

（3）气管、隆突及两侧主支气管轮廓可见，并可显示胸椎轮廓。

（4）心后区肺纹理可以显示；右侧膈顶一般位于第十后肋水平。

3）光密度：

（1）上中肺野最高密度应在 1.45～1.75。

（2）普通高千伏胸片膈下光密度小于 0.28，DR 胸片膈下光密度小于 0.30。

（3）直接曝光区光密度大于 2.50。

3. **阅读要求**

（1）从事粉尘作业胸片阅读的人员由具有医学影像（放射）执业医师资格且经过省职业健康检查质量控制中心培训合格的医师承担，或由取得尘肺病诊断医师资格的医师读片。

（2）读片时应取坐位，观片灯的位置要适当，一般置于读者眼前 25 cm（利于观察小阴影）至 50 cm（利于观察全胸片）处。

（3）读片时应参考标准片，一般应将需阅读的胸片放在灯箱中央，两旁放常用的标准片。

（4）观片灯至少要有 3 联灯箱，最好有 5 联。观片灯最低亮度不低于 3 000 cd/m$^2$，亮度均匀度（亮度差）小于 15%。

（5）读片室内应安静，无直接的其他光线照射到观片灯上，读片速度根据个人习惯而定，但应每 1～1.5 h 休息 1 次，以保持读片者良好的分辨能力。

（6）发现异常胸片（例如，有疑似小结节或不规则小阴影等），本机构技术人员无法判断时，可聘请有丰富尘肺病诊断经验的专家进行把关。

**肺功能检查质量控制**

（1）检查实施前，对各仪器设备进行校正，确保检查的顺利开展。

（2）检查应选取安静、宽敞的地点，且场地有良好的通风性。

（3）核对受检者并在肺功能检查表格上登记其个人相关信息，询问受检者在过去3个月是否进行过大的腹部或胸部手术，或有心脏疾病，如果有，不应做肺功能检查。要求受检者解开紧身衣服，若装有假牙且不能确保假牙安装得足够稳固，则要求取出。把吹筒放在口腔内，其前口应含到牙齿内，并保证在吹气时不漏气。要求受检者站立做肺通气功能检测，如果不能站立，在表格上填上说明受检者是坐着检测的编号。要求受检者下巴微抬和脖子微伸，夹住鼻子。

（4）提醒受检者该项检查的目的是检查他们的肺通气功能，嘱受检者应根据测试人员的口令，尽最大努力，尽可能配合。测试前应详细地说明测试过程，并认真地做测试动作示范，务必使受检者完全理解并掌握全部测试过程中应该如何和测试人员配合。

（5）准备好后令受检者平静呼吸3~5次后，尽最大努力深吸气到最饱满状态（不能再吸气为止），要求受检者以最快速度、用最大力把气吹进吹筒（呼气时应该用嘴唇含紧吹筒用最大力和最快速度吹），并持续用力坚持4~6 s或6 s以上。

（6）每位受检者检查至少3次，检查每次测试记录图形，至少获得3个技术合格的FVC曲线。2次FVC之差小于100 mL，受试者是否用最大力配合检查，有无停顿、换气、漏气或其他影响测试的异常，并记录。取测定值最大的为结果，对测试结果应给予评价，如满意、不满意、不能合作或拒绝合作等。

（7）最佳2次的FVC误差<0.15 L，最佳2次的FEV1误差<0.15 L，若达不到该标准，继续重复检查直到达到标准。结果取FVC和FEV1最大值。

（九）档案管理

（1）作业场所现场游离二氧化硅粉尘（结晶型二氧化硅粉尘，矽尘）监测资料。

（2）职业健康检查信息表（含接触史，包括既往接触史、个人防护情况等）。

（3）历年职业健康检查表（应保持资料的完整性、连续性、准确性）。

（4）职业健康监督执法资料。

## 二、煤尘

（一）组织机构

备案煤尘作业职业健康检查。设置与煤尘作业职业健康检查相关的科室，合理设置各科室岗位及数量，至少包含内科（体格检查）、心电图检查室、医学影像科（放射科）、肺功能检查室、检验科等。

（二）人员

参照"一、（二）"执行。

（三）仪器设备

参照"一、（三）"执行。

（四）工作场所

参照"一、（四）"执行。

（五）质量管理文书

参照"一、（五）"执行。

（六）能力考核与培训

（1）建立和保持技术人员培训制度，制订并落实各类人员教育和培训计划。

（2）质量负责人和技术负责人需要每2年进行1次职业健康检查法律法规知识培训并考核合格。

（3）摄片技师具备技师资格，诊断医师具备影像学（放射）专业执业医师资格。按照放射相关操作规范进行。肺功能检查和诊断医师需具备临床或预防专业执业医师资格。

（4）煤尘作业人员职业健康检查主检医师应掌握 GBZ 70—2015《职业性尘肺病的诊断》及 GBZ 88—2014《职业健康监护技术规范》，对煤尘所致疑似职业性煤工尘肺病、职业禁忌证的判断准确。职业性尘肺病诊断医师需要每2年参加复训并考核合格。

（5）质量控制能力考核和个体结论符合率考核参照"一、（六）（5）"和"一、（六）（6）"执行。

（七）煤尘作业人员体检过程管理

1. **体检对象**

接触煤尘的所有人员。在岗期间健康检查周期：作业分级Ⅰ级为每3年1次，作业分级Ⅱ级及以上为每2年1次。

2. **下列情况需进行胸片、CT、肺功能复查、复检**

1）上岗前体检：

（1）初检发现肺部小结节或不规则小阴影、条索或片状阴影等，需复查胸片或复检CT。

（2）肺功能检测结果发现阻塞性、限制性或混合性通气功能障碍，需复查肺功能。

2）在岗期间体检：

（1）初检发现肺部小结节或不规则小阴影、条索或片状阴影等，需复查胸片或复检CT。

（2）肺功能检测结果发现阻塞性、限制性或混合性通气功能障碍，需复查肺功能。

3）离岗时体检：初检发现肺部小结节或不规则小阴影、条索或片状阴影等，需复查胸片或复检CT。

3. **疑似职业性煤工尘肺的判断**

（1）初检和复查胸片或复检CT后，在确认肺部尘肺样小阴影改变的基础上，至少有 2 个肺区小阴影的密集度达到 1/0；

（2）初检和复查胸片或复检 CT 后，肺部大阴影明确，并初步排除肺结核、炎症及肿瘤等其他基础疾病；

（3）如同工种多人初检同时发现肺部类似的尘肺样小结节或不规则小阴影，可直接判断为疑似职业性煤工尘肺病。

**4．职业禁忌证的判定**

参照"一、（七）4."执行。

**（八）胸片和肺功能检查质量控制**

参照"一、（八）"执行。

**（九）档案管理**

（1）作业场所现场煤尘监测资料。

（2）职业健康检查信息表（含接触史，包括既往接触史、个人防护情况等）。

（3）历年职业健康检查表（应保持资料的完整性、连续性、准确性）。

（4）职业健康监督执法资料。

## 三、石棉粉尘

**（一）组织机构**

备案粉尘类（石棉粉尘）作业职业健康检查。设置与石棉粉尘作业职业健康检查相关的科室，合理设置各科室岗位及数量，至少包含内科（体格检查）、心电图检查室、医学影像科（放射科）、肺功能检查室、检验科等。

**（二）人员**

参照"一、（二）"执行。

**（三）仪器设备**

（1）配备满足并符合与备案粉尘作业职业健康检查的类别和项目相适应的符合条件的 X 射线摄片（DR）机、心电图仪、肺功能仪等。外出体检配置车载 X 射线摄片（DR）室。

（2）有关仪器设备的种类、数量、性能、量程、精确度等技术指标应满足工作需要，国家要求计量认证或校准的，需要符合计量认证或校准的要求。应对 X 射线摄片机、心电图仪、肺功能仪等仪器设备进行定期计量、检定和校准，并张贴标识；不属于强制检定的，应有相应校验方法并定期自校。应定期进行维护保养及计量、检定和校验，同时记录设备状态。

（3）对所使用的设备编制操作规程。

(4) 体检分类项目及设备见表2。

表2 体检分类项目及设备（2）

| 名称 | 类别 | 检查项目 | 设备配置 |
|---|---|---|---|
| 石棉粉尘 | 上岗前 | 体格检查必检项目：内科常规检查，重点检查呼吸系统、心血管系统 | 体格检查必备设备：内科常规检查用听诊器、血压计、身高测量仪、体重测量仪 |
| | | 实验室和其他检查必检项目：血常规、尿常规、肝功能、心电图、后前位X射线高千伏胸片或数字化摄影胸片（DR胸片）、肺功能 | 必检项目必备设备：血细胞分析仪、尿液分析仪、生化分析仪、心电图仪、DR摄片机、尘肺病诊断标准片、>3 000 cd/m² 三联式观片灯及DR检查车（外出体检）、肺功能仪 |
| | 在岗期间 | 体格检查必检项目：内科常规检查，重点检查呼吸系统和心血管系统 | 体格检查必备设备：内科常规检查用听诊器、血压计、身高测量仪、体重测量仪 |
| | | 实验室和其他检查必检项目：后前位X射线高千伏胸片或数字化摄影胸片（DR胸片）、心电图、肺功能 | 必检项目必备设备：DR摄片机、尘肺病诊断标准片、>3 000 cd/m² 三联式观片灯及DR检查车（外出体检）、心电图仪、肺功能仪 |
| | | 复检项目：后前位胸片异常者可选择侧位X射线高千伏胸片、胸部CT、肺弥散功能 | 复检项目必备设备：DR摄片机、尘肺病诊断标准片、>3 000 cd/m² 三联式观片灯、CT机、肺功能仪 |
| | 离岗时 | 同在岗期间 | 体格检查必备设备：内科常规检查用听诊器、血压计、身高测量仪、体重测量仪 |
| | | | 必检项目必备设备：DR摄片机、尘肺病诊断标准片、>3 000 cd/m² 三联式观片灯及DR检查车（外出体检）、心电图仪、肺功能仪 |
| | | | 复检项目必备设备：DR摄片机、尘肺病诊断标准片、>3 000 cd/m² 三联式观片灯、CT机、肺功能仪 |

（四）工作场所

参照"一、（四）"执行。

（五）质量管理文书

参照"一、（五）"执行。

（六）能力考核与培训

(1) 建立和保持技术人员培训制度，制订并落实各类人员教育和培训计划。

(2) 质量负责人和技术负责人需要每2年进行1次职业健康检查法律法规知识培训并考核合格。

（3）摄片技师具备技师资格，诊断医师具备影像学（放射）专业执业医师资格。按照放射相关操作规范进行。肺功能检查和诊断医师需具备临床或预防专业执业医师资格。

（4）石棉粉尘作业人员职业健康检查主检医师应掌握 GBZ 70—2015《职业性尘肺病的诊断》及 GBZ 188—2014《职业健康监护技术规范》，对石棉粉尘所致疑似职业性石棉肺、疑似职业性肿瘤（石棉所致肺癌、间皮瘤）、职业禁忌证判断准确。职业性尘肺病诊断医师需要每 2 年参加复训并考核合格。

（5）质量控制能力考核和个体结论符合率考核参照"一、（六）（5）"和"一、（六）（6）"执行。

（七）粉尘作业人员体检过程管理

**1. 体检对象确定**

体检对象为接触石棉粉尘的所有人员。在岗期间健康检查周期：作业分级Ⅰ级为每 2 年 1 次，作业分级Ⅱ级及以上为每年 1 次。

**2. 下列情况需进行胸片、CT、肺功能（肺弥散功能）复查、复检**

1）上岗前体检：

（1）初检发现肺部弥漫性小阴影、条索或片状阴影，需复查胸片或复检 CT。

（2）肺功能检测结果发现阻塞性、限制性或混合性通气功能障碍，需复查肺功能（肺弥散功能）。

2）在岗期间体检：

（1）初检发现肺部弥漫性小阴影、条索或片状阴影、胸膜斑、间皮瘤，需复查胸片或复检 CT，有条件者进一步做胸腔穿刺和病理检查。

（2）肺功能检测结果发现阻塞性、限制性或混合性通气功能障碍，需复查肺功能（肺弥散功能）。

3）离岗时体检：初检发现肺部弥漫性小阴影、条索或片状阴影、胸膜斑、间皮瘤，需复查胸片或 CT 复检，有条件者进一步做胸腔穿刺和病理检查。

**3. 疑似职业性石棉肺或职业性肿瘤（石棉所致肺癌、间皮瘤）的判断**

（1）初检和复查胸片或复检 CT 后，确认肺部尘肺样小阴影改变的基础上，至少有 2 个肺区小阴影的密集度达到 1/0。

（2）初检和复查胸片或复检 CT 后，确认肺部尘肺样小阴影改变的基础上，至少有 2 个肺区小阴影的密集度达到 0/1，同时出现胸膜斑。

（3）初检和复查胸片或复检 CT 后，确认肺部尘肺样小阴影改变的基础上，只有 1 个肺区小阴影的密集度达到 1/0，同时出现胸膜斑。

（4）初检和复查胸片或复检 CT 后，胸腔穿刺和病理等检查确诊肺部阴影为肺癌或间皮瘤，在已经判定为疑似职业性石棉肺的基础上，同时判定为疑似职业性肿瘤（石棉所致肺癌、间皮瘤）。

（5）初检和复查胸片或复检 CT 后，胸腔穿刺和病理等检查确诊肺部阴影为原发性肺癌或间皮瘤，无疑似职业性石棉肺的情况下，累计接触石棉粉尘 1 年以上（含 1 年）及潜隐期 15 年以上（含 15 年），应判定为疑似职业性肿瘤（石棉所致肺癌、间皮瘤）。

4. 职业禁忌证的判定

参照"一、(七)4."执行。

(八) 胸片和肺功能检查质量控制

参照"一、(八)"执行。

(九) 档案管理

(1) 作业场所现场石棉粉尘监测资料。

(2) 职业健康检查信息表(含接触史,包括既往接触史、个人防护情况等)。

(3) 历年职业健康检查表(应保持资料的完整性、连续性、准确性)。

(4) 职业健康监督执法资料。

## 四、其他致尘肺病的无机粉尘

根据职业病目录,其他致尘肺病的无机粉尘系指炭黑粉尘、石墨粉尘、滑石粉尘、云母粉尘、水泥粉尘、铸造粉尘、陶瓷粉尘、铝尘(铝、铝矾土、氧化铝)、电焊烟尘等。

(一) 组织机构

备案其他致尘肺病的无机粉尘作业职业健康检查。设置与粉尘作业职业健康检查相关的科室,合理设置各科室岗位及数量,至少包含内科(体格检查)、心电图检查室、医学影像科(放射科)、肺功能检查室、检验科等。

(二) 人员

参照"一、(二)"执行。

(三) 仪器设备

参照"一、(三)"执行。

(四) 工作场所

参照"一、(四)"执行。

(五) 质量管理文书

参照"一、(五)"执行。

(六) 能力考核与培训

(1) 建立和保持技术人员培训制度,制订并落实各类人员教育和培训计划。

(2) 质量负责人和技术负责人需要每2年进行1次职业健康检查法律法规知识培训并考核合格。

(3) 摄片技师具备技师资格,诊断医师具备影像学(放射)专业执业医师资格。按照放射相关操作规范进行。肺功能检查和诊断医师需具备临床或预防专业执业医师资格。

(4) 粉尘作业人员职业健康检查主检医师应掌握GBZ 70—2015《职业性尘肺病的诊断》及GBZ 188—2014《职业健康监护技术规范》,对粉尘所致疑似职业性尘肺病、职业禁忌证判断准确。职业性尘肺病诊断医师需要每2年参加复训并考核合格。

（5）质量控制能力考核和个体结论符合率考核参照"一、（六）（5）"和"一、（六）（6）"执行。

（七）粉尘作业人员体检过程管理

1. 体检对象确定

体检对象为接触其他致尘肺病的无机粉尘的所有人员。在岗期间健康检查周期：作业分级Ⅰ级为每4年1次，作业分级Ⅱ级及以上为每2~3年1次。

2. 下列情况需进行胸片、CT、肺功能复查、复检

1）上岗前体检：

（1）初检发现肺部小结节或不规则小阴影、条索或片状阴影等，需复查胸片或复检CT。

（2）肺功能检测结果发现阻塞性、限制性或混合性通气功能障碍，需复查肺功能。

2）在岗期间体检：

（1）初检发现肺部小结节或不规则小阴影、条索或片状阴影等，需复查胸片或复检CT。

（2）肺功能检测结果发现阻塞性、限制性或混合性通气功能障碍，需复查肺功能。

3）离岗时体检：

初检发现肺部小结节或不规则小阴影、条索或片状阴影等，需复查胸片或复检CT。

3. 疑似职业性尘肺病的判断

（1）初检和复查胸片或复检CT后，确认肺部尘肺样小阴影改变的基础上，至少有2个肺区小阴影的密集度达到1/0。

（2）初检和复查胸片或复检CT后，肺部大阴影明确，并初步排除肺结核、炎症及肿瘤等其他基础疾病。

（3）如同工种多人初检同时发现肺部类似的尘肺样小结节或不规则小阴影，可直接判断为疑似职业性尘肺病。

4. 职业禁忌证的判定

参照"一、（七）4."执行。

（八）胸片和肺功能检查质量控制

参照"一、（八）"执行。

（九）档案管理

（1）作业场所现场炭黑粉尘、石墨粉尘、滑石粉尘、云母粉尘、水泥粉尘、铸造粉尘、陶瓷粉尘、铝尘（铝、铝矾土、氧化铝）、电焊烟尘等无机粉尘监测资料。

（2）职业健康检查信息表（含接触史，包括既往接触史、个人防护情况等）。

（3）历年职业健康检查表（应保持资料的完整性、连续性、准确性）。

（4）职业健康监督执法资料。

## 五、棉尘（包括亚麻、软大麻、黄麻粉尘）

### （一）组织机构

备案棉尘作业职业健康检查。设置与棉尘作业作业职业健康检查相关的科室，合理设置各科室岗位及数量，至少包含内科（体格检查）、心电图检查室、医学影像科（放射科）、肺功能检查室、检验科等。

### （二）人员

参照"一、（二）"执行。

### （三）仪器设备

（1）配备满足并符合与备案棉尘作业职业健康检查的类别和项目相适应的符合条件的 X 射线摄片（DR）机、心电图仪、肺功能仪等。外出体检配置车载 X 射线摄片（DR）室。

（2）有关仪器设备的种类、数量、性能、量程、精确度等技术指标应满足工作需要，国家要求计量认证或校准的，需要符合计量认证或校准的要求。应对 X 射线摄片机、心电图仪、肺功能仪等仪器设备进行定期计量、检定和校准，并张贴标识；不属于强制检定的，应有相应校验方法并定期自校。应定期进行维护保养及计量、检定和校验，同时记录设备状态。

（3）对所使用的设备编制操作规程。

（4）体检分类项目及设备见表 3。

表 3 体检分类项目及设备（3）

| 名称 | 类别 | 检查项目 | 设备配置 |
| --- | --- | --- | --- |
| 棉尘（包括亚麻、软大麻、黄麻粉尘） | 上岗前 | 体格检查必检项目：内科常规检查，重点检查呼吸系统 | 体格检查必备设备：内科常规检查用听诊器、血压计、身高测量仪、体重测量仪 |
| | | 实验室和其他检查必检项目：血常规、尿常规、肝功能、心电图、胸部 X 射线摄片、肺功能 | 必检项目必备设备：血细胞分析仪、尿液分析仪、生化分析仪、心电图仪、DR 摄片机、肺功能仪、DR 检查车（外出体检） |
| | 在岗期间 | 体格检查必检项目：内科常规检查，重点检查呼吸系统 | 体格检查必备设备：内科常规检查用听诊器、血压计、身高测量仪、体重测量仪 |
| | | 实验室和其他检查必检项目：血沉、胸部 X 射线摄片、心电图、肺功能 | 必检项目必备设备：血沉仪、DR 摄片机、生化分析仪、心电图仪、肺功能仪、DR 检查车（外出体检） |
| | 离岗时 | 同在岗期间 | 同在岗期间 |

（四）工作场所

参照"一、（四）"执行。

（五）质量管理文书

参照"一、（五）"执行。

（六）能力考核与培训

（1）建立和保持技术人员培训制度，制订并落实各类人员教育和培训计划。

（2）质量负责人和技术负责人需要每2年进行1次职业健康检查法律法规知识培训并考核合格。

（3）摄片技师具备技师资格，诊断医师具备影像学（放射）专业执业医师资格。按照放射相关操作规范进行。肺功能检查和诊断医师需具备临床或预防专业执业医师资格。

（4）棉尘作业人员职业健康检查主检医师（尘肺病诊断资格暂代）掌握GBZ 70—2015《职业性尘肺病的诊断》及GBZ 188—2014《职业健康监护技术规范》，对棉尘所致疑似职业性棉尘病、职业禁忌证判断准确。

（5）质量控制能力考核和个体结论符合率考核参照"一、（六）（5）"和"一、（六）（6）"规定执行。

（七）棉尘作业人员体检过程管理

**1. 体检对象确定**

体检对象为接触棉尘作业的所有人员。在岗期间健康检查周期：劳动者在开始工作的6~12个月时应进行1次健康检查；作业分级Ⅰ级为每4~5年1次，作业分级Ⅱ级及以上为每2~3年1次。

**2. 下列情况需进行胸片、CT、肺功能复查、复检**

1）上岗前体检：

（1）初检发现肺部弥漫性小阴影、条索或片状阴影等，需复查胸片或复检CT；

（2）肺功能检测结果发现阻塞性、限制性或混合性通气功能障碍，需复查肺功能。

2）在岗期间体检：

（1）初检发现肺部弥漫性小阴影、条索或片状阴影等，需复查胸片或复检CT；

（2）肺功能检测结果发现阻塞性、限制性或混合性通气功能障碍，需复查肺功能。

3）离岗时体检：肺功能检测结果发现阻塞性、限制性或混合性通气功能障碍，需复查肺功能。

**3. 疑似职业性棉尘病的判断**

工作期间发生胸部紧束感和/或胸闷、气短、咳嗽等特征性的呼吸系统症状，脱离工作后症状缓解，$FEV1$上班后与班前比较下降15%以上，或支气管舒张试验阳性。

**4. 职业禁忌证的判定**

（1）活动性肺结核病。活动性肺结核是由结核分枝杆菌导致的肺部感染性疾病。痰涂片阳性，有结核分枝杆菌排出，病灶属于活动期，胸片常表现为斑片状阴影或是结核空洞，或者播散病灶。因此，可根据胸片影像学改变、痰涂片及相关临床表现做出判定。

(2) 慢性阻塞性肺病（COPD）。具有以下特点的患者应该考虑 COPD 诊断：慢性咳嗽、咳痰、进行性加重的呼吸困难及有 COPD 危险因素的接触史（即使无呼吸困难症状）。确诊需要肺功能检查，使用支气管扩张剂后 FEV1/FVC < 70%，可以确认存在不可逆的气流受阻。

(3) 伴肺功能损害的疾病。呼吸系统疾病常常伴有不同类型和不同程度的肺功能损害。常见的疾病为气胸、肺大泡、肺气肿、肺癌、肺心病、呼吸衰竭、肺栓塞、肺脓肿、肺炎、急性支气管炎、哮喘、肺结核、间质性肺疾病、各种肺水肿、急性呼吸窘迫综合征、严重的心血管系统疾病、慢性肺源性心脏病、肺部阴影（严格讲不算单独疾病，但临床上常作为多种肺部占位病变的统称）等。

（八）肺功能检查质量控制

参照"一、（八）"执行。

（九）档案管理

(1) 作业场所现场棉尘监测资料。

(2) 职业健康检查信息表（含接触史，包括既往接触史、个人防护情况等）。

(3) 历年职业健康检查表（应保持资料的完整性和连续性，真实可信）。

(4) 职业健康监督执法资料。

## 六、有机粉尘

（一）组织机构

备案有机粉尘作业职业健康检查。设置与有机粉尘作业职业健康检查相关的科室，合理设置各科室岗位及数量，至少包含内科（体格检查）、心电图检查室、医学影像科（放射科）、肺功能检查室、检验科等。

（二）人员

参照"一、（二）"执行。

（三）仪器设备

(1) 配备满足并符合与备案有机粉尘作业职业健康检查的类别和项目相适应的符合条件的耳鼻喉检查室、X 射线摄片（DR）机、心电图仪、肺功能仪等仪器设备。外出体检配置车载 X 射线摄片（DR）室。

(2) 有关仪器设备的种类、数量、性能、量程、精确度等技术指标应满足工作需要，国家要求计量认证或校准的，需要符合计量认证或校准的要求。应对 X 射线摄片机、心电图仪、肺功能仪等仪器设备进行定期计量、检定和校准，并张贴标识；不属于强制检定的，应有相应校验方法并定期自校。应定期进行维护保养及计量、检定和校验，同时记录设备状态。

(3) 对所使用的设备编制操作规程。

(4) 体检分类项目及设备见表4。

表4 体检分类项目及设备（4）

| 名称 | 类别 | 检查项目 | 设备配置 |
|---|---|---|---|
| 有机粉尘 | 上岗前 | 体格检查必检项目：1）内科常规检查，重点检查呼吸系统；2）鼻及咽部常规检查，重点检查有无过敏性鼻炎 | 体格检查必备设备：1）内科常规检查用听诊器、血压计、身高测量仪、体重测量仪；2）鼻及咽部常规检查用额镜或额眼灯 |
| | | 实验室和其他检查必检项目：血常规、尿常规、肝功能、血嗜酸细胞计数、心电图、肺功能、胸部X射线摄片，有过敏史或可疑过敏体质者可选择肺弥散功能、血清总IgE、皮肤过敏原试验 | 必检项目必备设备：血细胞分析仪、尿液分析仪、生化分析仪、五分类血细胞分析仪或显微镜、心电图仪、肺功能仪、DR摄片机、肺功能仪。血清总IgE测定设备：放射免疫分析仪或酶标仪或化学发光仪。皮肤过敏原试验设备：皮肤点刺法、斑贴法。DR检查车（外出体检） |
| | 在岗期间 | 体格检查必检项目：1）内科常规检查，重点检查呼吸系统（注意肺部湿性啰音的部位和持续性）、心血管系统；2）鼻及咽部常规检查，重点检查有无过敏性鼻炎 | 体格检查必备设备：1）内科常规检查用听诊器、血压计、身高测量仪、体重测量仪；2）鼻及咽部常规检查用额镜或额眼灯 |
| | | 实验室和其他检查必检项目：血常规、心电图、血嗜酸细胞计数、血清总IgE、肺功能、胸部X射线摄片，有哮喘症状者可选择肺弥散功能、抗原特异性IgE抗体、变应原皮肤试验、变应原支气管激发试验 | 必检项目必备设备：血细胞分析仪、尿液分析仪、生化分析仪、五分类血细胞分析仪或显微镜、心电图仪、肺功能仪、DR摄片机、肺功能仪。血清总IgE测定设备：放射免疫分析仪或酶标仪或化学发光仪。皮肤过敏原试验设备：皮肤点刺法、斑贴法。DR检查车（外出体检） |
| | 离岗时 | 同在岗期间 | 同在岗期间 |

（四）工作场所

参照"一、（四）"执行。

（五）质量管理文书

（1）建立有机粉尘作业职业健康检查质量管理规程，进行全过程质量管理并持续有效运行，建立有机粉尘作业职业健康监护工作规范和标准。

（2）制备职业健康检查表。

（3）工作场所张贴X射线摄片须知和辐射提醒标识。

（4）建立X射线摄片室管理制度，建立X射线摄片质控规范。

（5）建立肺功能检查室管理制度，建立肺功能检查质控规范。

（6）有关有机粉尘作业人员胸部后前位 X 射线数字化摄影（DR 摄片）的技术要求参照 GBZ 70—2015《职业性尘肺病的诊断》及 GBZ 188—2014《职业健康监护技术规范》的规范性附录等文件执行。

（7）有关实验室内变应原支气管激发试验和作业现场激发试验、变应原特异性 IgE 抗体检测——酶联免疫吸附试验（ELISA）、特异性变应原皮肤试验按照 GBZ 57—2019《职业性哮喘的诊断》"附录 B、C、D"规定执行。

（六）能力考核与培训

（1）建立和保持技术人员培训制度，制订并落实各类人员教育和培训计划。

（2）质量负责人和技术负责人需要每 2 年进行 1 次职业健康检查法律法规知识培训并考核合格。

（3）摄片技师具备技师资格，诊断医师具备影像学（放射）专业执业医师资格。按照放射相关操作规范进行。肺功能检查和诊断医师需具备临床或预防专业执业医师资格。

（4）有机粉尘作业人员职业健康检查主检医师应掌握 GBZ 60—2014《职业性过敏性肺炎的诊断》、GBZ 57—2019《职业性哮喘的诊断》及 GBZ 188—2014《职业健康监护技术规范》，对有机粉尘所致疑似职业性过敏性肺炎、疑似职业性哮喘、职业禁忌证判断准确。

（5）质量控制能力考核和个体结论符合率考核参照"一、（六）（5）"和"一、（六）（6）"执行。

（七）有机粉尘作业人员体检过程管理

**1. 体检对象确定**

体检对象为接触有机粉尘的所有人员。在岗期间健康检查周期：劳动者在开始工作的 6~12 个月时应进行 1 次健康检查；作业分级 I 级为每 4~5 年 1 次，作业分级 II 级及以上为每 2~3 年 1 次。

**2. 下列情况需进行胸片、CT、肺功能及相关试验的复查、复检**

1）上岗前体检：

（1）初检发现有过敏史或有过敏体质者可选择非特异性气管激发试验（气道高反应性激发试验）；

（2）肺功能检测结果发现阻塞性、限制性或混合性通气功能障碍，需复查肺功能。

2）在岗期间体检：

（1）初检发现胸部影像学检查显示肺间质纤维化改变（双肺弥漫性网状、结节状、条索状阴影或为蜂窝肺影像）或浸润性炎症改变，需复查胸片或复检 CT。必要时可进一步做支气管肺泡灌洗和肺活检。

（2）初检发现发作性喘息、气急、胸闷或咳嗽等症状符合支气管哮喘的临床诊断，可根据情况进一步选择做实验室内变应原支气管激发试验和作业现场激发试验、变应原特异性 IgE 抗体检测—酶联免疫吸附试验（ELISA）、特异性变应原皮肤试验。

(3) 肺功能检测结果发现阻塞性、限制性或混合性通气功能障碍，需复查肺功能。

3）离岗时体检：

(1) 初检发现胸部影像学检查显示肺间质纤维化改变（双肺弥漫性网状、结节状、条索状阴影或为蜂窝肺影像）或浸润性炎症改变，需复查胸片或复检 CT。必要时可进一步做支气管肺泡灌洗和肺活检。

(2) 初检发现发作性喘息、气急、胸闷或咳嗽等症状符合支气管哮喘的临床诊断，可根据情况进一步选择做实验室内变应原支气管激发试验和作业现场激发试验、变应原特异性 IgE 抗体检测—酶联免疫吸附试验（ELISA）、特异性变应原皮肤试验。

(3) 肺功能检测结果发现阻塞性、限制性或混合性通气功能障碍，需复查肺功能

### 3. 疑似职业性过敏性肺炎和疑似职业性哮喘的判断

(1) 初检发现胸部影像学检查显示肺间质纤维化改变（双肺弥漫性网状、结节状、条索状阴影或为蜂窝肺影像）或浸润性炎症改变，复查胸片或复检 CT 确认。必要时可进一步做支气管肺泡灌洗和肺活检确诊。

(2) 初检发现发作性喘息、气急、胸闷或咳嗽等症状符合支气管哮喘的临床诊断，可根据情况进一步选择做实验室内变应原支气管激发试验和作业现场激发试验、变应原特异性 IgE 抗体检测—酶联免疫吸附试验（ELISA）、特异性变应原皮肤试验确认。

### 4. 职业禁忌证的判定

(1) 上岗前慢性阻塞性肺病（COPD）。具有以下特点的患者应该考虑 COPD 诊断：慢性咳嗽、咳痰、进行性加重的呼吸困难及有 COPD 危险因素的接触史（即使无呼吸困难症状）。确诊需要肺功能检查，使用支气管扩张剂后 $FEV1/FVC<70\%$，可以确认存在不可逆的气流受阻。

(2) 上岗前慢性间质性肺病（CIPD）。具有以下特点的患者应该考虑 CIPD 诊断：弥漫性肺实质病变、肺泡炎和间质纤维化为病理基本改变，以活动性呼吸困难、胸片示弥漫阴影、限制性通气障碍、弥散功能（DLCO）降低和低氧血症为临床表现的。

(3) 上岗前致喘物过敏和支气管哮喘。有异氰酸酯、苯酐、多胺固化剂、铂复合盐、剑麻、甲醛等致喘物质的过敏史及明确的支气管哮喘病史应考虑。

(4) 伴肺功能损害的疾病：呼吸系统疾病常常伴有不同类型和不同程度的肺功能损害。常见的疾病有：气胸、肺大泡、肺气肿、肺癌、肺心病、呼吸衰竭、肺栓塞、肺脓肿、肺炎、急性支气管炎、哮喘、肺结核、间质性肺疾病、各种肺水肿、急性呼吸窘迫综合征、严重的心血管系统疾病、慢性肺源性心脏病、肺部阴影（严格讲不算单独疾病，但临床上常作为多种肺部占位病变的统称）等。

（八）胸片和肺功能检查质量控制

参照"一、（八）"执行。

（九）档案管理

(1) 作业场所现场有机粉尘监测资料。

(2) 职业健康检查信息表（含接触史，包括既往接触史、个人防护情况等）。

(3) 历年职业健康检查表（应保持资料的完整性、连续性、准确性）。

(4) 职业健康监督执法资料。

# 七、金属及其化合物粉尘（锡、铁、锑、钡及其化合物等）

（一）组织机构

备案金属及其化合物粉尘作业职业健康检查。设置与金属及其化合物粉尘作业职业健康检查相关的科室，合理设置各科室岗位及数量，至少包含内科（体格检查）、心电图检查室、医学影像科（放射科）、肺功能检查室、检验科等。

（二）人员

参照"一、（二）"执行。

（三）仪器设备

参照"一、（三）"执行。

（四）工作场所

参照"一、（四）"执行。

（五）质量管理文书

参照"一、（五）"执行。

（六）能力考核与培训

（1）建立和保持技术人员培训制度，制订并落实各类人员教育和培训计划。

（2）质量负责人和技术负责人需要每2年进行1次职业健康检查法律法规知识培训并考核合格。

（3）摄片技师具备技师资格，诊断医师具备影像学（放射）专业执业医师资格。按照放射相关操作规范进行。肺功能检查和诊断医师需具备临床或预防专业执业医师资格。

（4）金属及其化合物粉尘作业人员职业健康检查主检医师应掌握GBZ 292—2017《职业性金属及其化合物粉尘（锡、铁、锑、钡及其化合物等）肺沉着病的诊断》及GBZ 188—2014《职业健康监护技术规范》，对金属及其化合物粉尘所致疑似职业性金属及其化合物粉尘肺沉着病、职业禁忌证判断准确。

（5）质量控制能力考核和个体结论符合率考核参照"一、（六）（5）"和"一、（六）（6）"执行。

（七）金属及其化合物粉尘作业人员体检过程管理

**1. 体检对象确定**

体检对象为接触金属及其化合物粉尘的所有人员。在岗期间健康检查周期：每2年1次。

**2. 下列情况需进行胸片、CT或肺功能复查、复检**

1）上岗前体检：

（1）初检发现肺部弥漫性小结节阴影、条索或片状阴影等，需复查胸片或复检CT；

（2）肺功能检测结果发现阻塞性、限制性或混合性通气功能障碍，需复查肺功能。

2）在岗期间体检：

（1）初检发现肺部弥漫性小结节阴影、条索或片状阴影等，需复查胸片或复检 CT；

（2）肺功能检测结果发现阻塞性、限制性或混合性通气功能障碍，需复查肺功能。

3）离岗时体检：初检发现肺部弥漫性小结节阴影，需复查胸片或复检 CT。

3. 疑似职业性金属及其化合物粉尘肺沉着病的判断

（1）初检和复查胸片或复检 CT 后，肺部弥漫性小结节阴影明确，初步排除其他疾病；

（2）如同工种多人初检同时发现肺部类似的弥漫性小结节阴影，可直接判断为疑似职业性金属及其化合物粉尘肺沉着病。

4. 职业禁忌证的判定

参照"一、（七）4."执行。

（八）胸片和肺功能检查质量控制

参照"一、（八）"执行。

（九）档案管理

（1）作业场所现场金属及其化合物粉尘监测资料。

（2）职业健康检查信息表（含接触史，包括既往接触史、个人防护情况等）。

（3）历年职业健康检查表（应保持资料的完整性、连续性、准确性）。

（4）职业健康监督执法资料。

## 八、硬金属粉尘

（一）组织机构

备案硬金属粉尘作业职业健康检查。设置与硬金属粉尘作业职业健康检查相关的科室，合理设置各科室岗位及数量，至少包含内科（体格检查）、心电图检查室、医学影像科（放射科）、肺功能检查室、检验科等。

（二）人员

参照"一、（二）"执行。

（三）仪器设备

（1）配备满足并符合与备案硬金属粉尘作业职业健康检查的类别和项目相适应的符合条件的 X 射线摄片机（DR）、心电图仪、肺功能仪等。外出体检配置车载 X 射线摄片（DR）室。

（2）有关仪器设备的种类、数量、性能、量程、精确度等技术指标应满足工作需要，国家要求计量认证或校准的，需要符合计量认证或校准的要求。应对 X 射线摄片机、心电图仪、肺功能仪等仪器设备进行定期计量、检定和校准，并张贴标识；不属于强制检定的，应有相应校验方法并定期自校。应定期进行维护保养及计量、检定和校验，同时记录设备状态。

（3）对所使用的设备编制操作规程。

（4）体检分类项目及设备见表5。

表5 体检分类项目及设备（5）

| 名称 | 类别 | 检查项目 | 设备配置 |
| --- | --- | --- | --- |
| 硬金属粉尘 | 上岗前 | 体格检查必检项目：内科常规检查，重点检查呼吸系统 | 体格检查必备设备：内科常规检查用听诊器、血压计、身高测量仪、体重测量仪 |
| | | 实验室和其他检查必检项目：血常规、尿常规、肝功能、心电图、胸部X射线摄片、肺功能 | 必检项目必备设备：血细胞分析仪、尿液分析仪、生化分析仪、心电图仪、X射线摄片机、肺功能仪、车载DR（外出体检） |
| | 在岗期间 | 体格检查必检项目：内科常规检查，重点检查呼吸系统 | 体格检查必备设备：内科常规检查用听诊器、血压计、身高测量仪、体重测量仪 |
| | | 实验室和其他检查必检项目：胸部X射线摄片、肺功能 | 必检项目必备设备：X射线摄片机、肺功能仪、车载DR（外出体检） |
| | | 复检项目：有过敏史或胸部X射线摄片检查异常者可选择胸部高分辨CT | 复检项目必备设备：CT仪 |
| | 离岗时 | 同在岗期间 | 同在岗期间 |

（四）工作场所

参照"一、（四）"执行。

（五）质量管理文书

参照"一、（五）"执行。

（六）能力考核与培训

（1）建立和保持技术人员培训制度，制订并落实各类人员教育和培训计划。

（2）质量负责人和技术负责人需要每2年进行1次职业健康检查法律法规知识培训并考核合格。

（3）摄片技师具备技师资格，诊断医师具备影像学（放射）专业执业医师资格。按照放射相关操作规范进行。肺功能检查和诊断医师需具备临床或预防专业执业医师资格。

（4）硬金属粉尘作业人员职业健康检查主检医师掌握GBZ 290—2017《职业性硬金属肺病的诊断》及GBZ 188—2014《职业健康监护技术规范》，对硬金属粉尘所致疑似职业性硬金属肺病、职业禁忌证判断准确。

（5）质量控制能力考核和个体结论符合率考核参照"一、（六）（5）"和"一、（六）（6）"执行。

### (七) 粉尘作业人员体检过程管理

**1. 体检对象确定**

体检对象为接触硬金属粉尘的所有人员。在岗期间健康检查周期：每年 1 次。

**2. 下列情况需进行胸片、CT、肺功能复查、复检**

1) 上岗前体检：

（1）初检发现肺部小结节或不规则小阴影、条索或片状阴影等，需复查胸片或复检 CT。

（2）肺功能检测结果发现阻塞性、限制性或混合性通气功能障碍，需复查肺功能。

2) 在岗期间体检：

（1）初检发现肺部出现双肺野磨玻璃样变、边缘模糊的粟粒样或腺泡状小结节影，或片状致密影；或表现为线状、细网状、网结节影；或可见弥漫性间质纤维化、牵拉性支气管扩张及蜂窝状肺，需复查胸片或复检高分辨电子计算机断层扫描（high resolution computed tomography，HRCT）。

（2）肺功能检测结果发现阻塞性、限制性或混合性通气功能障碍，需复查肺功能。

3) 离岗时体检：初检发现肺部改变为双肺野磨玻璃样变、边缘模糊的粟粒样或腺泡状小结节影，或片状致密影；或表现为线状、细网状、网结节影；或可见弥漫性间质纤维化、牵拉性支气管扩张及蜂窝状肺，需复查胸片或复检 HRCT。

**3. 疑似职业性硬金属肺病的判断**

初检发现肺部改变为双肺野磨玻璃样变、边缘模糊的粟粒样或腺泡状小结节影，或片状致密影；或表现为线状、细网状、网结节影；或可见弥漫性间质纤维化、牵拉性支气管扩张及蜂窝状肺，经复查胸片或复检 HRCT 后确认，并结合相应的呼吸系统临床表现进行判断。

**4. 职业禁忌证的判定**

参照"一、（七）4."执行。

### (八) 胸片和肺功能检查质量控制

参照"一、（八）"执行。

### (九) 档案管理

（1）作业场所现场硬金属粉尘监测资料。

（2）职业健康检查信息表（含接触史，包括既往接触史、个人防护情况等）。

（3）历年职业健康检查表（应保持资料的完整性、连续性、准确性）。

（4）职业健康监督执法资料。

## 九、毛沸石粉尘

### (一) 组织机构

备案毛沸石粉尘作业职业健康检查。设置与毛沸石粉尘作业职业健康检查相关的科室，合理设置各科室岗位及数量，至少包含内科（体格检查）、心电图检查室、医学影像科（放射科）、肺功能检查室、检验科等。

（二）人员

参照"一、（二）"执行。

（三）仪器设备

（1）配备满足并符合与备案毛沸石粉尘作业职业健康检查的类别和项目相适应的符合条件的 X 射线摄片机（DR）、心电图仪、肺功能仪等。外出体检配置车载 X 射线摄片（DR）室。

（2）有关仪器设备的种类、数量、性能、量程、精确度等技术指标应满足工作需要，国家要求计量认证或校准的，需要符合计量认证或校准的要求。应对 X 射线摄片机、心电图仪、肺功能仪等仪器设备进行定期计量、检定和校准，并张贴标识；不属于强制检定的，应有相应校验方法并定期自校。应定期进行维护保养及计量、检定和校验，同时记录设备状态。

（3）对所使用的设备编制操作规程。

（4）体检分类项目及设备见表6。

表6　体检分类项目及设备（6）

| 名称 | 类别 | 检查项目 | 设备配置 |
| --- | --- | --- | --- |
| 毛沸石粉尘 | 上岗前 | 体格检查必检项目：内科常规检查，重点检查呼吸系统、心血管系统 | 体格检查必备设备：内科常规检查用听诊器、血压计、身高测量仪、体重测量仪 |
| | | 实验室和其他检查必检项目：血规、尿常规、肝功能、心电图、后前位 X 射线胸片、肺功能 | 必检项目必备设备：血细胞分析仪、尿液分析仪、生化分析仪、心电图仪、DR 摄片机、肺功能仪、车载 DR 机（外出体检） |
| | 在岗期间 | 体格检查必检项目：内科常规检查，重点检查呼吸系统和心血管系统 | 体格检查必备设备：内科常规检查用听诊器、血压计、身高测量仪、体重测量仪 |
| | | 实验室和其他检查必检项目：后前位 X 射线胸片、心电图、肺功能 | 必检项目必备设备：DR 摄片机、心电图仪、肺功能仪、车载 DR 机（外出体检） |
| | | 复检项目：后前位胸片异常者可选择侧位 X 射线胸片、胸部 CT、肺弥散功能 | 复检项目必备设备：DR 摄片机、CT 机、肺功能仪 |
| | 离岗时 | 同在岗期间 | 同在岗期间 |

（四）工作场所

参照"一、（四）"执行。

（五）质量管理文书

参照"一、（五）"执行。

（六）能力考核与培训

（1）建立和保持技术人员培训制度，制订并落实各类人员教育和培训计划。

（2）质量负责人和技术负责人需要每 2 年进行 1 次职业健康检查法律法规知识培训并考核合格。

（3）摄片技师具备技师资格，诊断医师具备影像学（放射）专业执业医师资格。按照放射相关操作规范进行。肺功能检查和诊断医师需具备临床或预防专业执业医师资格。

（4）毛沸石粉尘作业人员职业健康检查主检医师掌握 GBZ 94—2017《职业性肿瘤的诊断》及 GBZ 188—2014《职业健康监护技术规范》，对毛沸石粉尘所致疑似职业性肿瘤（肺癌、胸膜间皮瘤）、职业禁忌证判断准确。

（5）质量控制能力考核和个体结论符合率考核参照"一、（六）（5）"和"一、（六）（6）"执行。

（七）粉尘作业人员体检过程管理

**1. 体检对象确定**

体检对象为接触毛沸石粉尘的所有人员。在岗期间健康检查周期：每年 1 次。

**2. 下列情况需进行胸片、CT、肺功能的复查、复检**

1）上岗前体检：

（1）初检发现肺部小结节或不规则小阴影、条索或片状阴影等，需复查胸片或复检 CT。

（2）肺功能检测结果发现阻塞性、限制性或混合性通气功能障碍，需复查肺功能。

2）在岗期间体检：

（1）初检发现肺部小结节或不规则小阴影、条索或片状阴影等，需复查胸片或复检 CT。

（2）肺功能检测结果发现阻塞性、限制性或混合性通气功能障碍，需复查肺功能。

3）离岗时体检：初检发现肺部小结节或条索或片状阴影，需复查胸片或复检 CT。

**3. 疑似职业性肿瘤（肺癌、胸膜间皮瘤）的判断**

初检和复查胸片或复检 CT 后不排除肺癌或胸膜间皮瘤，有条件者进一步经胸腔穿刺和病理检查确诊为原发性肺癌或胸膜间皮瘤，结合累计接触毛沸石粉尘 1 年以上（含 1 年）、潜隐期 10 年以上（含 10 年）进行判断。

**4. 职业禁忌证的判定**

参照"一、（七）4."执行。

（八）胸片和肺功能检查质量控制

参照"一、（八）"执行。

（九）档案管理

（1）作业场所现场毛沸石粉尘监测资料。

（2）职业健康检查信息表（含接触史，包括既往接触史、个人防护情况等）。

（3）历年职业健康检查表（应保持资料的完整性、连续性、准确性）。

（4）职业健康监督执法资料。

（肖吕武　周浩）

# 噪声作业职业健康监护质量控制要点

## 一、组织机构

备案噪声作业职业健康检查。设置与噪声作业职业健康检查相关的科室，合理设置各科室岗位及数量，至少包含耳鼻咽喉科（含耳镜检查）、内科（体格检查）、心电图检查室、听力检查室（包含纯音测听、中耳分析、听觉诱发电位等）等。

## 二、人员

（1）包含体格检查医师、耳鼻咽喉科资格执业医师、心电图检查医师、听力检查医师（含声导抗检查）等类别的执业医师、技师、护士等医疗卫生技术人员。

（2）测听师要求：通过规范培训，听力检测培训合格。所出具报告要求执业医师签名。

（3）至少有1名具备物理因素（含噪声聋）所致职业病诊断医师资格的主检医师，备案有效人员需要确定第一注册执业点。

## 三、仪器设备

（1）配备满足并符合与备案噪声职业健康检查的类别和项目相适应的音叉、纯音听力计、符合条件的测听室、声导抗仪、多频稳态听觉电位测试仪、耳鼻喉科常规检查器械等仪器设备。外出体检配置听力车。

（2）有关仪器设备的种类、数量、性能、量程、精确度等技术指标应满足工作需要，国家要求计量认证或校准的，需要符合计量认证或校准的要求。应对听力计、隔声室等仪器设备进行定期计量、检定和校准，并张贴标识；不属于强制检定的，应有相应校验方法并定期自校。应定期进行维护保养及计量、检定和校验，同时记录设备状态。

（3）对所使用的设备编制操作规程。

（4）体检分类项目及设备见表1。

表1 体检分类项目及设备

| 名称 | 类别 | 检查项目 | 设备配置 |
| --- | --- | --- | --- |
| 噪声 | 上岗前 | 体格检查必检项目：1）内科常规检查；2）耳科常规检查 | 必备设备：1）内科常规检查用听诊器、血压计；2）耳科常规检查用额镜、五官科冷光源头灯、电耳镜 |
| | | 实验室和其他检查必检项目：血常规、尿常规、肝功能、心电图、纯音听阈测试、胸部X射线摄片 | 必备设备：血细胞分析仪、尿液分析仪、生化分析仪、心电图仪、纯音听力计、隔声室、CR/DR摄片机 |

续上表

| 名称 | 类别 | 检查项目 | 设备配置 |
|---|---|---|---|
| 噪声 | 上岗前 | 复检项目：纯音听阈测试异常者可选择声导抗测试、有条件者做耳声发射、听觉脑干诱发电位、多频稳态听觉电位 | 必备设备：纯音听力计、声导抗仪 |
| | 在岗期间 | 体格检查必检项目：1）内科常规检查；2）耳科常规检查 | 必备设备：1）内科常规检查用听诊器、血压计；2）耳科常规检查用额镜、五官科冷光源头灯、电耳镜 |
| | | 实验室和其他检查必检项目：纯音听阈测试、心电图 | 必备设备：纯音听力计、隔声室、心电图仪 |
| | | 复检项目：纯音听阈测试异常者可选择声导抗测试、有条件者做耳声发射、听觉脑干诱发电位、多频稳态听觉电位 | 必备设备：纯音听力计、声导抗仪 |
| | 离岗时 | 同在岗期间 | 同在岗期间 |
| | 应急 | 体格检查项目：1）耳科常规检查，重点检查外耳有无外伤、鼓膜有无破裂及出血等；2）合并眼、面部复合性损伤时，应针对性地进行相关医科常规检查 | 必备设备：耳科常规检查用额镜、五官科冷光源头灯、电耳镜 |
| | | 必检项目：纯音听阈测试 | 必备设备：纯音听力计、隔声室 |
| | | 选检项目：声导抗测试、耳声发射、听觉脑干诱发电位、40 Hz电反应测听、多频稳态听觉电位、颞部CT | 设备配置：声导抗仪、纯音听力计 |

1987年5月28日，国家计量局发布的《中华人民共和国强制检定的工作计量器具检定管理办法》第十六条规定，听力计、隔声室属于强制检定的工作计量器具。

## 四、工作场所

（1）工作场所布局合理，采光良好。体检场所应在醒目位置公示体检功能区布局和体检基本流程，引导标识应准确清晰。

（2）耳科检查、听力检查布局合理，每个独立的检查室使用面积不小于6 $m^2$。测听室内空面积超过1 $m^2$，检查者与被检查者成90°相望，可以观察被检查者表情。测听室外保持安静，测听室环境条件符合GB/T 16296.1—2018《声学 测听方法 第1部分：纯音气导和骨导测听法》的规定要求，否则停止检查。

（3）开展外出职业健康检查的，应当具有相应的外出职业健康检查仪器、设备，以及听力检查专用车辆、信息化管理系统等条件。听力车需要单独设置，不能和X射线摄片车合用。按照 GBZ 264—2015《车载式医用 X 射线诊断系统的放射防护要求》"8.2"中"对受检者实施照射时，与诊疗无关的其他人员不应在车载机房内或临时控制区内停留"的规定，车载 DR 机房、移动隔声室不宜装配在同一车辆上。

## 五、质量管理文书

（1）建立噪声职业健康检查质量管理规程，进行全过程质量管理并持续有效运行，使工作规范化、标准化。

（2）建立标准听力检查流程，并符合国家标准 GB/T 16296.1—2018《声学　测听方法　第 1 部分：纯音气导和骨导测听法》。

（3）发放职业健康检查表（包含听力图，其标记符合国际标准）。

（4）工作场所张贴测听须知并事先告知，疑似职业性噪声聋诊断检查应签知情同意书。

（5）建立测听室管理制度，建立纯音测听质控规范。

（6）存 GBZ 49—2014《职业性噪声聋的诊断》、GBZ 188—2014《职业健康监护技术规范》等文件备查。

## 六、能力考核与培训

（1）建立和保持技术人员培训制度，制订并落实各类人员教育和培训计划。

（2）质量负责人和技术负责人需要每 2 年进行 1 次职业健康检查法律法规知识培训并考核合格。

（3）测听师测听能力合格，具有培训证明材料；电测听检查严格按照 GB/T 16296.1—2018《声学　测听方法　第 1 部分：纯音气导和骨导测听法》的规定执行。五官科检查医师（具有耳鼻咽喉科执业医师资格），具备针对耳科损害情况的检查能力及基本听力图阅读能力。相关临床操作按照规范进行。

（4）噪声职业健康检查主检医师应掌握 GBZ 49—2014《职业性噪声聋的诊断》及 GBZ 188—2014《噪声职业健康监护技术规范》，对噪声所致疑似职业病、职业禁忌证判断准确。职业性噪声聋诊断医师需要每 2 年参加复训并考核合格。

（5）质量控制能力考核内容为现场对听力检查操作及听力图阅读能力的考核。对每年完成 30% 备案噪声类项目的职业健康检查机构进行现场技术考核。抽取经专家集体给出结果的 10 张听力图，在 1 h 内完成结论出具。按照 GBZ 49—2014《职业性噪声聋的诊断》附录、GBZ 188—2014《职业健康监护技术规范》要求出具结论。

（6）个体结论符合率考核。职业健康信息化系统每年 1 次抽备案单位个体体检报告 80 份，加上体检单位提供的疑似职业病报告 10 份、职业禁忌证报告 10 份，总计对 100 份体检报告进行专家评分。

## 七、噪声体检过程管理

### 1. 体检对象确定

接触噪声等效连续 A 声级 80 dB 为监护起点（注意 85 dB 为诊断起点）。80～85 dB（A）：规定每 2 年检查 1 次纯音测听；>85 dB（A）：规定每年检查 1 次纯音测听。

**2. 纯音测听检查对脱离噪声休息时间要求**

初筛、复检、诊断对脱离噪声要求如下：

（1）初筛需做听力检查者请在体检前 1 d 避免接触噪声，听力测试应在受试者脱离噪声环境至少 24 h 后进行。

（2）复查应在受试者脱离噪声环境 7 d 后进行。

（3）与目标疾病有关的纯音听阈测试，受试者应脱离噪声环境后 1 周进行，检查间隔时间至少 3 d。

**3. 下列情况需进行听力复查**

1）上岗前体检：

（1）各种原因引起永久性感音神经性听力损失（500 Hz、1 000 Hz 和 2 000 Hz 中任一频率的纯音气导听阈 >25 dB）；

（2）高频段 3 000 Hz、4 000 Hz、6 000 Hz 双耳平均听阈≥40 dB；

（3）任一耳传导性耳聋，平均语频听力损失≥41 dB。

2）在岗期间体检：

（1）纯音听力结果显示双耳高频平均听阈≥40 dB，较好耳听阈加权值 >25 dB；

（2）噪声原因外引起永久性感音神经性听力损失（500 Hz、1 000 Hz 和 2 000 Hz 中任一频率的纯音气导听阈 >25 dB）；

（3）中度及以上传导性听力损失（或混合性听力损失），且语频平均听阈 >40 dB；

（4）噪声易感（上岗前听力正常，噪声环境下工作 1 年，双耳 3 000 Hz、4 000 Hz、6 000 Hz 中任意频率听力损失≥65 dB）。

（5）异常听力损失曲线为水平样或近似直线。

3）离岗时体检：

（1）纯音测听听力结果显示双耳高频平均听阈≥40 dB，较好耳听阈加权值 >25 dB；

（2）混合性听力损失骨导结果达到双耳高频平均听阈≥40 dB，较好耳听阈加权值 >25 dB。

**4. 疑似职业性噪声聋判断**

（1）在超过 GBZ 2—2002《工业场所有害因素限值》所规定的工作场所噪声声级卫生限值的噪声作业人员；连续噪声作业工龄不低于 3 年；纯音测听为感音神经性聋，听力损失呈渐进性高频下降型，多次纯音测听结果显示各频率听阈值偏差≤10 dB。

（2）在判定疑似前，应对其听力进行规范复查，而且各频率听阈偏差≤10 dB。

（3）怀疑中耳疾患时可进行声导抗检查。

（4）对纯音听力测试不配合的患者，或对纯音听力检查结果的真实性有怀疑时，应进行客观听力检查，如听觉脑干诱发电位测试、40 Hz 听觉诱发电位测试、声阻抗反射阈测试、耳声发射测试、多频稳态等检查，以排除伪聋和夸大性听力损失的可能。

（5）若主客观听力检查明显不符，或多次纯音听力检查示多个频率听阈波动≥10 dB，应不予考虑疑似职业性噪声聋。

（6）体检首先单次听力评估，达到轻度以上需要复查第 2 次，第 2 次达到需要复查第 3 次。参照诊断标准，建议体检时 3 次纯音测听均达到疑似时，报疑似需要按照诊断标准要求取 3 次测听各频率最低点拟合计算后报出。

## 八、纯音测听质量控制

电测听设备要符合标准要求，定期检定、比对；听力检查环境噪声控制和要求依据标准 GB/T 16296.1—2018《声学 测听方法 第1部分：纯音气导和骨导测听法》中附件的规定。

隔声室要求：本底噪声控制符合 GB/T 16296.1—2018《声学 测听方法 第1部分：纯音气导和骨导测听法》的规定；双门设计，门框有负吸压橡胶条，内空 1 m² 以上，抽风系统正常，照明适当、舒适，不能让受检者有心里压抑感。

受检者要求：保证筛查时间和复查时间，使受检者脱离适当时间接触噪声，减少听觉疲劳，提高测定的准确性。解释测听须知，受检者的理解与配合非常重要。

检查人员要求：具有责任心，培训合格，其操作严格按照有关标准、规范执行。每天开机后要进行仪器设备性能测试。

纯音听力测试的操作方法方法要符合 GB/T 16296.1—2018《声学 测听方法 第1部分：纯音气导和骨导测听法》的规定。

听力图要求：按照国际标准描记，检查结果计算要进行性别和年龄修正。

电测听外出检查：尽量选择相对安静的场所在听力车上做好听力筛查，需要复查者到职业健康检查机构标准隔声室进行检查。

## 九、声导抗检查质量控制

（1）设备要符合标准要求，定期检定、比对。

（2）声导抗检查环境要求不用纯音测试检查那么高，但还是要求安静、通风，环境明亮。

（3）受检者要求：全身心放松，检查过程禁止说话。

（4）检查人员要求：解释测试须知，受检者的理解与配合非常重要。对受检者检查外耳道、鼓膜情况，挑选的耳塞要合适。每天开机后要进行仪器设备性能测试。

（5）检查内容：鼓室压图、镫骨肌声反射、声衰减反射。

## 十、档案管理

（1）作业场所现场监测资料。

（2）职业健康检查信息表（含噪声接触史、既往听力异常史、个人防护情况）。

（3）历年职业健康检查表（应保持资料的完整性、连续性、准确性）。

（4）职业健康监督执法资料。

（5）委托协议书。

（6）总结报告。

（7）疑似职业病报告卡。

（8）职业禁忌证通知。

（9）现场调查表。

（杨爱初　黄伟欣）

# 手传振动作业职业健康监护质量控制要点

## 一、组织机构

备案手传振动作业职业健康检查。设置与手传振动作业职业健康检查相关的科室，合理设置各科室岗位及数量，至少包含五官科、内科（体格检查）、心电图检查室、X射线胸片检查室、冷水复温检查室、神经-肌电图检查室等，有条件者还可配置指端微循环检查室、指端振动觉检查室。

## 二、人员

（1）包含体格检查医师、耳鼻咽喉科资格执业医师、心电图检查医师、神经-肌电图检查医师等类别的执业医师、技师、护士等医疗卫生技术人员。

（2）神经-肌电图检查医师要求：接受规范进修培训且检测培训合格。所出具报告要求执业医师签名。

（3）至少有1名具备物理因素所致职业病诊断医师资格的主检医师，备案有效人员需要第一注册执业点。

## 三、仪器设备

（1）配备满足并符合与备案手传振动作业职业健康检查的类别和项目相适应的心电图仪、DR机、内科及耳鼻喉科常规检查器械等仪器设备。专科配置冷水复温检查系统、神经-肌电图仪、皮温计（半导体温度计或热电偶温度计）、指端微循环检测仪（微循环显微观察仪）、指端感觉阈值测量设备。

（2）有关仪器设备的种类、数量、性能、量程、精确度等技术指标应满足工作需要，国家要求计量认证或校准的，需要符合计量认证或校准的要求。应定期进行维护保养及计量、检定和校验，同时记录设备状态。

（3）对冷水复温检查、指端微循环检查、浅表感觉检查、神经-肌电图检查编制操作规程。

（4）体检分类项目及设备见表1。

表1 体检分类项目及设备

| 名称 | 类别 | 检查项目 | 设备配置 |
|---|---|---|---|
| 手传振动 | 上岗前 | 体格检查必检项目：1）内科常规检查；2）神经系统常规检查；3）骨科检查，重点检查手指、手掌有无肿胀、变白，指关节有无变形，指端振动觉、温度觉、痛触觉、压指试验有无异常 | 体格检查必备设备：1）内科常规检查用听诊器、血压计、身高测量仪、磅秤；2）神经系统常规检查用叩诊锤 |
| | | 实验室和其他检查必检项目：血常规、尿常规、肝功能、空腹血糖、心电图、胸部X射线摄片 | 必检项目必备设备：血细胞分析仪、尿液分析仪、生化分析仪、心电图仪、CR/DR摄片机 |
| | | 复检项目：空腹血糖异常或有周围神经损害表现者可选择糖化血红蛋白、神经-肌电图、指端感觉阈值测量（指端震动觉阈值和指端温度觉阈值等）；有白指主诉或手指发绀等雷诺病表现者可选择白指诱发试验、冷水复温试验、指端收缩压、甲襞微循环 | 复检项目必备设备：糖化血红蛋白分析仪或生化分析仪、肌电图仪或/和诱发电位仪；半导体温度计或热电偶温度计、微循环检测仪（微循环显微观察仪）、指端感觉阈值测量设备 |
| | 在岗期间 | 体格检查必检项目：1）内科常规检查；2）神经系统常规检查；3）骨科检查，重点检查手指、手掌有无肿胀、变白，指关节有无变形，指端振动觉、温度觉、痛触觉、压指试验有无异常 | 体格检查必备设备：1）内科常规检查用听诊器、血压计、身高测量仪、磅秤；2）神经系统常规检查用叩诊锤 |
| | | 实验室和其他检查必检项目：血常规、空腹血糖 | 必检项目必备设备：血细胞分析仪、生化分析仪 |
| | | 复检项目：空腹血糖异常或有周围神经损害表现者可选择糖化血红蛋白、神经-肌电图、指端感觉阈值测量（指端震动觉阈值和指端温度觉阈值等）；有白指主诉或手指发绀等雷诺病表现者可选择白指诱发试验、冷水复温试验、指端收缩压、甲襞微循环 | 复检项目必备设备：糖化血红蛋白分析仪或生化分析仪、肌电图仪或/和诱发电位仪；半导体温度计或热电偶温度计、微循环检测仪（微循环显微观察仪）、指端感觉阈值测量设备 |
| | 离岗时 | 同在岗期间 | 同在岗期间 |

## 四、工作场所

1）冷水复温室设置要求如下：

（1）试验室温度要求：(20±2)℃。

（2）水槽水温度要求：医务人员应提前开机预热低温恒温系统，根据不同季节天气设定适当温度，使冷水槽中水温保持在（10±0.5）℃。应用温度计对水温进行控制，保证试验前、试验中和试验后的水温是（10±0.5）℃。

（3）试验室风速要求：医护人员应将空调的风速调到适宜状态，应避免空调风对工人直吹使工人全身或局部受冷。

（4）检查时间：尽可能在冬季昼间 9:00—18:00 时进行。

（5）受检工人要求：受检工人应避免手传振动暴露 12 h 以上，普通衣着，受试前至少 2 h 内不吸烟饮酒，24 h 内不服用血管活性药物，处于非饥饿状态，入室静坐休息 30 min 后进行检查。

2）神经-肌电图检查室要求：受检者按预定时间到神经-肌电图室报到，并做好检查前暖手准备，保证皮温在 30 ℃ 以上；室温要求舒适，地线要求仪器不受干扰，针电极严格执行院感控制要求。

3）浅感觉检查及指端微循环检查要求：保持舒适座位，环境不能有压抑感，手部各指节放松。

4）体检工作场所布局合理，采光良好。体检场所应在醒目位置公示体检功能区布局和体检基本流程，引导标识应准确清晰。

## 五、质量管理文书

（1）建立手传振动作业职业健康检查质量管理规程，进行全过程质量管理并持续有效运行，使工作规范化、标准化。

（2）制备职业健康检查表（其中包含建立冷水复温检查描记表、神经-肌电图报告、浅感觉检查报告、指端微循行检查报告）。

（3）工作场所张贴冷水复温检查、神经-肌电图检查须知并事先告知，神经-肌电图检查应签知情同意书。

（4）建立神经-肌电图室管理制度，建立神经-肌电图检查质控规范。每一个实验室应建立本实验室神经-肌电图指标的正常参考值。接触手传振动使用的常规套餐：双上肢正中神经、尺神经的运动传导速度（MCV）、（感觉传导速度）（SCV）。神经-肌电图检查严格按照 GBZ/T 247—2013《职业性慢性化学物中毒性周围神经病的诊断》附件的规定执行。

（5）存神经-肌电图检查标准、GBZ 7—2014《职业性手臂振动病的诊断》、GBZ 188—2014《职业健康监护技术规范》等文件备查。

## 六、能力考核与培训

（1）建立和保持技术人员培训制度，制订并落实各类人员教育和培训计划。

（2）质量负责人和技术负责人需要每 2 年进行 1 次职业健康检查法律法规知识培训并考核合格。

（3）神经-肌电图检查医师的检查能力合格，并有进修培训证明材料。相关临床操作按照规范进行。

（4）手传振动检查主检医师应掌握 GBZ 7—2014《职业性手臂振动病的诊断》及

GBZ 188—2014《职业健康监护技术规范》，对手传振动所致疑似职业病、职业禁忌证判断准确。物理因素职业病诊断医师需要每 2 年参加复训并考核合格。

（5）质量控制能力考核应进行神经-肌电图检查操作、冷水复温检查及复温率计算能力的考核。按照 GBZ 7—2014《职业性手臂振动病的诊断》附录要求计算复温率，按照 GBZ 188—2014《职业健康监护技术规范》要求得出结论。

（6）个体结论符合率考核：职业健康信息化系统每年 1 次抽备案单位个体体检报告 80 份，加上体检单位提供的疑似职业病报告 10 份、职业禁忌证报告 10 份，总计对 100 份体检报告进行专家评分。

## 七、手传振动作业体检过程管理

### 1. 体检对象确定

体检对象为接触手传振动强度达到 5 m/s$^2$ 为监护起点，每 2 年检查 1 次。

### 2. 检查者需要脱离振动接触后休息 12 h 以上

1）检查项目：

（1）内科常规检查。

（2）神经系统常规检查。

（3）骨科检查：重点检查手指、掌有无肿胀、变白，指关节有无变形，有无指端振动觉、温度觉、痛触觉，压指试验有无异常等。

（4）实验室和其他检查：

A. 必检项目：血常规、尿常规、肝功能、空腹血糖、心电图、胸部 X 射线摄片；

B. 复检项目：空腹血糖异常或有周围神经损害表现者可选择糖化血红蛋白、神经-肌电图、指端感觉阈值测量（指端震动觉阈值和指端温度觉阈值等）；有白指主诉或手指发绀等雷诺病表现者可选择白指诱发试验、冷水复温试验、指端收缩压、甲襞微循环。

2）下列情况需进行复查：

（1）多发性周围神经病。

（2）雷诺病。

### 3. 疑似手臂振动病的判断

以下任一异常可以提出疑似：

（1）任一手指出现白指。

（2）手部神经-肌电图检查出现神经传导速度减慢或远端潜伏时间延长。

### 4. 建议 3 个月后复查冷水复温试验及神经-肌电图检查

（1）冷水复温试验时出现手指指节发绀。

（2）白指诱发试验阴性但手部症状体征明显。

（3）神经-肌电图检查单纯出现波幅减小。

## 八、神经-肌电图检查及白指诱发试验的质量控制

神经-肌电图检查参考 GBZ 76—2002《职业性急性化学物中毒性神经系统疾病诊

断标准》及 GBZ/T 247—2013《职业性慢性化学物中毒性周围神经病的诊断》。手传振动职业健康检查的常规套餐包括双上肢正中神经、尺神经的 MCV、SCV。为减少受检者的痛苦，建议职业健康检查先做（只做）神经-肌电图筛查，如有异常，由检查医师根据具体情况再添加神经-肌电图检查项目。

受检者须签署知情同意书，见附件1。

手部皮肤温度测量和冷水复温试验规范见附件2。

## 九、档案管理

（1）作业岗位个人手传振动频率及加速度监测资料。

（2）职业健康检查信息表（含手传振动接触史、既往周围神经病史、个人防护情况）。

（3）历年职业健康检查表（应保持资料的完整性、连续性、准确性）。

（4）职业健康监督执法资料。

---

**附件1　神经-肌电图检查知情同意书**

各位受试者：

神经-肌电图是检查您神经功能的主要方法之一，接受检查前，请仔细阅读以下内容，并配合做好有关检查。

（1）受检者需按预定时间到神经-肌电图室报到，按照要求做好检查前准备。

（2）根据有关国家职业病诊断标准、神经肌电图检查操作技术规范及有关实验技术要求，需做好检查前暖手准备，保证皮温在 30 ℃ 以上。

（3）做神经-肌电图检测时，受检者必须尽力配合医生做肌肉的放松、小力收缩、大力收缩等动作。

（4）检查过程中发现有不配合检查情况，实施检查的医生可随时终止对其进行检查。

本人已仔细阅读并已经理解以上告知内容。本人保证配合检查，如有不配合检查或虚假行为，愿意承担由此造成的后果和相关责任。

受 试 者 签 名：
受试者身份证号码：
受试日期：　　　年　　　月　　　日

**附件2　手部皮肤温度测量和冷水复温试验规范**

按照 GBZ 7—2014《职业性手臂振动病的诊断》"附录 B"的要求进行

（杨爱初）

# 高温作业职业健康监护质量控制要点

## 一、组织机构

备案高温作业职业健康检查。设置与高温作业职业健康检查相关的科室，合理设置各科室岗位及数量，至少包含五官科、内科（体格检查）、心电图检查室、X射线胸片检查室等。

## 二、人员

（1）包含体格检查医师、五官科检查医师、心电图检查医师、放射科检查医师等类别的执业医师、技师、护士等医疗卫生技术人员。

（2）至少有1名具备物理因素所致职业病诊断医师资格的主检医师，备案有效人员需要第一注册执业点。

## 三、仪器设备

（1）配备满足并符合与备案高温职业健康检查的类别和项目相适应的内科常规检查仪器如听诊器、血压计、身高测量仪、磅秤，神经系统常规检查仪器如叩诊锤，以及血细胞分析仪、尿液分析仪、生化分析仪、心电图仪、CR/DR摄片机、化学发光仪或电化学发光仪等仪器设备。外出体检配置DR检查。

（2）有关仪器设备的种类、数量、性能、量程、精确度等技术指标应满足工作需要，国家要求计量认证或校准的，需要符合计量认证或校准的要求。应对听力计、隔声室等仪器设备进行定期计量、检定和校准，并张贴标识；不属于强制检定的，应有相应校验方法并定期自校。应定期进行维护保养及计量、检定和校验，同时记录设备状态。

（3）对所使用的设备编制操作规程。

（4）体检分类项目及设备见表1。

表1 体检分类项目及设备

| 名称 | 类别 | 检查项目 | 设备配置 |
| --- | --- | --- | --- |
| 高温 | 上岗前 | 体格检查必检项目：1）内科常规检查，重点检查甲状腺及心血管系统；2）皮肤科常规检查<br>实验室和其他检查必检项目：血常规、尿常规、肝功能、肾功能、空腹血糖、心电图、胸部X射线摄片，有甲亢病史或表现者检查血清游离甲状腺素（$FT_4$）、血清游离三碘甲状腺原氨酸（$FT_3$）、促甲状腺激素（TSH） | 体格检查必备设备：内科常规检查用听诊器、血压计、身高测量仪、磅秤<br>必检项目必备设备：血细胞分析仪、尿液分析仪、生化分析仪、心电图仪、CR/DR摄片机、化学发光仪或电化学发光仪 |

续上表

| 名称 | 类别 | 检查项目 | 设备配置 |
|------|------|----------|----------|
| 高温 | 在岗期间 | 同上岗前 | 同上岗前 |
| | 应急 | 体格检查必检项目：1) 内科常规检查，重点检查体温、血压、脉搏；2) 神经系统常规检查 | 体格检查必备设备：1) 内科常规检查用听诊器、血压计、身高测量仪、磅秤；2) 神经系统常规检查用叩诊锤 |
| | | 实验室和其他检查必检项目：血常规、尿常规、心电图、血钠、肾功能 | 必检项目必备设备：1) 血细胞分析仪、尿液分析仪、生化分析仪、心电图仪；2) 血钠检查用电解质分析仪或生化分析仪（需有离子电极模块） |
| | | 选检项目：空腹血糖、头颅CT仪或MRI、脑电图，必要时进行工作场所现场调查 | 选检项目设备配备：生化分析仪、CT仪或MRI仪、脑电图仪 |

## 四、工作场所

（1）工作场所布局合理，采光良好。体检场所应在醒目位置公示体检功能区布局和体检基本流程，引导标识应准确清晰。

（2）每个独立的检查室使用面积不小于6 $m^2$。

（3）开展外出职业健康检查的，应当具有相应的外出职业健康检查仪器、设备，以及听力检查专用车辆、信息化管理系统等条件。

## 五、质量管理文书

（1）建立高温职业健康检查质量管理规程，进行全过程质量管理并持续有效运行，使工作规范化、标准化。

（2）制备职业健康检查表。

（3）存 GBZ 41—2019《职业性中暑的诊断》、GBZ 188—2014《职业健康监护技术规范》等文件备查。

## 六、能力考核与培训

（1）建立和保持技术人员培训制度，制订并落实各类人员教育和培训计划。

（2）质量负责人和技术负责人需要每2年进行1次职业健康检查法律法规知识培训并考核合格。

（3）五官科检查医师按照相关临床操作规范进行。

（4）高温检查主检医师应掌握职业中暑诊断标准及高温职业健康监护技术规范，对高温所致疑似职业病、职业禁忌证的判断准确。物理因素诊断医师需要每2年参加复训并考核合格。

（5）质量控制能力考核应进行个体结论符合率考核：职业健康信息化系统每年1次抽备案单位个体体检报告80份，加上体检单位提供的疑似职业病报告和职业禁忌证报告共 20 份，总计对 100 份体检报告进行专家评分。

## 七、高温体检过程管理

### 1. 体检对象确定

（1）高温作业是指在有高气温，或有强烈的热辐射，或伴有高气湿相结合的异常气象条件，湿球黑球温度（web bulb globe temperature，WBGT）指数超过规定限制的作业。

（2）健康检查周期：每年 1 次。应在每年高温季节到来之前进行（广州地区 6 月之前较合适）。接触时间率 100%，体力劳动强度为Ⅳ级，WBGT 指数限值为 25 ℃；劳动强度分级每下降一级，WBGT 指数限值增加 1～2 ℃；接触时间率每减少 25%，WBGT 指数限值增加 1～2 ℃。本地区室外通风设计温度指近 10 年本地区气象台正式记录每年最热月的每日 13:00—14:00 的气温平均值。（表2及表3）

（3）应急检查对象：因意外或事故接触高温可能导致中暑的职业接触人群（包括参加事故抢救的人员），或高温季节作业出现有中暑先兆的作业人员。

（4）高温作业的主要类型和行业工种：①高温强热辐射作业，如炼铁、炼钢、轧钢、铸造、陶瓷、搪瓷、玻璃、砖瓦等窑炉车间作业。②高温、高湿作业，如印染、缫丝、造纸及深井煤矿作业。③夏季露天作业，如农业、建筑、搬运、野外勘探等作业及军事训练和体育竞赛。

表2　不同接触时间率及劳动强度对应的 WBGT 指数

| 接触时间率 | 体力劳动强度 | | | |
| --- | --- | --- | --- | --- |
| | Ⅰ级 | Ⅱ级 | Ⅲ级 | Ⅳ级 |
| 100% | 30 ℃ | 28 ℃ | 26 ℃ | 25 ℃ |
| 75% | 31 ℃ | 29 ℃ | 28 ℃ | 26 ℃ |
| 50% | 32 ℃ | 30 ℃ | 29 ℃ | 28 ℃ |
| 25% | 33 ℃ | 32 ℃ | 31 ℃ | 30 ℃ |

注：对本地区室外通风设计温度≥30 ℃的地区，表中规定的 WBGT 指数相应增加 1 ℃。

表3　体力劳动强度分级

| 体力劳动强度分级 | 职业描述 |
| --- | --- |
| Ⅰ级（轻劳动） | 坐姿：手工作业或腿的轻度活动（正常情况下，如打字、缝纫、脚踏开关等）。立姿：操作仪器，控制、查看设备，以上臂用力为主的装配工作 |
| Ⅱ级（中等劳动） | 手和臂的持续动作（如锯木头等）；臂和腿的工作（如卡车、拖拉机或建筑设备非运输操作等）；臂和躯干的工作（如锻造、风动工具操作、粉刷、间断搬运中等重物、除草、锄田、摘水果和蔬菜等） |
| Ⅲ级（重劳动） | 臂和躯干负荷工作（如搬重物、铲、锤锻、锯刨或凿硬木、割草、挖掘等） |
| Ⅳ级（极重劳动） | 大强度的挖掘、搬运，快到极限节律的极强活动 |

## 2. 目标疾病

上岗前、在岗期间职业禁忌证：

（1）未控制的 2 级以上高血压。

（2）慢性肾炎。

（3）未控制的甲状腺功能亢进症。

（4）未控制的糖尿病。

（5）全身瘢痕面积≥20% 以上（伤残等级达八级）。

（6）癫痫。

（7）病理性心律失常。

## 3. 疑似职业性中暑的判断

（1）在超过 GBZ 2—2002《工业场所有害因素限值》所规定的高温作业卫生限值工作场所作业的人员。高温作业是指，在生产劳动过程中，工作地点平均 WBGT 指数≥25 ℃ 的作业。

（2）应急性体检中发现，在高温作业环境下，由于热平衡和/或水盐代谢紊乱而引起的以中枢神经系统和/或心血管障碍为主要表现的急性疾病。根据高温作业人员的职业史（主要指工作时的气象条件）及体温升高、肌痉挛或晕厥等主要临床表现，排除其他类似的疾病，可诊断为疑似职业性中暑。

（3）中暑先兆是指在高温作业场所劳动一定时间后，出现头昏、头痛、口渴、多汗、全身疲乏、心悸、注意力不集中、动作不协调等症状，体温正常或略有升高。中暑先兆不宜报疑似。

# 八、高血压检查质量控制

《中国高血压防治指南》（2018 年修订版）的血压定义和分类见表 4。

表 4 血压定义和分类

| 类别 | 收缩压/mmHg | 舒张压/mmHg |
| --- | --- | --- |
| 正常血压 | <120 | <80 |
| 正常高值 | 120～139 | 80～89 |
| 高血压 | ≥140 | ≥90 |
| 1 级高血压（轻度） | 140～159 | 90～99 |
| 2 级高血压（中度） | 160～179 | 100～109 |
| 3 级高血压（重度） | ≥180 | ≥110 |
| 单纯收缩期高血压 | ≥140 | <90 |

血压测量应严格按照临床内科相关技术规范要求进行。

## 九、档案管理

（1）作业场所现场高温及环境气象条件监测资料。
（2）职业健康检查信息表（含高温接触史、既往病史、个人防护情况）。
（3）历年职业健康检查表（应保持资料的完整性、连续性、准确性）。
（4）职业健康监督执法资料。

（杨爱初）

# 高气压作业职业健康监护质量控制要点

## 一、组织机构

备案高气压作业职业健康检查。设置与高气压作业职业健康检查相关的科室，合理设置各科室岗位及数量，至少包含内科、外科、眼耳鼻喉科、心电图检查室、肺功能检查室、纯音测听检查室、B超室、放射科等。

## 二、人员

（1）包含体格检查医师、眼耳鼻喉科医师、心电图检查医师、听力检查医师、肺功能检查医师、B超医师等类别的执业医师，以及技师、护士等医疗卫生技术人员。

（2）内科医师要求：具备内科执业医师资格，熟悉神经科检查。五官科医师要求：具有耳鼻咽喉科执业医师资格，熟悉咽鼓管功能检查。眼科检查医师要求：具有眼科资格执业医师。测听医师要求：通过规范培训，听力检测培训合格；出具报告要求执业医师签名。肺功能检查医师要求：经规范培训并考核合格，熟悉检查的适应证和禁忌证；出具报告要求执业医师签名。影像诊断医师要求：能识别高气压病对大关节、长骨的损伤。

至少有1名具备物理因素所致职业病诊断医师资格的主检医师，备案有效人员需要有第一注册执业点。

## 三、仪器设备

（1）配备满足并符合与备案高气压职业健康检查的类别和项目相适应的符合条件的测听室，以及纯音听力计、肺功能仪、DR/CR摄片机、B超仪、耳鼻喉科常规检查器械等仪器设备。

（2）有关仪器设备的种类、数量、性能、量程、精确度等技术指标应满足工作需要，国家要求计量认证或校准的，需要符合计量认证或校准的要求。应对听力计、隔声室、声导抗仪、肺功能仪、B 超仪等仪器设备进行定期计量、检定和校准，并张贴标识；不属于强制检定的，应有相应校验方法并定期自校。应定期进行维护保养及计量、检定和校验，同时记录设备状态。

（3）对所使用的设备编制操作规程。

（4）体检分类项目及设备见表1。

表 1　体检分类项目及设备

| 名称 | 类别 | 检查项目 | 设备配置 |
| --- | --- | --- | --- |
| 高气压 | 上岗前 | 体格检查必检项目：（1）内外科常规检查；（2）眼科、耳科常规检查 | 必备设备：内科常规检查用听诊器、血压计；耳科常规检查用电耳镜、眼压计、眼底镜 |
| | | 实验室和其他检查必检项目：血常规、尿常规、肝功能、心电图、纯音听阈测试、胸部 X 射线摄片、肺功能、B 超 | 必备设备：血细胞分析仪、尿液分析仪、生化分析仪、心电图仪、纯音听力计、隔声室、CR/DR 摄片机、肺功能仪、B 超仪 |
| | | 复检项目：咽鼓管功能检查（声导抗测试）、肺功能检查、眼压、视网膜疾病、骨及关节病变 | 必备设备：声导抗仪、肺功能仪、眼压计、眼底镜、CR/DR 摄片机 |
| | 在岗期间 | 体格检查必检项目：1）内外科常规检查；2）眼科、耳科常规检查 | 必备设备：1）内科常规检查用听诊器、血压计；2）耳科常规检查用电耳镜、额镜、光源、眼压计、眼底镜 |
| | | 实验室和其他检查必检项目：血常规、尿常规、肝功能、心电图、纯音听阈测试、胸部 X 射线摄片、B 超 | 必备设备：血细胞分析仪、尿液分析仪、生化分析仪、心电图仪、纯音听力计、隔声室、CR/DR 摄片机、肺功能仪、B 超仪 |
| | | 复检项目：咽鼓管功能检查（声导抗测试）、肺功能检查、眼压、视网膜疾病、骨和关节病变 | 必备设备：声导抗仪、肺功能仪、眼压计、眼底镜、CD/DR 摄片机 |
| | 离岗时 | 同在岗期间 | 同在岗期间 |
| | 应急 | 体格检查必检项目：1）内外科常规检查；2）眼科、耳科常规检查 | 必备设备：1）内科常规检查用听诊器、血压计；2）耳科常规检查用电耳镜、额镜、光源、眼压计、眼底镜 |
| | | 实验室和其他检查必检项目：血常规、尿常规、肝功能、心电图、纯音听阈测试、胸部 X 射线摄片 | 必备设备：血细胞分析仪、尿液分析仪、生化分析仪、心电图仪、纯音听力计、隔声室、CR/DR 摄片机、肺功能仪 |

## 四、工作场所

（1）工作场所布局合理，采光良好。体检场所应在醒目位置公示体检功能区布局和体检基本流程，引导标识应准确清晰。

（2）检查科室布局合理，有独立暗室，每个独立的检查室使用面积不小于 6 $m^2$。测听室内空超过 1 $m^2$，检查者与被检查者成 90°角相望，可以观察被检查者表情。测听室外保持安静，并张贴有测听须知。测听室环境条件符合 GB/T 16296.1—2018《声学 测听方法 第 1 部分：纯音气导和骨导测听法》的规定要求。肺功能检查室要求通风，张贴检查须知和检查方法及检查的适应证与禁忌证。声导抗检查室要求采光好、独立。X 射线检查室要求符合防护要求和环保要求，并有相应的防护用品。

（3）开展外出职业健康检查的，应当具有相应的外出职业健康检查仪器、设备，以及听力检查专用车辆、信息化管理系统等条件。听力车需要单独设置，不能和 DR 摄片车合用。按照 GBZ 264—2015《车载式医用 X 射线诊断系统的放射防护要求》8.2 中"对受检者实施照射时，与诊疗无关的其他人员不应在车载机房内或临时控制区内停留"的规定，DR 机房、移动隔声室不宜装配在同一车辆上。

## 五、质量管理文书

（1）建立高气压职业健康检查质量管理规程，进行全过程质量管理并持续有效运行，使工作规范化、标准化。

（2）建立标准听力检查流程，并符合 GB/T 16296.1—2018《声学 测听方法 第 1 部分：纯音气导和骨导测听法》。

（3）建立测听室管理制度，建立纯音测听质控规范。

（4）制备职业健康检查表（包含听力图，其标记符合国际标准）。

（5）建立肺功能检查管理制度及质量控制规范，X 射线检查室管理制度和质量控制规范，裂隙灯、眼底镜检查操作规范。

（6）声导抗检查的操作及质量控制。

（7）存 GBZ 24—2017《职业性减压病的诊断》、GBZ 188—2014《职业健康监护技术规范》等文件备查。

## 六、能力考核与培训

（1）建立和保持技术人员培训制度，制订并落实各类人员教育和培训计划。

（2）质量负责人和技术负责人需要每 2 年进行 1 次职业健康检查法律法规知识培训并考核合格。

（3）测听师测听能力合格，并有培训证明材料。电测听检查严格按照 GB/T 16296.1—2018《声学 测听方法 第 1 部分：纯音气导和骨导测听法》的规定执行。肺功能检查医师经专业培训并考试合格。五官科检查医师具备针对耳科损害情况的检查能力；相关临床操作按照规范进行。

（4）高气压检查主检医师应掌握减压病诊断标准及高气压职业健康监护技术规范，

对高气压所致疑似职业病、职业禁忌证的判断准确。物理因素诊断医师需要每 2 年参加复训并考核合格。

（5）质量控制能力考核内容为高压病 X 射线摄片的阅片考核，咽鼓管功能的检查，声导抗的检查，眼压、眼底的检查操作。

（6）个体结论符合率考核：职业健康信息化系统每年 1 次抽备案单位个体体检报告 80 份（全年不足 80 份的都查），加上体检单位提供的疑似职业病报告 10 份、职业禁忌证报告 10 份，总计对 100 份体检报告进行专家评分。

## 七、高气压体检过程管理

1）体检对象确定：在高于大气压的环境中的作业人群。规定每年检查 1 次。

2）咽鼓管功能异常或加压试验不合格、鼓室压图 C 型、眼压增高、支气管或肺部疾病者，经治疗后复查。

3）肺功能异常者要复查。

4）疑似职业性减压病判断：

（1）有高气压职业接触史；

（2）骨关节 X 射线摄片显示长骨有局部的骨致密区、致密斑片、条纹及小囊病透亮区或以大片骨髓钙化为主要表现；

（3）排除其他因素所致的骨关节改变。

## 八、质量控制

1. 声导抗检查

设备要符合标准要求，定期检定、比对。

检查人员要求：具有责任心，培训合格，操作严格按照有关标准、规范执行。每天开机后要进行仪器设备性能测试。

2. 裂隙灯、眼压计检查

设备要符合标准要求，定期检定、比对。

检查人员要求：培训合格，操作严格按照有关标准、规范执行。

3. 肺功能检查

设备要符合标准要求，定期检定、比对。

检查人员要求：具有责任心，培训合格，操作严格按照有关标准、规范执行。每天开机后要进行仪器设备性能测试。

严把适应证和禁忌证关。

4. X 射线摄片检查

设备要符合标准要求，定期检定、比对。

检查人员要求：具有责任心，培训合格，操作严格按照有关标准、规范执行。

5. 纯音测听阈试检查

参见"噪声作业职业健康监护质量控制要点"相关内容。

## 九、档案管理

（1）作业场所现场监测资料。

（2）职业健康检查信息表（含职业接触史、既往听力异常史、个人防护情况）。

（3）历年职业健康检查表（应保持资料的完整性、连续性、准确性）。

（4）职业健康监督执法资料。

（5）委托协议书。

（6）总结报告。

（7）疑似职业病报告卡。

（8）职业禁忌证通知。

（9）现场调查表。

（黄伟欣）

# 激光作业职业健康监护质量控制要点

## 一、组织机构

备案激光作业职业健康检查。设置与激光作业职业健康检查相关的科室，合理设置各科室岗位及数量，至少包含眼科（含裂隙灯、眼底镜检查）、内科（体格检查）、心电图检查室等。

## 二、人员

（1）包含体格检查医师、眼科资格执业医师、心电图检查医师等类别的执业医师、技师、护士等医疗卫生技术人员。

（2）至少有1名具备物理因素所致职业病诊断医师资格的主检医师，备案有效人员需要第一注册执业点。

## 三、仪器设备

（1）配备满足并符合与备案激光职业健康检查的类别和项目相适应的视力表、辨色本、裂隙灯（数码照相）、眼底镜等眼科常规检查仪器设备。

（2）有关仪器设备的种类、数量、性能、量程、精确度等技术指标应满足工作需要，国家要求计量认证或校准的，需要符合计量认证或校准的要求。应对裂隙灯等仪器设备进行定期计量、检定和校准，并张贴标识；不属于强制检定的，应有相应校验方法并定期自校。应定期进行维护保养及计量、检定和校验，同时记录设备状态。

（3）对所使用的设备编制操作规程。

（4）体检分类项目及设备见表1。

表1 体检分类项目及设备

| 名称 | 类别 | 检查项目 | 设备配置 |
| --- | --- | --- | --- |
| 激光 | 上岗前 | 体格检查必检项目：1）内科常规检查；2）眼科常规检查 | 必备设备：1）内科常规检查用听诊器、血压计；2）眼科常规检查用视力表、辨色本、裂隙灯（数码照相）、眼底镜 |
| | | 实验室和其他检查必检项目：血常规、尿常规、肝功能、心电图 | 必备设备：血细胞分析仪、尿液分析仪、生化分析仪、心电图仪 |
| | | 复检项目：角膜复查、晶状体检查、眼底检查 | 必备设备：荧光素钠染色剂或试纸、裂隙灯（数码照相）、眼底镜 |
| | 在岗期间 | 体格检查必检项目：1）内科常规检查；2）眼科常规检查 | 必备设备：1）内科常规检查用听诊器、血压计；2）眼科常规检查用视力表、辨色本、裂隙灯（数码照相）、眼底镜 |
| | | 实验室和其他检查必检项目：血常规、尿常规、肝功能、心电图 | 必备设备：血细胞分析仪、尿液分析仪、生化分析仪、心电图仪 |
| | | 复检项目：角膜复查、晶状体检查、眼底检查 | 必备设备：荧光素钠染色剂或试纸、裂隙灯（数码照相）、眼底镜 |
| | 离岗时 | 同在岗期间 | 同在岗期间 |
| | 应急 | 体格检查必检项目：1）内科常规检查；2）眼科常规检查 | 必备设备：1）内科常规检查用听诊器、血压计；2）眼科常规检查用视力表、辨色本、裂隙灯（数码照相）、眼底镜、荧光素钠染色剂或试纸 |
| | | 实验室和其他检查必检项目：血常规、尿常规、肝功能、心电图 | 必备设备：血细胞分析仪、尿液分析仪、生化分析仪、心电图仪 |
| | | 复检项目：角膜复查、晶状体检查、眼底检查 | 必备设备：荧光素钠染色剂或试纸、裂隙灯（数码照相）、眼底镜 |

## 四、工作场所

（1）工作场所布局合理，采光良好。体检场所应在醒目位置公示体检功能区布局和体检基本流程，引导标识应准确清晰。

（2）检查科室布局合理，每个独立的检查室使用面积不小于 $6\ m^2$。有符合条件的独立暗室。

(3) 开展外出职业健康检查的,应当具有相应的外出职业健康检查仪器、设备,以及信息化管理系统等条件并能找到符合条件的暗室。

## 五、质量管理文书

(1) 建立激光职业健康检查质量管理规程,进行全过程质量管理并持续有效运行,使工作规范化、标准化。

(2) 建立标准角膜、晶状体图表及标记,并符合国际标准。

(3) 制备职业健康检查表(含标准角膜、晶状体图表)。

(4) 工作场所张贴眼科检查须知。

(5) 存 GBZ 288—2017《职业性激光所致眼(角膜、晶状体、视网膜)损伤的诊断》、GBZ 188—2014《职业健康监护技术规范》等文件备查。

## 六、能力考核与培训

(1) 建立和保持技术人员培训制度,制订并落实各类人员教育和培训计划。

(2) 质量负责人和技术负责人需要每 2 年进行 1 次职业健康检查法律法规知识培训并考核合格。

(3) 眼科检查医师为眼科执业医师,具备针对眼睛损害情况的检查能力。按照相关临床操作规范进行。

(4) 激光危害因素体检主检医师应掌握 GBZ 288—2017《职业性激光所致眼(角膜、晶状体、视网膜)损伤的诊断》及 GBZ 188—2014《职业健康监护技术规范》,对激光所致疑似职业病、职业禁忌证判断准确。诊断医师需要每 2 年参加复训并考核合格。

(5) 质量控制能力考核内容为现场眼科检查操作及晶状体混浊在不同部位描述能力考核。对每年完成 30% 备案激光类项目的职业健康检查机构进行现场技术考核。

(6) 个体结论符合率考核。职业健康信息化系统每年 1 次抽备案单位个体体检报告 80 份,加上体检单位提供的疑似职业病报告 10 份、职业禁忌证报告 10 份,总计对 100 份体检报告进行专家评分。

## 七、激光体检过程管理

### 1. 体检对象确定

职业活动中接触激光辐射者。规定每 2 年检查 1 次。

### 2. 下列情况需进行眼科复查

1) 上岗前体检:①角膜病;②白内障;③视网膜病变。
2) 在岗期间体检:①角膜病;②白内障;③视网膜病变。
3) 离岗时体检:①角膜病;②白内障;③视网膜病变。

### 3. 疑似职业性激光所致眼(角膜、晶状体、视网膜)损伤

(1) 有激光职业接触史。

(2) 角膜有眼部灼热感、疼痛、怕光、流泪,结膜充血水肿,角膜染色阳性,角

膜溃疡；或者眼晶状体出现混浊（晶状体周边、前后囊下皮质或核点状混浊）；或者视网膜后极部可见不同程度的出血、水肿、渗出表现。

（3）排除其他因素所致的晶状体改变。

## 八、眼科裂隙灯检查质量控制

1）裂隙灯、眼底镜等设备要符合标准要求，定期检定、比对。
2）暗室要符合要求。
3）荧光素钠染色剂或试纸要在有效期内。
4）由眼科专业执业医生进行检查。
5）裂隙灯带数码摄像。
6）受试者要求：调整好姿势，双眼平视前方。
7）操作者要求：
（1）按由外向内先右后左的基本顺序检查。
（2）筛查时间平均每眼 120 s。
（3）检察时把裂隙灯调为弥散光。
（4）在镜头光圈调为"小"时，裂隙灯的光强调为"中度"。
（5）光源角度为左右各 45°。
（6）裂隙灯放大倍率应调为低倍。
（7）检查时可嘱患者闭眼。
（8）检查时间应控制在 5～8 s。

## 九、档案管理

（1）作业场所现场激光监测资料。
（2）职业健康检查信息表（含激光接触史、既往听力异常史、个人防护情况）。
（3）历年职业健康检查表（应保持资料的完整性、连续性、准确性）。
（4）职业健康监督执法资料。
（5）委托协议书。
（6）总结报告。
（7）疑似职业病报告卡。
（8）职业禁忌证通知。
（9）现场调查表。

（黄伟欣）

# 微波作业职业健康监护质量控制要点

## 一、组织机构

备案微波作业职业健康检查。设置与微波作业职业健康检查相关的科室，合理设置各科室岗位及数量，至少包含眼科（含裂隙灯、眼底镜检查）、内科（体格检查）、心电图检查室等。

## 二、人员

（1）包含体格检查医师、眼科资格执业医师、心电图检查医师等类别的执业医师、技师、护士等医疗卫生技术人员。

（2）至少有1名具备物理因素所致职业病诊断医师资格的主检医师，备案有效人员需要第一注册执业点。

## 三、仪器设备

（1）配备满足并符合与备案微波职业健康检查的类别和项目相适应的视力表、辨色本、裂隙灯、眼底镜等眼科常规检查仪器设备。

（2）有关仪器设备的种类、数量、性能、量程、精确度等技术指标应满足工作需要，国家要求计量认证或校准的，需要符合计量认证或校准的要求。应对裂隙灯等仪器设备进行定期计量、检定和校准，并张贴标识；不属于强制检定的，应有相应校验方法并定期自校。应定期进行维护保养及计量、检定和校验，同时记录设备状态。

（3）对所使用的设备编制操作规程。

（4）体检分类项目及设备见表1。

表1 体检分类项目及设备

| 名称 | 类别 | 检查项目 | 设备配置 |
| --- | --- | --- | --- |
| 微波 | 上岗前 | 体格检查必检项目：1）内科常规检查；2）眼科常规检查 | 必备设备：1）内科常规检查用听诊器、血压计；2）眼科常规检查用视力表、辨色本、裂隙灯、眼底镜 |
| | | 实验室和其他检查必检项目：血常规、尿常规、肝功能、心电图 | 必备设备：血细胞分析仪、尿液分析仪、生化分析仪、心电图仪 |
| | | 复检项目：角膜、晶状体检查 | 必备设备：裂隙灯、荧光素钠染色剂或试纸 |

续上表

| 名称 | 类别 | 检查项目 | 设备配置 |
| --- | --- | --- | --- |
| 微波 | 在岗期间 | 体格检查必检项目：1）内科常规检查；2）眼科常规检查 | 必备设备：1）内科常规检查用听诊器、血压计；2）眼科常规检查用视力表、辨色本、裂隙灯、眼底镜 |
| | | 实验室和其他检查必检项目：血常规、尿常规、肝功能、心电图 | 必备设备：血细胞分析仪、尿液分析仪、生化分析仪、心电图仪 |
| | | 复检项目：角膜、晶状体检查 | 必备设备：裂隙灯、荧光素钠染色剂或试纸 |
| | 离岗时 | 同在岗期间 | 同在岗期间 |
| | 应急 | 体格检查必检项目：1）内科常规检查；2）眼科常规检查 | 必备设备：1）内科常规检查用听诊器、血压计；2）眼科常规检查用视力表、辨色本、裂隙灯、眼底镜、荧光素钠染色剂或试纸 |
| | | 实验室和其他检查必检项目：血常规、尿常规、肝功能、心电图 | 必备设备：血细胞分析仪、尿液分析仪、生化分析仪、心电图仪 |
| | | 复检项目：角膜、晶状体检查 | 必备设备：裂隙灯、荧光素钠染色剂或试纸 |

## 四、工作场所

（1）工作场所布局合理，采光良好。体检场所应在醒目位置公示体检功能区布局和体检基本流程，引导标识应准确清晰。

（2）检查科室布局合理，有独立暗室，每个独立的检查室使用面积不小于 6 $m^2$。

（3）开展外出职业健康检查的，应当具有相应的外出职业健康检查仪器、设备，以及信息化管理系统等条件并能找到符合暗室条件的场所。

## 五、质量管理文书

（1）建立微波职业健康检查质量管理规程，进行全过程质量管理并持续有效运行，工作的规范化、标准化。

（2）建立标准角膜、晶状体图表及标记，并符合国际标准。

（3）制备职业健康检查表（含角膜、晶状体图表）。

（4）工作场所张贴眼科检查须知。

（5）存 GBZ 35—2010《职业性白内障诊断标准》、GBZ 188—2014《职业健康监护技术规范》等文件备查。

## 六、能力考核与培训

（1）建立和保持技术人员培训制度，制订并落实各类人员教育和培训计划。

（2）质量负责人和技术负责人需要每 2 年进行 1 次职业健康检查法律法规知识培训

并考核合格。

(3) 眼科检查医师具备针对眼睛损害情况的检查能力；相关临床操作按照规范进行。

(4) 微波危害因素体检主检医师应掌握 GBZ 35—2010《职业性白内障诊断标准》及微波职业健康监护技术规范，对微波所致疑似职业病、职业禁忌证判断准确。诊断医师需要每 2 年参加复训并考核合格。

(5) 质量控制能力考核内容为现场眼科检查操作和晶状体混浊部位描述能力考核。对每年完成 30% 备案微波类项目的职业健康检查机构进行现场技术考核。

(6) 个体结论符合率考核。职业健康信息化系统每年 1 次抽备案单位个体体检报告 80 份，加上体检单位提供疑似职业病报告 10 份、职业禁忌证报告 10 份，总计对 100 份体检报告进行专家评分。

## 七、微波体检过程管理

**1. 体检对象确定**

职业活动中接触微波辐射的人员。规定每 2 年检查 1 次。

**2. 下列情况需进行眼科复查**

1）上岗前体检：白内障。
2）在岗期间体检：白内障。
3）离岗时体检：白内障。

**3. 疑似职业性白内障判断**

(1) 有微波职业接触史。
(2) 眼晶状体以混浊（晶状体周边或后极部点状混浊）为主要表现。
(3) 排除其他因素所致的晶状体改变。

## 八、眼科裂隙灯检查质量控制

1）裂隙灯、眼底镜等设备要符合标准要求，定期检定、比对。
2）暗室要符合要求。
3）荧光素钠染色剂或试纸要在有效期内。
4）由眼科专业执业医生进行检查。
5）裂隙灯带数码摄像。
6）受试者要求：放好姿势，双眼平视前方。
7）操作者要求：
(1) 按由外向内、先右后左的基本顺序检查。
(2) 筛查时间平均每眼 120 s。
(3) 检察时把裂隙灯调为弥散光。
(4) 在镜头光圈调为"小"时，裂隙灯的光强调为"中度"。
(5) 光源角度为左右各 45°。
(6) 裂隙灯放大倍率应调为低倍。

(7) 检查时可嘱患者闭眼。

(8) 检查时间应控制在 5~8 s。

## 九、档案管理

(1) 作业场所现场微波监测资料。

(2) 职业健康检查信息表（含职业接触史、既往史、个人防护情况）。

(3) 历年职业健康检查表（应保持资料的完整性、连续性、准确性）。

(4) 职业健康监督执法资料。

(5) 委托协议书。

(6) 总结报告。

(7) 疑似职业病报告卡。

(8) 职业禁忌证通知。

(9) 现场调查表。

（黄伟欣）

# 低温作业职业健康监护质量控制要点

## 一、组织机构

备案低温作业职业健康检查。设置与低温作业职业健康检查相关的科室，合理设置各科室岗位及数量，至少包含内科（含皮肤检查和体格检查）、心电图检查室、放射科等。

## 二、人员

(1) 包含体格检查医师、心电图检查医师、放射科检查医师等类别的执业医师、技师、护士等医疗卫生技术人员。

(2) 出具报告要求执业医师签名。

(3) 至少有 1 名具备物理因素所致职业病诊断医师资格的主检医师，备案有效人员需要第一注册执业点。

## 三、仪器设备

(1) 配备满足并符合与备案低温职业健康检查的类别和项目相适应的仪器设备。

(2) 有关仪器设备的种类、数量、性能、量程、精确度等技术指标应满足工作需要,国家要求计量认证或校准的,需要符合计量认证或校准的要求。

(3)对所使用的设备编制操作规程。

(4)体检分类项目及设备见表1。

表1 体检分类项目及设备

| 名称 | 类别 | 检查项目 | 设备配置 |
|---|---|---|---|
| 低温 | 上岗前 | 体格检查必检项目:1)内科常规检查;2)外科常规检查 | 体格检查必备设备:内科常规检查用听诊器、血压计、身高测量仪、磅秤 |
| | | 实验室和其他检查必检项目:血常规、尿常规、肝功能、心电图、胸部X射线摄片 | 必检项目必备设备:血细胞分析仪、尿液分析仪、生化分析仪、心电图仪、CR/DR摄片机 |
| | | 复检项目:有雷诺病表现者可选择白指诱发试验、冷水复温试验、指端收缩压检查、甲襞微循环检查 | 复检项目必备设备:半导体温度计或热电偶温度计、微循环检测仪(微循环显微观察仪) |
| | 在岗期间 | 推荐性,同上岗前 | 推荐性,同上岗前 |
| | 应急 | 体格检查必检项目:1)内科常规检查;2)皮肤科常规检查,注意暴露部位皮肤有无红斑、水疱等 | 体格检查必备设备:内科常规检查用听诊器、血压计、身高测量仪、磅秤 |

## 四、工作场所

(1)工作场所布局合理,采光良好。体检场所应在醒目位置公示体检功能区布局和体检基本流程,引导标识应准确清晰。

(2)每个独立的检查室使用面积不小于6 $m^2$。

## 五、质量管理文书

(1)建立低温职业健康检查质量管理规程,进行全过程质量管理并持续有效运行,使工作规范化、标准化。

(2)制备职业健康检查表。

(3)存GBZ 278—2016《职业性冻伤的诊断》、GBZ 188—2014《职业健康监护技术规范》等文件备查。

## 六、能力考核与培训

(1)建立和保持技术人员培训制度,制订并落实各类人员教育和培训计划。

(2)质量负责人和技术负责人需要每2年进行1次职业健康检查法律法规知识培训并考核合格。

(3)低温检查主检医师应掌握GBZ 278—2016《职业性冻伤的诊断》及GBZ 188—

2014《职业健康监护技术规范》，对职业性冻伤、职业禁忌证的判断准确。物理因素诊断医师需要每 2 年参加复训并考核合格。

（4）个体结论符合率考核。职业健康信息化系统每年 1 次抽备案单位个体体检报告 80 份，加上体检单位提供的目标疾病报告 20 份，总计对 100 份体检报告进行专家评分。

### 七、低温体检过程管理

#### 1. 体检对象确定

因自然灾害、气候突然变化，如因寒潮、气温突降等恶劣气候，出现低于 0 ℃ 的低温环境，可能出现冻伤的职业人群；制冷剂、液态气体，如二氧化碳（干冰）、液氮、液氨、液氯、液氦、氟利昂泄漏可能出现快速冻伤的职业人群。

#### 2. 重点检查

重点询问雷诺病的症状和病史，以及检查皮肤在暴露于冷风、冷水后局部是否出现瘙痒性水肿、风团或紫红色丘疹等体征。

#### 3. 上岗前及在岗期间职业禁忌证

（1）雷诺病；
（2）寒冷性荨麻疹或寒冷性多形红斑。

#### 4. 疑似职业病判断

职业性冻伤（见 GBZ 278—2016《职业性冻伤的诊断》）。

### 八、质量控制

症状询问：重点询问皮肤暴露部位有无刺痛、灼热、麻木感、知觉丧失等症状。体格检查：除内科常规检查外，重点做皮肤科常规检查，注意暴露部位皮肤有无红斑、水疱等。必要时进行工作场所现场调查。

需要进行冷水复温检查及白指诱发试验者请参照"手传振动作业职业健康检查质量控制要点"相应内容。

### 九、档案管理

（1）作业场所现场低温监测资料。
（2）职业健康检查信息表（含低温接触史、既往病史、个人防护情况）。
（3）历年职业健康检查表（应保持资料的完整性、连续性、准确性）。
（4）职业健康监督执法资料。

（杨爱初）

# 紫外线作业职业健康监护质量控制要点

## 一、组织机构

备案紫外线作业职业健康检查。设置与紫外线作业职业健康检查相关的科室，合理设置各科室岗位及数量，至少包含眼科（含裂隙灯、眼底镜检查）、内科（体格检查）、心电图检查室等。

## 二、人员

（1）包含体格检查医师、眼科资格执业医师、心电图检查医师等类别的执业医师、技师、护士等医疗卫生技术人员。

（2）至少有 1 名具备物理因素所致职业病诊断医师资格的主检医师，备案有效人员需要第一注册执业点。

## 三、仪器设备

（1）配备满足并符合与备案紫外线职业健康检查的类别和项目相适应的视力表、辨色本、裂隙灯、眼底镜等眼科常规检查仪器设备。

（2）有关仪器设备的种类、数量、性能、量程、精确度等技术指标应满足工作需要，国家要求计量认证或校准的，需要符合计量认证或校准的要求。应对裂隙灯等仪器设备进行定期计量、检定和校准，并张贴标识；不属于强制检定的，应有相应校验方法并定期自校。应定期进行维护保养及计量、检定和校验，同时记录设备状态。

（3）对所使用的设备编制操作规程。

（4）体检分类项目及设备见表 1。

表 1　体检分类项目及设备

| 名称 | 类别 | 检查项目 | 设备配置 |
| --- | --- | --- | --- |
| 紫外线 | 上岗前 | 体格检查必检项目：1）内科、皮肤科常规检查；2）眼科常规检查及角膜、结膜、晶状体和眼底检查 | 必备设备：1）内科常规检查用听诊器、血压计；2）眼科常规检查用视力表、辨色本、裂隙灯、眼底镜 |
| | | 实验室和其他检查必检项目：血常规、尿常规、肝功能、心电图 | 必备设备：血细胞分析仪、尿液分析仪、生化分析仪、心电图仪 |
| | | 复检项目：角膜检查、晶状体检查 | 必备设备：裂隙灯、荧光素钠染色剂或试纸 |

续上表

| 名称 | 类别 | 检查项目 | 设备配置 |
|---|---|---|---|
| 紫外线 | 在岗期间 | 体格检查必检项目：1）内科、皮肤科常规检查；2）眼科常规检查及角膜、结膜、晶状体和眼底检查 | 必备设备：1）内科常规检查用听诊器、血压计；2）眼科常规检查用视力表、辨色本、裂隙灯、眼底镜 |
| | | 实验室和其他检查必检项目：血常规、尿常规、肝功能、心电图 | 必备设备：血细胞分析仪、尿液分析仪、生化分析仪、心电图仪 |
| | | 复检项目：角膜检查、晶状体检查 | 必备设备：裂隙灯、荧光素钠染色剂或试纸 |
| | 离岗时 | 同在岗期间 | 同在岗期间 |
| | 应急 | 体格检查必检项目：1）内科、皮肤科常规检查；2）眼科常规检查及角膜、结膜检查 | 必备设备：1）内科常规检查用听诊器、血压计；2）眼科常规检查用视力表、辨色本、裂隙灯、眼底镜、荧光素钠染色剂或试纸 |
| | | 实验室和其他检查必检项目：血常规、尿常规、肝功能、心电图 | 必备设备：血细胞分析仪、尿液分析仪、生化分析仪、心电图仪 |
| | | 复检项目：角膜检查、晶状体检查 | 必备设备：裂隙灯、荧光素钠染色剂或试纸 |

## 四、工作场所

（1）工作场所布局合理，采光良好。体检场所应在醒目位置展示体检功能区布局和体检基本流程，引导标识应准确清晰。

（2）检查科室布局合理，要有独立暗室。每个独立的检查室使用面积不小于 $6\ m^2$。

（3）开展外出职业健康检查，应当具备相应的外出职业健康检查仪器、设备，以及信息化管理系统等条件，并能在符合暗室条件的场所进行眼科检查。

## 五、质量管理文书

（1）建立紫外线职业健康检查质量管理规程，进行全过程质量管理并持续有效运行，使工作规范化、标准化。

（2）建立标准角膜、晶状体图表及标记，并符合国际标准。

（3）职业健康检查表（含标准角膜、晶状体图表）。

（4）工作场所张贴眼科检查须知。

（5）存 GBZ 9—2002《职业性急性电光性眼炎（紫外线角膜结膜炎）诊断标准》、GBZ 35—2010《职业性白内障诊断标准》、GBZ 2.2—2007《工作场所有害因素职业接触限值 第2部分：物理因素》、GBZ 188—2014《职业健康监护技术规范》等文件备查。

## 六、能力考核与培训

（1）建立和保持技术人员培训制度，制订并落实各类人员教育和培训计划。

（2）质量负责人和技术负责人需要每 2 年进行 1 次职业健康检查法律法规知识培训并考核合格。

（3）眼科检查医师具备眼科执业资质，有针对眼睛损害情况的检查能力。裂隙灯检查按照相关临床操作规范进行。

（4）紫外线危害因素主检医师应掌握 GBZ 9—2002《职业性急性电光性眼炎（紫外线角膜结膜炎）诊断标准》、GBZ 35—2010《职业性白内障诊断标准》、GBZ 2.2—2007《工作场所有害因素职业接触限值 第 2 部分：物理因素》、GBZ 188—2014《职业健康监护技术规范》中所列诊断标准，对紫外线所致疑似职业病、职业禁忌证判断准确。诊断医师需要每 2 年参加复训并考核合格。

（5）质量控制能力考核内容为现场眼科检查操作、角膜损伤和晶状体混浊部位描述的考核。对每年完成 30% 备案紫外线类项目的职业健康检查机构进行现场技术考核。

（6）个体结论符合率考核：职业健康信息化系统每年 1 次抽查备案单位个体体检报告 80 份，加上体检单位提供疑似职业病报告 10 份、职业禁忌证报告 10 份，总计对 100 份体检报告进行专家评分。

## 七、紫外线体检过程管理

### 1. 体检对象确定

职业活动中接触紫外线辐射的人员，按规定需每 2 年检查 1 次。

### 2. 下列情况需进行眼科复查

1）上岗前体检：①角膜炎；②白内障。
2）在岗体检：①角膜炎；②白内障。
3）离岗体检：①角膜炎；②白内障。

### 3. 疑似职业性急性电光性眼炎判断

（1）有紫外线职业接触史；
（2）眼部灼热感、疼痛、怕光、流泪，结膜充血水肿，角膜染色阳性。

### 4. 疑似职业性白内障判断

（1）有紫外线职业接触史；
（2）眼晶状体混浊（晶状体周边或后极部点状混浊）为主要表现；
（3）排除其他因素所致的晶状体改变。

## 八、眼科裂隙灯检查质量控制

1）裂隙灯、眼底镜等设备要符合标准要求，定期检定、比对。
2）暗室要符合要求。
3）荧光素钠染色剂或试纸要在有效期内。
4）由眼科专业执业医生进行检查。
5）裂隙灯带数码摄像。

6）受试者要求：放好姿势，双眼平视前方。

7）操作者要求：

（1）按由外向内、先右后左的顺序检查。

（2）筛查时间平均每眼 120 s。

（3）检察时把裂隙灯调为弥散光。

（4）在镜头光圈调为"小"时，裂隙灯的光强调为"中度"。

（5）光源角度为左右各 45°。

（6）裂隙灯放大倍率应调为低倍。

（7）检查时可嘱患者闭眼。

（8）检查时间应控制在 5～8 s。

## 九、档案管理

（1）作业场所现场监测资料。

（2）职业健康检查信息表（含职业接触史、既往史、个人防护情况）。

（3）历年职业健康检查表（应保持资料的完整性、连续性、准确性）。

（4）职业健康监督执法资料。

（5）委托协议书。

（6）总结报告。

（7）疑似职业病报告卡。

（8）职业禁忌证告知卡。

（9）现场调查表。

（黄伟欣）

# 生物因素作业职业健康监护质量控制要点

## 一、组织机构

备案生物因素［含布鲁菌属、炭疽杆菌、森林脑炎病毒、伯氏疏螺旋体、人类免疫缺陷病毒（艾滋病病毒）］作业职业健康检查。设置与上述危害因素作业职业健康检查相关的科室，合理设置各科室岗位及数量，至少包含耳鼻咽喉科、内科（体格检查）、心电图检查室、实验室等。

## 二、人员

（1）包含体格检查医师（神经科及皮肤科）、心电图检查医师、X 射线检查医师等类别的执业医师及实验室（包括常规临床检验、细菌及病原体培养实验室）技师等医疗卫生技术人员。

（2）至少有 1 名具备生物因素所致职业病诊断医师资格的主检医师。

## 三、仪器设备

（1）配备满足并符合与备案生物因素职业健康检查的类别和项目相适应的体格检查仪器、血细胞分析仪、尿液分析仪、生化分析仪及显微镜、培养箱、培养基（完成相应的病毒抗体检测或培养）。配备相应的免疫荧光仪或酶标仪等。

（2）仪器设备的种类、数量、性能、量程、精确度等技术指标应满足工作需要，国家要求计量认证或校准的，需要符合计量认证或校准的要求。

（3）对所使用的设备编制操作规程。

（4）体检分类项目及设备见表1。

表1 体检分类项目及设备

| 名称 | 类别 | 检查项目 | 设备配置 |
|---|---|---|---|
| 布鲁菌属 | 上岗前 | 体格检查必检项目：1）内科常规检查，重点为肝脾检查；2）外科常规检查，重点为脊椎、四肢与关节，睾丸和附睾的检查；3）神经系统常规检查；4）皮肤科常规检查，重点检查有无皮疹、皮疹形态、皮下结节 | 体格检查必备设备：1）内科常规检查用听诊器、血压计、身高测量仪、磅秤；2）神经系统常规检查用叩诊锤 |
|  |  | 实验室和其他检查必检项目：血常规、红细胞沉降率、尿常规、肝功能、心电图、腹部B超、胸部X射线摄片 | 必检项目必备设备：血细胞分析仪、尿液分析仪、生化分析仪、心电图仪、B超仪、DR摄片机。红细胞沉降率检测设备：手工法或血沉仪 |
|  | 在岗期间 | 体格检查必检项目：1）内科常规检查，重点为肝脾、淋巴结的触诊；2）外科检查，重点检查脊椎、骶髂、髋、膝、肩、腕、肘等关节，以及睾丸和附睾的检查；3）神经系统常规检查；4）皮肤科常规检查，重点检查有无皮肤紫癜、瘀点、瘀斑及口腔、鼻黏膜出血 | 体格检查必备设备：1）内科常规检查用听诊器、血压计、身高测量仪、磅秤；2）神经系统常规检查用叩诊锤 |
|  |  | 实验室和其他检查必检项目：血常规、红细胞沉降率、尿常规、肝功能、腹部B超、胶体金免疫层析实验或虎红平板凝集试验、试管凝集试验 | 必检项目必备设备：血细胞分析仪、尿液分析仪、生化分析仪、B超仪、虎红缓冲液玻片凝集试验试剂。红细胞沉降率检测设备：手工法或血沉仪 |

续上表

| 名称 | 类别 | 检查项目 | 设备配置 |
|---|---|---|---|
| 布鲁菌属 | 离岗时 | 同在岗期间 | 同在岗期间 |
| | 应急 | | |
| 炭疽杆菌 | 上岗前 | 体格检查必检项目：1）内科常规检查；2）皮肤科常规检查，包括皮肤颜色、有无皮疹、皮疹形态、有无皮肤溃疡等 | 体格检查必备设备：内科常规检查用听诊器、血压计、身高测量仪、磅秤 |
| | | 实验室和其他检查必检项目：血常规、尿常规、肝功能、心电图、胸部X射线摄片 | 必检项目必备设备：血细胞分析仪、尿液分析仪、生化分析仪、心电图仪、DR摄片机 |
| | 在岗期间 | 推荐性，同上岗前 | 推荐性，同上岗前 |
| | 离岗时 | 体格检查必检项目：1）内科常规检查；2）皮肤科常规检查，包括皮肤颜色、有无皮疹、皮疹形态、有无皮肤溃疡等 | 体格检查必备设备：内科常规检查用听诊器、血压计、身高测量仪、磅秤 |
| | | 实验室和其他检查必检项目：血常规、尿常规、血清荚膜抗体检测（或PCR核酸提取抗炭疽特异性抗体、细菌分离培养炭疽杆菌）、胸部X射线摄片 | 必检项目必备设备：血细胞分析仪、尿液分析仪、显微镜、DR摄片机、培养箱、培养基等。血清荚膜抗体检测设备：免疫荧光仪或酶标仪或PCR扩增仪 |
| | 应急 | 体格检查必检项目：1）内科常规检查；2）皮肤科常规检查，特别注意检查暴露部位皮肤有无丘疹、斑疹、水疱、黑痂等；3）神经科常规检查 | 体格检查必备设备：1）内科常规检查用听诊器、血压计、身高测量仪、磅秤；2）神经系统常规检查用叩诊锤 |
| | | 实验室和其他检查必检项目：同离岗时 | 同离岗时 |
| 森林脑炎病毒 | 上岗前 | 体格检查必检项目：1）内科常规检查；2）神经系统常规检查 | 体格检查必备设备：1）内科常规检查用听诊器、血压计、身高测量仪、磅秤；2）神经系统常规检查用叩诊锤 |
| | | 实验室和其他检查必检项目：血常规、尿常规、肝功能、心电图、胸部X射线摄片 | 必检项目必备设备：血细胞分析仪、尿液分析仪、生化分析仪、心电图仪、DR摄片机 |

续上表

| 名称 | 类别 | 检查项目 | 设备配置 |
|---|---|---|---|
| 森林脑炎病毒 | 在岗期间 | 推荐性，同上岗前 | 推荐性，同上岗前 |
| | 应急 | 体格检查必检项目：1）内科常规检查；2）神经系统常规检查 | 体格检查必备设备：1）内科常规检查用听诊器、血压计、身高测量仪、磅秤；2）神经系统常规检查用叩诊锤 |
| | | 实验室和其他检查必检项目：血常规、尿常规、肝功能、肾功能、心电图、补体结合试验或血凝抑制试验、头颅CT | 必检项目必备设备：血细胞分析仪、尿液分析仪、生化分析仪、心电图仪、CT仪。<br>补体结合试验或血凝抑制试验：手工试管法 |
| 伯氏疏螺旋体 | 上岗前 | 体格检查必检项目：1）内科常规检查；2）神经系统常规检查 | 体格检查必备设备：1）内科常规检查用听诊器、血压计、身高测量仪、磅秤；2）神经系统常规检查用叩诊锤 |
| | | 实验室和其他检查必检项目：血常规、尿常规、肝功能、心电图、胸部X射线摄片 | 必检项目必备设备：血细胞分析仪、尿液分析仪、生化分析仪、心电图仪、DR摄片机 |
| | 在岗期间 | 体格检查必检项目：1）内科常规检查，注意有无局部或全身淋巴结肿大；2）外科常规检查，重点为有无关节肿胀、活动受限及肌肉僵硬；3）神经系统常规检查；4）皮肤科常规检查，重点为有无皮疹、皮肤溃疡、皮肤游走性红斑 | 体格检查必备设备：1）内科常规检查用听诊器、血压计、身高测量仪、磅秤；2）神经系统常规检查用叩诊锤 |
| | | 实验室和其他检查必检项目：血常规、尿常规、肝功能、心电图、血清抗伯氏疏螺旋体抗体检测（或病原体分离） | 必检项目必备设备：血细胞分析仪、尿液分析仪、生化分析仪、心电图仪。<br>血清抗伯氏疏螺旋体抗体（或病原体分离）检测设备：免疫荧光仪 |
| | 离岗时 | 同在岗期间 | 同在岗期间 |
| | 应急 | 体格检查必检项目：同在岗期间 | 体格检查必备设备：同在岗期间 |
| | | 实验室和其他检查必检项目：血常规、尿常规、肝功能、心电图、血清抗伯氏疏螺旋体抗体检测（或病原体分离）、脑电图、头颅CT | 必检项目必备设备：血细胞分析仪、尿液分析仪、生化分析仪、心电图仪、脑电图仪、CT仪。<br>血清抗伯氏疏螺旋体抗体（或病原体分离）检测设备：免疫荧光仪 |

续上表

| 名称 | 类别 | 检查项目 | 设备配置 |
|------|------|----------|----------|
| 人类免疫缺陷病毒（艾滋病病毒） | 应急 | 体格检查必检项目：1）内科常规检查；2）皮肤黏膜检查，重点检查是否有皮肤破损或针刺、锐器割伤及其程度；接触暴露源的黏膜情况。<br>实验室和其他检查检查项目：血常规、尿常规、肝功能、肾功能、HIV-1抗体、HIV核酸、$CD_4^+$ T淋巴细胞 | 体格检查必备设备：内科常规检查用听诊器、血压计、身高测量仪、磅秤。<br>必检项目必备设备：血细胞分析仪、尿液分析仪、生化分析仪。<br>HIV-1抗体、HIV核酸、$CD_4^+$ T淋巴细胞检测：<br>1）艾滋病参比实验室：配备血清学检测、病原学检测、核酸检测、基因序列测定、免疫学检测设备和三级生物安全实验室（BSL-3）所需的仪器设备，至少包括酶标读数仪、洗板机、病毒载量测定仪、基因序列测定仪和流式细胞仪、普通冰箱、低温冰箱、超低温冰箱、水浴箱、温箱、离心机、旋转振荡器、摇床、加样器（仪）、专用计算机和必要的摄像器材、消毒和污物处理设备、实验室恒温设备、安全防护用品和生物安全柜等。具有建立国家艾滋病病毒毒种库、检测样品库、质控品库、基因库、细胞库和数据库的设备条件。2）艾滋病检测确证实验室：配备血清学检测和二级生物安全实验室（BSL-2）所需仪器设备，至少包括酶标读数仪、洗板机、普通冰箱、低温冰箱、水浴箱（或温箱）、离心机、旋转振荡器、摇床、加样器（仪）、专用计算机和必要的摄像器材、消毒和污物处理设备、实验室恒温设备、安全防护用品和生物安全柜。具有建立血清库和数据库的设备条件。3）艾滋病检测筛查实验室：配备艾滋病病毒抗体筛查试验所需设备，至少包括酶标读数仪、洗板机、普通冰箱、水浴箱（或温箱）、离心机、加样器（仪）、消毒与污物处理设备、实验室恒温设备、安全防护用品和生物安全柜 |

## 四、工作场所

（1）工作场所布局合理，采光良好。体检场所应在醒目位置展示体检功能区布局和体检基本流程，引导标识应准确清晰。

（2）不同生物因素对应的实验室应与其相匹配，按要求建立对应的实验室（如艾滋病参比实验室、艾滋病检测确证实验室、艾滋病检测筛查实验室）。

## 五、质量管理文书

（1）建立各生物因素［布鲁菌属、炭疽杆菌、森林脑炎病毒、伯氏疏螺旋体、人类免疫缺陷病毒（艾滋病病毒）5大类别］职业健康检查质量管理规程，进行全过程质量管理并持续有效运行，使工作规范化、标准化。

（2）制备职业健康检查表（内含相关生物因素检测或培养结果的相关报告）。

（3）建立检查相关告知制度，对每个检查人员应签检查知情同意书。

（4）相关生物因素对应检测（或培养）项目，应建立相应的操作规范，参照相关诊断标准及实验室管理相关规范制订相应的工作流程。

（5）存 GBZ 227—2017《职业性传染病的诊断》、GBZ 324—2019《职业性莱姆病的诊断》、GBZ 88—2002《职业性森林脑炎诊断标准》、WS 269—2007《布鲁氏菌病诊断标准》、WS 283—2020《炭疽诊断标准》、WS 293—2019《艾滋病和艾滋病病毒感染诊断》等文件备查。

## 六、能力考核与培训

（1）建立和保持技术人员培训制度，制订并落实各类人员教育和培训计划。

（2）质量负责人和技术负责人需要每2年进行1次职业健康检查法律法规知识培训并考核合格。

（3）相关的生物因素检测人员应参加相关的专业学习或进修。

（4）实验室应参加相对应的国家级或省级实验室的参比或比对并取得相关证明文件。

## 七、档案管理

（1）作业场所现场监测资料。

（2）各生物因素个人采样（培养）签名及样本流转签收资料。

（3）职业健康检查信息表（含生物因素接触史、既往听力异常史、个人防护情况）。

（4）历年职业健康检查表（应保持资料的完整性、连续性、准确性）。

（5）职业健康监督执法资料。

（郭集军）

# 电工作业职业健康监护质量控制要点

## 一、组织机构

备案电工作业职业健康检查。设置与电工作业职业健康检查相关的科室，合理设置各科室岗位及数量，至少包含内科（体格检查、神经系统常规检查）、外科（外科常规检查）、眼科（眼科常规检查、色觉检查）、耳科（耳科常规检查及前庭功能检查）、心电图检查室、脑电图检查室、影像检查室（含胸部 X 射线摄片）、临床检验室（含血常规、尿常规、肝功能检查）等。

## 二、人员

（1）包含体格检查医师、五官科检查医师、心电图检查医师、脑电图检查医师、胸部 X 射线摄片检查医师、临床检验医师等类别的执业医师、技师、护士等医疗卫生技术人员。

（2）至少有 1 名具备职业病诊断医师资格的主检医师，备案有效人员需第一注册执业点。

## 三、仪器设备

（1）配备满足并符合与备案电工作业职业健康检查的类别和项目相适应的血细胞分析仪、尿液分析仪、生化分析仪、心电图仪、脑电图仪、CR/DR 摄片机，以及内外科、眼科、色觉、耳科常规检查及前庭功能检查等所需仪器设备。外出体检配置 CR/DR 车。

（2）有关仪器设备的种类、数量、性能、量程、精确度等技术指标应满足工作需要，国家要求计量认证或校准的，需要符合计量认证或校准的要求。应对血细胞分析仪、尿液分析仪、生化分析仪、心电图仪、脑电图仪、CR/DR 摄片机等仪器设备进行定期计量、检定和校准，并张贴标识；不属于强制检定的，应有相应校验方法并定期自校。应定期进行维护保养及计量、检定和校验，同时记录设备状态。

（3）对所使用的设备编制操作规程。

（4）体检分类项目及设备见表 1。

表 1　体检分类项目及设备

| 名称 | 类别 | 检查项目 | 设备配置 |
|---|---|---|---|
| 电工 | 上岗前 | 体格检查必检项目：1）内科常规检查，重点检查血压、心脏；2）神经系统常规检查；3）眼科常规检查及色觉检查；4）外科检查，注意四肢关节的运动与灵活程度，特别是手部各关节的运动和灵活程度；5）耳科常规检查及前庭功能检查（有病史或临床表现者） | 体格检查必备设备：1）内科常规检查用听诊器、血压计、身高测量仪、磅秤；2）神经系统常规检查用叩诊锤；3）眼科常规检查及色觉检查用视力表、色觉图谱；4）耳科常规检查及前庭功能检查用耳镜、额镜或额眼灯、地灯 |
| | | 实验室和其他检查必检项目：血常规、尿常规、肝功能、心电图、脑电图（有晕厥史者）、胸部 X 射线摄片 | 必检项目必备设备：血细胞分析仪、尿液分析仪、生化分析仪、心电图仪、脑电图仪、CR/DR 摄片机 |
| | 在岗期间 | 同上岗前 | 同上岗前 |

1987 年 5 月 28 日，国家计量局发布的《中华人民共和国强制检定的工作计量器具检定管理办法》第十六条规定，磅秤、血压计、心电图仪、脑电图仪、电子血球计数器属于强制检定的工作计量器具。

## 四、工作场所

（1）工作场所布局合理，采光良好。体检场所应在醒目位置公示体检功能区布局和体检基本流程，引导标识应准确清晰。

（2）体格检查、眼科检查、耳科检查等操作室布局合理，每个独立的检查室使用面积不小于 6 $m^2$。

（3）实验室应干净、整洁，具备独立的样品处理间。实验室布局要符合 GB/T 22576.1—2018《医学实验室　质量和能力的要求　第 1 部分：通用要求》中的场地环境、设备设施的相关规定。

（4）开展外出职业健康检查的，应当具有相应的外出职业健康检查仪器、设备，以及 CR/DR 检查专用车辆、信息化管理系统等条件。

## 五、质量管理文书

（1）建立电工作业职业健康检查质量管理规程，进行全过程质量管理并持续有效运行，实现质量管理工作的规范化、标准化。

（2）建立电工作业人员职业健康检查作业指导书。

（3）工作场所张贴采（抽）血须知及注意事项并事先告知。

（4）制备职业健康检查表。

（5）存《职业健康检查管理办法》、GBZ/T 260—2014《职业禁忌证界定导则》、GBZ 188—2014《职业健康监护技术规范》等文件备查。

## 六、能力考核与培训

（1）建立技术人员培训制度，制订并落实各类人员教育和培训计划。

（2）质量负责人和技术负责人需要每 2 年进行 1 次职业健康检查法律法规知识培训并考核合格。

（3）五官科检查医师具备针对眼科、耳科损害情况的检查能力。按照相关临床操作规范进行。

（4）电工作业检查主检医师应掌握电工作业职业健康监护技术规范，对电工作业职业禁忌证的判断准确。职业病诊断医师需要每 2 年参加复训并考核合格。

（5）质量控制能力考核内容为现场电工作业目标疾病判断能力的考核。对每年完成 30% 备案特殊作业项目的职业健康检查机构进行现场技术考核。每个单位抽取经专家集体给出结果的职业禁忌证的个体体检报告进行考核。

（6）个体结论符合率考核。职业健康信息化系统每年 1 次抽查备案单位个体体检报告 80 份，加上体检单位提供的职业禁忌证报告 20 份，总计 100 份体检报告，对其进行专家评分。

## 七、电工体检过程管理

### 1. 体检对象及体检周期确定

电工作业人员均须进行职业健康检查，健康体检周期为每 2 年 1 次。

### 2. 体格检查内容

1）症状询问：重点询问高血压、心脏病及家族中有无精神病史，近 1 年内有无晕厥发作史。

2）体格检查：

（1）血压测量：血压的测量方法（间接测量法）即袖带加压法，以血压计测量。

（2）心脏听诊：通常听诊顺序可以从心尖区开始，逆时针方向依次听诊。先听心尖区再听肺动脉瓣区，然后为主动脉瓣区、主动脉瓣第二听诊区，最后是三尖瓣区。

（3）神经系统常规检查：包括颅神经检查、运动功能检查（重点检查共济运动）、感觉功能检查、神经反射检查、脑膜刺激征检查。

（4）眼科：眼科常规检查及色觉检查。

（5）外科检查：注意四肢关节的运动与灵活程度，特别是手部各关节的运动和灵活程度。

（6）耳科：耳科常规检查及前庭功能检查（有病史或临床表现者）。

### 3. 职业禁忌证判断

（1）癫痫。

（2）晕厥（近 1 年内有晕厥发作史）。

（3）经专科诊治后仍测得收缩压 ≥160 mmHg 和/或舒张压 ≥100 mmHg。

（4）红绿色盲。

（5）器质性心脏病或病理性心律失常。

（6）四肢关节运动功能障碍。

## 八、脑电图检查质量控制

脑电图检查是通过仪器，从头皮上将脑部的自发性生物电位加以放大记录而获得图形的检查。

1. 脑电图仪设备

要符合标准要求，定期检定、比对。

2. 适用对象

有晕厥史者或疑似癫痫史者。

3. 受检者要求

（1）检查时保持心情平静，头皮上安放接收电极，不是通电。

（2）全身肌肉放松以免肌电受干扰。

（3）按医生要求，睁眼、闭眼或过度换气。

4. 检查前准备

（1）检查前一天用肥皂水洗头。

（2）检查前一天应停服镇静剂、安眠剂，并停用抗癫痫药物 1～3 d。

（3）检查前应进食，不宜空腹，如不能进食或呕吐者应给予葡萄糖静脉注射。

（4）如有颅内压增高而需要帮助定位者，应在检查前 1 h 左右用脱水剂降低颅压，如静脉快速滴注或推注甘露醇。

（5）检查前向患者做好解释，勿穿尼龙衣，避免静电干扰，避免紧张、眨眼、咬牙、吞咽、摇头或全身活动，有汗应拭去，以避免伪差影响结果。患者在检查时应遵医嘱做闭目、睁眼或做深呼吸等动作。

（6）对无法配合的小儿及精神异常者可用镇静剂、安眠药后做睡眠图检查。

5. 检查过程

1）电极位置应按国际 10 - 20 系统。

2）每次描记应先定标。

3）放大器国际通用敏感性为 7 uv/mm 或 10 uv/mm，时间常数为 0.3 s，记录速度为 30 mm/s。

4）常规脑电图记录时间应不少于 30 min，睡眠监测应该至少包括 1 个完整的睡眠周期，录像脑电图监测最好监测到与过去发作完全相同的 1 次发作。

5）具体流程：

（1）选单级导联（A1、A2），待基线平稳 1 min 后做 3 次睁闭眼试验，每次 3 s，间隔 10 s。

（2）1 min 后做过度换气试验 3 min，每分钟呼吸 15～20 次。

（3）过度换气后至少描记 3 min，如有异常应描记到异常消失。

（4）闪光刺激，将闪光灯置于眼前 20～30 cm，受检者闭目，用不同的频率（如 1 Hz、3 Hz、9 Hz、12 Hz、15 Hz、18 Hz、20 Hz、25 Hz、30 Hz、40 Hz、50 Hz）刺

激,每个频率刺激 10 s,间隔 10 s。

(5) 描记结束后再做 10 s 定标。

## 九、档案管理

(1) 职业健康检查信息表(含电工作业接触史、既往疾病史、个人防护情况)。

(2) 历年职业健康检查表(应保持资料的完整性、连续性、准确性)。

(3) 职业健康监督执法资料。

(4) 与用人单位签订的职业健康检查合同或协议、委托书等其他资料。

(张璟)

# 高处作业职业健康监护质量控制要点

## 一、组织机构

备案高处作业职业健康检查。设置与高处作业职业健康检查相关的科室,合理设置各科室岗位及数量,至少包含内科(内科常规检查)、外科(外科常规检查)、耳科(耳科常规检查及前庭功能检查)、心电图检查室、脑电图检查室、影像检查室(包含胸部 X 射线摄片)、临床检验室(包含血常规、尿常规、肝功能)等。

## 二、人员

(1) 包含体格检查医师、五官科检查医师、心电图检查医师、脑电图检查医师、胸部 X 射线摄片检查医师、临床检验师等类别的执业医师、技师、护士等医疗卫生技术人员。

(2) 至少有 1 名具备职业病诊断医师资格的主检医师,备案有效人员需第一注册执业点。

## 三、仪器设备

(1) 配备满足并符合与备案高处作业职业健康检查的类别和项目相适应的血细胞分析仪、尿液分析仪、生化分析仪、心电图仪、脑电图仪、CR/DR 摄片机,以及内科、外科、耳科检查等使用的仪器设备。外出体检配置 CR/DR 车。

(2) 有关仪器设备的种类、数量、性能、量程、精确度等技术指标应满足工作需要,国家要求计量认证或校准的,需要符合计量认证或校准的要求。应对血细胞分析仪、尿液分析仪、生化分析仪、心电图仪、脑电图仪、CR/DR 摄片机等仪器设备进行定期计量、检定和校准,并张贴标识;不属于强制检定的,应有相应校验方法并定期自校。应定期进行维护保养及计量、检定和校验,同时记录设备状态。

(3) 对所使用的设备编制操作规程。

(4) 体检分类项目及设备见表1。

表1 体检分类项目及设备

| 名称 | 类别 | 检查项目 | 设备配置 |
|---|---|---|---|
| 高处作业 | 上岗前 | 体格检查必检项目:1)内科常规检查,重点检查血压、心脏、"三颤"(眼睑震颤、舌颤、双手震颤);2)耳科常规检查及前庭功能检查(有病史或临床表现者);3)外科检查,主要检查四肢骨关节及运动功能 | 体格检查必备设备:1)内科常规检查用听诊器、血压计、身高测量仪、磅秤;2)耳科常规检查及前庭功能检查用耳镜、额镜或额眼灯、地灯 |
| | | 实验室和其他检查必检项目:血常规、尿常规、肝功能、心电图、脑电图(有晕厥史者)、胸部X射线摄片 | 必检项目必备设备:血细胞分析仪、尿液分析仪、生化分析仪、心电图仪、脑电图仪、超声心动仪、CR/DR摄片机 |
| | 在岗期间 | 同上岗前 | 同上岗前 |

1987年5月28日,国家计量局发布的《中华人民共和国强制检定的工作计量器具检定管理办法》第十六条规定,磅秤、血压计、心电图仪、脑电图仪、电子血球计数器属于强制检定的工作计量器具。

## 四、工作场所

(1) 工作场所布局合理,采光良好。体检场所应在醒目位置公示体检功能区布局和体检基本流程,引导标识应准确清晰。

(2) 体格检查室、眼科检查室、耳科检查室等操作室布局合理,每个独立的检查室使用面积不小于6 m²。

(3) 实验室应干净、整洁,具备独立的样品处理间。实验室布局要符合 GB/T 22576.1—2018《医学实验室 质量和能力的要求 第1部分:通用要求》中的场地环境、设备设施的相关规定。

(4) 开展外出职业健康检查的,应当具有相应的外出职业健康检查仪器、设备,以及 CR/DR 检查专用车辆、信息化管理系统等条件。

## 五、质量管理文书

(1) 建立高处作业职业健康检查质量管理规程,进行全过程质量管理并持续有效运行,实现质量管理工作的规范化、标准化。

(2) 建立高处作业人员职业健康检查作业指导书。

(3) 工作场所张贴采(抽)血须知及注意事项并事先告知。

(4) 制备职业健康检查表。

(5) 存《职业健康检查管理办法》、GBZ/T 260—2014《职业禁忌证界定导则》、GBZ 188—2014《职业健康监护技术规范》等文件备查。

## 六、能力考核与培训

(1) 建立技术人员培训制度，制订并落实各类人员教育和培训计划。

(2) 质量负责人和技术负责人需要每 2 年进行 1 次职业健康检查法律法规知识培训并考核合格。

(3) 五官科检查医师具备针对耳科损害情况的检查能力。相关临床操作按照规范进行检查。

(4) 高处作业检查主检医师应掌握高处作业职业健康监护技术规范，对高处作业职业禁忌证的判断准确。职业病诊断医师需要每 2 年参加复训并考核合格。

(5) 质量控制能力考核内容为现场高处作业目标疾病判断能力的考核。每年完成对 30% 备案特殊作业项目的职业健康检查机构的现场技术考核。每个单位抽取经专家集体给出结果的职业禁忌证个体体检报告进行考核。

(6) 个体结论符合率考核：职业健康信息化系统每年 1 次抽查备案单位个体体检报告 80 份，加上体检单位提供的职业禁忌证报告 20 份，总计对 100 份体检报告进行专家评分。

## 七、高处作业体检过程管理

### 1. 体检对象及体检周期确定

高处作业人员均须进行职业健康检查，健康体检周期为每年 1 次。

### 2. 体格检查内容

1) 症状询问：重点询问有无恐高症、高血压病、心脏病及精神病等家族史；癫痫、晕厥、眩晕症病史及发作情况。

2) 体格检查：

(1) 血压测量：血压的测量方法（间接测量法）即袖带加压法，以血压计测量。

(2) 心脏听诊：通常听诊顺序可以从心尖区开始，逆时针方向依次听诊。先听心尖区再听肺动脉瓣区，然后为主动脉瓣区、主动脉瓣第二听诊区，最后是三尖瓣区。

(3) 神经系统检查：重点检查"三颤"，即眼睑震颤、舌颤、双手震颤。

(4) 耳科检查：耳科常规检查及前庭功能检查（有病史或临床表现者）。

(5) 外科检查：观察四肢与关节是否对称、形态是否正常，有无肿胀及压痛，活动是否受限。

### 3. 下列情况需进行复查

1) 上岗前体检：

(1) 收缩压 ≥160 mmHg 和/或舒张压 ≥100 mmHg。

(2) 器质性心脏病或病理性心律失常。

(3) 其他可能严重影响高处作业的临床症状或体征。

2）在岗体检：

（1）收缩压≥160 mmHg 和/或舒张压≥100 mmHg。

（2）器质性心脏病或病理性心律失常。

（3）其他可能严重影响高处作业的临床症状或体征。

4．职业禁忌证判断

（1）癫痫。

（2）晕厥、眩晕症。

（3）经专科诊治后仍测得收缩压≥160 mmHg 和/或舒张压≥100 mmHg。

（4）恐高症。

（5）器质性心脏病或病理性心律失常。

（6）四肢关节运动功能障碍。

## 八、脑电图检查质量控制

参见"电工作业职业健康监护质量控制要点"中"八、"相应内容。

## 九、档案管理

（1）职业健康检查信息表（含高处作业接触史、既往异常史、个人防护情况）。

（2）历年职业健康检查表（应保持资料的完整性、连续性、准确性）。

（3）职业健康监督执法资料。

（4）与用人单位签订的职业健康检查合同或协议、委托书等其他资料。

（张璟）

# 压力容器作业职业健康监护质量控制要点

## 一、组织机构

备案压力容器作业职业健康检查。设置与压力容器作业职业健康检查相关的科室，合理设置各科室岗位及数量，至少包含内科（体格检查）、眼科（眼科常规检查及色觉检查）、耳科（耳科常规检查及前庭功能检查）、心电图检查室、纯音听阈测试室（含隔音室）、脑电图检查室、影像检查室（含胸部 X 射线摄片）、临床检验室（含血常规、尿常规、肝功能检查）等。

## 二、人员

（1）包含体格检查医师、五官科检查医师、心电图检查医师、脑电图检查医师、胸部X射线摄片检查医师、临床检验医师等类别的执业医师、技师、护士等医疗卫生技术人员。

（2）至少有1名具备职业病诊断医师资格的主检医师，备案有效人员需要第一注册执业点。

## 三、仪器设备

（1）配备满足并符合与备案压力容器作业职业健康检查的类别和项目相适应的血细胞分析仪、尿液分析仪、生化分析仪、心电图仪、纯音听阈测试计、脑电图仪、CR/DR摄片机，以及内科、外科、眼科、耳科检查等使用的仪器设备。外出体检配置CR/DR车。

（2）有关仪器设备的种类、数量、性能、量程、精确度等技术指标应满足工作需要，国家要求计量认证或校准的，需要符合计量认证或校准的要求。应对血细胞分析仪、尿液分析仪、生化分析仪、心电图仪、脑电图仪、CR/DR摄片机等仪器设备进行定期计量、检定和校准，并张贴标识；不属于强制检定的，应有相应校验方法并定期自校。应定期进行维护保养及计量、检定和校验，同时记录设备状态。

（3）对所使用的设备编制操作规程。

（4）体检分类项目及设备见表1。

表1 体检分类项目及设备

| 名称 | 类别 | 检查项目 | 设备配置 |
| --- | --- | --- | --- |
| 压力容器 | 上岗前 | 体格检查必检项目：1）内科常规检查，重点检查血压、心脏；2）耳科常规检查及前庭功能检查（有病史或临床表现者）；3）眼科常规检查及色觉检查 | 体格检查必备设备：1）内科常规检查用听诊器、血压计、身高测量仪、磅秤；2）耳科常规检查用耳镜、额镜或额眼灯、地灯；3）眼科常规检查及色觉检查用视力表、色觉图谱 |
| | | 实验室和其他检查必检项目：血常规、尿常规、肝功能、心电图、纯音听阈测试、脑电图（有眩晕或晕厥史者）、胸部X射线摄片 | 必检项目必备设备：血细胞分析仪、尿液分析仪、生化分析仪、心电图仪、纯音听力计、符合条件的隔音室、脑电图仪、CR/DR摄片机 |
| | 在岗期间 | 同上岗前 | 同上岗前 |

1987年5月28日，国家计量局发布的《中华人民共和国强制检定的工作计量器具检定管理办法》第十六条规定，磅秤、血压计、心电图仪、听力计、脑电图仪、电子血球计数器属于强制检定的工作计量器具。

## 四、工作场所

（1）工作场所布局合理，采光良好。体检场所应在醒目位置公示体检功能区布局和体检基本流程，引导标识应准确清晰。

（2）体格检查室、眼科检查室、耳科检查室等操作室布局合理，每个独立的检查室使用面积不小于 6 $m^2$。

（3）实验室应干净、整洁，具备独立的样品处理间。实验室布局要符合 GB/T 22576.1—2018《医学实验室 质量和能力的要求 第 1 部分：通用要求》中的场地环境、设备设施的相关规定。

（4）开展外出职业健康检查的，应当具有相应的外出职业健康检查仪器、设备，以及 CR/DR 检查专用车辆、信息化管理系统等条件。

## 五、质量管理文书

（1）建立压力容器作业职业健康检查质量管理规程，进行全过程质量管理并持续有效运行，实现质量管理工作的规范化、标准化。

（2）建立压力容器作业人员职业健康检查作业指导书。

（3）工作场所张贴采（抽）血须知及注意事项并事先告知。

（4）制备职业健康检查表。

（5）存 GBZ/T 260—2014《职业禁忌证界定导则》、GBZ 188—2014《职业健康监护技术规范》等文件备查。

## 六、能力考核与培训

（1）建立技术人员培训制度，制订并落实各类人员教育和培训计划。

（2）质量负责人和技术负责人需要每 2 年进行 1 次职业健康检查法律法规知识培训并考核合格。

（3）五官科检查医师具备针对眼科、耳科损害情况的检查能力。按照相关临床操作规范进行。

（4）压力容器作业检查主检医师应掌握压力容器作业职业健康监护技术规范，对压力容器作业职业禁忌证判断准确。职业病诊断医师需要每 2 年参加复训并考核合格。

（5）质量控制能力考核应进行现场对压力容器作业目标疾病判断能力的考核。对每年完成 30% 备案特殊作业项目的职业健康检查机构进行现场技术考核。每个单位抽取经专家集体给出结果的职业禁忌证的个体体检报告进行考核。

（6）个体结论符合率考核：职业健康信息化系统每年 1 次抽查备案单位个体体检报告 80 份，加上体检单位提供的职业禁忌证报告 20 份，总计对 100 份体检报告进行专家评分。

## 七、压力容器作业体检过程管理

### 1. 体检对象及体检周期确定

压力容器作业人员均须进行职业健康检查，健康体检周期为每 2 年 1 次。

**2. 下列情况需进行复查**

1) 上岗前体检：

(1) 收缩压≥160 mmHg 和/或舒张压≥100 mmHg。

(2) 器质性心脏病或病理性心律失常。

(3) 双耳语言频段平均听力损失 >25 dB。

(4) 其他可能严重影响压力容器作业的临床症状或体征。

2) 在岗体检：

(1) 收缩压≥160 mmHg 和/或舒张压≥100 mmHg。

(2) 器质性心脏病或病理性心律失常。

(3) 双耳语言频段平均听力损失 >25 dB。

(4) 其他可能严重影响压力容器作业的临床症状或体征。

**3. 职业禁忌证判断**

(1) 癫痫。

(2) 晕厥、眩晕症（近1年内有晕厥、眩晕发作史）。

(3) 经专科诊治后仍测得收缩压≥160 mmHg 和/或舒张压≥100 mmHg。

(4) 红绿色盲（仅限上岗前）。

(5) 慢性器质性心脏病或病理性心律失常。

(6) 双耳语言频段平均听力损失 >25 dB。

**4. 体格检查内容**

1) 症状询问：重点询问有无耳鸣、耳聋、中耳及内耳疾病史，近1年内有无眩晕、晕厥发作史。

2) 体格检查：

(1) 血压测量：血压的测量方法（间接测量法）即袖带加压法，以血压计测量。

(2) 心脏听诊：通常听诊顺序可以从心尖区开始，逆时针方向依次听诊。先听心尖区再听肺动脉瓣区，然后为主动脉瓣区、主动脉瓣第二听诊区，最后是三尖瓣区。

(3) 耳科检查：观察耳郭注意其外形、大小、位置和对称性，是否有发育畸形、瘘口、低垂耳、红肿等，观察是否有结节，外耳道注意有无溢液、红肿等。

(4) 眼的功能检查：视力、色觉是否异常。

## 八、纯音测听质量控制

参见"噪声作业职业健康监护质量控制要点"中"八、"相应内容。

## 九、脑电图检查质量控制

参见"电工作业职业健康监护质量控制要点"中"八、"相应内容。

## 十、档案管理

(1) 职业健康检查信息表（含压力容器作业接触史、既往疾病史、个人防护情况）。

(2) 历年职业健康检查表（应保持资料的完整性、连续性、准确性）。

（3）职业健康监督执法资料。
（4）与用人单位签订的职业健康检查合同或协议、委托书等其他资料。

（张璟）

# 职业机动车驾驶作业职业健康监护质量控制要点

## 一、组织机构

备案职业机动车驾驶作业职业健康检查。设置与职业机动车驾驶作业职业健康检查相关的科室，合理设置各科室岗位及数量，至少包含内科（内科常规检查）、外科（外科常规检查）、眼科（眼科及色觉常规检查）、耳科（耳科常规检查及前庭功能检查）、心电图检查室、纯音听阈测试室（含隔音室）、视野检查室、影像检查室（含胸部 X 射线摄片）、临床检验室（含血常规、尿常规、肝功能检查）等。

## 二、人员

（1）包含体格检查医师、五官科检查医师、心电图检查医师、听力检查医师、视野检查医师、胸部 X 射线摄片检查医师、临床检验医师等类别的执业医师、技师、护士等医疗卫生技术人员。

（2）至少有 1 名具备职业病诊断医师资格的主检医师，备案有效人员需第一注册执业点。

## 三、仪器设备

（1）配备满足并符合与备案职业机动车驾驶作业职业健康检查的类别和项目相适应的血细胞分析仪、尿液分析仪、生化分析仪、心电图仪、纯音听阈测试计、视野计、CR/DR 摄片机，以及内科、外科、眼科、耳科检查等使用的仪器设备。外出体检配置 CR/DR 车。

（2）有关仪器设备的种类、数量、性能、量程、精确度等技术指标应满足工作需要，国家要求计量认证或校准的，需要符合计量认证或校准的要求。应对血细胞分析仪、尿液分析仪、生化分析仪、心电图仪、听力计、CR/DR 摄片机等仪器设备进行定期计量、检定和校准，并张贴标识；不属于强制检定的，应有相应校验方法并定期自校。应定期进行维护保养及计量、检定和校验，同时记录设备状态。

（3）对所使用的设备编制操作规程。

(4) 体检分类项目及设备见表1。

表1　体检分类项目及设备

| 名称 | 类别 | 检查项目 | 设备配置 |
|---|---|---|---|
| 职业机动车驾驶 | 上岗前 | 体格检查必检项目：1) 内科常规检查；2) 外科检查，重点检查身高、体重、头、颈、四肢躯干、肌肉、骨骼；3) 眼科常规检查及辨色力检查；4) 耳科常规检查 | 体格检查必备设备：1) 内科常规检查用听诊器、血压计、身高测量仪、磅秤；2) 眼科常规检查及辨色力检查用视力表、色觉图谱；3) 耳科常规检查用耳镜、额镜或额眼灯、地灯等 |
| | | 实验室和其他检查必检项目：血常规、尿常规、肝功能、心电图、纯音听阈测试、视野检查、胸部X射线摄片 | 必检项目必备设备：血细胞分析仪、尿液分析仪、生化分析仪、心电图仪、纯音听力计、符合条件的测听室、视野计、CR/DR摄片机 |
| | 在岗期间 | 同上岗前 | 同上岗前 |

1987年5月28日，国家计量局发布的《中华人民共和国强制检定的工作计量器具检定管理办法》第十六条规定，磅秤、血压计、心电图仪、听力计、电子血球计数器属于强制检定的工作计量器具。

## 四、工作场所

(1) 工作场所布局合理，采光良好。体检场所应在醒目位置公示体检功能区布局和体检基本流程，引导标识应准确清晰。

(2) 体格检查室、眼科检查室、耳科检查室等操作室布局合理，每个独立的检查室使用面积不小于 6 m$^2$。

(3) 实验室应干净、整洁，具备独立的样品处理间。实验室布局要符合 GB/T 22576.1—2018《医学实验室　质量和能力的要求　第1部分：通用要求》中的场地环境、设备设施的相关规定。

(4) 开展外出职业健康检查的，应当具有相应的外出职业健康检查仪器、设备，以及 CR/DR 检查专用车辆、信息化管理系统等条件。

## 五、质量管理文书

(1) 建立职业机动车驾驶作业职业健康检查质量管理规程，进行全过程质量管理并持续有效运行，实现质量管理工作的规范化、标准化。

(2) 建立职业机动车驾驶作业人员职业健康检查作业指导书。

(3) 工作场所张贴采（抽）血须知及注意事项并事先告知。

(4) 制备职业健康检查表。

(5) 存 GBZ/T 260—2014《职业禁忌证界定导则》、GBZ 188—2014《职业健康监

护技术规范》等文件备查。

## 六、能力考核与培训

（1）建立技术人员培训制度，制订并落实各类人员教育和培训计划。

（2）质量负责人和技术负责人需要每2年进行1次职业健康检查法律法规知识培训并考核合格。

（3）五官科检查医师具备针对眼科、耳科损害情况的检查能力。按照相关临床操作规范进行。

（4）职业机动车驾驶作业检查主检医师应掌握职业机动车驾驶作业职业健康监护技术规范，对职业机动车驾驶作业职业禁忌证的判断准确。职业病诊断医师需每2年参加复训并考核合格。

（5）质量控制能力考核应进行现场职业机动车驾驶作业目标疾病判断能力的考核。对每年完成30%备案特殊作业项目的职业健康检查机构进行现场技术考核。每个单位抽取经专家集体给出结果的职业禁忌证的个体体检报告进行考核。

（6）个体结论符合率考核。职业健康信息化系统每年1次抽查备案单位个体体检报告80份，加上体检单位提供的职业禁忌证报告20份，总计对100份体检报告进行专家评分。

## 七、职业机动车驾驶作业体检过程管理

### 1. 体检对象及体检周期确定

职业机动车驾驶作业人员均须进行职业健康检查。健康体检周期：大型车及营运性职业驾驶员为每年1次；小型车及非营运性职业驾驶员为每2年1次。

### 2. 体格检查内容

1）症状询问：重点询问各种职业禁忌证的病史，是否有吸食、注射毒品及长期服用依赖性精神药品史和治疗的情况。

2）体格检查：

（1）血压测量：血压的测量方法（间接测量法）即袖带加压法，以血压计测量。

（2）心脏听诊：通常听诊顺序可以从心尖区开始，按逆时针方向依次听诊。先听心尖区，再听肺动脉瓣区，然后为主动脉瓣区、主动脉瓣第二听诊区，最后是三尖瓣区。

（3）肺部听诊：通常听诊顺序一般由肺尖开始，自下而上分别检查前胸部、侧胸部和背部，听诊前胸部应沿锁骨中线和腋前线，听诊侧胸部应沿腋中线，听诊背部应沿肩胛线，自上至下，左右对称逐一进行，必要时可以要求被检查者深呼吸或咳嗽后立即听诊。

（4）外科：外科常规检查，包括头部、颈部、躯干四肢的视诊和触诊等。

（5）精神科：精神科常规检查。

（6）神经系统常规检查：颅神经检查、运动功能检查、感觉功能检查、神经反射

检查、脑膜刺激征检查。

(7) 眼科：包括视力、视野、色觉和立体觉的检查。

(8) 耳科：耳科常规检查及前庭功能检查（有病史或临床表现者）。

3. 职业禁忌证判断

(1) 身高：大型机动车驾驶员＜155 cm，小型机动车驾驶员＜150 cm（仅限上岗前）。

(2) 远视力（对数视力表）：大型机动车驾驶员为两裸眼＜4.0，并＜5.0（矫正）。小型机动车驾驶员为两裸眼＜4.0，并＜4.9（矫正）。

(3) 红绿色盲。

(4) 听力：双耳平均听阈＞30 dB（语频纯音气导）。

(5) 血压：大型机动车驾驶员为收缩压≥18.7 kPa（≥140 mmHg）或舒张压≥12 kPa（≥90 mmHg）；小型机动车驾驶员为未控制的2级及以上高血压。

(6) 深视力：＜-22 mm 或＞+22 mm（仅限上岗前）。

(7) 暗适应：＞30 s（仅限上岗前）。

(8) 复视、立体盲、严重视野缺损（仅限上岗前）。

(9) 器质性心脏病。

(10) 癫痫。

(11) 梅尼埃病（仅限上岗前）。

(12) 眩晕症（仅限上岗前）。

(13) 癔症。

(14) 帕金森病。

(15) 各类精神障碍疾病（仅限上岗前）。

(16) 痴呆（仅限上岗前）。

(17) 发现影响肢体活动的神经系统疾病（仅限上岗前）。

(18) 吸食、注射毒品；长期服用依赖性精神药品成瘾尚未戒除者。

## 八、色盲检查质量控制

(1) 在明亮的自然弥散光下（避免日光直接照射图面）进行色觉检查；

(2) 被检查者双眼距离图面60～80 cm，也可酌情增加或缩短，但不宜超过40～100 cm 的范围；

(3) 检查中不得使用有色眼镜或有色角膜接触镜；

(4) 一般先用示教图演示正确读法；

(5) 随机、快速抽取通用组图3～5张，每张5～10 s对受检者色觉进行检查，如遇受检者判读迟疑或错误，则再随机抽取10张左右通用组其他图进行判定（通过率＜20%者为色盲Ⅰ级，＜40%者为色盲Ⅱ级，＜60%者为色弱）；

(6) 对已判断为色盲者，可依据体检标准再使用单色功能检查；

(7) 为防记忆背诵，检查图可随机颠倒（旋转180°）后进行检查或重复检查。

## 九、档案管理

（1）职业健康检查信息表（含职业机动车驾驶作业接触史、既往疾病史、个人防护情况）。

（2）历年职业健康检查表（应保持资料的完整性、连续性、准确性）。

（3）职业健康监督执法资料。

（4）与用人单位签订的职业健康检查合同或协议、委托书等其他资料。

（张璟）

# 视屏作业职业健康监护质量控制要点

## 一、组织机构

备案视屏作业职业健康检查。设置与视屏作业职业健康检查相关的科室，合理设置各科室岗位及数量，至少包含内科（内科常规检查）、外科（外科常规检查）、眼科（眼科常规检查）、心电图检查室、肌电图检查室、影像检查室（含胸部 X 射线摄片）、临床检验室（含血常规、尿常规、肝功能检查）等。

## 二、人员

（1）包含体格检查医师、五官科检查医师、心电图检查医师、肌电图检查医师、胸部 X 射线摄片检查医师、临床检验医师等类别的执业医师、技师、护士等医疗卫生技术人员。

（2）至少有 1 名具备职业病诊断医师资格的主检医师，备案有效人员需第一注册执业点。

## 三、仪器设备

（1）配备满足并符合与备案视屏作业职业健康检查的类别和项目相适应的血细胞分析仪、尿液分析仪、生化分析仪、心电图仪、肌电图仪、CR/DR 摄片机，以及内科、外科、眼科常规检查等使用的仪器设备。外出体检配置 CR/DR 车。

（2）有关仪器设备的种类、数量、性能、量程、精确度等技术指标应满足工作需要，国家要求计量认证或校准的，需要符合计量认证或校准的要求。应对血细胞分析仪、尿液分析仪、生化分析仪、心电图仪、肌电图仪、CR/DR 摄片机等仪器设备进行定期计量、检定和校准，并张贴标识；不属于强制检定的，应有相应校验方法并定期自校。应定期进行维护保养及计量、检定和校验，同时记录设备状态。

（3）对所使用的设备编制操作规程。

（4）体检分类项目及设备见表1。

表1  体检分类项目及设备

| 名称 | 类别 | 检查项目 | 设备配置 |
| --- | --- | --- | --- |
| 视屏 | 上岗前 | 体格检查必检项目：1）内科常规检查；2）外科检查，包括叩击试验（Tinel试验）、屈腕试验（Phalen试验）等；3）眼科常规检查 | 体格检查必备设备：1）内科常规检查用听诊器、血压计、身高测量仪、磅秤；2）外科检查用叩诊锤；3）眼科常规检查用视力表、色觉图谱 |
| | | 实验室和其他检查必检项目：血常规、尿常规、肝功能、心电图、胸部X射线摄片，并根据临床表现选择颈椎正侧位X射线摄片、正中神经传导速度检查 | 必检项目必备设备：血细胞分析仪、尿液分析仪、生化分析仪、心电图仪、CR/DR摄片机、肌电图 |
| | 在岗期间 | 体格检查必检项目：同上岗前 | 体格检查必备设备：同上岗前 |
| | | 实验室和其他检查必检项目：颈椎正侧位X射线摄片 | 必检项目必备设备：CR/DR摄片机 |
| | | 复检项目：有临床表现或颈椎正侧位X射线摄片异常者可选择颈椎双斜位X射线摄片、正中神经传导速度检查 | 复检项目必备设备：CR/DR摄片机、肌电图 |

1987年5月28日，国家计量局发布的《中华人民共和国强制检定的工作计量器具检定管理办法》第十六条规定，磅秤、血压计、心电图仪、电子血球计数器属于强制检定的工作计量器具。

## 四、工作场所

（1）工作场所布局合理，采光良好。体检场所应在醒目位置公示体检功能区布局和体检基本流程，引导标识应准确清晰。

（2）体格检查室、眼科检查室等操作室布局合理，每个独立的检查室使用面积不小于6 m$^2$。

（3）实验室应干净、整洁，具备独立的样品处理间。实验室布局要符合GB/T 22576.1—2018《医学实验室 质量和能力的要求 第1部分：通用要求》中的场地环境、设备设施的相关规定。

（4）开展外出职业健康检查的，应当具有相应的外出职业健康检查仪器、设备，以及CR/DR检查专用车辆、信息化管理系统等条件。

## 五、质量管理文书

（1）建立视屏作业职业健康检查质量管理规程，进行全过程质量管理并持续有效运行，实现质量管理工作的规范化、标准化。

（2）建立视屏作业人员职业健康检查作业指导书。

（3）工作场所张贴采（抽）血须知及注意事项并事先告知。

（4）制备职业健康检查表。

（5）存 GBZ/T 260—2014《职业禁忌证界定导则》、GBZ 188—2014《职业健康监护技术规范》等文件备查。

## 六、能力考核与培训

（1）建立技术人员培训制度，制订并落实各类人员教育和培训计划。

（2）质量负责人和技术负责人需要每 2 年进行 1 次职业健康检查法律法规知识培训并考核合格。

（3）五官科检查医师具备针对眼科损害情况的检查能力。按照相关临床操作规范进行。

（4）视屏作业检查主检医师应掌握视屏作业职业健康监护技术规范，对视屏作业职业禁忌证的判断准确。职业病诊断医师需要每 2 年参加复训并考核合格。

（5）质量控制能力考核应进行现场对视屏作业目标疾病判断能力的考核。对每年完成 30% 备案特殊作业项目的职业健康检查机构进行现场技术考核。每个单位抽取经专家集体给出结果的职业禁忌证个体体检报告进行考核。

（6）个体结论符合率考核。职业健康信息化系统每年 1 次抽查备案单位个体体检报告 80 份，加上体检单位提供的职业禁忌证报告 20 份，总计对 100 份体检报告进行专家评分。

## 七、视屏作业体检过程管理

### 1. 体检对象及体检周期确定

视屏作业人员均须进行职业健康检查，健康体检周期每 2 年 1 次。

### 2. 职业禁忌证判断

1）上岗前体检：

（1）腕管综合征。

（2）类风湿关节炎。

（3）颈椎病。

（4）矫正视力小于 4.5。

2）在岗体检：

（1）腕管综合征。

（2）颈肩腕综合征。

## 八、正中神经传导速度检查质量控制

### 1. 目的

评价正中神经轴索、神经和肌肉接头及肌肉的功能状态，以筛查目标疾病腕管综合征。

## 2. 检查方法

肌电图检查。

## 3. 检前准备

(1) 室内安静舒适、光线暗；
(2) 室内保持 28~32 ℃ 的适宜温度，患者肢体温度在 32 ℃ 以上；
(3) 保持皮肤清洁，以降低阻抗；
(4) 询问病史，做好解释工作；
(5) 建立实验室正常参考值。

## 4. 检查过程

将刺激电极分别放置在腕和肘上，记录电极放置在拇短展肌肌腹上，参考电极放在拇指指端方向距记录电极 2~3 cm 的肌腱处，地线放在刺激电极和记录电极之间，各电极放置到正确位置后，按肌电图使用说明开机并记录波形图。

## 5. 测量内容

潜伏期、波幅、面积、时程。

## 6. 计算

计算公式为：传导速度＝距离/潜伏期差。

# 九、档案管理

(1) 职业健康检查信息表（含视屏作业接触史、既往疾病史、个人防护情况）。
(2) 历年职业健康检查表（应保持资料的完整性、连续性、准确性）。
(3) 职业健康监督执法资料。
(4) 与用人单位签订的职业健康检查合同或协议、委托书等其他资料。

（张璟）

# 高原作业职业健康监护质量控制要点

## 一、组织机构

备案高原作业职业健康检查。设置与高原作业职业健康检查相关的科室，合理设置各科室岗位及数量，至少包含内科（内科常规检查、神经系统常规检查）、眼科（眼科常规检查及眼底检查）、心电图检查室、心脏超声检查室、肺功能检查室、影像检查室（含胸部 X 射线摄片）、临床检验室（含血常规、尿常规、肝功能检查）等。

## 二、人员

（1）包含体格检查医师、五官科检查医师、心电图检查医师、心脏超声检查医师、肺功能检查医师、胸部 X 射线摄片检查医师、临床检验师等类别的执业医师、技师、护士等医疗卫生技术人员。

（2）至少有 1 名具备职业病诊断医师资格的主检医师，备案有效人员需第一注册执业点。

## 三、仪器设备

（1）配备满足并符合与备案高原作业职业健康检查的类别和项目相适应的血细胞分析仪、尿液分析仪、生化分析仪、心电图仪、超声心动仪、肺功能仪、CR/DR 摄片机，以及内科、外科检查使用的器械，眼科常规检查用的眼底镜、裂隙灯检查器械等仪器设备。外出体检配置 CR/DR 车。

（2）有关仪器设备的种类、数量、性能、量程、精确度等技术指标应满足工作需要，国家要求计量认证或校准的，需要符合计量认证或校准的要求。应对血细胞分析仪、尿液分析仪、生化分析仪、心电图仪、超声心动仪、肺功能仪、CR/DR 摄片机等仪器设备进行定期计量、检定和校准，并张贴标识；不属于强制检定的，应有相应校验方法并定期自校。应定期进行维护保养及计量、检定和校验，同时记录设备状态。

（3）对所使用的设备编制操作规程。

（4）体检分类项目及设备见表 1。

表 1　体检分类项目及设备

| 名称 | 类别 | 检查项目 | 设备配置 |
| --- | --- | --- | --- |
| 高原作业 | 上岗前 | 体格检查必检项目：1）内科常规检查，重点检查心血管和呼吸系统；2）神经系统常规检查；3）眼科常规检查及眼底检查 | 体格检查必备设备：1）内科常规检查用听诊器、血压计、身高测量仪、磅秤；2）神经系统常规检查用叩诊锤；3）眼科常规检查及眼底检查用视力灯、裂隙灯、视力表、色觉图谱、眼底镜 |
| | | 实验室和其他检查必检项目：血常规（包括血细胞比容）、尿常规、肝功能、心电图、胸部 X 射线摄片、肺功能 | 必检项目必备设备：血细胞分析仪、尿液分析仪、心电图仪、生化分析仪、CR/DR 摄片机、肺功能仪 |
| | 在岗期间 | 体格检查必检项目：同上岗前 | 体格检查必备设备：同上岗前 |
| | | 实验室和其他检查必检项目：血常规（包括血细胞比容）、尿常规、心电图、胸部 X 射线摄片、肺功能、心脏超声检查 | 必检项目必备设备：血细胞分析仪、尿液分析仪、心电图仪、CR/DR 摄片机、肺功能仪、超声心动图仪 |
| | 离岗时 | 同在岗期间 | 同在岗期间 |

1987年5月28日，国家计量局发布的《中华人民共和国强制检定的工作计量器具检定管理办法》第十六条规定，磅秤、血压计、心电图仪、超声心动图仪（医用超声源）、电子血球计数器属于强制检定的工作计量器具。

## 四、工作场所

（1）工作场所布局合理，采光良好。体检场所应在醒目位置公示体检功能区布局和体检基本流程，引导标识应准确清晰。

（2）体格检查室、眼科检查室等操作室布局合理，每个独立的检查室使用面积不小于 6 m²。

（3）实验室应干净、整洁，具备独立的样品处理间。实验室布局要符合 GB/T 22576.1—2018《医学实验室 质量和能力的要求 第1部分：通用要求》中的场地环境、设备设施的相关规定。

（4）开展外出职业健康检查的，应当具有相应的外出职业健康检查仪器、设备，以及 CR/DR 检查专用车辆、信息化管理系统等条件。

## 五、质量管理文书

（1）建立高原作业职业健康检查质量管理规程，进行全过程质量管理并持续有效运行，实现质量管理工作的规范化、标准化。

（2）建立高原作业人员职业健康检查作业指导书。

（3）工作场所张贴采（抽）血须知及注意事项并事先告知。

（4）制作职业健康检查表。

（5）存 GBZ 92—2008《职业性高原病诊断标准》、GBZ/T 260—2014《职业禁忌证界定导则》、GBZ 188—2014《职业健康监护技术规范》等文件备查。

## 六、能力考核与培训

（1）建立技术人员培训制度，制订并落实各类人员教育和培训计划。

（2）质量负责人和技术负责人需要每2年进行1次职业健康检查法律法规知识培训并考核合格。

（3）五官科检查医师具备针对耳科损害情况的检查能力。按照相关临床操作规范进行。

（4）高原作业检查主检医师应掌握高原作业职业健康监护技术规范，对高原作业职业禁忌证的判断准确。职业病诊断医师需要每2年参加复训并考核合格。

（5）质量控制能力考核内容为现场对高原作业目标疾病判断能力的考核。对每年完成30%备案特殊作业项目的职业健康检查机构进行现场技术考核。每个单位抽取经专家集体给出结果的职业禁忌证的个体体检报告进行考核。

（6）个体结论符合率考核：职业健康信息化系统每年1次抽查备案单位个体体检报告80份，加上体检单位提供的职业禁忌证报告20份，总计对100份体检报告进行专家评分。

## 七、高原作业体检过程管理

### 1. 体检对象及体检周期确定
高原作业人员均须进行职业健康检查，健康体检周期为每年1次。

### 2. 体格检查内容
1）症状询问：重点询问有无血压、心脏、呼吸系统、造血系统及中枢神经系统疾病史等。

2）体格检查：

（1）血压测量：血压的测量方法为间接测量法，即袖带加压法，以血压计测量。

（2）心脏听诊：通常听诊顺序可以从心尖区开始，逆时针方向依次听诊，即先听心尖区再听肺动脉瓣区，然后为主动脉瓣区、主动脉瓣第二听诊区，最后是三尖瓣区。

（3）肺部听诊：通常听诊顺序一般由肺尖开始，自下而上分别检查前胸部、侧胸部和背部，听诊前胸部应沿锁骨中线和腋前线，听诊侧胸部应沿腋中线，听诊背部应沿肩胛线，自上至下，左右对称逐一进行，必要时可以要求被检查者深呼吸或咳嗽，之后立即听诊。

（4）神经系统常规检查：颅神经检查、运动功能检查、感觉功能检查、神经反射检查、脑膜刺激征检查。

（5）眼的功能检查：视力、色觉是否异常。

### 3. 职业禁忌证判断
（1）中枢神经系统器质性疾病。

（2）器质性心脏病。

（3）未控制的2级及以上高血压或低血压。

（4）慢性阻塞性肺病。

（5）慢性间质性肺病。

（6）伴肺功能损害的疾病。

（7）贫血。

（8）红细胞增多症（仅限上岗前）。

### 4. 疑似职业病
1）职业性慢性高原病：

（1）高原红细胞增多症：在具备男性 Hb≥210 g/L，女性 Hb≥190 g/L（海拔2 500 m以上），或男性 Hb≥180 g/L，女性 Hb≥160 g/L（海拔2 500 m以下）的条件下，再按症状、体征严重程度"计分"[详见 GBZ 92—2008《职业性高原病诊断标准》"附录A"]，以确定诊断分级。

A. 轻度高原红细胞增多症：累计计分3～7分。

B. 中度高原红细胞增多症：累计计分8～11分。

C. 重度高原红细胞增多症：累计计分≥12分。

（2）高原心脏病：

A. 轻度高原心脏病：肺动脉平均压>20 mmHg 或肺动脉收缩压>30 mmHg，且胸部 X 射线摄片、心电图、超声心动图检查有 1 项以上显示右心增大。

B. 中度高原心脏病：肺动脉平均压>40 mmHg 或肺动脉收缩压>60 mmHg，右心增大，活动后出现乏力、心悸、胸闷、气促的症状，并有发绀、轻度肝大、下垂性水肿，肺动脉瓣第二心音亢进或分裂等体征。

C. 重度高原心脏病：肺动脉平均压>70 mmHg 或肺动脉收缩压>90 mmHg，稍活动或静息时即出现心悸、气短、呼吸困难，以及明显发绀、肝大、下垂性水肿、少尿等。

2）急性高原病：

（1）高原脑水肿。急速进抵海拔 4 000 m 以上（少数人可在海拔 3 000 m 以上）高原，具有以下表现之一者：

A. 剧烈头痛、呕吐，可伴有不同程度精神症状（如表情淡漠、精神忧郁或欣快多语、烦躁不安等），或有步态蹒跚、共济失调。

B. 不同程度意识障碍（如嗜睡、朦胧状态、意识浑浊、甚至昏迷），可出现脑膜刺激征、锥体束征。

C. 眼底检查出现视乳头水肿和/或视网膜渗出、出血。

（2）高原肺水肿。近期抵达海拔 3 000 m 以上高原，具有以下表现之一者：

A. 静息状态时出现呼吸困难、发绀、咳嗽、咯白色或粉红色泡沫状痰，肺部出现湿性啰音。

B. 胸部 X 射线检查显示，以肺门为中心向单侧或双侧肺野的点片状或云絮状阴影，常呈弥漫性、不规则分布，亦可融合成大片状；可见肺动脉高压及右心增大现象。

## 八、胸部 DR 检查操作质量控制

参见"粉尘作业职业健康监护质量控制要点"中的"一、（八）"相应内容。

## 九、肺功能检查操作质量控制

参见"粉尘作业职业健康监护质量控制要点"中的"一、（八）"相应内容。

## 十、档案管理

（1）职业健康检查信息表（含高原作业接触史、既往疾病史、个人防护情况）。

（2）历年职业健康检查表（应保持资料的完整性、连续性、准确性）。

（3）职业健康监督执法资料。

（4）与用人单位签订的职业健康检查合同或协议、委托书等其他资料。

（张璟）

# 航空作业职业健康监护质量控制要点

## 一、组织机构

备案航空作业职业健康检查。设置与航空作业职业健康检查相关的科室，合理设置各科室岗位及数量，至少包含内科（内科常规检查、神经系统常规检查）、外科（外科常规检查）、精神科（精神科常规检查）、五官科（眼科常规检查及眼底、色觉检查，耳科常规检查及前庭功能检查，口腔科常规检查，鼻及咽部常规检查）、心电图检查室、影像检查室（含胸部 X 射线摄片）、肺功能检查室、听力检查室、耳气压功能检查室、嗅觉检查室、视野检查室、高压氧舱、临床检验室（含血常规、尿常规、肝功能检查）等。

## 二、人员

（1）包含体格检查医师、五官科检查医师、心电图检查医师、胸部 X 射线摄片检查医师、肺功能检查医师、听力检查医师、高压氧舱医师、临床检验医师等类别的执业医师、技师、护士等医疗卫生技术人员。

（2）至少有 1 名具备职业病诊断医师资格的主检医师，备案有效人员需第一注册执业点。

## 三、仪器设备

（1）配备满足并符合与备案航空作业职业健康检查的类别和项目相适应的血细胞分析仪、尿液分析仪、生化分析仪、心电图仪、CR/DR 摄片机、肺功能仪、波氏球、嗅觉检查试剂、听力计、声导抗仪、耳声发射测试仪、听觉诱发电位测试仪，符合条件的测听室、视野计、高压氧舱，内科常规检查用的听诊器、血压计、身高测量仪、磅秤，神经系统常规检查用的叩诊锤，眼科常规检查及眼底、色觉检查用的视力灯、裂隙灯、视力表、色觉图谱、眼底镜，耳鼻及咽部常规检查用的耳镜、额镜或额眼灯、地灯、咽喉镜，口腔科常规检查器械等仪器设备。外出体检配置 CR/DR 车。

（2）有关仪器设备的种类、数量、性能、量程、精确度等技术指标应满足工作需要，国家要求计量认证或校准的，需要符合计量认证或校准的要求。应对血细胞分析仪、尿液分析仪、生化分析仪、心电图仪、CR/DR 摄片机、肺功能仪、听力计、声导抗仪、耳声发射测试仪、听觉诱发电位测试仪、视野计等仪器设备进行定期计量、检定和校准，并张贴标识；不属于强制检定的，应有相应校验方法并定期自校。应定期进行维护保养及计量、检定和校验，同时记录设备状态。

（3）对所使用的设备编制操作规程。

(4) 体检分类项目及设备见表1。

表1 体检分类项目及设备

| 名称 | 类别 | 检查项目 | 设备配置 |
|---|---|---|---|
| 航空作业 | 上岗前 | 体格检查必检项目：1）内科常规检查；2）外科常规检查；3）精神科常规检查；4）神经系统检查：重点检查深浅感觉，膝腱反射，自神经功能及运动功能检查；5）眼科常规检查及眼底、色觉检查；6）耳科常规检查；7）口腔科常规检查；8）鼻及咽部常规检查 | 体格检查必备设备：1）内科常规检查用听诊器、血压计、身高测量仪、磅秤；2）神经系统常规检查用叩诊锤；3）眼科常规检查及眼底、色觉检查用视力灯、裂隙灯、视力表、色觉图谱、眼底镜；4）耳鼻及咽部常规检查用耳镜、额镜或额眼灯、地灯、咽喉镜；5）口腔科常规检查器械 |
| | | 实验室和其他检查必检项目：血常规（包括血细胞比容）、尿常规、肝功能、心电图、胸部X射线摄片、肺功能、纯音听阈测试、耳气压功能（包括耳听诊管检查和捏鼻鼓气检查）、嗅觉检查、视野检查 | 必检项目必备设备：血细胞分析仪、尿液分析仪、生化分析仪、心电图仪、CR/DR摄片机、肺功能仪、声导抗仪、波氏球、嗅觉检查试剂、纯音听力计、符合条件的测听室、视野计 |
| | 在岗期间 | 体格检查必检项目：1）内科常规检查；2）耳科常规检查及前庭功能检查（有病史或临床表现者）；3）鼻及咽部常规检查 | 体格检查必备设备：1）内科常规检查用听诊器、血压计、身高测量仪、磅秤；2）耳鼻及咽部常规检查及前庭功能检查用耳镜、额镜或额眼灯、地灯、咽喉镜 |
| | | 实验室和其他检查必检项目：血常规、肝功能、心电图、鼻窦X射线摄片、肺功能、纯音听阈测试、低压舱耳气压和鼻窦气压机能检查 | 必检项目必备设备：血细胞分析仪、生化分析仪、心电图仪、CR/DR摄片机、肺功能仪、纯音听力计、符合条件的测听室、高压氧舱 |
| | | 复检项目：纯音听阈测试异常者可选择声导抗反射阈测试、耳声发射、听觉脑干诱发电位、多频稳态听觉电位 | 复检项目必备设备：声导抗仪、耳声发射测试仪、听觉诱发电位测试仪 |
| | 离岗时 | 同在岗期间 | 同在岗期间 |

1987年5月28日，国家计量局发布的《中华人民共和国强制检定的工作计量器具检定管理办法》第十六条规定，磅秤、血压计、心电图仪、CR/DR摄片机、听力计、电子血球计数器属于强制检定的工作计量器具。

## 四、工作场所

(1) 工作场所布局合理，采光良好。体检场所应在醒目位置公示体检功能区布局和体检基本流程，引导标识应准确清晰。

(2) 体格检查室、眼科检查室等操作室布局合理,每个独立的检查室使用面积不小于 6 m²。

(3) 实验室应干净、整洁,具备独立的样品处理间。实验室布局要符合 GB/T 22576.1—2018《医学实验室 质量和能力的要求 第1部分:通用要求》中的场地环境、设备设施的相关规定。

(4) 开展外出职业健康检查的,应当具有相应的外出职业健康检查仪器、设备,以及 CR/DR 检查专用车辆、信息化管理系统等条件。

## 五、质量管理文书

(1) 建立航空作业职业健康检查质量管理规程,进行全过程质量管理并持续有效运行,实现质量管理工作的规范化、标准化。

(2) 建立航空作业人员职业健康检查作业指导书。

(3) 工作场所张贴采(抽)血须知及注意事项并事先告知。

(4) 制备职业健康检查表。

(5) 存 GBZ 93—2010《职业性航空病诊断标准》、GBZ 49—2014《职业性噪声聋的诊断》、GBZ 188—2014《职业健康监护技术规范》等文件备查。

## 六、能力考核与培训

(1) 建立技术人员培训制度,制订并落实各类人员教育和培训计划。

(2) 质量负责人和技术负责人需要每2年进行1次职业健康检查法律法规知识培训并考核合格。

(3) 五官科检查医师具备针对五官损害情况的检查能力。按照相关临床操作规范进行。

(4) 航空作业检查主检医师应掌握航空作业职业健康监护技术规范,对航空作业职业禁忌证的判断准确。职业病诊断医师需要每2年参加复训并考核合格。

(5) 质量控制能力考核应进行现场对航空作业目标疾病判断能力的考核。对每年完成30%备案特殊作业项目的职业健康检查机构进行现场技术考核。每个单位抽取经专家集体给出结果的职业禁忌证的个体体检报告进行考核。

(6) 个体结论符合率考核。职业健康信息化系统每年1次抽查备案单位个体体检报告 80 份,加上体检单位提供职业禁忌证报告 20 份,总计 100 份体检报告,对其进行专家评分。

## 七、航空作业体检过程管理

### 1. 体检对象及体检周期确定

航空作业人员均须进行职业健康检查,健康体检周期为每年1次。

### 2. 体格检查内容

1) 症状询问:重点询问有无耳痛、听力减退、鼻窦区疼痛、眼胀痛、眩晕、头痛、胸痛、咳嗽、呼吸困难等症状及各系统疾病史。

2）体格检查：

（1）血压测量：血压的测量方法（间接测量法）即袖带加压法，以血压计测量。

（2）心脏听诊：通常听诊顺序可以从心尖区开始，按逆时针方向依次听诊。先听心尖区，再听肺动脉瓣区，然后为主动脉瓣区、主动脉瓣第二听诊区，最后是三尖瓣区。

（3）肺部听诊：通常听诊顺序一般由肺尖开始，自下而上分别检查前胸部、侧胸部和背部。听诊前胸部应沿锁骨中线和腋前线，听诊侧胸部应沿腋中线，听诊背部应沿肩胛线，自上至下，左右对称逐一进行，必要时可以要求被检查者深呼吸或咳嗽后立即听诊。

（4）外科：外科常规检查，包括头部、颈部、躯干四肢的视诊和触诊等。

（5）精神科：精神科常规检查，包括情感状况，如抑郁、焦虑，以及判断是否有创伤性后遗症等。

（6）神经系统常规检查：重点检查深浅感觉，膝腱反射，自主神经系统及运动功能检查。

（7）眼科：视力、眼底、色觉检查。

（8）耳科：耳科常规检查及前庭功能检查（有病史或临床表现者）。

（9）口腔科：口腔科常规检查。

（10）鼻及咽部：鼻及咽部常规检查。

3. 职业禁忌证

（1）活动的、潜在的急性或慢性疾病。

（2）创伤性后遗症。

（3）影响功能的变形、缺损或损伤及影响功能的肌肉系统疾病。

（4）恶性肿瘤或影响生理功能的良性肿瘤。

（5）急性感染性、中毒性精神障碍治愈后留有的后遗症。

（6）神经症、经常性头痛、睡眠障碍。

（7）药物成瘾、酒精成瘾者。

（8）中枢神经系统疾病、损伤。

（9）严重周围神经系统疾病及自主神经系统疾病。

（10）呼吸系统慢性疾病及功能障碍、肺结核、自发性气胸、胸腔脏器手术史。

（11）心血管器质性疾病，房室传导阻滞及难以治愈的周围血管疾病。

（12）严重消化系统疾病、功能障碍或手术后遗症，病毒性肝炎。

（13）泌尿系统疾病、损伤及严重生殖系统疾病。

（14）造血系统疾病。

（15）新陈代谢、免疫、内分泌系统疾病。

（16）运动系统疾病、损伤及其后遗症。

（17）难以治愈的皮肤及其附属器疾病（不含非暴露部位范围小的白癜风）。

（18）任一眼裸眼远视力低于 0.7，任一眼裸眼近视力低于 1.0；视野异常；色盲、色弱；夜盲症治疗无效者；眼及其附属器疾病治愈后遗留眼功能障碍者。

（19）任一耳纯音听力图气导听力曲线在 500 Hz、1 000 Hz、2 000 Hz 任一频率听力损失不得超过 35 dB 或 3 000 Hz 频率听力损失不得超过 50 dB。

（20）耳气压功能不良治疗无效者，中耳慢性进行性疾病，内耳疾病或眩晕症。

（21）影响功能的鼻、鼻窦慢性进行性疾病，嗅觉丧失，影响功能且不易矫治的咽喉部慢性进行性疾病者。

（22）影响功能的口腔及颞下颌关节慢性进行性疾病。

**4. 疑似职业病**

1）职业性航空病。

（1）航空性中耳炎：在飞行下降等气压变化过程中，出现耳压痛等症状，依据鼓膜及纯音测听、声导抗检查结果，必要时依据低压舱检查（参见 GBZ 93—2010《职业性航空病诊断标准》"附录 B"相应内容）前后的对比结果，做出分级诊断。

A. 轻度：鼓膜Ⅱ度充血，纯音测听可出现传导性聋，声导抗检查 A 型或 C 型曲线。

B. 中度：鼓膜Ⅲ度充血，纯音测听出现传导性聋，声导抗检查 C 型或 B 型曲线。

C. 重度：

出现下列表现之一者：①鼓膜破裂；②混合性聋；③窗膜破裂；④粘连性中耳炎；⑤后天原发性胆脂瘤型中耳炎；⑥面瘫。

（2）航空性鼻窦炎：在飞行下降等气压变化过程中出现鼻窦区疼痛等症状，依据低压舱检查（参见 GBZ 93—2010《职业性航空病诊断标准》"附录 B"相应内容）前后的鼻窦影像学对比结果，做出分级诊断。

A. 轻度：鼻窦区疼痛轻，影像学对比发现，鼻窦出现模糊影。

B. 重度：鼻窦区疼痛重，且伴有流泪和视物模糊，影像学对比发现，鼻窦出现血肿。

（3）变压性眩晕：在飞行上升等气压变化过程中出现眩晕等症状，依据低压舱检查（参见 GBZ 93—2010《职业性航空病诊断标准》"附录 B"相应内容）前后的对比结果及前庭功能眼震电图和纯音测听的对比检查，做出分级诊断。

A. 轻度：眩晕伴水平型或水平旋转型眼震，前庭功能和听力正常。

B. 重度：除眼震外，伴有前庭功能异常或神经性聋。

（4）高空减压病：在高空暴露后出现特征性症状和体征（参见 GBZ 93—2010《职业性航空病诊断标准》"附录 A"相应内容），依据临床和实验室检查，必要时进行低压舱检查（参见 GBZ 93—2010《职业性航空病诊断标准》"附录 C"相应内容），做出分级诊断。

A. 轻度：皮肤瘙痒、刺痛、蚁走感、斑疹、丘疹和肌肉关节轻度疼痛等，降低高度、返回地面后症状明显减轻或消失。

B. 中度：肌肉关节疼痛明显，甚至出现屈肢症，返回地面后症状未完全消失。

C. 重度：

出现下列表现之一者：①神经系统异常，表现为站立或步行困难、偏瘫、截瘫、大小便障碍、视觉障碍、听觉障碍、前庭功能紊乱、昏迷等；②循环系统异常，表现为虚脱、休克、猝死等；③呼吸系统异常，表现为胸骨后吸气痛及呼吸困难等；④减压无菌性骨坏死。

2）职业性噪声聋。

（1）在超过 GBZ 2.2—2007《工作场所有害因素职业接触限值 第 2 部分：物理因素》所规定的工作场所噪声声级卫生限值的噪声作业人员；连续噪声作业工龄不低于 3 年；纯音测听为感音神经性聋，听力损失呈高频下降型，多次纯音测听结果各频率听阈偏差≤10 dB。

（2）在判定疑似前，应对其听力进行规范复查，而且各频率听阈偏差≤10 dB。

（3）怀疑中耳疾患时可进行声导抗检查。

（4）对纯音听力测试不配合的患者，或对纯音听力检查结果的真实性有怀疑时，应进行客观听力检查，如听觉脑干诱发电位测试、40 Hz 听觉诱发电位测试、声阻抗声反射阈测试、耳声发射测试多频稳定听觉电位等检查，以排除伪聋和夸大性听力损失的可能。

（5）若主客观听力检查明显不符，或多次纯音听力检查多个频率听阈波动≥10 dB，应不予考虑疑似职业性噪声聋。

（6）体检者首先进行单次听力评估，达到轻度以上需要复查第二次，第二次仍达到轻度以上需要复查第三次。参照诊断标准，建议体检时 3 次纯音测听均达到疑似时，需要按照诊断标准要求取 3 次测听各频率最小阈值拟合计算后方能报疑似职业性噪声聋。

## 八、低压舱耳气压和鼻窦气压机能检查质量控制

检查控制和要求依据 GBZ 93—2010《职业性航空病诊断标准》的附件的规定。

### 1. 检查方法和步骤

（1）受试者坐于低压舱内，以 20～30 m/s 的速度"上升"至 4 000 m，停留 5 min，然后以一定的下滑速度（根据飞行器的座舱压力制度而定，并按所在高度而调整）"下降"。在"下降"过程中，受试者主动做吞咽、捏鼻吞咽、运动软腭或运动下颌等平衡中耳气压的动作，并通过麦克风向检查者报告主观症状。

（2）如行耳气压机能检查，则注意观察受试者有无耳压痛及程度，"下降"至地面行鼓膜耳镜及纯音测听和声导抗检查，并与舱前的检查进行对照。

（3）如行鼻窦气压机能检查，则注意观察受试者有无鼻窦区疼痛及程度，"下降"至地面行鼻腔和窦口鼻内镜及鼻窦影像学检查，并与舱前的检查进行对照。

（4）如进行低压舱模拟变压性眩晕检查，则注意观察受试者有无眩晕和眼震及程度，"下降"至地面后行鼓膜耳镜、纯音测听、声导抗、前庭功能眼震电图检查，并与舱前的检查进行对照。

### 2. 观察与判断

（1）航空性中耳炎：当受试者在"下降"过程中出现明显的耳压痛，耳镜检查示鼓膜充血达Ⅱ度及Ⅱ度以上，可做诊断。并根据鼓膜充血程度、纯音测听、声导抗检查进行分级。

（2）航空性鼻窦炎：当受试者在"下降"过程中出现明显的鼻窦区疼痛，鼻窦影像学检查示窦腔模糊，可做诊断。并根据疼痛程度和影像学改变进行分级。

(3) 变压性眩晕：当受试者在"上升"过程中出现明显的眩晕和眼震，可做诊断。并根据纯音测听、声导抗检查和前庭功能眼震电图进行分级。

3. 注意事项

(1) 拟行耳气压机能检查前应询问受试者有无上呼吸道感染（如感冒），并进行纯音测听和声导抗检查，患感冒或咽鼓管功能不良时暂缓进行低压舱检查。在"下降"过程中，受试者应主动做吞咽、捏鼻吞咽、运动软腭或运动下颌等平衡中耳气压的动作，结果才可靠。

(2) 拟行鼻窦气压机能检查前应询问受试者有无上呼吸道感染（如感冒），并进行鼻窦影像学检查，患感冒或鼻窦有明显炎症时暂缓进行低压舱检查。

(3) 在低压舱检查过程中，如受试者出现难以忍受的耳压痛、鼻窦区疼痛、眩晕和前庭自主神经反应，则应"上升"到刚出现症状的高度，稍作停留后以较慢的速度"下降"至地面，以免给受试者造成伤害。

(4) 各项检查都应有低压舱模拟飞行前后的对照。

(5) 因航空性中耳炎、航空性鼻窦炎、变压性眩晕送院检查，临床查体发现明确的鼻（咽）部的畸形、炎症、变态反应、肿瘤等Ⅱ类疾病，应先进行治疗，再进行低压舱检查，否则在病因未解除前行低压舱检查会加重病情。

(6) 第(5)项中所列疾病进行治疗后应行低压舱检查，以判定疗效和做出是否飞行的结论。

## 九、档案管理

(1) 职业健康检查信息表（含航空作业接触史、既往疾病史、个人防护情况）。

(2) 历年职业健康检查表（应保持资料的完整性、连续性、准确性）。

(3) 职业健康监督执法资料。

(4) 与用人单位签订的职业健康检查合同或协议、委托书等其他资料。

（张璟）

# 刮研作业职业健康监护质量控制要点

## 一、组织机构

备案刮研作业职业健康检查。设置与刮研作业职业健康检查相关的科室，合理设置各科室岗位及数量，至少包含内科（内科常规检查）、外科（外科常规检查）、心电图检查室、影像检查室（含胸部 X 射线摄片）、超声检查室、临床检验室（含血常规、尿常规、肝功能检查）等。

## 二、人员

包含体格检查医师、心电图检查医师、胸部 X 射线摄片检查医师、临床检验师等类别的执业医师、技师、护士等医疗卫生技术人员。

至少有 1 名具备职业病诊断医师资格的主检医师,备案有效人员需第一注册执业点。

## 三、仪器设备

(1) 配备满足并符合与备案刮研作业职业健康检查的类别和项目相适应的血细胞分析仪、尿液分析仪、生化分析仪、心电图仪、CR/DR 摄片机、彩色多普勒超声仪,以及内科、外科常规检查使用的器械等仪器设备。外出体检配置 CR/DR 车。

(2) 有关仪器设备的种类、数量、性能、量程、精确度等技术指标应满足工作需要,国家要求计量认证或校准的,需要符合计量认证或校准的要求。应对血细胞分析仪、尿液分析仪、生化分析仪、心电图仪、CR/DR 摄片机、彩色多普勒超声仪等仪器设备应进行定期计量、检定和校准,并张贴标识;不属于强制检定的,应有相应校验方法并定期自校。应定期进行维护保养及计量、检定和校验,同时记录设备状态。

(3) 对所使用的设备编制操作规程。

(4) 体检分类项目及设备见表1。

表1　体检分类项目及设备

| 名称 | 类别 | 检查项目 | 设备配置 |
| --- | --- | --- | --- |
| 刮研作业 | 上岗前 | 体格检查必检项目:1) 内科常规检查;2) 外科常规检查,重点检查下肢皮肤有无苍白或发绀、粗糙、萎缩、脱屑、色素沉着、湿疹、皮温改变、溃疡,有无静脉扩张和小腿挤压痛,下肢动脉的搏动有无减弱 | 体格检查必备设备:内科常规检查用听诊器、血压计、身高测量仪、磅秤 |
| | | 实验室和其他检查必检项目:血常规、尿常规、肝功能、心电图、胸部 X 射线摄片 | 必检项目必备设备:血细胞分析仪、尿液分析仪、生化分析仪、心电图仪、CR/DR 摄片机 |
| | 在岗期间 | 体格检查必检项目:重点检查下肢皮肤有无苍白、粗糙、萎缩、脱屑、色素沉着、湿疹、皮温降低;有无静脉扩张和小腿挤压痛、下肢动脉的搏动有无减弱 | 体格检查必备设备:内科常规检查用听诊器、血压计、身高测量仪、磅秤 |
| | | 实验室和其他检查必检项目:血常规、尿常规、肝功能、心电图、下肢动静脉彩色多普勒超声检查 | 必检项目必备设备:血细胞分析仪、尿液分析仪、生化分析仪、心电图仪、彩色多普勒超声仪 |
| | 离岗时 | 同在岗期间 | 同在岗期间 |

1987 年 5 月 28 日，国家计量局发布的《中华人民共和国强制检定的工作计量器具检定管理办法》第十六条规定，磅秤、血压计、心电图仪、CR/DR 摄片机、超声源（彩色多普勒超声仪）、电子血球计数器属于强制检定的工作计量器具。

## 四、工作场所

（1）工作场所布局合理，采光良好。体检场所应在醒目位置公示体检功能区布局和体检基本流程，引导标识应准确清晰。

（2）体格检查室等操作室布局合理，每个独立的检查室使用面积不小于 6 $m^2$。

（3）实验室应干净、整洁，具备独立的样品处理间。实验室布局要符合 GB/T 22576.1—2018《医学实验室　质量和能力的要求　第 1 部分：通用要求》中的场地环境、设备设施的相关规定。

（4）开展外出职业健康检查的，应当具有相应的外出职业健康检查仪器、设备，以及 CR/DR 检查专用车辆、信息化管理系统等条件。

## 五、质量管理文书

（1）建立刮研作业职业健康检查质量管理规程，进行全过程质量管理并持续有效运行，实现质量管理工作的规范化、标准化。

（2）建立刮研作业人员职业健康检查作业指导书。

（3）工作场所张贴采（抽）血须知及注意事项并事先告知。

（4）制备职业健康检查表。

（5）存 GBZ/T 260—2014《职业禁忌证界定导则》、GBZ 291—2017《职业性股静脉血栓综合征、股动脉闭塞症或淋巴管闭塞症的诊断》、GBZ 188—2014《职业健康监护技术规范》等文件备查。

## 六、能力考核与培训

（1）建立技术人员培训制度，制订并落实各类人员教育和培训计划。

（2）质量负责人和技术负责人需要每 2 年进行 1 次职业健康检查法律法规知识培训并考核合格。

（3）刮研作业检查主检医师掌握刮研作业职业健康监护技术规范，对刮研作业职业禁忌证的判断准确。职业病诊断医师需要每 2 年参加复训并考核合格。

（4）质量控制能力考核应进行现场刮研作业目标疾病判断能力的考核。对每年完成 30% 备案特殊作业项目的职业健康检查机构进行现场技术考核。每个单位抽取经专家集体给出结果的职业禁忌证的个体体检报告进行考核。

（5）个体结论符合率考核：职业健康信息化系统每年 1 次抽查备案单位个体体检报告 80 份，加上体检单位提供的职业禁忌证报告 20 份，总计对 100 份体检报告进行专家评分。

## 七、刮研作业体检过程管理

### 1. 体检对象及体检周期确定

刮研作业人员均须进行职业健康检查，健康体检周期为每 2 年 1 次。

**2. 体格检查内容**

1）症状询问：重点询问既往有无周围血管疾病，下肢有无沉重、倦怠、胀痛、酸胀、针刺感、麻木感、瘙痒感、发凉、怕冷、痉挛、水肿，活动后是否易疲劳，有无运动障碍等症状。

2）体格检查：

（1）血压测量：血压的测量方法为间接测量法，即袖带加压法，以血压计测量。

（2）心脏听诊：通常听诊顺序可以从心尖区开始，逆时针方向依次听诊。先听心尖区再听肺动脉瓣区，然后为主动脉瓣区、主动脉瓣第二听诊区，最后是三尖瓣区。

（3）外科检查：重点检查下肢皮肤有无苍白或发绀、粗糙、萎缩、脱屑、色素沉着、湿疹、皮温改变、溃疡，有无静脉扩张和小腿挤压痛，有无下肢动脉的搏动减弱。

**3. 职业禁忌证判断**

（1）下肢慢性静脉功能不全。

（2）下肢淋巴水肿。

**4. 疑似职业病判断**

职业性股静脉血栓综合征、股动脉闭塞症或淋巴管闭塞症。

（1）股静脉血栓综合征：有明确的作业侧的股静脉血栓病史，或血管超声检查提示有血栓残留、股静脉缩窄或不同程度的静脉瓣返流，作业侧下肢可出现疼痛、痉挛、沉重感、感觉异常、瘙痒、水肿、皮肤硬结、色素沉着、潮红、静脉扩张、小腿挤压痛、溃疡等临床表现。

（2）股动脉闭塞症：作业侧下肢出现急性缺血表现，如疼痛、苍白、无脉、麻痹、感觉异常等临床表现，结合彩色多普勒检查作业侧股动脉狭窄或闭塞，参考作业侧肢体踝肱指数（见 WS 339—2011《下肢动脉硬化闭塞症诊断》）进行诊断。

（3）淋巴管闭塞症：作业侧下肢出现进行性肿胀、皮肤增厚、过度角化、溃疡等临床表现，结合 MRI 检查结果，具有淋巴水肿的特征性改变，可参考淋巴水肿分期进行诊断。

## 八、下肢动、静脉彩色多普勒超声检查质量控制

**1. 目的**

为职业人群提供职业健康监护，保证超声检查结果的准确可靠及仪器的安全使用。

**2. 检查范围**

下肢血管。

**3. 受检者检查前准备**

浅表器官及外周血管检查：检查前一般不需特殊准备，只需充分暴露检查部位，配合医生检查即可。

**4. 操作步骤**

（1）先插上电源再启动稳压器开关，稳压器电压符合要求时再启动仪器电源开关，电源指示灯启亮，显示屏幕上出现扇形扫描亮线开始工作。

（2）核对受检者个人信息无误后，明确检查部位，将条形码贴于登记本上。

（3）让检查者平躺检查床上，在检查部位涂适量超声耦合剂后开始扫查。检查过程中轻巧拿放探头和按压功能键盘，减少患者痛苦，根据实际情况调节仪器扫查的深度及焦点区。

（4）遵循各血管诊疗规范的要求，仔细认真地进行检查，检查时仔细、规范化操作，保护患者隐私。扫查时要观察其位置、轮廓、切面形态、内部结构与毗邻关系，并进行必要的量化测定。病灶区域必须从形态、解剖部位、内部特征、周边表现、大小等进行全面观察和检测。在进行彩色多普勒超声诊断时，还需观察病灶部位的彩色血流情况。检查过程中截取典型的超声影像图像。

（5）检查完毕后检查医生在登记本上记录检查结果并在指引单上签名。

（6）编辑打印彩超报告单并审核手写签名。

（7）将检查结果录入体检系统。

（8）停止使用仪器时冻结仪器，结束检查后需擦净探头上耦合剂，然后关闭仪器电源，再关闭仪器。

## 九、档案管理

（1）职业健康检查信息表（含刮研作业接触史、既往疾病史、个人防护情况）。

（2）历年职业健康检查表（应保持资料的完整性、连续性、准确性）。

（3）职业健康监督执法资料。

（4）与用人单位签订的职业健康检查合同或协议、委托书等其他资料。

（张璟）

# 内照射作业职业健康监护质量控制要点

## 一、组织机构

备案内照射作业职业健康检查。设置与放射工作人员作业职业健康检查相关的科室，合理设置各科室岗位及数量，至少包含内科、外科、皮肤科、五官科（眼科检查应包括色觉、视力、晶状体、玻璃体、眼底检查）、医学影像学检查（胸片、B超、心电图）室、肺功能检查室、医学检验室（采血、留尿、痰液采集）等。

承担放射作业职业健康检查的医疗卫生机构应当具备以下条件：

（1）持有《医疗机构执业许可证》《放射诊疗许可证》。

（2）具有相应的职业健康检查场所、候检场所和检验室，建筑总面积不少于400 $m^2$，每个独立的检查室使用面积不少于6 $m^2$。

(3) 具有与放射作业职业健康检查项目相适应的执业医师、护士等医疗卫生技术人员。

(4) 至少具有1名取得职业性放射性疾病或综合类职业病诊断医师资格的执业医师。

(5) 具有与放射作业职业健康检查项目相适应的仪器、设备和技术，具有辐射细胞遗传学检验设备和用生物学方法估算受照人员剂量的能力；开展外出职业健康检查，应当具有相应的职业健康检查仪器、设备、专用车辆等条件。

(6) 具有健全的放射作业职业健康检查质量管理制度。

(7) 具有与职业健康检查信息报告相应的条件。

## 二、人员

放射作业职业健康检查只能由具有医疗执业资格的医师和技术人员担当，包括内科执业医师、外科执业医师、眼耳鼻咽喉科执业医师、皮肤科执业医师、医学影像学执业医师、肺功能检查医师等执业类别的医师，医学检验技师，血液、尿液、痰液样品采集护士等医疗卫生技术人员。

执业医师、护士等医疗卫生技术人员与放射作业职业健康检查项目相适应，备案有效人员须在第一注册执业点执业；至少有1名具备职业性放射性疾病或综合类职业病诊断医师资格的主检医师，主检医师符合《职业健康检查管理办法》及 GBZ 98—2017《放射工作人员健康要求》的规定，主检医师负责确定职业健康检查项目和周期，对职业健康检查过程进行质量控制，审核职业健康检查报告。

## 三、仪器设备

(1) 配备与放射作业职业健康检查项目相适应的仪器设备，包括内科、外科、皮肤科常规检查用的听诊器、身高测量仪、叩诊锤、磅秤及血压计；眼科常规检查用的眼底镜、裂隙灯、视力表、视力灯、色觉图谱；血细胞分析仪、尿液分析仪、生化分析仪、化学发光仪或电化学发光仪或荧光免疫分析仪、电子天平、染色体畸变及微核率检测设备（恒温培养箱或二氧化碳培养箱、超净工作台、通风柜、量筒、低温及普通冰箱、离心机、真空吸液器、恒温水槽或水浴锅、光学显微镜、灭菌设备、液体混合器、细胞培养瓶、尖底刻度离心管、吸管、载玻片、锥形瓶、烧杯、酒精灯等）；CR/DR 摄片机；心电图仪；B超仪；微生物检测系统，如生物安全柜、二氧化碳培养箱、低温恒温培养箱；肺功能仪等仪器设备。开展外出职业健康检查的，应当具有相应的职业健康检查仪器、设备、专用拍片车，以及信息化管理系统、外出职业健康检查质量管理制度等条件。

(2) 相关仪器设备的种类、数量、性能、量程、精确度等技术指标应满足工作需要，国家要求计量认证或校准的，需要符合计量认证或校准的要求，并张贴标识；不属于强制检定的，应有相应校验方法并定期自校。应定期进行维护保养及计量、检定和校验，同时记录设备状态。

(3) 对所使用的仪器设备编制操作规程。

内照射作业职业健康监护质量控制要点

(4) 体检分类项目及设备见表1。

表1 体检分类项目及设备

| 名称 | 类别 | 检查项目 | 设备配置 |
|---|---|---|---|
| 内照射作业 | 上岗前 | 必检项目：1) 体格检查：内科、外科、皮肤科常规检查；眼科检查（色觉、视力、晶状体、玻璃体、眼底检查）；2) 实验室和其他检查：血常规和白细胞分类，尿常规，肝功能，肾功能，外周血淋巴细胞染色体畸变分析，胸部X射线摄片，心电图，腹部B超 | 必备设备：内科、外科、皮肤科常规检查用听诊器、身高测量仪、叩诊锤、磅秤及血压计；眼科常规检查用眼底镜、裂隙灯、视力表、视力灯、色觉图谱；血细胞分析仪、尿液分析仪、生化分析仪、化学发光仪或电化学发光仪或荧光免疫分析仪、电子天平、染色体畸变及微核率检测设备（恒温培养箱或二氧化碳培养箱、净化工作台、通风柜、量筒、低温冰箱、离心机、真空吸液器、电子天平、恒温水槽或水浴锅、显微镜）；CR/DR摄片机、心电图仪、B超仪等 |
| | | 补充检查项目：肺功能检查（放射性矿山工作人员，接受内照射、需要穿戴呼吸防护装置的人员）；其他必要的检查 | 补充检查所需设备：肺功能仪；其他必要的检查所需设备 |
| | 在岗期间 | 必检项目：1) 体格检查：内科、外科、皮肤科常规检查；眼科检查（色觉、视力、晶状体、玻璃体、眼底检查）；2) 实验室和其他检查：血常规和白细胞分类，尿常规，血糖，肝功能，肾功能，外周血淋巴细胞染色体畸变分析或外周血淋巴细胞微核试验，心电图，腹部B超 | 必备设备：内科、外科、皮肤科常规检查用听诊器、身高测量仪、叩诊锤、磅秤及血压计；眼科常规检查用眼底镜、裂隙灯、视力表、视力灯、色觉图谱；血细胞分析仪、尿液分析仪、生化分析仪、染色体畸变与微核率检测设备（恒温培养箱或二氧化碳培养箱、净化工作台、通风柜、量筒、低温冰箱、离心机、真空吸液器、电子天平、恒温水槽或水浴锅、显微镜）；心电图仪、B超仪等 |
| | | 补充检查项目：胸部X射线摄影（在留取细胞遗传学检查所需血样后），甲状腺功能，血清睾酮，痰细胞学检查（放射性矿山工作人员），肺功能检查（接受内照射、需要穿戴呼吸防护装置的人员）；其他必要的检查 | 补充检查所需设备：CR/DR摄片机；化学发光仪或电化学发光仪或荧光免疫分析仪、电子天平；微生物检测系统，生物安全柜、二氧化碳培养箱、低温恒温培养箱；肺功能仪；其他必要的检查所需设备 |

续上表

| 名称 | 类别 | 检查项目 | 设备配置 |
|---|---|---|---|
| 内照射作业 | 离岗时 | 必检项目：同上岗前<br><br>补充检查项目：其他必要的检查 | 必备设备：同上岗前<br><br>补充检查所需设备：其他必要的检查所需设备 |
| | 应急照射或事故照射 | 必检项目：根据受照和损伤的具体情况，按适用的相关标准，有针对性地选择必要的检查项目，估算受照剂量，实施适当的医学处理 | 必备设备：必要的检查项目所需设备 |

## 四、工作场所

1）具有相应的职业健康检查场所、候检场所和检验室，建筑总面积不少于 400 $m^2$，每个独立的检查室使用面积不少于 6 $m^2$。工作场所布局合理，采光良好。体检场所应在醒目位置公示体检功能区布局和体检基本流程，引导标识应准确清晰。

2）染色体畸变检测实验室要求如下。

（1）普通实验室：用于实验的前期准备、试剂的配制、染色体制片，面积 10～20 $m^2$，配制超净工作台、普通水平离心机、恒温培养箱、冰箱、试剂柜、温箱或水浴锅等。

（2）洗刷消毒室：用于洗刷实验室用品，要有良好的上、下水装置，配置电热烤箱、高温灭菌锅、酸缸等。

（3）染色体畸变分析室：用于染色体畸变分析，配置光学显微镜、细胞遗传工作站等。

## 五、质量管理文书

（1）建立放射作业职业健康检查工作质量管理程序，明确相关工作流程及关键质控点，进行全过程质量管理并持续有效运行，保障工作的规范化、标准化。

（2）建立与放射作业职业健康检查工作有关的作业指导书，包括体格检查操作规程、仪器设备操作维护规程、样品采集操作规程等。

（3）建立与放射作业职业健康检查工作有关的制度，包括职业健康检查技术服务合同签订、报告审核、授权签发、专用章使用、实验室管理、仪器设备使用、人员培训、档案管理、疑似职业病报告等重要环节，对此分别制定详细的质量管理分项制度。

（4）"放射工作人员职业健康检查表"（含个人填写的放射工作职业史、既往病史等信息）的格式与内容按照国家卫生健康行政部门的有关规定制订。职业健康检查中涉及的医学常规检查方法（眼科检查除外）及总结报告的内容应符合 GBZ 188—2014《职业健康监护技术规范》的要求，眼科检查按 GBZ 95—2014《职业性放射性白内障的诊断》的相应规定执行，外周血淋巴细胞染色体畸变分析和外周血淋巴细胞微核试验技术要求应符合相关规定的标准要求。

（5）其他相关文书，包括委托协议书、职业健康检查工作方案、职业禁忌证告知卡、疑似职业病报告卡等。

（6）备有《中华人民共和国职业病防治法》《职业健康检查管理办法》《放射工作人员职业健康管理办法》、GBZ 188—2014《职业健康监护技术规范》、GBZ 98—2020《放射工作人员健康要求》等各类职业性放射性疾病诊断标准及相关法律、法规、标准文件。

## 六、能力考核与培训

（1）开展放射作业职业健康检查的机构应当按照《职业健康检查管理办法》的有关要求，参加职业健康检查质量控制机构组织开展的实验室间比对和职业健康检查质量考核，并在规定时间内独立完成实验室间比对和职业健康检查质量考核及相关整改工作。

（2）质量负责人和技术负责人需每 2 年进行 1 次职业健康检查法律法规知识培训并考核合格，放射工作人员诊断医师需每 2 年参加复训并考核合格。

（3）放射工作人员主检医师应熟悉和掌握放射医学、放射生物学、辐射剂量学和辐射防护等专业知识，以及职业病防治法律法规、职业性放射性疾病诊断标准和处理原则；熟悉放射工作场所的性质、操作方式、可能存在的职业健康危险和预防控制措施；有评价放射工作人员的健康状况与其所从事的特定放射工作的关系、判断其是否适合从事该工作岗位的能力。

## 七、放射作业职业健康检查过程管理

### 1. 上岗前职业健康检查

1）放射工作人员上岗前，应当进行上岗前职业健康检查，符合放射工作人员健康标准的，方可参加相应的放射工作。对需要复查确定其放射工作适任性的，应当予以及时安排复查。

2）上岗前职业健康检查应系统、仔细、准确地询问职业史和进行医学检查并详细记录，需要复查时可根据复查要求增加相应的检查项目。

3）在上岗前和在岗期间职业健康检查中，需要考虑下列 3 种特殊情况：

（1）如果工作需要穿戴呼吸防护装置，工作人员是否适宜。

（2）如果工作涉及非密封源，患有严重皮肤病的工作人员是否适宜。

（3）对从事放射工作存在心理障碍的工作人员是否适宜。

在确定是否适宜穿戴呼吸防护装置时，应进行肺功能检查。

对于患有皮肤病的工作人员，应根据所患皮肤病的性质、范围和发展情况及工作的性质，来判断其是否适宜。如果放射性活度水平较低，而且采取适当的预防措施（如遮盖住病灶表面），可不必禁止患有这类皮肤病的工作人员从事涉及非密封源操作的工作。

对于存在心理障碍的工作人员，判断其适任性时，应特别考虑心理障碍的症状性偶发是否会对该工作人员本人或他人的安全构成威胁。

4）上岗前职业健康检查中，对受检者的放射工作适任性意见，由主检医师提出下列意见之一：

(1) 可从事放射工作。

(2) 在一定限制条件下可从事放射工作（例如，不可从事需采取呼吸防护措施的放射工作，不可从事涉及非密封源操作的放射工作）。

(3) 不应（或不宜）从事放射工作。

**2. 在岗期间职业健康检查**

1）放射工作单位应当组织上岗后的放射工作人员定期进行职业健康检查。

2）放射工作人员在岗期间职业健康检查的周期为每1~2年1次，但不得超过2年。根据放射工作人员的职业史、医学史、症状及体征、放射工作类型、方式及靶器官的不同，在岗期间职业健康检查时应适当增加有针对性的检查，必要时，可适当增加检查次数。

3）在岗期间职业健康检查应考虑上岗前检查的3种特殊情况。

4）在岗期间职业健康检查中，对受检者的放射工作适任性意见，由主检医师提出下列意见之一：

(1) 可继续原放射工作。

(2) 在一定限制条件下，可从事放射工作（例如，不可从事需采取呼吸防护措施的放射工作，不可从事涉及非密封源操作的放射工作）。

(3) 暂时脱离放射工作。

(4) 不宜再做放射工作而调整做其他非放射工作。

对于暂时脱离放射工作的人员，经复查符合放射工作人员健康标准的，主检医师应提出可返回原放射工作岗位的建议。

**3. 离岗时职业健康检查**

(1) 放射工作人员脱离放射工作岗位时，放射工作单位应当及时安排其进行离岗时的职业健康检查，以评价其停止放射工作时的健康状况。

(2) 检查项目见表1，需要复查时可根据复查要求增加相应的检查项目。

**4. 应急照射或事故照射的健康检查**

(1) 对受到应急照射或事故照射的放射工作人员，放射工作单位应当及时组织健康检查和必要的医学处理。

(2) 应急照射或事故照射的职业健康检查的基本项目见表1。职业健康检查机构可根据受照和损伤的具体情况，参照适用的相关标准，确定必要的检查项目，估算受照剂量，实施适当的医学处理。

**5. 医学随访观察**

(1) 对受到过量照射的放射工作人员，应按GBZ 215—2009《过量照射人员医学检查与处理原则》的规定进行医学随访观察。

(2) 对确诊的职业性放射性疾病患者，应按照适用的相关标准的规定进行医学随访观察。

## 八、放射作业职业健康检查的质量控制要点

职业健康监护质量管理应当包括职业健康检查前、检查中、检查后等工作环节。

外出职业健康检查进行医学影像检查和实验室检测，职业健康检查机构必须保证检查质量并满足放射防护和生物安全的管理要求。

**1. 检查前的质量控制**

职业健康检查机构应对以下信息进行核对：用人单位基本情况；工作场所职业照射种类、照射强度资料和接触人数等有关资料。必要时，应组织工作人员到用人单位现场进行核实。

严格按照GBZ 98—2020《放射工作人员健康要求》的规定，认真核查用人单位委托的检查项目，相关必检项目不得遗漏。职业健康检查机构主检医师可根据职业照射的性质、类型、剂量等和受检者的健康损害状况增加补充检查项目。

检查实施前需与用人单位签订职业健康检查委托协议书，职业健康检查机构应制订职业健康检查工作方案，将职业健康检查注意事项告知用人单位及劳动者。

如外出体检，检查实施前应做到检查场地符合职业健康检查工作需要，确保专用拍片车拍摄质量符合相关要求，规范生物样品的采集、运送、保存及处理，保证生物样品质量。检查地点醒目位置张贴职业健康检查流程图，各检查项目标识清楚，注意事项清晰。

**2. 检查中的质量控制**

1）职业健康检查机构应建立放射作业职业健康检查工作质量管理程序，对检查实施的流程及实施过程的质量控制关键点进行具体规定。

2）检查前应确认劳动者身份；检查实施过程中应注重保护用人单位和劳动者的隐私；职业健康检查机构应指导劳动者规范填写放射工作人员职业健康检查表中的劳动者个人基本信息资料；职业健康检查表格回收时，应特别注意劳动者是否完成全部必检项目的检查。

3）生物样本采集与处理要求质量控制要点：

（1）体检者要求：①血样本。抽血前一天清淡饮食，避免大量饮酒和剧烈运动，空腹8~12 h清晨抽血，抽血前禁食高糖、咖啡、浓茶类饮料。②尿样本。应弃去清晨第一次尿液，留取第二次尿液，注意避免被月经、阴道分泌物、包皮垢、粪便、清洁剂等污染，不可从便池中采集样本。

（2）标本采集：静脉血的采集应在所有放射性检查（如拍片、乳腺钼靶等）前进行。血样本应抽取肘前静脉血并注入分离胶管，不抗凝。用于辐射细胞遗传学分析的静脉血样（不低于2 mL）应注入肝素钠抗凝管中。尿样本留取3 mL尿液至洁净管中送检。

（3）样品的保存与送检：应根据样品的类别及检测项目的要求，采取不同的保存方法。一般室温2 h内送检，4 ℃冷藏可延至4 h，应注意避光。

4）实验室质量控制要点：

（1）实验室建立严格的质量控制程序，根据检测的需要开展质量活动，尽可能参

加上级业务主管部门组织的室间比对和能力验证。

（2）染色体畸变阅片应选择分散良好、长短适中、各条染色体可清晰辨认的中期分裂细胞。每位受检者至少分析 100 个中期分裂细胞，但作为慢性放射病诊断参考指标时，至少分析 200 个中期分裂细胞。在事故医学应急时，每个样本一般分析 500 个中期分裂细胞。

（3）对那些有染色体结构（形态）异常（畸变），应经两人确认，并记录该畸变细胞在显微镜上所在位置的坐标。出现以下情况的中期分裂细胞不宜作计数分析：染色体数目少于 45 条；在同一细胞内染色体过于分散，不能在一个油镜视野内观察到；染色体形态过度细长或过度短粗；染色体呈扭曲状或紧缩成团；染色体分散不良，重叠太多；染色太深，不能鉴别染色单体交叉重叠；同一条染色体的两条染色单体间距离过大。

（4）微核应选择游离在胞浆内、大小为主核 1/3 以下的小核，其与主核完全分开，呈圆形或椭圆形，结构与主核相同，着色与主核一致或略浅，不折光。阅片时看到不典型微核细胞，至少经两人讨论后再记录或做个标记（一般不典型的微核细胞不计入）。微核细胞率和微核率≥6‰，再数 1 000～2 000 个细胞。

（5）外周血淋巴细胞经培养后，转化细胞或中期分裂相数目达不到最低分析要求时，应通知体检者重新采血进行复查。染色体型畸变需经两名检测人员签字复核，方能记录。

5）肺功能及影像学检查（心电图、B 超及胸片）检查场地应符合相关标准，人员应取得相应的医疗执业资质，仪器设备定期检测校准并记录，检查过程耐心细致，操作规范标准。各检查室应根据情况制定相应的质量控制标准。

**3. 检查后的质量控制**

相关专业技术人员应在规定时限内审核并提交各检查项目结果。主检医师汇总分析各项目结果后应当自体检工作结束之日起 1 个月内出具职业健康检查结果报告并将职业健康检查报告送达放射工作单位，报告包括放射工作人员职业健康检查表和总结报告。

对于每份"放射工作人员职业健康检查表"，各检查项目结果必须由在相应执业范围的专业技术人员签名确认，应由主检医师审核后填写检查结论和处理意见并签名。处理意见应根据职业健康检查结果，按照 GBZ 98—2020《放射性工作人员健康要求及监护规范》和 GBZ/T 164—2004《核电厂操纵员的健康标准和医学监督规定》提出对受检者从事放射工作的适任性评价意见；检查时发现单项或者多项异常，需要复查的，应明确复查的内容和时间；发现疑似放射损伤的，应予以载明，并提示受检者提交职业病诊断机构，进一步明确诊断。报告必须加盖职业健康检查机构公章。

职业健康检查总结报告的内容应符合 GBZ 188—2014《职业健康监护技术规范》的要求，须由编制人、审核人和授权签发人签字，必须加盖职业健康检查机构公章。主检医师还应结合用人单位作业场所的职业病危害因素现场监测资料，对职业健康检查结果进行分析并在总结报告提出相应的职业病防治措施和建议。

**4. 内照射个人监测质量控制**

对于接受内照射个人监测的人员，应根据具体情况确定常规监测周期，可 3～6 个月监测 1 次（空气中存在 $I^{131}$ 的工作场所，至少每个月用体外测量方法监测甲状腺 1 次）。

个人监测方法有体外直接测量、排泄物分析、空气采样分析。在进行体外直接测量前应进行人体表面去污；排泄物监测一般采用尿样分析，对于大多数常规分析，应收集 24 h 尿液。

体外直接测量和排泄物个人监测时，应采用 $m(t)$ 值估算摄入量，摄入量的估算方法及内照射剂量的计算应符合 GBZ 129—2016《职业性内照射个人监测规范》要求。当个人监测结果超过调查水平时，应对其受照情况进行调查。凡待累积有效剂量超过每年 5 mSv 的，还应将此结果递送给被监测人员本人。

## 九、档案管理

### 1. 放射工作人员职业健康监护档案

（1）历次职业健康检查的文书，包括委托协议书、职业健康检查结果及评价处理意见和告知材料等；

（2）用人单位和/或劳动者提供的相关资料，包括职业史、既往病史、职业照射接触史、应急照射、事故照射史、怀孕声明（如有）等；

（3）其他有关材料，包括职业性放射性疾病诊断与诊断鉴定、治疗、医学随访观察等健康资料，以及妊娠声明（如有）、工伤鉴定意见或结论等。

### 2. 放射工作人员职业健康监护档案的管理

（1）放射工作单位应当为放射工作人员建立并终生保存职业健康监护档案。

（2）放射工作人员职业健康监护档案应有专人管理，妥善保存。应采取有效措施维护放射工作人员的职业健康隐私权和保密权。

（冯文艇　张方方）

# 外照射作业职业健康监护质量控制要点

## 一、组织机构

参见"内照射作业职业健康监护质量控制要点"中"一、"相应内容。

## 二、人员

参见"内照射作业职业健康监护质量控制要点"中"二、"相应内容。

## 三、仪器设备

（1）与放射作业职业健康检查项目相适应的仪器设备包括：内科、外科、皮肤科常规检查用的听诊器、身高测量仪、叩诊锤、磅秤及血压计；眼科常规检查用的眼底镜、裂隙灯、视力表、视力灯、色觉图谱；血细胞分析仪、尿液分析仪、生化分析仪、化学发光仪或电化学发光仪或荧光免疫分析仪、电子天平、染色体畸变及微核率检测设备（恒温培养箱或二氧化碳培养箱、超净工作台、通风柜、量筒、低温及普通冰箱、离心机、真空吸液器、恒温水槽或水浴锅、光学显微镜、灭菌设备、液体混合器、细胞培养瓶、尖底刻度离心管、吸管、载玻片、锥形瓶、烧杯、酒精灯等）；CR/DR 摄片机；心电图仪；B 超仪；肺功能仪；微生物检测系统、生物安全柜、二氧化碳培养箱、低温恒温培养箱；等等仪器设备。开展外出职业健康检查的，应当具有相应的职业健康检查仪器、设备，以及专用拍片车、信息化管理系统、外出职业健康检查质量管理制度等条件。

（2）相关仪器设备的种类、数量、性能、量程、精确度等技术指标应满足工作需要，国家要求计量认证或校准的，需要符合计量认证或校准的要求，并张贴标识；不属于强制检定的，应有相应校验方法并定期自校。应定期进行维护保养及计量、检定和校验，同时记录设备状态。

（3）对所使用的仪器设备编制操作规程。

（4）体检分类、项目及设备见表1。

表1 体检分类项目及设备

| 名称 | 类别 | 检查项目 | 设备配置 |
|---|---|---|---|
| 外照射作业 | 上岗前 | 必检项目：1）体格检查：内科、外科、皮肤科常规检查；眼科检查（色觉、视力、晶状体、玻璃体、眼底检查）；2）实验室和其他检查：血常规和白细胞分类，尿常规，血糖，肝功能，肾功能，甲状腺功能，外周血淋巴细胞染色体畸变分析，外周血淋巴细胞微核试验，胸部X射线摄影（在留取细胞遗传学检查所需血样后），心电图，腹部B超 | 必备设备：内科、外科、皮肤科常规检查用听诊器、身高测量仪、叩诊锤、磅秤及血压计；眼科常规检查用眼底镜、裂隙灯、视力表、视力灯、色觉图谱；血细胞分析仪、尿液分析仪、生化分析仪、化学发光仪或电化学发光仪或荧光免疫分析仪、电子天平、染色体畸变及微核率检测设备（恒温培养箱或二氧化碳培养箱、净化工作台、通风柜、量筒、低温冰箱、离心机、真空吸液器、电子天平、恒温水槽或水浴锅、显微镜）；CR/DR 摄片机、心电图仪、B 超仪等 |
|  |  | 补充检查项目：耳鼻喉科、视野（核电厂放射工作人员）、心理测试（如核电厂操纵员和高级操纵员等对心理素质有较高要求岗位人员）、肺功能（放射性矿山工作人员、需要穿戴呼吸防护装置的人员）检查；其他必要的检查 | 补充检查所需设备：耳鼻喉科检查用耳镜、额镜或额眼灯、地灯、咽喉镜；视野计；明尼苏达多相个性量表、韦克斯勒智力量表；肺功能仪；其他必要的检查所需设备 |

续表1

| 名称 | 类别 | 检查项目 | 设备配置 |
|---|---|---|---|
| 放射作业 | 在岗期间 | 必检项目：1）体格检查：内科、外科、皮肤科常规检查；眼科检查（色觉、视力、晶状体、玻璃体、眼底检查）；<br>2）实验室和其他检查：血常规和白细胞分类，尿常规，血糖，肝功能，肾功能，外周血淋巴细胞染色体畸变分析或外周血淋巴细胞微核试验，心电图，腹部B超 | 必备设备：内科、外科、皮肤科常规检查用听诊器、身高测量仪、叩诊锤、磅秤及血压计；眼科常规检查用眼底镜、裂隙灯、视力表、视力灯、色觉图谱；血细胞分析仪、尿液分析仪、生化分析仪、染色体畸变与微核率检测设备（恒温培养箱或二氧化碳培养箱、净化工作台、通风柜、量筒、低温冰箱、离心机、真空吸液器、电子天平、恒温水槽或水浴锅、显微镜）；心电图仪、B超仪等 |
| | | 补充检查项目：胸部X射线摄影（在留取细胞遗传学检查所需血样后）；甲状腺功能；血清睾酮；痰细胞学检查（放射性矿山工作人员）；肺功能检查（需要穿戴呼吸防护装置的人员）；其他必要的检查 | 补充检查所需设备：CR/DR摄片机；化学发光仪或电化学发光仪或荧光免疫分析仪、电子天平；微生物检测系统，生物安全柜、二氧化碳培养箱、低温恒温培养箱、肺功能仪 |
| | 离岗时 | 必检项目：同上岗前 | 必备设备：同上岗前 |
| | | 补充检查项目：其他必要的检查 | 补充检查所需设备：其他必要的检查所需设备 |
| | 应急照射或事故照射 | 必检项目：根据受照和损伤的具体情况，按适用的相关标准，有针对性地选择必要的检查项目、估算受照剂量、实施适当的医学处理 | 必备设备：必要的检查项目所需设备 |

## 四、工作场所

参见"内照射作业职业健康监护质量控制要点"中"四、"相应内容。

## 五、质量管理文书

参见"内照射作业职业健康监护质量控制要点"中"五、"相应内容。

## 六、能力考核与培训

参见"内照射作业职业健康监护质量控制要点"中"六、"相应内容。

## 七、放射作业职业健康检查过程管理

参见"内照射作业职业健康监护质量控制要点"中"七、"相应内容。

## 八、职业健康监护的质量控制要点

职业健康监护质量管理应当包括职业健康检查前、检查中、检查后等工作环节。

外出职业健康检查进行医学影像检查和实验室检测,职业健康检查机构必须保证检查质量并满足放射防护和生物安全的管理要求。

### 1. 检查前的质量控制

职业健康检查机构应对以下信息进行核对:用人单位基本情况,工作场所职业照射种类、照射强度资料和接触人数等有关资料。必要时,应组织工作人员到用人单位现场进行核实。

严格按照 GBZ 98—2020《放射工作人员健康要求》的规定,认真核查用人单位委托的检查项目,相关必检项目不得遗漏。职业健康检查机构主检医师可根据职业照射的性质、类型、剂量等和受检者的健康损害状况增加补充检查项目。

检查实施前须与用人单位签订职业健康检查委托协议书,职业健康检查机构应制订职业健康检查工作方案,将职业健康检查注意事项告知用人单位及劳动者。

如外出体检,检查实施前应做到检查场地符合职业健康检查工作的需要,确保专用拍片车拍摄质量符合相关要求,规范生物样品的采集、运送、保存及处理,保证生物样品质量。在检查地点醒目位置张贴职业健康检查流程图,各检查项目标识清楚,注意事项清晰。

### 2. 检查中的质量控制

1)职业健康检查机构应建立放射作业职业健康检查工作质量管理程序,对检查实施的流程及实施过程的质量控制关键点进行具体规定。

2)检查前应确认劳动者身份;检查实施过程中应注重保护用人单位和劳动者的隐私;职业健康检查机构应指导劳动者规范填写放射工作人员职业健康检查表中的劳动者个人基本信息资料;回收职业健康检查表时,应特别注意劳动者是否完成全部必检项目的检查。

3)生物样本采集与处理要求质量控制要点:

(1)体检者要求:①血样本。抽血前一天清淡饮食,避免大量饮酒和剧烈运动,空腹 $8\sim12$ h 清晨抽血,抽血前禁食高糖、咖啡、浓茶类饮料。②尿样本。应清晨弃去第一次尿液,留取第二次尿液,注意避免被月经、阴道分泌物、包皮垢、粪便、清洁剂等污染,不可从便池中采集样本。

(2)标本采集:静脉血的采集应在所有放射性检查(如拍片、乳腺钼靶等)前进行。血样本应抽取肘前静脉血并注入分离胶管,不抗凝。用于辐射细胞遗传学分析的静脉血样（不低于 2 mL）应注入肝素钠抗凝管中。尿样本留取 3 mL 尿液至洁净管中送检。

（3）样品的保存与送检：应根据样品的类别及检测项目的要求，采取不同的保存方法。一般室温 2 h 内送检，4 ℃ 冷藏可延至 4 h，应注意避光。

4）实验室质量控制要点：

（1）实验室应建立严格的质量控制程序，根据检测的需要开展质量活动，尽可能参加上级业务主管部门组织的室间比对和能力验证。

（2）染色体畸变阅片应选择分散良好、长短适中、各条染色体可清晰辨认的中期分裂细胞。每位受检者至少分析 100 个中期分裂细胞，但作为慢性放射病诊断参考指标时，至少分析 200 个中期分裂细胞。在事故医学应急时，每个样本一般分析 500 个中期分裂细胞。

（3）对那些有染色体结构（形态）异常（畸变），应经两人确认，并记录该畸变细胞在显微镜上所在位置的坐标。出现以下情况的中期分裂细胞不宜作计数分析：染色体数目少于 45 条；在同一细胞内染色体过于分散，不能在一个油镜视野内观察到；染色体形态过度细长或过度短粗；染色体呈扭曲状或紧缩成团；染色体分散不良，重叠太多；染色太深，不能鉴别染色单体交叉重叠；同一条染色体的两条染色单体间距离过大。

（4）微核应选择游离在胞浆内、大小为主核的 1/3 以下的小核，其与主核完全分开，呈圆形或椭圆形，结构与主核相同，着色与主核一致或略浅，不折光。阅片时看到不典型微核细胞，至少经两人讨论后再记录或做个标记（一般不典型的微核细胞不计入）。微核细胞率和微核率 ≥6‰，再数 1 000～2 000 个细胞。

（5）外周血淋巴细胞经培养后，转化细胞或中期分裂相数目达不到最低分析要求时，应通知体检者重新采血进行复查。染色体型畸变需经两名检测人员签字复核，方能记录。

5）眼科检查质控要点：

（1）应使用国际标准视力表检查远近视力，远视力不足 1.0 者，需检查矫正视力。

（2）检查眼底时，注意是否有视盘凹陷，以排查青光眼。如病变符合放射性白内障形态特点，应以托吡卡胺或其他快速散瞳剂充分散瞳，用检眼镜检查屈光间质及眼底，然后用裂隙灯检查晶状体，记录病变特征，并绘示意图。

6）肺功能及影像学检查（心电图、B 超及胸片）检查场地应符合相关标准，人员应取得相应的医疗执业资质，仪器设备定期检测校准并记录，检查过程耐心细致，操作规范标准。各检查室应根据情况制定相应的质量控制标准。

### 3. 检查后的质量控制

相关专业技术人员应在规定时限内审核并提交各检查项目结果。主检医师汇总分析各项目结果后应当自体检工作结束之日起 1 个月内出具职业健康检查结果报告并将职业健康检查报告送达放射工作单位，报告包括放射工作人员职业健康检查表和总结报告。

对每份"放射工作人员职业健康检查表"，各检查项目结果必须由在相应执业范围的专业技术人员签名确认，应由主检医师审核后填写检查结论和处理意见并签名。处理意见应根据职业健康检查结果，按照 GBZ 98—2020《放射工作人员健康要求及监护规范》和 GBZ/T 164—2004《核电厂操纵员的健康标准和医学监督规定》提出对受检者从事放射工作的适任性评价意见；检查时发现单项或者多项异常，需要复查的，应明确复查的内容和时间；发现疑似放射损伤的，应予以载明，并提示受检者提交职业病诊断机构，进一步明确诊断。报告必须加盖职业健康检查机构公章。

职业健康检查总结报告的内容应符合 GBZ 188—2014《职业健康监护技术规范》的要求，须由编制人、审核人和授权签发人签字，必须加盖职业健康检查机构公章。主检医师还应结合用人单位作业场所的职业病危害因素现场检测资料，对职业健康检查结果进行分析并在总结报告提出相应的职业病防治措施和建议。

### 4. 外照射个人监测质量控制

常规监测的周期应综合考虑放射工作人员的工作性质、所受剂量的大小、剂量变化程度及剂量计的性能等诸多因素。监测周期一般为每个月 1 次，最长不超过 3 个月。

剂量计应符合相关标准的要求，佩戴在辐射的主要来源方向，从事应急操作时除佩戴常规个人剂量计外，还应佩戴报警式个人剂量计或事故剂量计。个人剂量计在非工作期间应避免受到任何人工辐射的照射。

职业性外照射个人监测，一般应依据测得的个人剂量当量 $H_p(d)$ 进行个人剂量评价，评价方法应符合 GBZ 128—2019《职业性外照射个人监测规范》要求。对于职业照射用年有效剂量进行评价，当职业照射受照剂量大于调查水平时，除记录个人监测的剂量结果外，还应做进一步调查。建议的年调查水平有效剂量为 5 mSv。

## 九、档案管理

参见"内照射作业职业健康监护质量控制要点"中"九、"相应内容。

（冯文艇　张方方）